概率论与数理统计

主　编　龙　松
副主编　李春桃　陈凤华
参　编　王　梦　喻新宇

华中科技大学出版社
中国·武汉

内 容 简 介

本书共10章，分别介绍了随机事件与概率、一维随机变量及其分布、二维随机变量及其分布、随机变量的数字特征、大数定律和中心极限定理、样本及抽样分布、参数估计、假设检验、方差分析和回归分析、Excel软件在概率统计中的应用等.

本书着眼于介绍概率论与数理统计的基本概念、基本原理、基本方法，突出基本思想和应用背景，注重将应用实例融入课程内容中，增加了课程思政元素以扩展育人功能. 同时，为了扩展学生的知识面，教材中增加了部分拓展知识，可供学生选择性地学习.

本书结构严谨、逻辑清晰、叙述清楚、说明到位、行文流畅、例题丰富、习题分层. 本书可作为高等院校各专业的教材，也可供相关领域的技术人员参考.

图书在版编目(CIP)数据

概率论与数理统计 / 龙松主编. -- 武汉 ：华中科技大学出版社，2025. 1. -- ISBN 978-7-5772-1525-9

Ⅰ. O21；TP312

中国国家版本馆CIP数据核字第2025NL7155号

概率论与数理统计

Gailülun yu Shuli Tongji

龙　松　主编

策划编辑：谢燕群

责任编辑：谢燕群

封面设计：原色设计

责任校对：陈元玉

责任监印：周治超

出版发行：华中科技大学出版社(中国·武汉)　　电话：(027)81321913

武汉市东湖新技术开发区华工科技园　　邮编：430223

录　　排：武汉市洪山区佳年华文印部

印　　刷：武汉市洪林印务有限公司

开　　本：710mm×1000mm　1/16

印　　张：22.75

字　　数：472千字

版　　次：2025年1月第1版第1次印刷

定　　价：59.80元

前　　言

概率论与数理统计是研究随机现象的数量规律性的一门学科. 一方面,它有自己独特的概念和方法,另一方面,它与其他数学分支又有紧密的联系,它是现代数学的重要组成部分. 概率论与数理统计的应用几乎遍及所有的科学技术领域. 随着科学技术的迅速发展,它在经济、管理、工程、技术、物理、化学、地质、天文、医学、生物、环境、教育、国防等领域中的作用日益显著. 可以毫不夸张地说,几乎在人类活动的一切领域,都不同程度地应用了概率统计提供的数学模型.

然而,在传统的应试教育的引导下,学生在学习过程中只重知识的堆积而不重概念的理解,只会死记硬背数学公式而不注重应用背景,更不会进行应用. 而在工程实践和科学研究中,将相应具有严格的条件限制、缜密的逻辑推理的定理以及公式直接在现实中进行应用几乎是不可能的,甚至一个貌似简单的计算都要花费很长的时间. 因此,在大学数学教学中,特别是在非数学类专业的数学教学中,如何把复杂的理论学习与具体的应用实践结合起来就成了我们研究的重点,这也是编写本书的目的之一.

随着近几年计算机技术的飞速发展,各种统计软件的功能越来越强大,这些强有力的计算工具为数学教育改革提供了良好的契机. 在这些统计软件中,最简单易学的莫过于 Excel,该软件操作简单,界面清晰,是 Office 办公软件的一个重要成员. 该软件采用电子表格的形式进行数据处理,工作直观简单,可视化操作强. 由于其提供了丰富的函数,因此可以进行大量的数据处理、统计分析和决策,并还可以方便地进行制图.

近几年,考研热有增无减,学生对教材知识点的要求也逐渐提高. 为了让学生更能明白书中的定义、定理及结论,知识点的拓展和深入也必然随之跟进,这也是编写本书的目的之二. 书中的拓展知识均以 * 号标注.

2020 年 5 月,教育部发布了《高等学校课程思政建设指导纲要》,其中明确指出,推进高校课程思政建设是深入贯彻习近平总书记关于教育的重要论述和全国教育大会精神、落实立德树人根本任务的关键战略. 该文件不仅明确了课程思政建设的总体目标和重点内容,还对推进高校课程思政建设进行了全面的规划. 编写本书的过程中,深入学习并领会了关于教育的新思想、新论断,为加快建设教育强国贡献智慧和力量. 教材编写全面贯彻党的教育方针,落实课程思政要求,力图能在传授知识的过程中更好地将思想政治教育融入课程中,从而实现培养德才兼备的高素质人才的目标,为党育人,为国育才.

本书共 10 章. 第 1 章介绍随机事件与概率,第 2 章介绍一维随机变量及其分布,第 3 章介绍二维随机变量及其分布,第 4 章介绍随机变量的数字特征,第 5 章介绍大数定律与中心极限定理,第 6 章介绍样本及抽样分布,第 7 章介绍参数估计,第 8 章介绍假设检验,第 9 章介绍方差分析和回归分析,第 10 章介绍 Excel 软件在概率统计中的应用.

本教材作为 2024 年湖北省一流本科课程的配套教材,着眼于介绍概率论与数理统计的基本概念、基本原理、基本方法,突出基本思想和应用背景,注重将实际例子融入课程内容中,增加课程思政元素,扩展育人功能.同时,为了扩展学生的知识面,教材中增加了部分拓展知识,供学生选择性学习.教材内容的安排都是从具体问题入手,由易到难、由具体到抽象、深入浅出,便于学生学习以及教师的教学.

本书的主要特点是:(1)强化了基本原理的介绍,扩充了理论的具体推导,以培养学生的逻辑推理能力、数学建模能力、自学能力、独立思考能力和实践应用能力,以及创造性思维和创新探究意识.(2)增加了 Excel 的数据分析功能的介绍,即将复杂的计算公式应用计算机技术很方便地进行了计算,从而使学生有更多的精力去理解定理的内容.(3)为了使概念更加清晰,书中提供了大量的示例,还有丰富的习题.其中习题分为基础练习题和提高练习题.基础练习题旨在满足基本教学要求,而提高练习题旨在满足部分考研学生或深入学习学生的要求.(4)将思政元素融入教材,如增加部分科学家传记内容以激励学生刻苦学习.全书贯穿三全育人理念.

本书由龙松担任主编,李春桃、陈凤华担任副主编.其中龙松编写了第 1、2、3、4、5、6、7、10 章,李春桃编写了第 8 章,陈凤华编写了第 9 章,王梦和喻新宇编写了全书的习题.另外,参与编写讨论的还有阎国辉、秦前进、沈小芳、徐彬、张文钢、胡大红、张秋颖、李双安、龙冰、汪洋、周俊丽等,在此对他们的工作表示感谢!

在编写教材的过程中,多次与武汉理工大学杨应平教授、中国地质大学彭放教授进行了讨论,他们提出的许多宝贵意见对本书的编写与出版产生了十分积极的影响,在此表示由衷的感谢!

在教材的编写过程中参考的相关书籍均列于书后的参考文献中,在此也向有关作者表示感谢!

最后,向所有支持和帮助过本书编写与出版的单位和个人表示衷心的感谢,同时更要感谢自己的家人对本人工作的支持,没有她们的默默奉献,也没有该书的顺利出版.

尽管对本教材的编写一直进行着各种努力和尝试,期待奉献给读者一本非常满意的教材,但受作者水平的限制,书中的错误和缺点在所难免,欢迎广大读者批评与指教,以期不断完善,谢谢!

作　者

2024 年 4 月

目　　录

第 1 章　随机事件与概率

自然界和社会上发生的现象是多种多样的.有一类现象,称为确定现象,其特点就是在一定的条件下必然发生,或必然不发生.例如,一枚硬币向上抛后必然下落;在一个标准大气压下,水加热到 100 摄氏度,必然会沸腾等;而另一类现象称为不确定性现象(或称随机现象),例如,随意抛掷一枚硬币,其结果可能是正面朝上,也可能是正面朝下,并且每次在抛掷之前都不能确切其具体的结果.又如从装有黑白两种不同颜色的球的盒子中随意摸一个球,则摸到的可能是黑球,也可能是白球,而在具体摸之前也不知其具体的结果.这类现象,其特点就是在一定的条件下可能出现这样的结果,也可能出现那样的结果,且在实验和观察之前,不能预知确切的结果.这个不确定性实际上具有两方面的含义,一是客观结果的不确定性,二是主观猜测或判断的不确定性.尽管该类现象具有不确定性,但人们经过长期实践并深入研究之后,发现这类现象在大量重复实验或观察下,它的结果呈现出某种规律性.例如,多次重复抛掷硬币,得到正面朝上的次数与抛掷的总次数之比随着次数的增多越来越接近于 0.5.这种在大量重复实验或观察中所呈现的固有规律性,就是我们以后所说的统计规律性.这种规律性的存在,使得利用数学工具研究随机现象成为可能.概率论与数理统计正是研究其统计规律性的一门学科.

1657 年,克里斯蒂安・惠更斯的《论掷骰子游戏中的计算》是关于概率论的第一部著作,把具体赌博问题的分析提升到一定的理论高度,标志着概率论的创立.

1713 年,雅可布・伯努利的《猜度术》给出第一个大数定理,开辟了概率论极限理论研究的先河,标志着概率论成为独立的数学分支.

1738 年,棣莫弗的《机会学说》给出了概率论中最重要的分布——正态分布.

1812 年,拉普拉斯的《分析概率论》系统总结了古典概率论的理论体系,开创了概率论发展的新阶段,实现了概率论由组合技巧向分析方法的过渡.

1933 年,柯尔莫戈洛夫的《概率论的基础》建立了概率论公理化体系,使概率论从半物理性质的科学演化为严格的数学分支,奠定了近代概率论的基础.

概率论与数理统计的应用是很广泛的,几乎渗透到所有科学技术领域,如工业、农业、国防与国民经济的各个部门.例如,工业生产中,可以应用概率统计方法进行质量控制,工业试验设计,产品的抽样检查等.还可使用概率统计方法进行气象预报、水文预报和地震预报等等.另外,概率统计的理论与方法正在向各基础学科、工程学科、经济学科渗透,产生了各种边缘性的应用学科,如排队论、计量经济学、信息论、控制论、时间序列分析、社会统计学、医药统计学等.

概率论研究随机现象的模型(即概率分布)及其性质,数理统计研究随机现象的数据收集、处理及统计推断. 本章主要讲述随机试验,样本空间,随机事件,事件间的关系与运算,概率的定义,古典概型,几何概型,概率的性质,条件概率,乘法公式,全概率公式,贝叶斯公式,事件的独立性等内容.

【思政目标】

(1) 培养学生类比、逻辑推理等科学思维能力.

(2) 理解频率的偶然性与概率的必然性,从中体会对立与统一的哲学思想.

(3) 警示学生不要通过投机取巧和碰运气来赚取钱财,要脚踏实地.

(4) 培养学生学会谦虚、礼让,践行诚实、守信.

(5) 警示小概率事件的影响,以"敬畏"的态度对待坏的小概率事件,以积极向上的心态对待好的小概率事件.

1.1 随机事件

1.1.1 随机试验

我们遇到过各种试验,在这里,我们把试验作为一个含义广泛的术语,它包括各种各样的科学试验,甚至对某一事物的某一特征的观察也认为是一种试验. 下面举一些试验的例子.

E_1:抛一枚硬币,观察正面 H、反面 T 出现的情况.

E_2:将一枚硬币抛一次,观察出现正面的次数.

E_3:抛一枚骰子,观察出现的点数.

E_4:记录汽车站售票处一天内售出的车票数.

E_5:在一批灯泡中任意抽取一只,测试它的寿命.

E_6:记录某地一昼夜的最高温度和最低温度.

这些试验都具有以下的特点:

(1) 可以在相同的条件下重复地进行;

(2) 每次试验的可能结果不止一个,并且能事先明确试验的所有可能结果;

(3) 每次进行试验之前不能确定哪一个结果会出现.

在概率论中,我们将具有上述三个特点的试验称为随机试验(random experiment). 当然,也有很多试验是不能重复的,例如,某场篮球比赛的输赢是不能重复的、某些自然现象(如人的生老病死等)也是不能重复的。概率论与数理统计主要研究能大量重复的随机试验,但也十分注意研究不能重复的随机现象. 我们约定,本书中以后所提到的实验都是指随机实验.

1.1.2　样本空间

对于随机试验,尽管在每次试验之前不能预知试验的结果,但试验的一切可能的结果是已知的,我们把随机试验 E 的所有可能基本结果组成的集合称为 E 的样本空间(sampling space),记为 $S=\{\omega\}$ 或 $\Omega=\{\omega\}$. 其中 ω 表示样本空间的元素,即 E 的每个结果称为样本点(sampling point). 样本点是今后抽样的最基本单元. 例如,上面的 6 个随机试验的样本空间分别为:

$\Omega_1=\{H,T\}$;

$\Omega_2=\{0,1\}$

$\Omega_3=\{1,2,3,4,5,6\}$;

$\Omega_4=\{1,2,\cdots,n\}$(这里的 n 是汽车站售票处一天内准备出售的车票数);

$\Omega_5=\{t\mid t\geqslant 0\}$;

$\Omega_6=\{(x,y)\mid T_0\leqslant x\leqslant y\leqslant T_1\}$(这里 x 表示最低温度,y 表示最高温度,并设这一地区的温度不会小于 T_0,也不会大于 T_1).

应该注意的事项如下.

(1) 实验 E_1 和 E_2 的过程都是将硬币抛一次,但由于实验的目的不一样,所以样本空间 Ω_1 和 Ω_2 完全不同,这说明实验的目的决定实验所对应的样本空间.

(2) 样本空间的元素可以是数也可以不是数.

(3) 随机现象的样本空间至少有两个样本点,如果将确定性现象放在一起考虑,则含有一个样本点的样本空间对应的为确定现象.

1.1.3　随机事件

在随机试验中,可能发生也可能不发生的事情就叫随机事件(random event). 更确切地说,随机试验 E 的样本空间 Ω 的子集称为 E 的随机事件,简称事件[1]. 随机事件常用大写字母 $A,B,C,\cdots$ 表示,它是样本空间 Ω 的子集合. 在每次试验中,当出现的样本点 $\omega\in A$ 时,称事件 A 发生,否则称事件 A 没有发生.

例如,在 E_3 中,如果用 A 表示事件"掷出偶点数",那么 A 是一个随机事件. 由于在一次投掷中当且仅当掷出的点数是 2、4、6 中的任何一个时才称事件 A 发生了,因此把事件 A 表示为 $A=\{2,4,6\}$. 同样地,若用 B 表示事件"掷出的点数大于 3",那么事件 B 也是一个随机事件,且 $B=\{4,5,6\}$.

---

[1] 严格地说,事件是指 Ω 中满足某些条件的子集. 当 Ω 由有限个或可数无穷个元素组成时,每个子集都可以作为一个事件. 当 Ω 由不可数个元素组成时,某些子集必须排除在外. 幸好这种不可容许的子集在实际应用中几乎不会遇到. 今后讲的事件都是指可容许的子集.

必然事件:对于一个试验 E,在每次试验中必然发生的事件,称为 E 的必然事件(certain event),记为 S 或 Ω.

不可能事件:在每次试验中都不发生的事件,称为 E 的不可能事件(impossible event),记为 $\varnothing$. 例如,在 E_3 中,"掷出的点数不超过 6"就是必然事件,用集合表示这一事件就是 E_3 的样本空间 $\Omega_3=\{1,2,3,4,5,6\}$. 而事件"掷出的点数大于 6"是不可能事件,这个事件不包括 E_3 的任何一个可能结果,所以用空集 $\varnothing$ 表示.

对于一个试验 E,它的样本空间 Ω 是随机实验 E 的必然事件,空集 $\varnothing$ 是不可能事件. 必然事件与不可能事件虽已无随机性可言,但在概率论中,常把它们当做两个特殊的随机事件,这样做是为了数学处理上的方便.

基本事件:只含有单个样本点的事件称为基本事件. 样本空间也称为基本事件空间.

1.1.4 事件间的关系与运算

因为事件是一个集合,因而事件间的关系和运算可以按集合间的关系和运算[2]来处理的. 下面给出这些关系和运算在概率中的提法,并根据"事件发生"的含义,给出它们在概率论中的含义.

设试验 E 的样本空间为 Ω,而 $A,B,A_k(k=1,2,\cdots)$ 是 Ω 的子集.

1. 事件的包含与相等(inclusion and equivalent relation)

若事件 A 发生必然导致事件 B 发生,则称事件 B 包含事件 A,记为 $B\supset A$ 或者 $A\subset B$. 譬如投一颗骰子,事件 $A=$"出现 3 点"的发生必然导致事件 $B=$"出现奇数点"的发生,故 $A\subset B$.

若 $A\subset B$ 且 $B\subset A$,即 $A=B$,则称事件 A 与事件 B 相等. 从集合论的观点看,两个事件相等就意味着这两个事件是同一个集合.

为了方便起见,规定对于任一事件 A,有 $\varnothing\subset A\subset\Omega$.

2. 事件的和(union of events)

事件 A 与事件 B 至少有一个发生的事件称为事件 A 与事件 B 的和事件,记为 $A\cup B$. 事件 $A\cup B$ 发生意味着:或者事件 A 发生,或者事件 B 发生,或者事件 A 与事件 B 都发生.

事件的和可以推广到多个事件的情景. 设有 n 个事件 $A_1,A_2,\cdots,A_n$,定义它们的和事件为$\{A_1,A_2,\cdots,A_n$ 中至少有一个发生$\}$,记为 $\bigcup\limits_{k=1}^{n}A_k$. 类似地,$\bigcup\limits_{k=1}^{\infty}A_k$ 为可列个

[2] 事件的关系与运算和《初等数学》中的集合理论基本一致,在学习中培养学生类比、逻辑推理等科学思维能力,提高学生正确认识问题、分析问题和解决问题的能力.

事件 $A_1, A_2, \cdots, A_n \cdots$ 的和事件.

显然,对任一事件 A,有

$$A \cup \Omega = \Omega, \quad A \cup \varnothing = A$$

3. 事件的积(product of events)

事件 A 与事件 B 都发生的事件称为事件 A 与事件 B 的积事件,记为 $A \cap B$,也简记为 AB. 事件 $A \cap B$(或 AB)发生意味着事件 A 发生且事件 B 也发生,即 A 与 B 都发生.

类似地,可以定义 n 个事件 $A_1, A_2, \cdots, A_n$ 的积事件 $\bigcap_{k=1}^{n} A_k = \{A_1, A_2, \cdots, A_n$ 都发生$\}$ 以及可列个事件 $A_1, A_2, \cdots, A_n \cdots$ 的积事件 $\bigcap_{k=1}^{\infty} A_k = \{A_1, A_2, \cdots, A_n \cdots$ 都发生$\}$.

显然,对任一事件 A,有

$$A \cap \Omega = A, \quad A \cap \varnothing = \varnothing$$

4. 互不相容事件(互斥)(incompatible events)

若事件 A 与事件 B 不能同时发生,即 $AB = \varnothing$,则称事件 A 与事件 B 是互斥的,或称它们是互不相容的. 若事件 $A_1, A_2, \cdots, A_n$ 中的任意两个都互斥,则称这些事件是两两互斥的. 当事件 A 与事件 B 是互不相容时,有时将两事件的和事件 $A \cup B$ 记为 $A + B$.

注　基本事件是两两互不相容的.

5. 对立事件(opposite events)

"A 不发生"的事件称为事件 A 的对立事件,记为 $\bar{A}$. 显然 A 和 $\bar{A}$ 满足:$A \cup \bar{A} = \Omega$, $A\bar{A} = \varnothing$, $\bar{\bar{A}} = A$. 对立事件有时也称为逆事件. 显然 $\overline{\varnothing} = \Omega$, $\bar{\Omega} = \varnothing$.

注　对立事件一定是互不相容事件,但互不相容事件未必是对立事件.

6. 事件的差(difference of events)

事件 A 发生而事件 B 不发生的事件称为事件 A 与事件 B 的差事件,记为 $A - B$,即 $A - B = \{\omega \mid \omega \in A$ 且 $\omega \notin B\}$. 如在掷一颗骰子的试验中,记事件 $A =$"出现奇数点"$= \{1,3,5\}$,记事件 $B =$"出现点数不超过 3"$= \{1,2,3\}$,则 $A - B = \{5\}$.

由事件的积和对立事件的定义,显然有

$$A\text{-}B = A - AB = A\bar{B}$$

显然,对任一事件 A,有

$$A - A = \varnothing, \quad A - \varnothing = A, \quad A - \Omega = \varnothing$$

以上事件之间的关系及运算可以用文氏(Venn)图来直观地描述. 若用平面上一个矩形表示样本空间 Ω,矩形内的点表示样本点,圆 A 与圆 B 分别表示事件 A 与事件 B,则 A 与 B 的各种关系及运算如图 1-1~图 1-6 所示.

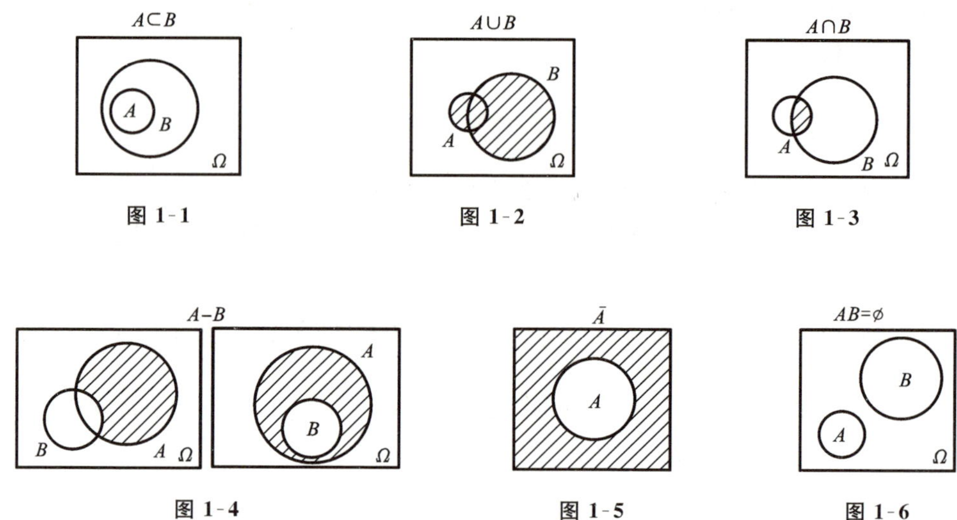

图 1-1　图 1-2　图 1-3

图 1-4　图 1-5　图 1-6

注　事件间的关系主要是包含关系、相等关系以及互不相容关系；事件间的运算主要是事件间的并、交、差以及互逆(余)运算.

1.1.5　事件运算满足的定律

设 A、B、C 为事件，则有

交换律(exchange law)：$A\cup B=B\cup A$；$AB=BA$.

结合律(combination law)：$(A\cup B)\cup C=A\cup(B\cup C)$；$(AB)C=A(BC)$.

分配律(distributive law)：$(A\cup B)C=(AC)\cup(BC)$；$(AB)\cup C=(A\cup C)(B\cup C)$.

对偶律(dual law)：$\overline{A\cup B}=\overline{A}\cap\overline{B}$；$\overline{A\cap B}=\overline{A}\cup\overline{B}$.

其中：

对偶律(德摩根公式)可以推广到有限个事件及可列无穷个事件场合：

$$\overline{\bigcup_{i=1}^{n}A_i}=\bigcap_{i=1}^{n}\overline{A_i},\quad \overline{\bigcup_{i=1}^{\infty}A_i}=\bigcap_{i=1}^{\infty}\overline{A_i},\quad \overline{\bigcap_{i=1}^{n}A_i}=\bigcup_{i=1}^{n}\overline{A_i},\quad \overline{\bigcap_{i=1}^{\infty}A_i}=\bigcup_{i=1}^{\infty}\overline{A_i}$$

易证下面常用等式的正确性：

$$A\cup A=A,\quad A\cup\Omega=\Omega,\quad A\cup\varphi=A,$$

$$A\cap A=A,\quad A\cap\Omega=A,\quad A\cap\varphi=\varphi$$

$$A-B=A-AB=A\overline{B},\quad A\cup B=A\cup B\overline{A}=B\cup\overline{B}A$$

下面仅就 $\overline{A\cup B}=\overline{A}\cap\overline{B}$ 进行证明.

证明　设 $\omega\in\overline{A\cup B}$，即 $\omega\notin A\cup B$，这表明 ω 既不属于 A，也不属于 B，意味着 $\omega\notin A$ 且 $\omega\notin B$，所以 $\omega\in\overline{A}$ 且 $\omega\in\overline{B}$，于是有 $\omega\in\overline{A}\cap\overline{B}$，这说明

$$\overline{A\cup B}\subset\overline{A}\cap\overline{B}$$

反之,设 $\omega\in\overline{A}\cap\overline{B}$,即同时有 $\omega\in\overline{A}$ 和 $\omega\in\overline{B}$,从而同时有 $\omega\notin A$ 和 $\omega\notin B$,这意味着 ω 不属于 A 与 B 中的任何一个,即 $\omega\notin A\cup B$,也就是有 $\omega\in\overline{A\cup B}$,这说明

$$\overline{A\cup B}\supset\overline{A}\cap\overline{B}$$

综合上述两方面,可得

$$\overline{A\cup B}=\overline{A}\cap\overline{B}$$

得证.

例 1.1.1　向指定目标射三枪,观察射中目标的情况.用 A_1、A_2、A_3 分别表示事件“第一、二、三枪击中目标”,试用 A_1、A_2、A_3 表示以下各事件:

(1) 只击中第一枪;

(2) 只击中一枪;

(3) 三枪都没击中;

(4) 至少击中一枪.

解　(1) 事件“只击中第一枪”,意味着第二枪不中,第三枪也不中.所以,可以表示成$A_1\overline{A_2}\,\overline{A_3}$.

(2) 事件“只击中一枪”,并不指定哪一枪击中.三个事件“只击中第一枪”、“只击中第二枪”、“只击中第三枪”中,任意一个发生都意味着事件“只击中一枪”发生.同时,因为上述三个事件互不相容,所以,可以表示成 $A_1\overline{A_2}\,\overline{A_3}+\overline{A_1}A_2\overline{A_3}+\overline{A_1}\,\overline{A_2}A_3$.

(3) 事件“三枪都没击中”,就是事件“第一、二、三枪都未击中”,所以,可以表示成$\overline{A_1}\,\overline{A_2}\,\overline{A_3}$.

(4) 事件“至少击中一枪”,就是事件“第一、二、三枪至少有一次击中”,所以,可以表示成 $A_1\cup A_2\cup A_3$ 或 $A_1\overline{A_2}\,\overline{A_3}+\overline{A_1}A_2\overline{A_3}+\overline{A_1}\,\overline{A_2}A_3+A_1A_2\overline{A_3}+A_1\overline{A_2}A_3+\overline{A_1}A_2A_3+A_1A_2A_3$.

例 1.1.2　设事件 A 表示“甲种产品畅销,乙种产品滞销”,求其对立事件 $\overline{A}$.

解　设 B=“甲种产品畅销”,C=“乙种产品滞销”,则 $A=BC$,故

$$\overline{A}=\overline{BC}=\overline{B}\cup\overline{C}=\text{“甲种产品滞销或乙种产品畅销”}$$

习　题　1.1

(一) 基础练习题

1. 写出下列随机实验的样本空间:

(1) 同时掷出两颗骰子,观察两颗骰子点数之和;

(2) 抛出一枚硬币,观察其正反面出现的情况;

(3) 抽查某位同学概率论考试通过与否;

(4) 观察某十字路口红绿灯的颜色;

(5) 口袋中有黑、白、红球各一个,先从中取出一个,放回后再取出一个;

(6) 口袋中有黑、白、红球各一个,先从中取出一个,不放回后再取出一个.

2. 设 A、B、C 是三个随机事件，试用 A、B、C 表示下列事件：

(1) A 与 B 都发生，而 C 不发生； (2) A、B、C 中恰好发生一个；

(3) A、B、C 中至少发生一个； (4) A、B、C 都不发生；

(5) A、B、C 中至少有两个发生； (6) A,B,C 中不多于两个发生.

3. 指出下列事件等式成立的条件：

(1) $A\cup B=A$；(2) $AB=A$；(3) $A-B=A$.

4. 若事件 A,B 满足 $B\subset A$，则下列命题中正确的是（　　）.

A. A 与 B 必同时发生 B. A 发生，B 必发生

C. A 不发生，B 必不发生 D. B 不发生，A 必不发生

（二）提高练习题

1. 先抛一枚硬币，若出现正面（记为 Z），则再掷一颗骰子，试验停止；若出现反面（记为 F），则再抛一次硬币，试验停止，那么该试验的样本空间 Ω 是什么？

2. 试问下列命题是否一定成立？

(1) $A-(B-C)=(A-B)-C$.

(2) 若 $AB=\varnothing$ 且 $C\subset A$，则 $BC=\varnothing$.

(3) $(A\cup B)-B=A$.

(4) $(A-B)\cup B=A$.

3. 若事件 $ABC=\varnothing$，是否一定有 $AB=\varnothing$？

4. 证明下列事件的运算公式：

(1) $A=AB\cup A\overline{B}$；

(2) $A\cup B=A\cup\overline{A}B$.

1.2　概率的定义

研究随机现象不仅要知道可能出现哪些事件，更重要的是要知道各种事件出现的可能性的大小. 我们将在一次实验中事件 A 发生的可能性大小的度量称为事件 A 的概率，记为 $P(A)$. 在概率论的发展历史上，人们曾针对不同的问题，从不同的角度给出了定义和计算概率的各种方法，然而，之前概率的定义都存在一定的缺陷，都只能适合某一类随机现象. 那么如何给出一切随机现象的概率的最一般的定义呢？1900 年，德国数学家 D. 希尔伯特（D. Hilbert，1862—1943）在巴黎召开的第二届国际数学大会上公开提出要建立概率的公理化定义以解决这个问题，即从最少的几条本质特性出发去刻画概率的概念. 1933 年，苏联数学家柯尔莫戈洛夫（Kolmogorov，1903—1987）在他的《概率论的基础》一书中首次提出了概率的公理化定义，这个定义既概括了历史上几种概率定义中的共同特征，又避免了各自的局限性和含混之处，不管什么随机现象，只有满足该定义中的三条公理，才能说它是概率. 这一公理化体系

迅速获得举世公认,是概率论发展史上的一个里程碑.

下面将介绍概率论发展早期的三种简单的概率定义(统计定义、古典定义、几何定义)以及由此得出的公理化定义.另外,还有一种被称为主观定义的方法,在本书中略去.

1.2.1　概率的统计定义

1. 频率

设 E 为任一随机试验,A 为其中任一事件,在相同条件下,把 E 独立的重复做 n 次,n_A 表示事件 A 在这 n 次试验中出现的次数(称为频数),比值 $f_n(A)=n_A/n$ 称为事件 A 在这 n 次试验中出现的频率(frequency).

人们在实践中发现:在相同条件下重复进行同一试验,当试验次数 n 很大时,某事件 A 发生的频率具有一定的“稳定性”,就是说其值在某确定的数值上下摆动.一般来说,当试验次数 n 越大时,事件 A 发生的频率就越接近那个确定的数值.因此事件 A 发生的可能性的大小就可以用这个数量指标来描述.

2. 概率的统计定义

定义 1.1　设有随机试验 E,若当试验的次数 n 充分,事件 A 的发生频率 $f_n(A)$ 稳定在某数 p 附近摆动,则称数 p 为事件的概率(probability),记为 $P(A)=p$.

概率的这种定义称为概率的统计定义.统计定义是以试验为基础的,但这并不是说概率取决于试验.值得注意的是,事件 A 出现的概率是事件 A 的一种属性,也就是说完全决定于事件 A 本身的结果,是先于试验客观存在的.这一属性将在第5章的大数定律中给出理论上的解释.概率的统计定义只是描述性的,一般不能用来计算事件的概率,通常只能在 n 充分,以事件出现的频率作为事件概率的近似值.

历史上有不少人做过抛硬币试验,其结果见下表.从表中的数据可以看出:出现正面的频率逐渐稳定在0.5,用频率的方法可以说:出现正面的概率为0.5.

试验者	抛硬币次数	出现正面次数	频率
德摩根(De Morgan)	2048	1061	0.5181
比丰(Buffon)	4040	2048	0.5069
费勒(Feller)	10000	4979	0.4979
皮尔逊(Pearson)	12000	6019	0.5016
V.罗曼若夫斯基	80640	40173	0.4982

频率与概率,体现了偶然性与必然性的对立统一.恩格斯指出“在表面偶然性起作用的地方,这种偶然性始终是受内部隐蔽的规律支配的,而我们的问题只是在于发现这些规律.”频率是试验值,具有偶然性,可能取多个不同值.概率是客观存在的,具有必然性,只能取唯一值.这蕴含了确定性和随机性的辩证统一.当试验次数较少时,

频率与概率偏差较大,体现为对立性.但是当试验次数很大时,就会发现频率稳定在某一常数附近,这个常数为事件的概率,反映出统一性.这体现了唯物主义辩证法中的偶然性与必然性的对立统一.

某人经常抽烟不一定得肺癌,具有偶然性,但是以大量人群作为研究对象,经常抽烟的人比不抽烟的人得肺癌的概率高出很多倍,容易患肺癌就是必然的了.吸烟有害健康,大家要养成良好的生活习惯,只有有好的身体才能为国家的富强多做贡献.

由定义易见,频率具有以下基本性质:

(1) 非负性　$0\leqslant f_n(A)\leqslant 1$;

(2) 规范性　$f_n(\Omega)=1$;

(3) 有限可加性　若 $A_1,A_2,\cdots,A_k$ 是两两互不相容的事件,则

$$f_n(A_1\cup A_2\cup\cdots\cup A_k)=f_n(A_1)+f_n(A_2)+\cdots+f_n(A_k)$$

在给出概率的古典定义之前,先回顾一下排列与组合公式.

1.2.2 排列与组合公式

排列与组合公式的推导都基于如下两条计数原理.

1. 乘法原理

如果某事件需经 k 个步骤才能完成,做第一步有 m_1 种方法,做第二步有 m_2 种方法,…,做第 k 步有 m_k 种方法,那么完成这件事共有 $m_1\times m_2\times\cdots\times m_k$ 种方法.

譬如,由甲地到乙地有 4 条旅游线路,由乙地到丙地有 3 条旅游线路,那么从甲地经乙地去丙地共有 $4\times3=12$ 条旅游线路.

2. 加法原理

如果某事件可由 k 类不同途径之一完成,在第一类途径中有 m_1 种完成方法,在第二类途径中有 m_2 种完成方法,…,在第 k 类途径中有 m_k 种完成方法,那么完成这件事共有 $m_1+m_2+\cdots+m_k$ 种方法.

譬如,由甲地到乙地去旅游有 3 类交通工具:汽车、火车和飞机,而汽车有 10 个班次,火车有 6 个班次,飞机有 2 个班次,那么从甲地到乙地共有 $10+6+2=18$ 个班次供旅游者选择.

在乘法原理和加法原理的基础上,可得排列与组合的定义及其计算公式如下.

1) 排列

从 n 个不同元素中任取 $r(r\leqslant n)$ 个元素排成一列(考虑元素先后出现顺序),称此为一个排列,此种排列的总数记为 A_n^r.按乘法原理,取出的第一个元素有 n 种取法,取出的第二个元素有 $n-1$ 种取法,…,取出的第 r 个元素有 $n-r+1$ 种取法,所以有

$$A_n^r = n\times(n-1)\times(n-2)\times\cdots\times(n-r+1)=\frac{n!}{(n-r)!}$$

若 $r=n$，则称为全排列，记为 A_n^n，显然，全排列 $A_n^n=n!$.

2）重复排列

从 n 个不同元素中每次取出一个，放回后再取下一个，如此连续取 r 次所得的排列称为重复排列，此种重复排列数共有 n^r 个. 注意：这里的 r 允许大于 n.

3）组合

从 n 个不同元素中任取 $r(r\leqslant n)$ 个元素组成一组（不考虑元素间的先后次序），称为一个组合，此种组合的总数记为 $\binom{n}{r}$ 或 C_n^r. 按乘法原理此种组合的总数为

$$C_n^r=\frac{A_n^r}{r!}=\frac{n\times(n-1)\times(n-2)\times\cdots\times(n-r+1)}{r!}=\frac{n!}{r!\ (n-r)!}$$

在此规定 $0!=1, C_n^0=1$，组合具有的性质：

$$C_n^r=C_n^{n-r}$$

4）重复组合

从 n 个不同元素中每次取出一个，放回后再取下一个，如此连续取 r 次所得的组合称为重复组合，此种重复组合总数为 C_{n+r-1}^r. 注意：这里的 r 也允许大于 n.

|OO| |O| ··· |OOO|

图 1-7

重复组合数的得出可如下考虑：将此 n 个元素画成 n 个盒子（可用 $n+1$ 根火柴棒示意，见图 1-7），如果第 i 个元素取到过一次，则在此盒子中用“O”表示. 图1-7 所示意味着：第一个元素取到过 2 次，第 2 个元素取到过 0 次，第 3 个元素取到过 1 次，……，第 n 个元素取到过 3 次. 因为共取 r 次，所以共有 r 个“O”，$n+1$ 个“|”. 如此所有的 r 个“O”，$n+1$ 个“|”中除了两端的那两个“|”不可以动以外，共有 $n+r-1$ 个“O”和“|”可以随意放置，不同的放置表示不同的取法. 因此重复组合数就等于在此 $n+r-1$ 个位置上任选 r 个放“O”，或者任选 $n-1$ 个放“|”，而 $C_{n+r-1}^r=C_{n+r-1}^{n-1}$.

1.2.3 概率的古典定义

1. 古典概型（等可能概型）

“概型”是指某种概率模型，“古典概型”是概率论历史上最早开始研究的情形，它简单、直观，不需要做大量重复试验，而是在经验的基础上对被考察事件的可能性进行逻辑分析后得出该事件的概率. 最早关注的问题是有关掷骰子的问题. 两位法国数学家 B. 帕斯卡（B. Pascal）和 P. 费马（P. Fermat）对该问题进行了思考，后来，法国数学家 P. S. 拉普拉斯（P. S. Laplace）在 1812 年出版的《概率的分析理论》中对这类问题进行了归纳提炼，给出了古典概型的定义.

定义 1.2 如果随机试验 E 具有如下两个特征：

(1) 有限性 试验的样本空间只含有有限个元素，即 $\Omega=\{\omega_1,\omega_2,\cdots,\omega_n\}$；

(2) 等可能性 试验中每个基本事件发生的可能性相同，即

$$P(\{\omega_1\})=P(\{\omega_2\})=\cdots=P(\{\omega_n\})$$

具有上述特性的随机试验称为古典概型(classical probability model)或等可能概型.

2. 等可能概型中事件概率的计算

由定义可知$\{\omega_1\},\{\omega_2\},\cdots,\{\omega_n\}$是两两互不相容的，故有

$$1=P(\Omega)=P(\{\omega_1\}\cup\{\omega_2\}\cup\cdots\cup\{\omega_n\})=P(\{\omega_1\})+P(\{\omega_2\})+\cdots+P(\{\omega_n\})$$

又每个基本事件发生的可能性相同，即

$$P(\{\omega_1\})=P(\{\omega_2\})=\cdots=P(\{\omega_n\})$$

故

$$1=nP(\{\omega_i\})$$

从而

$$P(\{\omega_i\})=\frac{1}{n},\quad i=1,2,\cdots,n$$

设事件 A 包含 m 个基本事件(样本点)，即

$$A=\{\omega_{i_1}\}\cup\{\omega_{i_2}\}\cup\cdots\cup\{\omega_{i_m}\}$$

则有

$$\begin{aligned}P(A)&=P(\{\omega_{i_1}\}\cup\{\omega_{i_2}\}\cup\cdots\cup\{\omega_{i_m}\})=P(\{\omega_{i_1}\})+P(\{\omega_{i_2}\})+\cdots+P(\{\omega_{i_m}\})\\&=\frac{m}{n}\end{aligned}$$

由此，得到古典概型的概率计算公式，即

设在古典概型(等可能概型)中，试验 E 的样本空间 Ω 共有 n 个样本点，事件 A 包含了 m 个样本点，则事件 A 的概率为

$$P(A)=\frac{m}{n}=\frac{A\text{ 所包含的样本点数}}{\Omega\text{ 中样本总数}}\tag{1.1}$$

式(1.1)为等可能概型中事件 A 的概率计算公式. 显然，由该定义所确定的概率具有与统计定义相似的性质. 另外，从计算公式可以看出，求事件 A 的概率归结为计算 A 中含有的样本点的个数和 Ω 中含有样本点的总数，所以在计算中经常用到排列组合工具.

例 1.2.1 一袋中有 5 个大小形状相同的球，其中 3 个黑色球，2 个白色球. 现从袋中随机地取出 1 个球，求取出的 1 个球是黑色球的概率.

解 从 5 个球中取出 1 个，不同的取法有 C_5^1 种. 若以 A 表示事件{取出的球是黑色球}，那么使事件 A 发生的取法有 C_3^1 种，从而

$$P(A)=\frac{C_3^1}{C_5^1}=\frac{3}{5}$$

例 1.2.2　将 N 个球随机地放入 n 个盒子中($n>N$)，求：

(1) 每个盒子最多有一个球的概率；

(2) 某指定的盒子中恰有 $m(m<N)$ 个球的概率.

解　这显然也是等可能问题.

先求 N 个球随机地放入 n 个盒子的方法总数. 因为每个球都可以落入 n 个盒子中的任何一个，有 n 种不同的放法，所以 N 个球放入 n 个盒子共有 $\underbrace{n\times n\times\cdots\times n}_{N}=n^N$ 种不同的放法.

(1) 事件 $A=\{$每个盒子最多有一个球$\}$的放法. 第一个球可以放进 n 个盒子之一，有 n 种放法；第二个球只能放进余下的 $n-1$ 个盒子之一，有 $n-1$ 种放法；…第 N 个球只能放进余下的 $n-N+1$ 个盒子之一，有 $n-N+1$ 种放法；所以共有 $n(n-1)\cdot\cdots\cdot(n-N+1)$ 种不同的放法. 故得事件 A 的概率为

$$P(A)=\frac{n(n-1)\cdots(n-N+1)}{n^N}$$

(2) 事件 $B=\{$某指定的盒子中恰有 m 个球$\}$的放法. 先从 N 个球中任选 m 个分配到指定的某个盒子中，共有 C_N^m 种选法；再将剩下的 $N-m$ 个球任意分配到剩下的 $n-1$ 个盒子中，共有 $(n-1)^{N-m}$ 种放法. 所以，得事件 B 的概率为

$$P(B)=\frac{C_N^m(n-1)^{N-m}}{n^N}$$

例 1.2.3　在 1～9 的整数中可重复地随机取 3 个数组成 3 位数，求下列事件的概率：

(1) 3 个数完全不同；

(2) 3 个数不含偶数.

解　从 9 个数中允许重复地取 3 个数进行排列，共有 9^3 种排列方法.

(1) 事件 $A=\{3$ 个数完全不同$\}$的取法有 $9\times8\times7$ 种取法，故

$$P(A)=\frac{9\times8\times7}{9^3}=\frac{56}{81}\approx0.69$$

(2) 事件 $B=\{3$ 个数不含偶数$\}$的取法. 因为 3 个数只能在 1,3,5,7,9 这 5 个数中选，每次有 5 种取法，所以共有 5^3 种取法. 故

$$P(B)=\frac{5^3}{9^3}=\frac{125}{729}\approx0.17$$

1.2.4　概率的几何定义

上述古典概型是在有限样本空间下得到的，为了克服这种局限性，我们将古典概型推广.

1. 几何概型(geometric probability model)

定义 1.3　如果一个试验 E 具有以下两个特点：

(1) 样本空间 Ω 是一个大小可以计量的几何区域(如线段、平面、立体);

(2) 向区域内任意投一点,落在区域内度量相同的子区域内(可能位置不同)都是“等可能的”;

那么,称实验 E 为几何型随机实验或几何概型.

2. 几何概型中事件概率的计算

在该几何概型中,若事件 A 的度量为 $\mu(A)$,E 的样本空间 Ω 的度量为 $\mu(\Omega)$,则事件 A 的概率由下式计算:

$$P(A)=\frac{\mu(A)}{\mu(\Omega)} \tag{1.2}$$

注 在几何概型中,若几何区域分别为 1 维、2 维、3 维区域,则事件的度量可分别用长度、面积、体积进行刻画. 显然,由该定义所确定的概率具有与统计定义、古典定义相似的性质.

求几何概率的关键是先对样本空间 Ω 和所求事件 A 用图形描述清楚(一般用平面或空间图形),然后计算出相关图形的度量(一般为长度、面积、体积).

例 1.2.4 在一个均匀陀螺的圆周上均匀地刻上(1,6)上的所有实数,旋转陀螺,求陀螺停下来后,圆周与桌面的接触点位于[1.5,2.5]上的概率.

解 由于陀螺及刻度的均匀性,它停下来时其圆周上的各点与桌面接触的可能性相等,且接触点可能有无穷多个,故 $P(A)=\dfrac{\text{区间}[1.5,2.5]\text{的长度}}{\text{区间}[1,6]\text{的长度}}=\dfrac{1}{5}=0.2$.

例 1.2.5 在区间(0,1)内任取两个数,求这两个数的乘积小于$\frac{1}{4}$的概率.

解 设在(0,1)内任取两个数 x,y,则

$$0<x<1,0<y<1$$

即样本空间是由点(x,y)所有可能位置构成的边长为 1 的正方形 Ω,其面积为 1.

令事件 A 表示“两个数的乘积小于$\frac{1}{4}$”,则

$$A=\left\{(x,y)\mid 0<xy<\frac{1}{4},0<x<1,0<y<1\right\}$$

A 所对应的区域如图 1-8 所示,则所求概率为

$$P(A)=\frac{1-\int_{\frac{1}{4}}^{1}\mathrm{d}x\int_{\frac{1}{4x}}^{1}\mathrm{d}y}{1}=1-\int_{\frac{1}{4}}^{1}\left(1-\frac{1}{4x}\right)\mathrm{d}x=\frac{1}{4}+\frac{1}{2}\ln 2$$

例 1.2.6 两人相约在某天下午 2:00~3:00 在预定地方见面,先到者要等候 20 分钟,过时则离去. 如果每人在这指定的一小时内任一时刻到达是等可能的,求约会的两人能会到面的概率.

解 设 x,y 为两人到达预定地点的时刻,那么,两人到达时间的一切可能结果

落在边长为60的正方形内，这个正方形就是样本空间Ω，而两人能会面的充要条件是$|x-y|\leqslant 20$(见图1-9)，即

$$x-y\leqslant 20 \quad 且 \quad y-x\leqslant 20$$

令事件A表示“两人能会面”，这区域如图中的A. 则

$$P(A)=\frac{m(A)}{m(\Omega)}=\frac{60^2-40^2}{60^2}=\frac{5}{9}$$

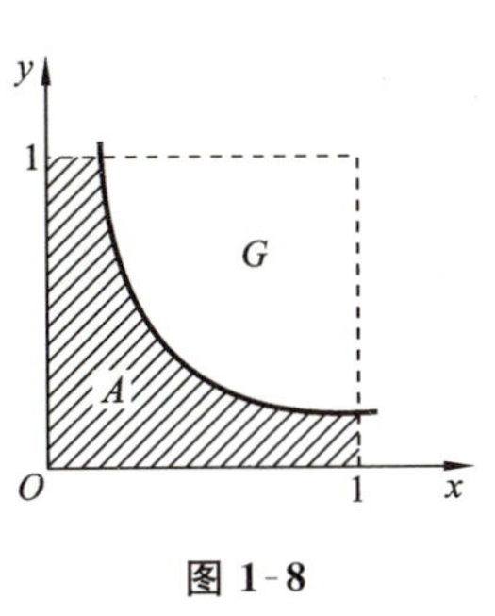

图1-8

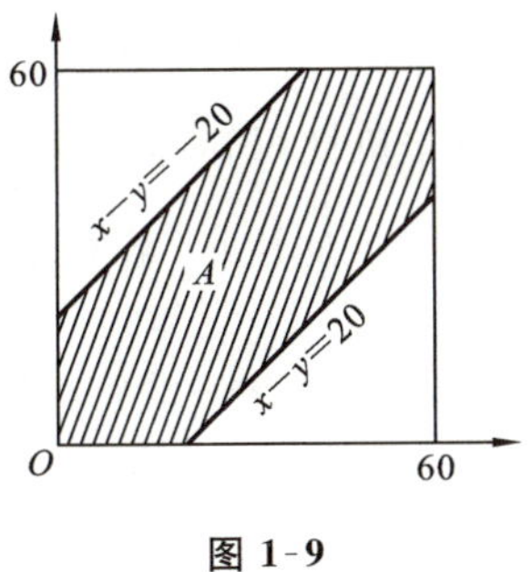

图1-9

1.2.5　概率的公理化定义

由上述三种概率模型可知，其概率的定义是针对不同类型的实验而设计的，每一种定义都具有局限性. 实际上，随机实验的类型是多种多样的，因此有必要建立概率的统一的定义. 在总结前人研究的大量成果的基础上，苏联数学家柯尔莫戈洛夫于1933年建立了概率的公理化定义，从此，概率论才成为一个严密的数学分支.

定义1.4　设E是随机实验，Ω是它的样本空间，对于E的每一个事件A，都有一个确定的实数$P(A)$与之对应，且满足

(1) 非负性：$P(A)\geqslant 0$；

(2) 规范性(正则性)：$P(\Omega)=1$；

(3) 可列可加性：若$A_1,A_2,\cdots,A_n\cdots$两两互不相容，并有

$$P(\bigcup_{i=1}^{\infty}A_i)=\sum_{i=1}^{\infty}P(A_i)$$

则称$P(A)$为事件A的概率.

概率的公理化定义刻画了概率的本质，概率是集合(事件)的函数，若在事件域(集合族)上给出一个函数，当这个函数能满足上述三条公理，就称为概率；当这个函数不能满足上述三条公理中的任一条，就认为不是概率.

另外要注意的是，概率的公理化定义并没有说明如何去确定概率，而具体去计算概率还是得依靠以上三种定义(统计定义、古典定义、几何定义).

由概率的公理化定义(非负性、规范性、可列可加性)，可得概率的如下性质.

1.2.6 概率的性质

性质 1 $P(\varnothing)=0$.

证明 令 $A_n=\varnothing(n=1,2,\cdots)$,则 $\bigcup\limits_{n=1}^{\infty}A_n=\varnothing$,且 $A_iA_j=\varnothing,i\neq j,i,j=1,2,\cdots$. 由概率的可列可加性得

$$P(\varnothing)=P(\bigcup_{n=1}^{\infty}A_n)=\sum_{n=1}^{\infty}P(A_n)=\sum_{n=1}^{\infty}P(\varnothing)$$

由概率的非负性可知,$P(\varnothing)\geqslant 0$,故由上式知 $P(\varnothing)=0$.

性质 2(有限可加性) 若有限个事件 $A_1,A_2,\cdots,A_n$ 互不相容,则有 $P(\bigcup\limits_{i=1}^{n}A_i)=\sum\limits_{i=1}^{n}P(A_i)$. 特别地,若 $AB=\varnothing$,则 $P(A\cup B)=P(A)+P(B)$.

证明 令 $A_{n+1}=A_{n+2}=\cdots=\varnothing$,即有 $A_iA_j=\varnothing$, $i\neq j,i,j=1,2,\cdots$. 由可列可加性得

$$\begin{aligned}P(A_1\cup A_2\cup\cdots\cup A_n)&=P(\bigcup_{k=1}^{\infty}A_k)=\sum_{k=1}^{\infty}P(A_k)\\&=\sum_{k=1}^{n}P(A_k)+0=P(A_1)+P(A_2)+\cdots+P(A_n)\end{aligned}$$

从而得证.

性质 3 $P(\overline{A})=1-P(A)$(由有限可加性及规范性即可得证).

性质 4 A、B 为两随机事件,若 $A\subset B$, 则 $P(B-A)=P(B)-P(A)$,$P(B)\geqslant P(A)$.

证明 因为 $B=A\cup(B-A)$,且 $A\cap(B-A)=\varnothing$,由概率的有限可加性,有

$$P(B)=P(A)+P(B-A)$$

即

$$P(B-A)=P(B)-P(A)$$

又由

$$P(B-A)=P(B)-P(A)\geqslant 0$$

所以

$$P(B)\geqslant P(A)$$

注 该性质中如果去掉条件 $A\subset B$,即 A、B 为两任意事件,则有

$$P(B-A)=P(B\overline{A})=P(B)-P(AB)\quad(\text{无条件差公式})$$

证明 因为 $AB\subset B$,所以

$$P(B-A)=P(B\overline{A})=P(B-AB)=P(B)-P(AB)$$

性质 5 $0\leqslant P(A)\leqslant 1$.

证明 因为对任意事件 A,有 $\varnothing\subset A\subset\Omega$,由性质 4 即可得证.

性质 6 对任意两个事件 A、B,有 $P(A\cup B)=P(A)+P(B)-P(AB)$(无条件加法公式).

证明　因为 $A\cup B=A\cup(B-AB)$，且 $A\cap(B-AB)=\varnothing$，$AB\subset B$，所以

$$P(A\cup B)=P(A)+P(B-AB)=P(A)+P(B)-P(AB)$$

这条性质可以推广到多个事件. 例如，对三个任意的随机事件 A、B、C，则有

$$P(A\cup B\cup C)=P(A)+P(B)+P(C)-P(AB)-P(AC)-P(BC)+P(ABC)$$

（利用任意两个事件无条件加法公式即可得证）

一般地，设 $A_1,A_2,\cdots,A_n$ 是任意 n 个事件，则有

$$P(A_1\cup A_2\cup\cdots\cup A_n)=\sum_{i=1}^{n}P(A_i)-\sum_{1\leqslant i<j\leqslant n}P(A_iA_j)+\sum_{1\leqslant i<j<k\leqslant n}P(A_iA_jA_k)+\cdots+(-1)^{n+1}P(A_1A_2\cdots A_n)\tag{1.3}$$

推论（半可加性）　对任意两个事件 A,B，有

$$P(A\cup B)\leqslant P(A)+P(B)$$

对任意 n 个事件 $A_1,A_2,\cdots,A_n$，有

$$P(A_1\cup A_2\cup\cdots\cup A_n)\leqslant\sum_{i=1}^{n}P(A_i)$$

例 1.2.7　抛一枚硬币 5 次，求既出现正面又出现反面的概率.

解　记事件 A 为“抛 5 次硬币，既出现正面又出现反面”，则 A 的情况比较复杂，而 A 的对立事件 $\overline{A}$ 则相对简单：5 次全部是正面（记为 B），或 5 次全部是反面（记为 C），即 $\overline{A}=B\cup C$，其中 B 与 C 互不相容，所以由对立事件公式和概率的有限可加性得

$$P(A)=1-P(\overline{A})=1-P(B\cup C)=1-P(B)-P(C)=1-\frac{1}{2^5}-\frac{1}{2^5}=\frac{15}{16}$$

例 1.2.8　设事件 A,B 的概率分别为 $\frac{1}{3},\frac{1}{2}$. 在下列三种情况下分别求 $P(B\overline{A})$ 的值：(1) A 与 B 互斥；(2) $A\subset B$；(3) $P(AB)=\frac{1}{4}$.

解　由性质 4，得 $P(B\overline{A})=P(B)-P(AB)$.

(1) 因为 A 与 B 互斥，所以

$$AB=\varnothing,\quad P(B\overline{A})=P(B)-P(AB)=P(B)=\frac{1}{2}$$

(2) 因为 $A\subset B$，$AB=A$，所以

$$P(B\overline{A})=P(B)-P(AB)=P(B)-P(A)=\frac{1}{2}-\frac{1}{3}=\frac{1}{6}$$

(3) $P(B\overline{A})=P(B)-P(AB)=\frac{1}{2}-\frac{1}{4}=\frac{1}{4}$.

例 1.2.9　设 A、B 为两个随机事件，$P(AB)=P(\overline{A}\overline{B})$，已知 $P(A)=p$，求 $P(B)$

解　由

$$\begin{aligned}P(AB)&=P(\overline{A}\overline{B})=P(\overline{A\cup B})\\&=1-P(A\cup B)=1-[P(A)+P(B)-P(AB)]\end{aligned}$$

所以有

$$P(B)=1-P(A)=1-p$$

一般而言,求"至少有一个发生"的概率时,用对立事件公式去求比较简单、方便.但下面的配对问题却不能用对立事件求解,而一定要将事件"至少有一个发生"表示成事件的并,然后用一般事件的加法公式去求解.

例 1.2.10(配对问题) 在一个有 n 个人参加的晚会上,每个人带了一件礼物,且假定每个人带的礼物都不相同.晚会期间各人从放在一起的 n 件礼物中随机抽取一件,问至少有一个人自己抽到自己的礼物的概率是多少?

解 记 A_i 表示事件"第 i 个人自己抽到自己的礼物",$i=1,2,\cdots,n$.所求的概率为 $P(A_1\cup A_2\cup\cdots\cup A_n)$,因为

$$P(A_1)=P(A_2)=\cdots=P(A_n)=\frac{1}{n},\text{共有 } C_n^1 \text{ 个等式}$$

$$P(A_1A_2)=P(A_1A_3)=\cdots=P(A_{n-1}A_n)=\frac{1}{n(n-1)},\text{共有 } C_n^2 \text{ 个等式}$$

$$P(A_1A_2A_3)=P(A_1A_2A_4)=\cdots=P(A_{n-2}A_{n-1}A_n)=\frac{1}{n(n-1)(n-2)},\text{共有 } C_n^3 \text{ 个等式}$$

$$\vdots$$

$$P(A_1A_2A_3\cdots A_n)=\frac{1}{n!},\text{共有 } C_n^n \text{ 个等式}$$

所以由概率的加法公式,得

$$P(A_1\cup A_2\cup\cdots\cup A_n)=1-\frac{1}{2!}+\frac{1}{3!}-\frac{1}{4!}+\cdots+(-1)^{n+1}\frac{1}{n!}$$

譬如,当 $n=5$ 时,此概率为 0.6333;当 $n\to\infty$ 时,此概率的极限为 $1-\frac{1}{\mathrm{e}}=0.6321$.这表明:即使参加晚会的人很多,事件"至少有一个人自己抽到自己的礼物"也不是必然事件.

习　题　1.2

(一) 基础练习题

1. 计算下列事件的概率.

(1) 某班有 20 名男生、10 名女生,从中任意抽选 3 人参加比赛,则抽到的 3 人是 2 男 1 女的概率为多少?

(2) 将数字 1、2、3、4、5 写在 5 张卡片上,任意取出 3 张排列成 3 位数,则这个数是奇数的概率为多少?

(3) 设公共汽车每 5 min 一班车,求乘客候车时间不超过 1 min 的概率.

(4) 在边长为 1 的正方形区域内任取一点,求该点到每个顶点的距离都大于 $\frac{1}{2}$

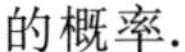

的概率.

2. 从 10 个分别记有标号 1 到 10 的球中任意取 3 个球，求所取的球

(1) 最小号码为 5 的概率.

(2) 最大号码为 5 的概率.

3. 设 A、B 为两个随机事件：

(1) 若 $P(A)=0.8$，$P(B)=0.5$，$P(A\cup B)=0.9$，则 $P(AB)=$______，$P(A-B)=$______.

(2) 若 $P(A)=0.6$，$P(A\text{-}B)=0.3$，则 $P(\overline{AB})=$______.

4. 设 A、B 为两事件，$P(A)=0.5$，$P(B)=0.3$，$P(AB)=0.1$，求：

(1) A 发生但 B 不发生的概率.

(2) A 不发生但 B 发生的概率.

(3) 至少有一个事件发生的概率.

(4) A、B 都不发生的概率.

(5) 至少有一个事件不发生的概率.

(二) 提高练习题

1. 选择题.

(1) (2009.3) 设事件 A 与事件 B 互不相容，则(　　).

A. $P(\overline{A}\overline{B})=0$　　B. $P(AB)=P(A)P(B)$

C. $P(\overline{A})=1-P(B)$　　D. $P(\overline{A}\cup\overline{B})=1$

(2) (2015.1) 若 A、B 为任意两个随机事件，则(　　).

A. $P(AB)\leqslant P(A)P(B)$　　B. $P(AB)\geqslant P(A)P(B)$

C. $P(AB)\leqslant\dfrac{P(A)+P(B)}{2}$　　D. $P(AB)\geqslant\dfrac{P(A)+P(B)}{2}$

(3) (2020.1) 设 A、B、C 为三个随机事件，且 $P(A)=P(B)=P(C)=1/4$，$P(AB)=0$，$P(AC)=P(BC)=1/12$，则 A、B、C 中恰有一个事件发生的概率为(　　).

A. $\dfrac{3}{4}$　　B. $\dfrac{2}{3}$　　C. $\dfrac{1}{2}$　　D. $\dfrac{5}{12}$

(4) (2019.1) 设 A、B 为随机事件，则 $P(A)=P(B)$ 的充分必要条件是(　　).

A. $P(A\cup B)=P(A)+P(B)$　　B. $P(AB)=P(A)P(B)$

C. $P(A\overline{B})=P(B\overline{A})$　　D. $P(AB)=P(\overline{A}\overline{B})$

2. 填空题.

(1) (1991.1) 随机地向半圆 $0<y<\sqrt{2ax-x^2}$ (a 为正常数)内投掷一点，点落在半圆内任何区域的概率与该区域的面积成正比，则原点和该点的连线与 x 轴夹角

小于$\frac{\pi}{4}$的概率为______.

(2) (1992.1) 已知 $P(A)=P(B)=P(C)=\frac{1}{4}$,$P(AB)=0$,$P(AC)=P(BC)=\frac{1}{6}$,则事件 A,B,C 全不发生的概率为______.

(3) (1994.1)已知 A、B 两事件满足 $P(AB)=P(\overline{A}\overline{B})$,且 $P(A)=p$,则 $P(B)=$______.

3. 设随机事件 A、B、C 两两互不相容,且 $P(A)=0.2$,$P(B)=9.3$,$P(C)=0.4$,试求 $P(A\cup B-C)$.

4. 一批产品共 N 件,其中 M 件正品. 从中随机地取出 n 件($n<N$). 试求其中恰有 m 件($m\leqslant M$)正品(记为 A)的概率. 如果:

(1) n 件是同时取出的;

(2) n 件是无放回逐件取出的;

(3) n 件是有放回逐件取出的.

5. 袋中有 a 个白球和 b 个红球,现按无放回抽样,依次把球一个个取出来,试求第 k 次取出的球是白球的概率($1\leqslant k\leqslant a+b$).

6. 一架升降机开始时有 6 位乘客,并等可能地停于 10 层楼的每一层. 试求下列事件的概率:

(1) $A=$"某指定的一层有两位乘客离开";

(2) $B=$"没有两位及两位以上的乘客在同一层离开";

(3) $C=$"恰有两位乘客在同一层离开";

(4) $D=$"至少有两位乘客在同一层离开".

7. 把一个表面涂有颜色的立方体等分为一千个小立方体,在这些小立方体中随机地取出一个,试求它有 i 面涂有颜色的概率 $P(A_i)$($i=0,1,2,3$).

8. 甲、乙两人约定在下午 1 时到 2 时之间到某站乘公共汽车,又这段时间内有 4 班公共汽车,它们的开车时刻分别为 1:15, 1:30, 1:45, 2:00. 假定甲、乙两人到达车站的时刻是互相不牵连的,且每人在 1 时到 2 时的任何时刻到达车站是等可能的. 他们约定见车就乘,求事件 A 及事件 B 的概率. 事件 A:两人同乘一车;事件 B:两人同时到达车站.

9. 对于组合数 C_n^r,证明:

(1) $C_n^r=C_n^{n-r}$;(2) $C_n^r=C_{n-1}^{r-1}+C_{n-1}^r$;(3) $C_n^0+C_n^1+\cdots+C_n^n=2^n$;

(4) $C_n^1+2C_n^2+\cdots+nC_n^n=n2^{n-1}$;(5) $C_a^0C_b^n+C_a^1C_b^{n-1}+\cdots+C_a^nC_b^0=C_{a+b}^n$,$n=\min(a,b)$;

(6) $(C_n^0)^2+(C_n^1)^2+\cdots+(C_n^n)^2=C_{2n}^n$.

1.3　条件概率

1.3.1　条件概率

在实际问题中，常常会遇到这样的问题：在得到某个信息 A 以后(即在已知事件 A 发生的条件下)，求事件 B 发生的概率. 这时，因为 B 的概率是在已知 A 发生的条件下来求的，所以此时称为在事件 A 发生的条件下事件 B 发生的条件概率，记为 $P(B|A)$. 先看下例.

例 1.3.1　某产品共有 10 件，其中 3 件为次品，其余为正品，不放回抽样，从中任取 2 次，1 次抽 1 件. 问若第 1 次取得的是次品，则第 2 次取到次品的概率为多少?

解　令 $A=\{$第 1 次取得次品$\}$，$B=\{$第 2 次取得次品$\}$，需求 $P(B|A)$，显然

$$P(A)=\frac{3}{10},\quad P(AB)=\frac{3\times 2}{10\times 9}$$

因第 1 次取得了次品，产品剩下 9 件，其中只有 2 件次品，从而

$$P(B|A)=\frac{2}{9}=\frac{\dfrac{3\times 2}{10\times 9}}{\dfrac{3}{10}}=\frac{P(AB)}{P(A)}$$

事实上，设试验的基本事件总数为 n，A 所包含的基本事件数为 $m(m>0)$，AB 所包含的基本事件数为 k，即有

$$P(B|A)=\frac{k}{m}=\frac{k/n}{m/n}=\frac{P(AB)}{P(A)} \tag{1.4}$$

由此引入条件概率的一般定义.

定义 1.5　设 A、B 是两个事件，且 $P(A)>0$，称

$$P(B|A)=P(AB)/P(A) \tag{1.5}$$

为在事件 A 发生的条件下事件 B 发生的条件概率(conditional probability).

同理，当 $P(B)>0$ 时，也可类似定义 A 关于 B 的条件概率.

$$P(A|B)=\frac{P(AB)}{P(B)} \tag{1.6}$$

由于条件概率仍然是概率，因此可以验证条件概率也满足概率的三个公理，即 $P(A)>0$ 时，有

(1) 对每个事件 B，有 $P(B|A)\geqslant 0$；

(2) $P(\Omega|A)=1$；

(3) 设 $B_1,B_2,\cdots$是两两互不相容事件，则有

$$P(\bigcup_{i=1}^{\infty} B_i \mid A) = \sum_{i=1}^{\infty} P(B_i \mid A)$$

证明 用条件概率的定义很容易证明(1)与(2),下面证明(3).因为 $B_1, B_2, \cdots$ 是两两互不相容事件,所以 $B_1A, B_2A, \cdots, B_iA, \cdots$ 也互不相容,故

$$P(\bigcup_{i=1}^{\infty} B_i \mid A) = \frac{P((\bigcup_{i=1}^{\infty} B_i)A)}{P(A)} = \frac{P(\bigcup_{i=1}^{\infty} (B_iA))}{P(A)} = \sum_{i=1}^{\infty} \frac{P(B_iA)}{P(A)} = \sum_{i=1}^{\infty} P(B_i \mid A)$$

由此,可得出条件概率也满足概率所具有的性质,如:

(1) $P(\varnothing|A)=0$;

(2) $P(\bar{B}|A)=1-P(B|A)$;

(3) $P(B_1-B_2|A)=P(B_1|A)-P(B_1B_2|A)$;

(4) $P(B\cup C|A)=P(B|A)+P(C|A)-P(BC|A)$.

计算条件概率可选择两种方法之一:

(1) 在缩小后的样本空间 Ω_A 中计算 B 发生的概率 $P(B|A)$;

(2) 在原样本空间 Ω 中,先计算 $P(AB)$、$P(A)$,再按公式 $P(B|A)=P(AB)/P(A)$计算,求得 $P(B|A)$.

例 1.3.2 设某种动物由出生起活 30 岁以上的概率为 80%,活 40 岁以上的概率为 40%.如果现在有一个 30 岁的这种动物,问它能活 40 岁以上的概率为多少?

解 设事件 $A=\{$能活 30 岁以上$\}$,事件 $B=\{$能活 40 岁以上$\}$.按题意,$P(A)=0.8$,由于 $B\subset A$,因此 $P(AB)=P(B)=0.4$.由条件概率定义,得

$$P(B|A)=\frac{P(AB)}{P(A)}=\frac{0.4}{0.8}=0.5$$

例 1.3.3 一盒中装有 5 只产品,其中有 3 只正品,2 只次品,从中取产品 2 次,每次取 1 只,作不放回抽样,求在第 1 次取到正品条件下,第 2 次取到的也是正品的概率.

解(方法 1) 在原样本空间计算.设 A 表示"第 1 次取到正品"的事件,B 表示"第 2 次取到正品"的事件.由条件得

$$P(A)=3/5$$

$$P(AB)=(3\times 2)/(5\times 4)=3/10$$

故有 $$P(B|A)=P(AB)/P(A)=(3/10)/(3/5)=1/2$$

(方法 2) 在缩小后的空间计算.给产品编号,设 1、2、3 号为正品,4、5 号为次品,样本空间为 $\Omega=\{1,2,3,4,5\}$,若 A 已发生,即在 1、2、3 中抽走 1 只,于是第 2 次抽取所有可能结果的集合中共有 4 只产品,其中有 2 只正品,故得

$$P(B|A)=2/4=1/2$$

下面给出条件概率特有的三个非常实用的公式:乘法公式、全概率公式和贝叶斯公式,这些公式可以帮助我们计算一些较为复杂事件的概率.

1.3.2　乘法公式

由条件概率的定义很容易推得概率的乘法公式(multiplication formula)：

$$P(AB)=P(A)P(B|A)=P(B)P(A|B) \tag{1.7}$$

乘法公式可以推广到 n 个事件的情形：若 $P(A_1A_2\cdots A_{n-1})>0$，则

$$P(A_1A_2\cdots A_n)=P(A_1)P(A_2|A_1)P(A_3|A_1A_2)\cdots P(A_n|A_1\cdots A_{n-1}) \tag{1.8}$$

证明　由条件概率的定义，整理即得式(1.7)；下证式(1.8). 因为

$$P(A_1)\geqslant P(A_1A_2)\geqslant\cdots\geqslant P(A_1A_2\cdots A_{n-1})>0$$

所以式(1.8)中的条件概率都有意义，且按条件概率的定义，式(1.8)的右边等于

$$P(A_1)\cdot\frac{P(A_1A_2)}{P(A_1)}\cdot\frac{P(A_1A_2A_3)}{P(A_1A_2)}\cdot\cdots\cdot\frac{P(A_1A_2A_3\cdots A_n)}{P(A_1A_2A_3\cdots A_{n-1})}=P(A_1A_2A_3\cdots A_n)$$

从而式(1.8)成立.

例 1.3.4　在一批由 80 件正品、20 件次品组成的产品中，不放回接连抽取 2 件产品，问第 1 件取正品，第 2 件取次品的概率为多少？

解　设事件 $A=\{$第 1 件取正品$\}$，事件 $B=\{$第 2 件取次品$\}$. 按题意，$P(A)=\frac{80}{100}$，$P(B|A)=\frac{20}{99}$. 由乘法公式，得

$$P(AB)=P(A)P(B|A)=\frac{80}{100}\times\frac{20}{99}=\frac{16}{99}\approx 0.1616$$

例 1.3.5　设盒中有 m 只红球、n 只白球，每次从盒中任取 1 只球，看后放回，再放入 k 只与所取颜色相同的球. 若在盒中连取 4 次，试求第 1 次、第 2 次取到红球，第 3 次、第 4 次取到白球的概率.

解　设 $R_i(i=1,2,3,4)$表示第 i 次取到红球的事件，$\overline{R}_i(i=1,2,3,4)$表示第 i 次取到白球的事件，则有

$$\begin{aligned}P(R_1R_2\overline{R_3}\,\overline{R_4})&=P(R_1)P(R_2|R_1)P(\overline{R_3}|R_1R_2)P(\overline{R_4}|R_1R_2\overline{R_3})\\&=\frac{m}{m+n}\cdot\frac{m+k}{m+n+k}\cdot\frac{n}{m+n+2k}\cdot\frac{n+k}{m+n+3k}\end{aligned}$$

1.3.3　全概率公式

为了计算复杂事件的概率，经常把一个复杂事件分解为若干个互不相容的简单事件的和，通过分别计算简单事件的概率，最后来求得复杂事件的概率，这就是下面要讲的全概率公式. 在讲解全概率公式前，先给出一个概念.

定义 1.6　设 $A_1,A_2,\cdots,A_n$ 为样本空间 Ω 的一个事件组，且满足：

(1) $A_1,A_2,\cdots,A_n$ 互不相容，

(2) $A_1\cup A_2\cup\cdots\cup A_n=\Omega$，

则称 $A_1,A_2,\cdots,A_n$ 为样本空间 Ω 的一个划分.

划分的意义就在于将样本空间 Ω 分成 n 个子集，且要求分法满足“既不重复，也不遗漏”.

定理 1.1（全概率公式，complete probability formula） 设 $A_1,A_2,\cdots,A_n$ 为样本空间 Ω 的一个划分，且 $P(A_i)>0(i=1,2,\cdots,n)$，则对 Ω 中的任意一个事件 $B\subset\Omega$ 都有

$$P(B)=P(A_1)P(B|A_1)+P(A_2)P(B|A_2)+\cdots+P(A_n)P(B|A_n) \tag{1.9}$$

证明 因为

$$B=B\Omega=B(A_1\cup A_2\cup\cdots\cup A_n)=BA_1\cup BA_2\cup\cdots\cup BA_n$$

由假设知 $(BA_i)(BA_j)=\varnothing,i\neq j$，得到

$$\begin{aligned}P(B)&=P(BA_1)+P(BA_2)+\cdots+P(BA_n)\\&=P(A_1)P(B|A_1)+P(A_2)P(B|A_2)+\cdots+P(A_n)P(B|A_n)\end{aligned}$$

注 (1) 条件 $A_1,A_2,\cdots,A_n$ 为样本空间 Ω 的一个划分，可改为 $A_1,A_2,\cdots,A_n$ 互不相容，且 $B\subset\bigcup\limits_{i=1}^{n}A_i$，全概率公式仍然成立.

(2) 对可列个事件 $A_1,A_2,\cdots,A_n,\cdots$ 互不相容，且 $B\subset\bigcup\limits_{i=1}^{\infty}A_i$，全概率公式仍然成立，只需将公式右端写成可列项之和即可.

例 1.3.6 已知有一个 8 人的团队，现需确定出 1 个名额去参加比赛，采用轮流抓阄的方式，问第 2 个人抓到的概率为多少？

解 设 $A_i=\{$第 i 人抓到$\}(i=1,2)$，于是

$$P(A_1)=\frac{1}{8},\quad P(\overline{A_1})=\frac{7}{8},\quad P(A_2|A_1)=0,\quad P(A_2|\overline{A_1})=\frac{1}{7}$$

由全概率公式

$$P(A_2)=P(A_1)P(A_2|A_1)+P(\overline{A_1})P(A_2|\overline{A_1})=0+\frac{7}{8}\times\frac{1}{7}=\frac{1}{8}=P(A_1)$$

从这道题，我们可以看到，第 1 个人和第 2 个人抓到的概率一样；事实上，每个人抓到的概率都一样. 这就是“抓阄不分先后原理”.

注 该原理可推广到一般摸彩模型. 如果设 n 张彩票中有 $k(\leqslant n)$ 张可以中奖，则可得

$$P(A_1)=P(A_2)=\cdots=P(A_n)=\frac{k}{n}$$

这说明，购买彩票时，不论先买后买，中奖机会是相等的.

例 1.3.7 设有一仓库有一批产品，已知其中 40%、30%、30%依次是甲、乙、丙厂生产的，且甲、乙、丙厂生产的次品率分别为 $\frac{1}{15}$、$\frac{1}{20}$、$\frac{1}{25}$，现从这批产品中任取一件，求取得正品的概率.

解　以 A_1、A_2、A_3 分别表示事件"取得的这箱产品是甲、乙、丙厂生产的"；以 B 表示事件"取得的产品为正品"，于是

$$P(A_1)=\frac{4}{10},\quad P(A_2)=\frac{3}{10},\quad P(A_3)=\frac{3}{10}$$

$$P(B|A_1)=\frac{14}{15},\quad P(B|A_2)=\frac{19}{20},\quad P(B|A_3)=\frac{24}{25}$$

按全概率公式，有

$$\begin{aligned}P(B)&=P(B|A_1)P(A_1)+P(B|A_2)P(A_2)+P(B|A_3)P(A_3)\\&=\frac{14}{15}\times\frac{4}{10}+\frac{19}{20}\times\frac{3}{10}+\frac{24}{25}\times\frac{3}{10}\approx 0.9463\end{aligned}$$

例 1.3.8　保险公司认为某险种的投保人可以分为两类：一类为易出事故者，另一类为安全者.统计表明：一个易出事故者在一年内发生事故的概率为 0.4，而安全者这个概率则为 0.1.若假定易出事故者占此险种投保人的比例为 0.3，现有一个新的投保人来投此险种，问该投保人在购买保单后一年内将出事故的概率为多少？

解　记 A="投保人在一年内出事故"，B="投保人为易出事故者"，则 $\bar{B}$="投保人为安全者"，且 $P(\bar{B})=0.7$，由全概率公式得

$$P(A)=P(B)P(A|B)+P(\bar{B})P(A|\bar{B})=0.3\times 0.4+0.7\times 0.1=0.19$$

1.3.4　贝叶斯公式

定理 1.2(贝叶斯公式)　设 B 是样本空间 Ω 的一个事件，$A_1,A_2,\cdots,A_n$ 为 Ω 的一个划分，且满足 $P(A_i)>0(i=1,2,\cdots,n)$；对任意的随机事件 $B\subset\Omega$，若 $P(B)>0$，则

$$P(A_k|B)=\frac{P(A_kB)}{P(B)}=\frac{P(A_k)P(B|A_k)}{P(A_1)P(B|A_1)+\cdots+P(A_n)P(B|A_n)}\tag{1.10}$$

这个公式称为贝叶斯公式(Bayesian Formula)，也称后验公式[3].

例 1.3.9　有 1 台机床，当其正常时，产品的合格率为 90%，当其不正常时，产品的合格率为 40%.由历史数据分析显示：每天上班开动机床时，机床是正常的概率为 80%.现有某检验人员为了检验机床是否正常，开动机床生产出了一件产品，经检验，该产品为合格.问此时机床处于正常状态的概率为多少？

解　设 A={机器正常}，$\bar{A}$={机器不正常}，B={产品合格}，$\bar{B}$={产品不合格}，于是，有

$$P(A)=0.8,\quad P(\bar{A})=0.2,\quad P(B|A)=0.9,\quad P(B|\bar{A})=0.4$$

---

[3]　在全概率公式和贝叶斯公式中，要求 $A_1,A_2,\cdots,A_n$ 为 Ω 的一个划分，若将这一条件改为"$A_iA_j=\varnothing$，$i\neq j,i,j=1,2,\cdots,n$，且 $P(A_1\cup A_2\cup\cdots\cup A_n)=1$"，则两个公式仍然成立.

按贝叶斯公式，有

$$P(A|B)=\frac{P(AB)}{P(B)}=\frac{P(A)P(B|A)}{P(A)P(B|A)+P(\overline{A})P(B|\overline{A})}=\frac{0.8\times0.9}{0.8\times0.9+0.2\times0.4}=0.9$$

所以此时机床处于正常状态的概率为 0.9.

例 1.3.10 根据以往的记录，某种诊断肺炎的试验有如下效果：对肺炎病人的试验呈阳性的概率为 0.96；对非肺炎病人的试验呈阴性的概率为 0.94. 对自然人群进行普查的结果为：有千分之六的人患有肺炎. 现有某人做此试验结果为阳性，问此人确有肺炎的概率为多少？

解 设 $A=\{$某人做此试验结果为阳性$\}$，$B=\{$某人确有肺炎$\}$，由已知条件有

$$P(A|B)=0.96,\quad P(\overline{A}|\overline{B})=0.94,\quad P(B)=0.006$$

从而

$$P(\overline{B})=1-P(B)=0.994,\quad P(A|\overline{B})=1-P(\overline{A}|\overline{B})=0.06$$

由贝叶斯公式，有

$$P(B|A)=\frac{P(AB)}{P(A)}=\frac{P(B)P(A|B)}{P(B)P(A|B)+P(\overline{B})P(A|\overline{B})}=0.0881$$

本题的结果表明，虽然 $P(A|B)=0.96$，$P(\overline{A}|\overline{B})=0.94$，这两个概率都很高. 但若将此试验用于普查，则有 $P(B|A)=0.0881$，即其正确性只有 8.81%. 如果不注意到这一点，将会经常得出错误的诊断. 这也说明，如果将 $P(A|B)$ 和 $P(B|A)$ 搞混了，就会造成不良的后果[4].

条件概率的三个公式中，乘法公式是求事件交的概率. 全概率公式是求一个复杂事件的概率，而贝叶斯公式是求一个条件概率.

下面将利用贝叶斯公式解释寓言故事《狼来了》中第三天村民不上山救牧童的原因.

例 1.3.11 寓言故事《狼来了》讲的是一个小孩每天到山上放羊，山里有狼出没. 第一天，他在山上喊："狼来了，狼来了"，山下的村民闻声便去打狼，可到山上，发现狼没有来. 第二天仍是如此. 第三天，狼真的来了，可小孩无论怎么喊，也没有人来救他. 试用数据分析村民对此小孩的信任程度是如何下降的.

解 假设事件 $A=\{$小孩说谎$\}$，事件 $B=\{$小孩可信$\}$，村民对小孩的最初印象：

$$P(B)=0.8,\quad P(\overline{B})=0.2,\quad P(A|B)=0.1,\quad P(A|\overline{B})=0.6.$$

（可信的孩子说谎的可能性为 0.1，不可信的孩子说谎的可能性为 0.6）

当小孩第一次说谎时，用贝叶斯公式可计算出他的可信度变为 0.4.

$$P(B|A)=\frac{P(AB)}{P(A)}=\frac{P(B)P(A|B)}{P(B)P(A|B)+P(\overline{B})P(A|\overline{B})}=\frac{0.8\times0.1}{0.8\times0.1+0.2\times0.6}=0.4$$

---

[4] 尊重试验结果，但也不能因一次试验结果而做出最终的判断，要采用科学、严谨的态度，尽量避免偶然因素所引起的误判，要相信统计科学，不盲从、不轻信.

当小孩第二次说谎时，他的可信度已经下降到0.1.

$$P(B|A)=\frac{P(AB)}{P(A)}=\frac{P(B)P(A|B)}{P(B)P(A|B)+P(\overline{B})P(A|\overline{B})}=\frac{0.4\times0.1}{0.4\times0.1+0.6\times0.6}=0.1$$

(修正后的 $P(B)=0.4$)

如此低的可信度，村民第三次听到呼救时怎么会再上山救牧童呢？

这个故事给大家什么启发？做人要诚实守信.试想若某人向银行贷款，连续两次未还，银行还会第三次贷款给他吗？

诚信是中华民族的传统美德，是一个人的立身之本.孔子曰："人而无信，不知其可也."在现代社会，诚信是公民必须恪守的基本道德准则之一，是社会主义核心价值观的基本内容之一.

习　题　1.3

(一) 基础练习题

1. 设 A、B 为两个事件：

(1) 若 $P(A)=a, P(B)=b(b\neq0), A\subset B$，则 $P(A|B)=$______；

(2) 若 $P(A)=0.6, P(B)=0.8, P(B|\overline{A})=0.5$，则 $P(A|B)=$______；

(3) 若 $P(A)=\frac{1}{4}, P(B|A)=\frac{1}{3}, P(A|B)=\frac{1}{2}$，则 $P(\overline{A}\overline{B})=$______.

2. 选择题.

(1) 设 A、B 为两个事件互不相容，且 $P(A)>0, P(B)>0$，则有(　　).

A. $P(B|A)>0$　　B. $P(A|B)=P(A)$

C. $P(A|B)=0$　　D. $P(AB)=P(A)P(B)$

(2) 假设随机事件 $A(P(A)>0)$ 与 B 满足 $P(B|A)=1$，则(　　).

A. $A=B$　　B. $A\subset B$　　C. $P(A-B)=0$　　D. $P(B|\overline{A})=0$

3. 求证下列命题：

(1) 设 $P(A)=a, P(B)=b$，则 $P(A|B)\geqslant\frac{a+b-1}{b}$；

(2) 若 $P(A|B)>P(A)$，则 $P(B|A)>P(B)$.

4. 一批彩电，共100台，其中有10台次品，采用不放回抽样依次抽取3次，每次抽1台，求第3次才抽到合格品的概率.

5. 在一个盒中装有15个乒乓球，其中有9个新球，在第一次比赛中任意取出3个球，比赛后放回原盒中；第二次比赛同样任意取出3个球，求第二次取出的3个球均为新球的概率.

6. 甲盒有正品6只、次品4只；乙盒有正品5只、次品2只.现从中任取1盒，再从盒中任取1只产品，求其恰为正品的概率.

7. 两批相同的产品分别有 12 件和 10 件，在每批产品中都有 1 件废品. 今从第 1 批中任意抽取 2 件放入第 2 批中，再从第 2 批中任取 1 件，求从第 2 批中取出废品的概率为多少？

8. 在一批同一规格的产品中，甲、乙两厂生产的产品分别占 30% 和 70%，其产品的合格率分别为 98% 和 90%.

(1) 从该批产品中任意抽取 1 件合格品的概率为多少？

(2) 今有一顾客买了 1 件产品，发现是次品，那么这件次品是甲厂生产的概率为多少？

9. 某单项选择题有 4 个答案可供选择. 已知有 60% 的考生对相关知识完全掌握，他们可选出正确答案；20% 的考生对相关知识部分掌握，他们可剔除 2 个不正确的答案，然后随机选 1 个答案；20% 的考生对相关知识完全不掌握，他们任意选 1 个答案. 现任选一位考生：

(1) 求其选对答案的概率.

(2) 若已知该考生选对答案，问其确实完全掌握相关知识的概率为多少？

10. 某工厂生产的产品以 100 件为一批，假定每一批产品中的次品数最多不超过 4 件，且具有如表 1-3-10 题所示概率.

表 1-3-10 题

一批产品中的次品数	0	1	2	3	4
概率	0.1	0.2	0.4	0.2	0.1

现进行抽样检验，从每批中随机取出 10 件来检验，若发现其中有次品，则认为该批产品不合格，求一批产品通过检验的概率.

11. 设某工厂有甲、乙、丙 3 个车间生产同一种产品，产量依次占全厂的 45%、35%、20%，且各车间的次品率分别为 4%、2%、5%，现在从一批产品中检查出 1 个次品，问该次品是由哪个车间生产的可能性最大？

(二) 提高练习题

1. 选择题.

(1) (2016.3) 设 A,B 为随机事件，$0<P(A)<1,0<P(B)<1$，若 $P(A|B)=1$，则下面正确的是(　　).

A. $P(\overline{B}|\overline{A})=1$　　B. $P(A|\overline{B})=0$　　C. $P(A\cup B)=1$　　D. $P(B|A)=1$

(2) (2012.3) 设 A、B、C 是随机事件，A、C 互不相容，$P(AB)=\dfrac{1}{2}$，$P(C)=\dfrac{1}{3}$，则 $P(AB|\overline{C})=$______.

2. (证明题) 设 $P(A)=p,P(B)=1-\varepsilon$，证明：

$$\frac{p-\varepsilon}{1-\varepsilon}\leqslant P(A|B)\leqslant\frac{p}{1-\varepsilon}$$

3. 袋中装有 m 枚正品硬币，n 枚次品硬币(次品硬币的两面均印有国徽). 在袋中任取一枚，将它投掷 r 次，已知每次都得到国徽. 试问这枚硬币是正品的概率是多少?

4. 口袋中有一个球，不知它的颜色是黑色还是白色. 现再往口袋中放入一个白球，然后从口袋中任意取出一个，发现取出的是白球，试问口袋中原来那个球是白球的可能性是多大?

5. m 个人相互传球，球从甲开始传出，每次传球时，传球者等可能地把球传给其余 $m-1$ 个人中的任何一个，求第 n 次传球仍由甲传出的概率.

6. 甲、乙两人轮流掷一颗骰子，甲先掷，每当某人掷出 1 点时，则交给对方掷，否则此人继续掷. 试求第 n 次由甲掷的概率.

7. 甲口袋有 1 个黑球、2 个白球，乙口袋有 3 个白球. 每次从两口袋中各任取一球，交换后放入另一个口袋. 求交换 n 次后，黑球仍在甲口袋中的概率.

8. 口袋中有 a 个白球，b 个黑球，n 个红球，现从中一个一个不放回地取球. 试证白球比黑球出现得早的概率为 $a/(a+b)$，与 n 无关.

1.4 事件的独立性

1.4.1 两个事件的独立性

设 A、B 是两个事件，一般而言 $P(A)\neq P(A|B)$，这表示事件 B 的发生对事件 A 的发生的概率有影响，只有当 $P(A)=P(A|B)$时才可以认为 B 的发生与否对 A 的发生毫无影响，这时就称两事件是独立的. 此时，由条件概率可知

$$P(AB)=P(B)P(A|B)=P(B)P(A)=P(A)P(B)$$

由此，我们引出下面的定义.

定义 1.7 若两事件 A、B 满足 $P(AB)=P(A)P(B)$，则称 A、B 相互独立(mutual independence).

由定义，很容易得出独立的充要条件如下.

定理 1.3 设 A、B 为两事件，且 $P(A)>0$，则事件 A 与 B 独立的充要条件为 $P(B|A)=P(B)$，同理，若 $P(B)>0$，则事件 A 与 B 独立的充要条件为 $P(A|B)=P(A)$.

定理 1.4 若四对事件$\{A,B\}$，$\{\overline{A},B\}$，$\{A,\overline{B}\}$，$\{\overline{A},\overline{B}\}$中有一对是相互独立的，

则另外三对也是相互独立的.

证明 假设事件 A、B 相互独立，我们来证明 $\overline{A}$、B 相互独立(余下两对类似).

因为事件 A、B 相互独立，所以

$$P(AB)=P(A)P(B)$$

由于
$$\begin{aligned}P(\overline{A}B)&=P(B-A)=P(B)-P(AB)=P(B)-P(A)P(B)\\&=P(B)[1-P(A)]=P(B)P(\overline{A})\end{aligned}$$

故由独立的定义可知：$\overline{A}$、B 相互独立.

注 对定理 1.4 的直观理解也是显然的：因为 A、B 独立，则 A 的发生不影响 B 的发生，那么 A 的发生也自然不影响 B 的不发生，A 的不发生也不会影响 B 的发生，A 的不发生也不会影响 B 的不发生.

例 1.4.1 设 $0<P(A)<1$，$0<P(B)<1$，证明：

(1) 若 A 与 B 互不相容，则 A 与 B 一定不独立；

(2) 若 A 与 B 相互独立，则 A 与 B 一定是相容的.

证明 (1) 由于 $AB=\varnothing$，则 $P(AB)=0$，而 $P(A)P(B)\neq 0$，因此 $P(AB)\neq P(A)P(B)$，即 A 与 B 一定不独立.

(2) 由于 A 与 B 相互独立，故有 $P(AB)=P(A)P(B)>0$，因此 $AB\neq\varnothing$，即 A 与 B 一定是相容的.

注 (1) 概率为 0 的事件以及概率为 1 的事件与任意一个事件都相互独立；

(2) 当 $1>P(A)>0$，$1>P(B)>0$ 时，“A、B 相互独立”与“A、B 互斥”不能同时成立. 事件的独立性与互斥是两码事，互斥性表示两个事件不能同时发生，而独立性则表示它们彼此不影响.

(3) 在实际问题中，我们一般不用定义来判断两事件 A、B 是否相互独立，而是相反，我们是从试验的具体条件以及试验的具体本质[5]来分析，从而去判断它们有无关联、是否独立. 如果相互独立，就可以用定义中的公式来计算积事件的概率了.

例 1.4.2 两门高射炮彼此独立地射击一架敌机，设甲炮击中敌机的概率为 0.85，乙炮击中敌机的概率为 0.75，求敌机被击中的概率.

解 设 $A=\{$甲炮击中敌机$\}$，$B=\{$乙炮击中敌机$\}$，那么 $C=\{$敌机被击中$\}=A\cup B$. 因为 A 与 B 相互独立，所以有

$$\begin{aligned}P(C)&=P(A\cup B)=P(A)+P(B)-P(AB)=P(A)+P(B)-P(A)P(B)\\&=0.85+0.75-0.85\times 0.75=0.9625\end{aligned}$$

---

[5] 理论来自实践，理论需要实践进行检验，理论又可以指导实践，要注意两者之间的辩证关系.

1.4.2 多个事件的独立性

定义 1.8 设 A、B、C 是三个事件，如果满足：

$$P(AB)=P(A)P(B),\quad P(BC)=P(B)P(C),\quad P(AC)=P(A)P(C) \tag{1.11}$$

则称这三个事件 A、B、C 是两两独立的.

定义 1.9 设 A、B、C 是三个事件，如果满足：

$$P(AB)=P(A)P(B),\quad P(BC)=P(B)P(C),\quad P(AC)=P(A)P(C)$$
$$P(ABC)=P(A)P(B)P(C) \tag{1.12}$$

则称这三个事件 A、B、C 是相互独立的.

注 三个事件相互独立一定是两两独立的，但两两独立未必是相互独立. 请看下例.

例 1.4.3 盒中有编号为 1、2、3、4 的 4 张卡片，现从中任取 1 张. 设事件 A 表示取到 1 号卡片或 2 号卡片，B 表示取到 1 号卡片或 3 号卡片，C 表示取到 1 号卡片或 4 号卡片，试分别讨论事件 A、B、C 的两两独立性和相互独立性.

解 由题意可知：

$$P(A)=P(B)=P(C)=\frac{1}{2},\quad P(AB)=P(AC)=P(BC)=\frac{1}{4},\quad P(ABC)=\frac{1}{4}$$

显然有

$$P(AB)=P(A)P(B),\quad P(BC)=P(B)P(C)$$
$$P(AC)=P(A)P(C),\quad P(ABC)\neq P(A)P(B)P(C)$$

所以事件 A、B、C 是两两独立的，但不是相互独立.

事件的相互独立性概念可推广到多个事件的情形[6]：

定义 1.10 设 $A_1,A_2,\cdots,A_n$ 是 n 个事件，若取任意 $k(1<k\leqslant n)$，对任意 $1\leqslant i_1<i_2<\cdots<i_k\leqslant n$，都成立

$$P(A_{i_1}A_{i_2}\cdots A_{i_k})=P(A_{i_1})P(A_{i_2})\cdots P(A_{i_k}) \tag{1.13}$$

则称事件 $A_1,A_2,\cdots,A_n$ 相互独立.

从该定义可以看出，n 个事件相互独立，必须有 $C_n^2+C_n^3+\cdots+C_n^n=2^n-1-n$ 个式子成立，而 n 个事件两两独立，则只需其中 C_n^2 个式子成立 $P(A_iA_j)=P(A_i)P(A_j)(i\neq j;i,j=1,2,\cdots,n)$ 即可.

也就是说，n 个事件相互独立，一定有两两独立，反之不成立.

另外，由定义可知，若 $A_1,A_2,\cdots,A_n(n\geqslant 2)$ 相互独立，则其中任意 $k(2\leqslant k\leqslant n)$ 个

---

[6] 通过 2 个、3 个事件的独立到抽象的 n 个事件的独立的拓展，明白具体提炼到抽象、抽象指导具体之间的逻辑辩证联系.

事件也是相互独立的.

定理 1.5 如果 $A_1, A_2, \cdots, A_n$ 这 n 个随机事件相互独立,则 $A_{i_1}, A_{i_2}, \cdots, \overline{A_{i_m}}, \overline{A_{i_{m+1}}}, \cdots, \overline{A_{i_n}}$ 这 n 个随机事件也相互独立,其中 $i_1, i_2, \cdots, i_m, i_{m+1}, \cdots, i_n$ 为 $1, 2, \cdots, n$ 的一个全排列,即若 n 个事件 $A_1, A_2, \cdots, A_n (n \geqslant 2)$ 相互独立,则将 $A_1, A_2, \cdots, A_n$ 中任意多个事件换成它们的对立事件,所得的 n 个事件仍相互独立.

例 1.4.4 三人独立破译一密码,他们能单独破译出的概率分别为 $\frac{1}{5}$、$\frac{1}{3}$、$\frac{1}{4}$,问能将此密码译出的概率为多少?

解 设 $B=\{$能破译密码$\}$,$A_i=\{$第 i 个人译出密码$\}$,$i=1,2,3$,且 A_i 间相互独立,则

$$P(B)=P(A_1 \cup A_2 \cup A_3)=1-P(\overline{A_1 \cup A_2 \cup A_3})=1-P(\overline{A_1}\,\overline{A_2}\,\overline{A_3})$$

$$=1-P(\overline{A_1})P(\overline{A_2})P(\overline{A_3})=1-\left(1-\frac{1}{5}\right)\left(1-\frac{1}{3}\right)\left(1-\frac{1}{4}\right)=\frac{3}{5}$$

例 1.4.5 一产品的生产分 4 道工序完成,4 道工序生产的次品率分别为2.5%、3.5%、4%、3%,各道工序独立完成,求该产品的次品率.

解 设 $A=\{$该产品是次品$\}$,$A_i=\{$第 i 道工序生产出次品$\}$,$i=1,2,3,4$,且 A_i 间相互独立,则

$$P(A)=1-P(\overline{A})=1-P(\overline{A_1}\,\overline{A_2}\,\overline{A_3}\,\overline{A_4})=1-P(\overline{A_1})P(\overline{A_2})P(\overline{A_3})P(\overline{A_4})$$

$$=1-(1-0.025)(1-0.035)(1-0.04)(1-0.03)$$

$$=0.1238572$$

在上两例中,利用独立性和对偶律可以大大简化计算.

事实上,若 $A_1, A_2, \cdots, A_n$ 相互独立,则

$$P(A_1 \cup A_2 \cup \cdots \cup A_n)=1-P(\overline{A_1 \cup A_2 \cup \cdots \cup A_n})=1-P(\overline{A_1}\,\overline{A_2}\cdots\overline{A_n})$$

$$=1-P(\overline{A_1})P(\overline{A_2})\cdots P(\overline{A_n}) \tag{1.14}$$

特别地,若 $P(A_i)=p, i=1,2,\cdots,n$,则

$$P(A_1 \cup A_2 \cup \cdots \cup A_n)=1-(1-p)^n \to 1 \quad (\text{若 } n \to \infty)$$

即"小概率事件迟早是要发生的". 俗话说,"智者千虑,必有一失",也就说明了这个道理. 因此在日常生活与工作中,绝不能轻视小概率事件.

一个事件如果发生的概率很小,那么它在一次试验中几乎是不可能发生的,但在多次重复试验中几乎是必然发生的,数学上称为小概率原理. "智者千虑,必有一失""常在河边走,哪有不湿鞋的"是我们常说的话,其对应的数学理论就是小概率原理,这也警示我们不可忽视小概率事件的影响. 以"敬畏"的态度对待坏的小概率事件,以积极向上的心态对待好的小概率事件.

例 1.4.6 俗话说:"三个臭皮匠,顶个诸葛亮",试从概率论角度讨论该问题.

解 现有一个问题需要解决，请来了三个臭皮匠. 设事件 A_i：第 i 个臭皮匠解决问题，$i=1,2,3$；事件 B：问题解决了. 假设三个臭皮匠解决问题是独立的，并假定三个臭皮匠解决问题的概率分别为：$P(A_1)=0.45$，$P(A_2)=0.55$，$P(A_3)=0.60$，则三个臭皮匠凑在一起解决问题的概率为

$$P(B)=P(A_1\cup A_2\cup A_3)=1-P(\overline{A_1\cup A_2\cup A_3})=1-P(\overline{A_1}\,\overline{A_2}\,\overline{A_3})$$
$$=1-P(\overline{A_1})P(\overline{A_2})P(\overline{A_3})=1-(1-45\%)(1-55\%)(1-60\%)=90.1\%$$

三个人单独解决问题的概率分别是 0.45、0.55、0.6，显然这三个臭皮匠都不算聪明，但三个臭皮匠凑一起解决问题的概率高达 0.901. 验证了俗语“三个臭皮匠，顶个诸葛亮”.

一个人的力量有限，要学会同心协力、集思广益，人多不仅智慧广，而且力量也大. 只要团结一致，齐心协力，就一定能够取得最后的胜利. 2020 年，一场突如其来的公共卫生事件，让我们感受到了中国人民的团结友爱. 疫情的严峻形势下，我们看到更多的不是可怕和恐慌，而是大家团结一心、众志成城. 中国人民都能紧紧团结在党和政府的周围，凝聚成强大的力量，在困难面前永不退缩，顽强拼搏，最终取得了抗战疫情的阶段性胜利.

例 1.4.7 某彩票每周开奖一次，每次提供十万分之一的中奖机会，且各周开奖是相互独立的. 若你每周买一张彩票，坚持 10 年(每年 52 周)之久，你从未中奖的可能性是多少?

解 按假设，每次中奖的概率为 10^{-5}，于是每次不中奖的可能性为 $1-10^{-5}$. 另外，10 年中共购买彩票 520 次，每次开奖都是相互独立的，相当于进行了 520 次独立重复试验. 记 A_i 为“第 i 次不中奖”($i=1,2,\cdots,520$)，则 $A_1,A_2,\cdots,A_{520}$ 相互独立，由此可得

$$P(A_1A_2\cdots A_{520})=P(A_1)P(A_2)\cdots P(A_{520})=(1-10^{-5})^{520}=0.9948$$

这个概率表明，10 年内从未中奖的概率是很高的，也就是说 10 年内从未中奖是很正常的事. 因此，这也告诫我们，不要总是幻想着通过彩票中奖来达到生活富裕的目的，而是要通过自己的勤奋和努力去获得知识，获得财富.

习 题 1.4

(一) 基础练习题

1. 假设事件 A、B 独立，证明 $\overline{A}$、$\overline{B}$ 也相互独立.
2. 试证概率为零以及概率为 1 的事件与任一事件相互独立.
3. 设两事件 A、B 独立：

(1) 若 $P(A)=0.6$，$P(B)=0.7$，则 $P(A-B)=$______，$P(\overline{A}-B)=$______.

(2) 若 $P(A\cup B)=0.6$，$P(A)=0.4$，则 $P(B)=$______.

(3) 若只有 A 发生的概率和只有 B 发生的概率都等于 0.25,则 $P(A)=$______,$P(B)=$______.

4. 一射手对同一目标射击 4 次,设每次是否命中目标是相互独立的,已知至少命中一次的概率为$\frac{80}{81}$,则该射手的命中率为多少?

5. 一人看管三台机器,一段时间内,三台机器要人看管的概率分别为 0.1、0.2、0.15,各台机器是否要看管相互独立,求一段时间内:

(1) 没有一台机器要看管的概率 ;

(2) 至少一台机器不要看管的概率;

(3) 至多一台机器要看管的概率.

(二) 提高练习题

1. 设随机事件 A、B、C 两两独立,且 C 与 $A-B$ 相互独立,求证 A、B、C 相互独立.

2. (1989.1) 甲、乙两人独立地对同一目标射击一次,其命中率分别为 0.6 和 0.5,现已知目标被命中,则它是甲射击中的概率为______.

3. 设随机事件 A、B 相互独立,且 $P(A-B)=P(B-A)=\frac{1}{4}$,求 $P(AB|A\cup B)$.

4. 设随机事件 A、B、C 两两独立,且 C 与 $A-B$ 相互独立,求证 A、B、C 相互独立.

5. 设一系统由 n 个独立工作的电子元件并联而成,且每个电子元件正常工作的概率为 0.3,试求该系统正常工作的概率. 若要求系统正常工作的概率至少为 0.99,问 n 至少取多少?

综合练习 1

(一) 综合基础练习题

1. 填空题.

(1) 设 A、B 为互不相容两事件,$P(A)=0.6$,则 $P(B)$的最大值是______.

(2) 红、黄、蓝三个球随意放入 4 个盒子中,恰有一个盒子无球放入的概率是______.

(3) 已知 $P(A)=0.4$,$P(A\bar{B})=0.1$,则 $P(AB)=$______.

(4) 设 $P(A)=0.7$,$P(A\text{-}B)=0.3$,则 $P(\overline{AB})=$______.

(5) 已知 $P(A)=\frac{1}{4}$, $P(A|B)=\frac{1}{2}$,$P(B|A)=\frac{1}{3}$,则 $P(A\cup B)=$______.

(6) 设 $P(A)=P(B)=0.4$,$P(B\cup A)=0.5$,则 $P(A|\bar{B})=$______.

(7) 设 A、B 是相互独立的两个事件,$P(A)=0.4$,则 $P(\bar{A}|\bar{B})=$______.

(8) 设事件 A、B 相互独立，且 $P(A)=0.6$，$P(B)=0.5$，则 $P(\overline{A}-B)=$______.

2. 选择题.

(1) 设 A、B 为随机事件，$P(B)>0$，则(　　).

A. $P(A\cup B)\geqslant P(A)+P(B)$　　B. $P(A-B)\geqslant P(A)-P(B)$

C. $P(AB)\geqslant P(A)P(B)$　　D. $P(A|B)\geqslant \dfrac{P(A)}{P(B)}$

(2) 设 $0<P(A)<1$，$0<P(B)<1$，$P(A|B)+P(\overline{A}|\overline{B})=1$，则(　　).

A. 事件 A 与事件 B 互不相容　　B. 事件 A 与事件 B 互相对立

C. 事件 A 与事件 B 相互独立　　D. 事件 A 与事件 B 互不独立

(3) 设随机事件 A、B、C 相互独立，$P(A)$，$P(B)$，$P(C)\in(0,1)$，则必有(　　).

A. $A-B$ 与 $B-A$ 独立　　B. AC 与 BC 独立

C. $P(AB|C)=P(A|C)P(B|C)$　　D. $A-C$ 与 $B-C$ 独立

(4) 设两两独立且概率相等的三事件 A、B、C 满足条件 $P(A\cup B\cup C)=\dfrac{9}{16}$，且 $ABC=\varnothing$，则 $P(A)$ 的值为(　　).

A. $\dfrac{1}{4}$　　B. $\dfrac{3}{4}$　　C. $\dfrac{1}{4}$或$\dfrac{3}{4}$　　D. $\dfrac{1}{3}$

3. 设 A、B、C 是三个事件，试用 A、B、C 间的关系表示以下事件：

(1) A、C 发生但 B 不发生；

(2) A、B、C 中仅有两个发生；

(3) A、B、C 中至多有一个发生.

4. 已知在 10 只晶体管中有 2 只次品，在其中任取 2 次，每次任取 1 只，做不放回抽样，求下列事件的概率.

(1) 取出的 2 只都是正品；

(2) 取出的 2 只中有 1 只是正品，1 只是次品；

(3) 第 2 次取出的是次品.

5. 有甲、乙、丙三个盒子. 甲盒中装有 2 个红球、4 个白球；乙盒中装有 4 个红球、2 个白球；丙盒中装有 3 个红球、3 个白球. 设到三个盒子中取球的机会均等，今从中任取 1 个球，求它是红球的概率是多少？又已知取出的球是红球，问它来自甲盒的概率是多少？

6. 设某班级有学生 100 人，在概率论学习过程中按照学习态度可分为以下三类：甲类，学习很用功；乙类，学习较用功；丙类，学习不用功. 这三类人数依次为 20 人、60 人、20 人，且这三类学生概率论考试能及格的概率依次为 0.95、0.70、0.05.

(1) 求该班级概率论考试的及格率；

(2) 如果某学生概率论考试没有及格,求该学生是丙类的概率.

7. 某厂有甲、乙、丙三个车间生产同一种产品,各车间产量分别占全厂的30%、30%、40%,各车间产品的合格品率分别为95%、96%、98%.

(1) 求全厂该种产品的合格品率;

(2) 若任取1件产品发现为合格品,求它分别是由甲、乙、丙三个车间生产的概率.

8. 甲、乙两人同时向一目标射击,设甲击中目标的概率为0.7,乙击中目标的概率为0.6,并假设甲、乙中靶与否是独立的,求:

(1) 两人都未中靶的概率;(2)两人中至少有一个中靶的概率;(3)两人中至多有一人中靶的概率.

9. 设高射炮每次击中飞机的概率为0.2,问至少需要多少门这种高射炮同时独立发射(每门射一次)才能使击中飞机的概率达到95%以上.

10. 设电路如图1-10所示,其中1、2、3、4、5为继电器节点,设各继电器节点闭合与否相互独立,且每一继电器闭合的概率为p,求L至R为通路的概率.

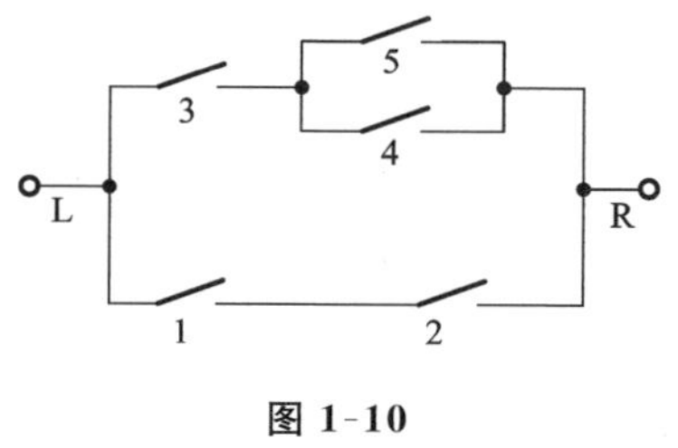

图 1-10

(二) 综合提高练习题

1. 选择题.

(1) (2021.1) 设A、B为随机事件,且$0<P(B)<1$,下列命题中不成立的是(　　).

A. 若$P(A|B)=P(A)$,则$P(A|\overline{B})=P(A)$

B. 若$P(A|B)>P(A)$,则$P(\overline{A}|\overline{B})>P(\overline{A})$

C. 若$P(A|B)>P(A|\overline{B})$,则$P(A|B)>P(A)$

D. 若$P(A|A\cup B)>P(\overline{A}|A\cup B)$,则$P(A)>P(B)$

(2) 设A、B、C为随机事件,A与B独立,$0<P(A)<1$,$P(C)=1$,则事件组(　　).

A. A、B、$A\cup C$不相互独立　　B. A、B、$A-C$不相互独立

C. A、B、AC不相互独立　　D. A、B、$\overline{AC}$不相互独立

(3) 将一枚硬币独立投掷二次,记事件A="第一次掷出正面",B="第二次掷出反面",C="正面最多掷出一次",则事件(　　).

A. A、B、C两两独立　　B. A与BC独立

C. B 与 AC 独立　　　　　　　　D. C 与 AB 独立

(4) 已知 A,B 为随机事件，$0<P(A)<1,0<P(B)<1$，则 $P(\overline{A}|B)=P(B|\overline{A})$ 充要条件是(　　).

A. $P(B|A)=P(B|\overline{A})$　　　　B. $P(A|B)=P(A|\overline{B})$

C. $P(\overline{B}|A)=P(A|\overline{B})$　　　　D. $P(A|B)=P(\overline{A}|B)$

2. 填空题.

(1) 设随机事件 A、B、C 满足 $A\subset C$，$P(AB)=\frac{1}{2}$，$P(C)=\frac{2}{3}$，则 $P(\overline{A}\cup\overline{B}|C)=$______.

(2) 设随机事件 A、B 相互独立，且 $P(A-B)=P(B-A)=\frac{1}{4}$，则 $P(AB|A\cup B)=$______.

(3) (2018.1) 设随机事件 A 与 B 相互独立，A 与 C 相互独立，$BC=\varnothing$，若 $P(A)=P(B)=\frac{1}{2}$，$P(AC|AB\cup C)=\frac{1}{4}$，则 $P(C)=$______.

3. (2022.1) 设 A,B,C 为三个随机事件，A 与 B 互不相容，A 与 C 互不相容，B 与 C 相互独立，且 $P(A)=P(B)=P(C)=\frac{1}{3}$，求 $P(B\cup C|A\cup B\cup C)$.

4. 设随机事件 A,B,C 的概率均为 p，且 A 与 B,C 分别独立，B 与 C 不相容，若 A,B,C 中至少一个发生的概率为 $\frac{7}{9}$，则 A,B,C 中至少发生两个的概率为多少？

5. 已知甲袋有 3 个白球、6 个黑球，乙袋有 5 个白球、4 个黑球，先从甲袋中任取一球放入乙袋，然后再从乙袋中任取一球放回甲袋，则甲袋中白球数不变的概率为多少？

6. 袋中有 50 个乒乓球，其中 20 个是黄球，30 个是白球. 今有两人依次随机地从袋中各取一球，取后不放回，则第二个人取得黄球的概率为多少？

7. 设 $P(AB)=0$，则下列说法哪些是正确的？

(1) A 和 B 不相容；(2) A 和 B 相容；(3) AB 是不可能事件；

(4) AB 不一定是不可能事件；(5) $P(A)=0$ 或 $P(B)=0$；(6) $P(A-B)=P(A)$.

8. 从数 1、2、3、4 中任取一个数，记为 X，再从 $1,2,\cdots,X$ 中任取一个数，记为 Y，试求 $P\{Y=2\}$.

科学家传记(一)

参考答案(一)

第 2 章　一维随机变量及其分布

概率论的另一个十分重要的概念就是随机变量的概念. 随机变量的引入，使得概率论的研究由个别随机事件扩大到随机变量所表征的随机现象的研究，从而就可以用数学分析的方法对随机试验进行更深入、广泛的研究. 本章将重点介绍随机变量的概念以及几类常见随机变量的分布.

【思政目标】

(1) 体会万物皆有联系的辩证唯物主义的思想，理解偶然与必然、量变与质变之间的辩证逻辑关系.

(2) 培养学生攻坚克难的科研精神.

2.1 随机变量

2.1.1 随机变量的概念

在对随机现象的研究中，我们所关心的问题往往是和试验结果有关系的量，这种随试验结果而随机取值的变量称为随机变量. 请看下例.

例 2.1.1 抛掷一枚骰子，观察出现的点数.

若令 X 表示出现的点数，则 $\{X=2\}$ 就表示出现的点数为 2 这一随机事件，$\{X=偶数\}$ 就表示出现的点数为偶数这一随机事件，由此可知利用变量 X 的取值就可以很方便地表示随机事件.

例 2.1.2 一射手射击目标，观察他击中目标的情况.

虽然观察的结果并不具有数量性，但若用"1"表示击中、"0" 表示未击中、X 表示击中的情况，则 $\{X=1\}$ 就可表示击中目标、$\{X=0\}$ 可表示未击中目标.

通过以上两例可以看出，不论随机试验的基本事件是否能用数量表示，总可以用一个变量的取值去描述该试验的结果. 而且，这样引入的变量具有如下特点：

(1) 随着试验结果(基本事件)的不同而取不同的值，是试验结果的函数；

(2) 分别以一定的概率取各个不同的值.

这样的变量，我们称为随机变量，因此可定义如下：

定义 2.1　设 E 为一随机试验，S 为它的样本空间，若 $X=X(\omega)$，$\omega\in S$ 为单值实函数，则称 X 为随机变量[7]，简记为 R. V. X(random variable X).

由定义可知，随机变量就是随试验结果的不同而变化的量[8]，因此可以说，随机变量是随机试验结果的函数；另外，随机变量的取值有一定的概率，如例 2.1.1 中，$P(X=2)=\frac{1}{6}$，$P(X=\text{偶数})=\frac{1}{2}$，因此，引入了随机变量之后，我们就可以用随机变量非常方便地表示任何事件和事件的概率.

随机变量与普通实函数这两个概念既有联系又有区别，都是从一个集合到另一个集合的映射，它们的区别主要在于：普通实函数无须做试验便可依据自变量的值确定函数值，而随机变量的取值在做试验之前是不确定的，只有在做了试验之后，依据所出现的结果才能确定.

今后，在不必强调 ω 时，常省去 ω，简记 $X=X(\omega)$ 为 X. 常用大写字母 X、Y、Z 等表示随机变量，用小写字母 x、y、z 等表示随机变量的值.

2.1.2　随机变量的分类

随机变量分为离散型和非离散型两大类. 离散型随机变量是指其所有可能的取值为有限个或可列无限多个的随机变量，非离散型随机变量是对除了离散型随机变量以外的所有随机变量的总称，而其中最重要的是连续型随机变量. 由于在大多数场合下所涉及的变量基本上是离散型或连续型的随机变量，因此以下将分别单独介绍离散型随机变量和连续型随机变量.

注　另有一种奇异型随机变量超出大纲的范围，所以本书一般不会涉及.

习　题　2.1

1. 分别用适当的随机变量来表示下列随机事件.

(1) 从某班上随机抽出一同学，观察其性别，并用随机变量表示事件“性别为男”.

(2) 从一批电子元件中任意抽取 1 个，测试它的寿命，用随机变量表示事件“任取 1 个电子元件，其寿命超过 1500 h”“任取 1 个电子元件，其寿命不超过 2000 h”.

(3) 当你走到十字路口时，观察信号灯的颜色，用随机变量表示事件“信号灯颜色为黄色”.

---

[7] 严格地说，应该将“对于任意实数 x，集合 $\{\omega|X(\omega)\leqslant x\}$（即使得 $X(\omega)\leqslant x$ 的所有样本点 ω 所组成的集合）有确定的概率”这一要求包含在随机变量的定义之中，一般来说，不满足这一条件的情况，在实际应用中是很少遇到的. 因此，我们在定义中并未提及这一要求.

[8] 变量思想开始进入数学，数学思想方法发生了重大的变革，在解决具体的数学问题或其他的科学问题时，一定要有变量数学的思想和意识.

2. 判断题：

随机变量分为离散型和连续型两大类. （　　）

2.2 离散型随机变量及其分布律

2.2.1 离散型随机变量的概念及性质

定义 2.2 若随机变量 X 只可能取有限个或可列无穷个值，称这种随机变量为离散型随机变量(discrete random variable)，简记为 D. R. V. X.

显然，要掌握一个离散型随机变量 X 的统计规律，就必须且只需知道 X 的所有可能取值以及取每一个可能值的概率.

定义 2.3 设离散型随机变量 X 可能取的值为 $x_1, x_2, \cdots, x_n, \cdots$，且 X 取这些值的概率为：$P(X=x_k)=p_k\,(k=1,2,\cdots,n,\cdots)$，则称上述一系列等式为随机变量 X 的概率分布(或分布律)(law of distribution).

为了直观起见，有时将 X 的分布律表示成如下形式：

X	x_1	x_2	$\cdots$	x_k	$\cdots$
P	p_1	p_2	$\cdots$	p_k	$\cdots$

由概率的定义知，离散型随机变量 X 的概率分布具有以下两个性质：

(1) $p_k \geqslant 0\ (k=1,2,\cdots)$ (非负性)；

(2) $\sum\limits_k p_k = 1$ (归一性).

这里当 X 取有限个值 n 时，记为 $\sum\limits_{k=1}^{n}$，当 X 取无限可列个值时，记为 $\sum\limits_{k=1}^{\infty}$.

以上两条基本性质是分布列必须具有的性质，也是判别某个数列是否能成为分布列的充要条件.

例 2.2.1 抛掷一枚硬币，观察其正反面出现的情况.

解 设 $X=\begin{cases}1 & 正面\\ 0 & 反面\end{cases}$，由于出现正反两面的可能性相同，故其分布律为

$$P(X=i)=0.5\ (i=0,1)$$

即

X	0	1
P	0.5	0.5

例 2.2.2 袋中装有 5 只球，编号为 1、2、3、4、5，在袋中同时取 3 只球，以 X 表

示取出的 3 只球中的最大号码，写出随机变量 X 的分布律.

解　由题意可知，X 的可能取值为 3、4、5，且由古典概型可得

$$P(X=3)=\frac{C_2^2}{C_5^3}=\frac{1}{10},\quad P(X=4)=\frac{C_3^2}{C_5^3}=\frac{3}{10},\quad P(X=5)=\frac{C_4^2}{C_5^3}=\frac{6}{10}$$

即

X	3	4	5
P	0.1	0.3	0.6

以上例子说明：在具体求离散型随机变量 X 的分布列时，其关键是求出 X 的所有可能取值及取这些值对应的概率.

由离散型随机变量 X 的分布律，可以求出随机变量 X 在任一区间上取值的概率. 如在例 2.2.2 中求“最大号码数大于 3”的概率，根据 X 的分布律，有

$$P(X>3)=P(X=4)+P(X=5)=0.3+0.6=0.9$$

一般地，离散型随机变量在某一区间 G 内取值的概率等于它取这个区间内各个值的概率之和，即

$$P(X\in G)=\sum_{x_k\in G}P(X=x_k) \tag{2.1}$$

2.2.2　常见的离散型随机变量及其分布

随机变量可以有很多，但常用的概率分布（简称分布）并不是很多. 下面介绍几种常用的离散型随机变量的分布.

1. n 重伯努利试验、二项分布

定义 2.4　设试验 E 只有两个可能的结果：成功和失败，或记为 A 和 $\overline{A}$，则称 E 为伯努利(Bernoulli)试验. 将伯努利试验独立重复地进行 n 次，称为 n 重独立伯努利试验，简称 n 重伯努利试验.

设一次伯努利试验中，A 发生的概率为 $p(0<p<1)$，又设 X 表示 n 重伯努利试验中 A 发生的次数，那么，X 所有可能取的值为 $0,1,2,\cdots,n$.

因为 n 重伯努利试验的基本结果可以记为

$$\omega=(\omega_1,\omega_2,\cdots,\omega_n)$$

其中 ω_i 或者为 A 或者为 $\overline{A}$，这样的基本结果共有 2^n 个. 这 2^n 个样本点 ω 构成了样本空间 Ω.

下面求 X 的分布列. 若某个样本点

$$\omega=(\omega_1,\omega_2,\cdots,\omega_n)\in\{X=k\}$$

则意味着 $\omega_1,\omega_2,\cdots,\omega_n$ 中有 k 个 A，$n-k$ 个 $\overline{A}$，由独立性可知

$$P(\omega)=p^k(1-p)^{n-k}$$

而事件$\{X=k\}$中这样的ω有C_n^k个,且相互间是互不相容的,所以X的分布列为

$$P(X=k)=C_n^k p^k(1-p)^{n-k} \quad (k=0,1,2,\cdots,n) \tag{2.2}$$

易知:

(1) $P(X=k)\geqslant 0$;

(2) $\sum\limits_{k=0}^{n}P(X=k)=\sum\limits_{k=0}^{n}C_n^k p^k(1-p)^{n-k}=(p+1-p)^n=1.$

所以,$P(X=k)=C_n^k p^k(1-p)^{n-k}(k=0,1,2,\cdots,n)$是随机变量$X$的分布律.

定义 2.5 如果随机变量X所有可能取的值为$0,1,2,\cdots,n$,它的分布律为

$$P(X=k)=C_n^k p^k(1-p)^{n-k} \quad (k=0,1,2,\cdots,n)$$

式中:$0<p<1$为常数,则称X服从参数为n、p的二项分布(the binomial distribution),记为$X\sim B(n,p)$.

我们知道,$P(X=k)=C_n^k p^k(1-p)^{n-k}$恰好是$[p+(1-p)]^n$二项展开式中出现$p^k$的那一项,这就是二项分布名称的由来.

二项分布是一种常用的离散型分布,例如:检查200个产品,不合格产品的个数为$X\sim B(200,p)$,其中p为不合格率;调查1000个人,患肝炎的人数为$Y\sim B(1000,p)$,其中p为感染肝炎率;投篮120次,投中的次数为$Z\sim B(120,p)$,其中p为投中率;等等.

例 2.2.3 假设单次试验成功的概率为$\frac{1}{3}$,将此试验独立重复3次,试求仅失败一次和至少失败一次的概率.

解 设X表示3次试验中失败的次数,则$X\sim B\left(3,\frac{2}{3}\right)$,所以

(1) 仅失败一次的概率 $P(X=1)=C_3^1\left(\frac{2}{3}\right)^1\left(\frac{1}{3}\right)^2=\frac{2}{9}$;

(2) 至少失败一次的概率 $P(X\geqslant 1)=1-P(X=0)=1-C_3^0\left(\frac{2}{3}\right)^0\left(\frac{1}{3}\right)^3=\frac{26}{27}$.

所以,仅失败一次的概率为$\frac{2}{9}$,至少失败一次的概率为$\frac{26}{27}$.

2. 0-1 分布

定义 2.6 设随机变量X只可能取0与1两个值,且它的分布律为

$$P(X=k)=p^k(1-p)^{1-k} \quad (k=0,1) \quad (0<p<1) \tag{2.3}$$

或写成

X	0	1
p_k	$1-p$	p

此时称 X 服从参数为 p 的 0-1 分布(两点分布),记为 $X\sim B(1,p)$.

由定义可知:两点分布是二项分布的特例,在二项分布中令 $n=1$ 即可.

两点分布可用来描述一切只有两种可能结果的随机试验,如抛掷一枚硬币观察其结果、产品的质量是否合格、射手射击是否命中目标、学生考试是否及格,等等.

两点分布主要用来描述一次伯努利试验中成功(记为 A)的次数(0 或 1). n 重伯努利试验是由 n 个相同的、独立进行的伯努利试验组成的. 将第 i 个伯努利试验中 A 出现的次数(0 或 1)记为 $X_i(i=1,2,\cdots,n)$. 由于 n 重伯努利试验中的每个伯努利试验是相互独立的,故其产生的 n 个随机变量 $X_1,X_2,\cdots,X_n$ 也相互独立(随机变量的独立性可参看第 3.4 节),且服从相同的两点分布 $B(1,p)$,此时其和

$$X=X_1+X_2+\cdots+X_n$$

就是 n 重伯努利试验 A 出现的总次数. 它服从二项分布 $B(n,p)$,这就是二项分布与两点分布之间更进一步的关系,即服从二项分布的随机变量总可以分解为 n 个独立且同为两点分布的随机变量之和[9].

例 2.2.4　某学生凭感觉做一道四选一的单选题,令 $X=\begin{cases}1 & \text{答对}\\ 0 & \text{答错}\end{cases}$,则 X 服从 0-1 分布,其分布律为

X	0	1
p_k	0.75	0.25

3. 泊松分布

定义 2.7　如果随机变量 X 的分布律为

$$P(X=k)=\frac{\lambda^k}{k!}e^{-\lambda}\quad(k=0,1,2,\cdots)\tag{2.4}$$

式中:$\lambda>0$ 是常数,则称 X 服从参数为 λ 的泊松分布(Poisson distribution),记为 $X\sim P(\lambda)$.

注　(1) 泊松分布的概率分布值可查附表 A.

(2) 对泊松分布而言,很容易验证其概率之和为 1:

$$\sum_{k=0}^{\infty}\frac{\lambda^k}{k!}e^{-\lambda}=e^{-\lambda}\sum_{k=0}^{\infty}\frac{\lambda^k}{k!}=e^{-\lambda}\cdot e^{\lambda}=1$$

其中,无穷级数 $\sum_{k=0}^{\infty}\frac{x^k}{k!}=e^x,x\in\mathbf{R}$.

泊松分布是 1837 年由法国数学家泊松(Poisson,1781—1840)首次提出的,泊松

[9] 透过现象抓住本质,正确理解不同随机变量之间的逻辑关系.

分布在各领域中有着广泛的应用，它常与单位时间(单位面积、单位产品等)上的计数过程相联系，例如，某单位时间内电话机接到的呼唤次数、某单位时间内候车的乘客数、放射性物质在某单位时间内放射的粒子数、某页书上的印刷错误的个数、1 m^2 内玻璃上的气泡数等都可以用泊松分布来描述.

例 2.2.5 一电话交换台每分钟收到的呼唤次数 X 服从参数为 3 的泊松分布.求：

(1) 每分钟恰有 1 次呼唤的概率；

(2) 每分钟的呼唤次数大于 1 次的概率.

解 由题意可知，$X\sim P(3)$，即 $P(X=k)=\dfrac{3^k}{k!}\mathrm{e}^{-3}(k=0,1,2,\cdots)$，所以

(1) $P(X=1)=\dfrac{3}{1!}\mathrm{e}^{-3}=3\mathrm{e}^{-3}$；

(2) $P(X>1)=1-P(X=0)-P(X=1)=1-\dfrac{3^0}{0!}\mathrm{e}^{-3}-\dfrac{3^1}{1!}\mathrm{e}^{-3}=1-4\mathrm{e}^{-3}$.

例 2.2.6 某商店出售某种商品，根据经验，此商品的月销售量 X 服从 $\lambda=3$ 的泊松分布.问在月初进货时要库存多少件此种商品，才能以 99%的概率满足顾客要求？

解 设月初库存 M 件，依题意

$$P(X=k)=\frac{3^k}{k!}\mathrm{e}^{-3}\quad(k=0,1,2,\cdots)$$

那么

$$P(X\leqslant M)=\sum_{k=0}^{M}\frac{3^k}{k!}\mathrm{e}^{-3}\geqslant 0.99$$

查附表 A，可知 M 最小应是 8，即月初进货时要库存 8 件此种商品，才能以 99%的概率满足顾客要求.

泊松分布还有一个十分实用的特性，即可以用泊松分布作为二项分布的一种近似.在二项分布 $B(n,p)$ 中，当 n 很大时，计算量是特别大的.而在 n 较大且 p 较小时，可用以下的泊松定理来进行近似计算.

***定理 2.1** 泊松定理[10](Poisson theorem) 设随机变量 X 服从二项分布 $B(n,p)$，且 $np=\lambda(\lambda>0$ 是常数)，则有

$$\lim_{n\to\infty}P(X=k)=\lim_{n\to\infty}\mathrm{C}_n^k p^k(1-p)^{n-k}=\frac{\lambda^k}{k!}\mathrm{e}^{-\lambda}\quad(k=0,1,2,\cdots)\tag{2.5}$$

证明 由 $p=\dfrac{\lambda}{n}$，有

$$\mathrm{C}_n^k p^k(1-p)^{n-k}=\frac{n(n-1)\cdots(n-k+1)}{k!}\left(\frac{\lambda}{n}\right)^k\left(1-\frac{\lambda}{n}\right)^n\left(1-\frac{\lambda}{n}\right)^{-k}$$

---

[10] 两种离散型随机变量之间存在着内在联系.由此可见，万物皆有联系，要有辩证唯物主义思想.

$$=\left(1-\frac{1}{n}\right)\left(1-\frac{2}{n}\right)\cdots\left(1-\frac{k-1}{n}\right)\frac{\lambda^k}{k!}\left(1-\frac{\lambda}{n}\right)^n\left(1-\frac{\lambda}{n}\right)^{-k}$$

对任意固定的 $k(0\leqslant k\leqslant n)$，当 $n\to\infty$ 时，有

$$\left(1-\frac{1}{n}\right)\left(1-\frac{2}{n}\right)\cdots\left(1-\frac{k-1}{n}\right)\to 1,\quad \left(1-\frac{\lambda}{n}\right)^{-k}\to 1$$

及
$$\lim_{n\to\infty}\left(1-\frac{\lambda}{n}\right)^n=\lim_{n\to\infty}\left(1-\frac{\lambda}{n}\right)^{-\frac{n}{\lambda}(-\lambda)}=\mathrm{e}^{-\lambda}$$

所以
$$\lim_{n\to\infty}\mathrm{C}_n^k p^k(1-p)^{n-k}=\frac{\lambda^k}{k!}\mathrm{e}^{-\lambda}\quad(k=0,1,2,\cdots)$$

注　在应用中，当 n 很大($n\geqslant 20$)，且 p 很小($p\leqslant 0.05$)时，就可以用以下的泊松分布近似公式

$$\mathrm{C}_n^k p^k(1-p)^{n-k}\approx\frac{\lambda^k}{k!}\mathrm{e}^{-\lambda}$$

其中，$\lambda=np$，而关于$\frac{\lambda^k}{k!}\mathrm{e}^{-\lambda}$的值，可以查表(见附表 A).

***例 2.2.7**　在保险公司里有 3000 个同龄和同社会阶层的人参加了人寿保险. 在一年内每个人死亡的概率为 0.001，每个参保人在 1 月 1 日付 10 元年保险费，而在死亡时其家属可在保险公司领取 2500 元赔款. 问保险公司亏本的概率为多少？(不考虑利息)

解　可以将 3000 个人参加保险视为 3000 重伯努利试验，每个人死亡的概率为 0.001. 记在投保期的 1 年内死亡的人数为 X，则 $X\sim B(3000,0.001)$.

在投保年的 1 月 1 日，保险公司的收入为

$$3000\times 10\ \text{元}=30000\ \text{元}$$

若一年中死亡 X 人，则保险公司赔付 $2500X$ 元.

若 $2500X>30000$，即 $X>12$，则保险公司就亏本. 所以

$$P(\text{保险公司亏本})=P(X>12)\approx\sum_{k=13}^{\infty}\frac{\mathrm{e}^{-3}}{k!}3^k\overset{\text{查表}}{=\!=}0.00016$$

式中：$\lambda=3000\times 0.001=3$. 可见，在 1 年里，保险公司亏本的概率非常小.

*4. 超几何分布

设有 N 个产品，其中有 M 个正品，$N-M$ 个次品，从中任选 n 个产品，则其中含有的正品数 X 服从超几何分布(hypergeometric distribution)，记为 $X\sim H(n,N,M)$. 超几何分布的概率分布为

$$P(X=k)=\frac{\mathrm{C}_M^k\mathrm{C}_{N-M}^{n-k}}{\mathrm{C}_N^n}\quad(k=0,1,\cdots,r)$$

其中，$r=\min\{M,n\}$，$M\leqslant N$，$n\leqslant N$，n、N、M 均为正整数.

由于有组合等式 $\sum_{k=0}^{r}\mathrm{C}_M^k\mathrm{C}_{N-M}^{n-k}=\mathrm{C}_N^n$，故可验证以上给出的确实为一个概率分布.

超几何分布是一种常用的离散分布,它在抽样理论中有着重要地位.

当 $n \ll N$ 时,即抽取的个数 n 远小于产品总数 N 时,每次抽样后,总体中的合格品率 $p=\frac{M}{N}$ 改变很小,所以不放回抽样可近似看成放回抽样,这时超几何分布可用二项分布近似为

$$\frac{C_M^k C_{N-M}^{n-k}}{C_N^n} \approx C_n^k p^k (1-p)^{n-k}, \quad p=\frac{M}{N}$$

*5. 几何分布

在伯努利试验序列中,记每次试验中事件 A 发生的概率为 p,如果 X 为事件 A 首次出现时所进行的试验次数,则 X 的可能取值为 1,2,…,称 X 服从几何分布(geometric distribution),记为 $X \sim Ge(p)$,其分布列为

$$P(X=k)=pq^{k-1}, \quad k=1,2,\cdots$$
$$0<p<1, \quad q=1-p$$

***例 2.2.8** 已知某种型号的雷管在一定刺激下发火率为 4/5,今独立重复地做刺激试验,直到发火为止,则消耗的雷管数 X 是一离散型随机变量,求 X 的概率分布.

解 X 的可能取值为 1,2,3,…. 记 A_k 表示“第 k 次试验雷管发火”,则 $\overline{A_k}$ 表示“第 k 次试验雷管不发火”,从而得

$$P(X=1)=P(A_1)=\frac{4}{5}, \quad P(X=2)=P(\overline{A_1}A_2)=P(\overline{A_1})P(A_2)=\frac{1}{5}\times\frac{4}{5}$$

$$P(X=3)=P(\overline{A_1}\,\overline{A_2}A_3)=P(\overline{A_1})P(\overline{A_2})P(A_3)=\left(\frac{1}{5}\right)^2\times\frac{4}{5}$$

$$\vdots$$

$$P(X=k)=P(\overline{A_1}\,\overline{A_2}\cdots\overline{A_{k-1}}A_k)=P(\overline{A_1})P(\overline{A_2})\cdots P(\overline{A_{k-1}})P(A_k)=\left(\frac{1}{5}\right)^{k-1}\times\frac{4}{5}$$

依次类推,得到消耗的雷管数 X 的概率分布为

$$P(X=k)=\left(\frac{1}{5}\right)^{k-1}\times\frac{4}{5}, \quad k=1,2,3,\cdots, \quad 即 \quad X\sim Ge\left(\frac{4}{5}\right)$$

在实际问题中,有不少随机变量服从几何分布,譬如:

(1) 某射手的命中率为 0.9,则首次命中目标的射击次数 $X \sim Ge(0.9)$;

(2) 某产品的不合格率为 0.01,则首次查到不合格品的检查次数 $Y \sim Ge(0.01)$;

(3) 投一颗骰子,首次出现 1 点的投掷次数 $Z \sim Ge(1/6)$.

***例 2.2.9(几何分布的无记忆性)** 设 $X \sim Ge(p)$,则对任意正整数 m 与 n,证明 $P(X>m+n \mid X>m)=P(X>n)$.

证明 因为

$$P(X>n)=\sum_{k=n+1}^{\infty}(1-p)^{k-1}p=\frac{p(1-p)^n}{1-(1-p)}=(1-p)^n$$

所以对任意正整数 m 与 n,条件概率

$$P(X>m+n|X>m)=\frac{P(X>m+n)}{P(X>m)}=\frac{(1-p)^{m+n}}{(1-p)^m}=(1-p)^n=P(X>n)$$

注 该概率等式的含义:在一列伯努利试验序列中,若首次成功(A 出现)的试验次数 X 服从几何分布,则事件$\{X>m\}$表示前 m 次试验中 A 没有出现.假如在接下来的 n 次试验中 A 仍没有出现,这个事件记为$\{X>m+n\}$,则这个定理表明,在前 m 次试验中 A 没有出现的条件下,在接下来的 n 次试验中 A 仍没有出现的概率只与 n 有关,而与之前的 m 次试验无关.似乎忘记了前 m 次结果,这就是无记忆性.

*6. 负二项分布(帕斯卡分布)

在伯努利试验序列中,记每次试验中事件 A 发生的概率为 p,如果 X 为事件 A 第 r 次出现时所进行的试验次数,则 X 的可能取值为 $r,r+1,r+2,\cdots,r+m,\cdots$,称 X 服从负二项分布(negative binomial distribution)(或帕斯卡分布),记为 $X\sim NB(r,p)$,其分布列为

$$P(X=k)=C_{k-1}^{r-1}p^rq^{k-r},k=r,r+1,\cdots \quad 0<p<1,q=1-p$$

显然,X 取值为 k,表示伯努利试验进行了 k 次,且最后一次(第 k 次)一定出现事件 A,而前 $k-1$ 次中 A 应出现了 $r-1$ 次,由二项分布知其概率为 $C_{k-1}^{r-1}p^{r-1}(1-p)^{k-r}$,再乘以最后一次出现事件 A 的概率 p 即可得到负二项分布的分布列.

注 当 $r=1$ 时,该分布即为几何分布.

如果将第一个 A 出现的试验次数记为 X_1,第二个 A 出现的试验次数(从第一个 A 出现之后算起)记为 $X_2,\cdots$,第 r 个 A 出现的试验次数(从第 $r-1$ 个 A 出现之后算起)记为 X_r,诸 X_i 独立同分布,且 $X_i\sim Ge(p)$,此时有

$$X=X_1+X_2+\cdots+X_r\sim NB(r,p)$$

即负二项分布的随机变量可以分解为 r 个独立且同为几何分布的随机变量之和.

习 题 2.2

(一) 基础练习题

1. 掷一颗骰子,X 表示出现的点数,求 X 的分布列.

2. 掷两颗骰子,X 表示两颗骰子的点数之和,求 X 的分布列.

3. 设离散型随机变量 X 的分布列为 $P(X=k)=\frac{k}{10},k=1,2,3,4$,求

(1) $P(X=2)$;(2) $P(1<X\leqslant 3)$;(3) $P(2<X<3)$;(4) $P(2.5<X<5)$.

4. 某人独立射击 10 次,每次射击命中目标的概率为 0.9,问:

(1) 10 次中只命中 1 次的概率为多少?

(2) 至少命中 1 次的概率为多少？

5. 设 D. R. V. $X\sim B(2,p)$，且 $P(X\geqslant 1)=\frac{3}{4}$，求 p.

6. 设随机变量的分布列为 $P(X=k)=a\left(\frac{1}{4}\right)^k$，$k=1,2,\cdots$，试求常数 a.

7. 设随机变量服从参数为 $\lambda(\lambda>0)$ 的泊松分布，且已知 $P(X=1)=P(X=2)$，试求 $P(X=4)$.

8. 有一繁忙的汽车站，每天都有大量的汽车通过. 设每辆汽车在一天的某时间段内出事故的概率为 0.0001. 在某天的该段时间内有 2000 辆汽车通过，求出事故的次数不小于 2 次的概率(利用泊松定理近似计算).

(二) 提高练习题

1. 设随机变量 X 的分布律为 $P(X=k)=c\frac{\lambda^k}{k!}$，$k=1,2,\cdots$，$\lambda>0$，求常数 c.

2. 设一个人一年内患感冒的次数服从参数为 $\lambda=5$ 的泊松分布. 现有某种预防感冒的药物对 75% 的人有效(能将泊松分布中的参数减少为 $\lambda=3$)，对另外的 25% 的人不起作用. 如果某人服用了此药，一年内患了两次感冒，那么该药对他(她)有效的可能性是多少？($e^2\approx 7.3891$)

3. 某大学的校乒乓球队与数学与统计学院院乒乓球队举行对抗赛. 校队的实力比院队要强，当一个校队运动员与一个院队运动员比赛时，校队运动员获胜的概率为 0.6. 现在校、院双方商量对抗赛的方式时提了 3 种方案：

(1) 双方各出 3 人；(2)双方各出 5 人；(3)双方各出 7 人.

3 种方案中均以比赛中得胜人数多的一方为胜利. 问：对院队来说，哪一种方案有利？

4. 设在一段时间内进入某一商店的顾客人数 X 服从泊松分布 $P(\lambda)$，每个顾客购买某种物品的概率为 p，并且各个顾客是否购买该种物品相互独立，求进入商店的顾客购买这种物品的人数 Y 的分布律.

5. 设 X 是只取自然数值的离散型随机变量. 若 X 的分布具有无记忆性，即对任意自然数 n 与 m，都有

$$P(X>n+m\mid X>m)=P(X>n)$$

证明 X 的分布一定是几何分布.

2.3 分布函数

对于非离散型随机变量，因其可能取值不能一一列举出来，从而不能像离散型随机变量那样用分布列(律)来描述其取值规律；另外，我们通常遇到的非离散型随机变量取任一特定实数值的概率却是等于 0(这一点将在 2.4 节介绍)；再者，在实际中，

对于某些随机变量，例如误差 ε、灯泡的寿命 T 等，我们并不会对误差 $\varepsilon=0.01$ mm，寿命 $T=1500$ h 的概率感兴趣，而是更愿意考虑误差 ε 落在某个区间的概率，寿命 T 大于某个数的概率，这样，我们就会去研究随机变量取值落在某区间 $(x_1,x_2]$ 的概率 $P(x_1<X\leqslant x_2)$. 又由于

$$P(x_1<X\leqslant x_2)=P(X\leqslant x_2)-P(X\leqslant x_1)$$

因此，我们只需知道 $P(X\leqslant x_2)$ 和 $P(X\leqslant x_1)$ 就可以了. 本节我们将引入"分布函数"的概念，它可以刻画任何一类随机变量[11]（不论是离散型随机变量还是非离散型随机变量），为以后的研究带来方便.

2.3.1　分布函数的概念

定义 2.8　设 X 为一个随机变量，x 为任意实数，称函数 $F(x)=P(X\leqslant x)$ 为 X 的分布函数(distribution function). 且称 X 服从 $F(x)$，记为 $X\sim F(x)$，有时也可以用 $F_X(x)$ 以表明是 X 的分布函数（即把 X 写成 F 的下标）.

在上述定义中，当 x 固定为 x_0 时，$F(x_0)$ 为事件 $\{X\leqslant x_0\}$ 的概率，当 x 变化时，概率 $P(X\leqslant x)$ 便是 x 的函数. 显然，分布函数是一个普通函数，正是通过它，我们将能用数学分析的方法来研究随机变量.

如果将 X 看成是数轴上的随机点的坐标，那么，分布函数 $F(x)$ 在 x 处的函数值就表示 X 落在区间 $(-\infty,x]$ 上的概率.

依分布函数的定义，对任意的 $x_1,x_2\in\mathbf{R}$

$$P(x_1<X\leqslant x_2)=P(X\leqslant x_2)-P(X\leqslant x_1)=F(x_2)-F(x_1)\tag{2.6}$$

可见，如果给定了随机变量 X 的分布函数，那么随机变量 X 在任意区间 $(x_1,x_2]$ 内取值的概率就由分布函数在该区间的两个端点处的函数值的差确定了.

例 2.3.1　已知离散型随机变量 X 的分布列为

X	-1	0	1
P	0.1	0.3	0.6

试求其分布函数.

解　当 $x<-1$ 时，$F(x)=P(X\leqslant x)=P(\phi)=0$；

当 $-1\leqslant x<0$ 时，$F(x)=P(X\leqslant x)=P(X=-1)=0.1$；

当 $0\leqslant x<1$ 时，$F(x)=P(X\leqslant x)=P(X=-1)+P(X=0)=0.1+0.3=0.4$；

当 $x\geqslant 1$ 时，$F(x)=P(X\leqslant x)=P(X=-1)+P(X=0)+P(X=1)=0.1+0.3+0.6=1$.

[11] 对于离散型随机变量来说，我们可以用分布律来全面地描述它，但为了从数学上能统一地对所有随机变量进行研究，我们必须引入分布函数的概念.

综合可知：

$$F(x)=P(X\leqslant x)=\begin{cases}0 & x<-1\\ 0.1 & -1\leqslant x<0\\ 0.4 & 0\leqslant x<1\\ 1 & 1\leqslant x\end{cases}$$

该随机变量的分布函数 $F(x)$ 的图形是一条阶梯形的曲线，在 X 的可能取值 -1、0、1 处有右连续的跳跃点，其跳跃度分别为 X 在其可能取值点的概率：0.1、0.3、0.6.

注 (1) 计算离散型分布函数时，分段区间一般写为 $(-\infty,x_1)$，$[x_1,x_2)$，…，$[x_n,+\infty)$ 的形式.

(2) 在离散场合用来描述其分布的常常是其分布列，很少用到其分布函数，因为求离散型随机变量 X 的有关事件的概率时，用分布列比用分布函数更加方便.

(3) 通过该例可以得出随机变量在某一点的概率与分布函数的关系为

$$P(X=x_0)=F(x_0)-F(x_0-0)$$

其中，$F(x_0-0)=\lim\limits_{x\to x_0^-}F(x)$ 表示分布函数在 x_0 处的左极限.

例 2.3.2 设随机变量 X 的分布函数为

$$F(x)=P(X\leqslant x)=\begin{cases}0 & x<-1\\ 0.3 & -1\leqslant x<0\\ 0.4 & 0\leqslant x<1\\ 1 & 1\leqslant x\end{cases}$$

试求其分布列.

解

$$P(X=-1)=F(-1)-F((-1)^-)=0.3-0=0.3$$
$$P(X=0)=F(0)-F(0^-)=0.4-0.3=0.1$$
$$P(X=1)=F(1)-F(1^-)=1-0.4=0.6$$

即

X	-1	0	1
P	0.3	0.1	0.6

2.3.2 分布函数的性质

通过例 2.3.1 很容易得知分布函数具有以下性质.

1. 单调性

$F(x)$ 是自变量 x 定义在整个实数轴 $(-\infty,+\infty)$ 上的单调不减函数.

事实上，当 $x_1<x_2$ 时，必有 $F(x_1)\leqslant F(x_2)$. 因为当 $x_1<x_2$ 时有 $F(x_2)-F(x_1)=P(x_1<X\leqslant x_2)\geqslant 0$，从而有 $F(x_1)\leqslant F(x_2)$.

2. 有界性

对任意的 x，有

$$0\leqslant F(x)\leqslant 1,\quad 且\quad F(-\infty)=\lim_{x\to-\infty}F(x)=0, F(+\infty)=\lim_{x\to+\infty}F(x)=1.$$

3. 右连续性

$F(x)$对自变量 x 右连续，即对任意实数 x_0，$\lim\limits_{\Delta x\to 0^+}F(x_0+\Delta x)=F(x_0)$，或 $F(x_0+0)=F(x_0)$.

*证明 因为 $F(x)$是单调有界不减函数，所以其任一点 x 处的右极限 $F(x^+)$是存在的，根据高等数学中函数极限与数列极限的关系(归结原理)知，若 $x_n\to x(n\to\infty)$且对任意的 n 有 $x_n>x$，则

$$\lim_{n\to\infty}F(x_n)=F(x^+)$$

取固定点 $x_1>x$ 及点列 $x_1>x_2>\cdots>x_n>x$，且 $x_n\to x(n\to\infty)$，这时有

$$\begin{aligned}F(x_1)-F(x)&=P(x<X\leqslant x_1)=P(\bigcup_{n=2}^{\infty}(x_n<X\leqslant x_{n-1}))\\&=\sum_{n=2}^{\infty}P(x_n<X\leqslant x_{n-1})\end{aligned}$$

$$\sum_{n=2}^{\infty}[F(x_{n-1})-F(x_n)]=F(x_1)-\lim_{n\to\infty}F(x_n)=F(x_1)-F(x^+)$$

即

$$F(x)=F(x^+)$$

从而可知，$F(x)$在 x 处右连续.

右连续性是随机变量的分布函数的普遍性质，即使分布函数有间断点，其间断点的个数至多为可列无穷个. 另外，对下面将介绍的连续型随机变量来说，$F(x)$不仅右连续，而且还左连续.

以上三条基本性质是分布函数必须具有的性质，反过来可以证明：任一满足这三条性质的函数，一定可以作为某个随机变量的分布函数. 从而这三条性质成为判别某个函数是否能成为分布函数的充要条件.

例 2.3.3 设随机变量 X 的分布函数为 $F(x)=A+B\arctan x, x\in\mathbf{R}$，求常数 A、B.

解 由分布函数的性质，有

$$0=\lim_{x\to-\infty}F(x)=\lim_{x\to-\infty}(A+B\arctan x)=A-\frac{\pi}{2}B$$

$$1=\lim_{x\to+\infty}F(x)=\lim_{x\to+\infty}(A+B\arctan x)=A+\frac{\pi}{2}B$$

解 方程组，得 $A=\frac{1}{2}, B=\frac{1}{\pi}$.

例 2.3.4 设有一反正切函数 $F(x)=\frac{1}{\pi}\left(\arctan x+\frac{\pi}{2}\right),-\infty<x<+\infty$,试说明该函数必为某随机变量的分布函数.

解 由于它在整个数轴上是连续单调增函数,且

$$F(-\infty)=\lim_{x\to-\infty}F(x)=0,\quad F(+\infty)=\lim_{x\to+\infty}F(x)=1$$

由此 $F(x)$满足分布函数的三条基本性质,所以该 $F(x)$必为某个随机变量的分布函数.称这个分布函数为柯西分布函数.

若 X 服从柯西分布函数,则

$$P(0<X\leqslant 1)=F(1)-F(0)=\frac{1}{4}$$

概率论主要是利用随机变量来描述和研究随机现象,在引进了分布函数后就更能利用高等数学的许多结果和方法来研究各种随机现象了,它们是概率论的重要且基本的概念. 其中利用分布函数能很好地表示各事件的概率. 例如,

$$P(X>x_0)=1-P(X\leqslant x_0)=1-F(x_0)$$
$$P(X<x_0)=P(X\leqslant x_0)-P(X=x_0)=F(x_0)-(F(x_0)-F(x_0-0))=F(x_0-0)$$
$$P(X\geqslant x_0)=1-P(X<x_0)=1-F(x_0-0)$$
$$P(x_0<X<x_1)=P(X<x_1)-P(X\leqslant x_0)=F(x_1-0)-F(x_0)$$
$$P(x_0\leqslant X\leqslant x_1)=P(X\leqslant x_1)-P(X<x_0)=F(x_1)-F(x_0-0)$$
$$P(x_0\leqslant X<x_1)=P(X<x_1)-P(X<x_0)=F(x_1-0)-F(x_0-0)$$

例 2.3.5 设随机变量 X 的分布函数为

$$F(x)=\begin{cases}0 & x<0\\ x/2 & 0\leqslant x<1\\ 2/3 & 1\leqslant x<2\\ 11/12 & 2\leqslant x<3\\ 1 & 3\leqslant x\end{cases}$$

试求:(1) $P(X\leqslant 3)$;(2) $P(X<3)$;(3) $P(X=1)$;(4) $P(X>1/2)$;(5) $P(2<X<4)$;(6) $P(1\leqslant X<3)$.

解 (1) $P(X\leqslant 3)=F(3)=1$;

(2) $P(X<3)=F(3-0)=11/12$;

(3) $P(X=1)=F(1)-F(1-0)=\frac{2}{3}-\frac{1}{2}=\frac{1}{6}$;

(4) $P\left(X>\frac{1}{2}\right)=1-F\left(\frac{1}{2}\right)=1-\frac{1}{4}=\frac{3}{4}$;

(5) $P(2<X<4)=F(4-0)-F(2)=1-\frac{11}{12}=\frac{1}{12}$;

(6) $P(1\leqslant X<3)=F(3-0)-F(1-0)=\frac{11}{12}-\frac{1}{2}=\frac{5}{12}$.

习　题　2.3

(一) 基础练习题

1. 已知离散型随机变量 X 的分布列为

X	1	2	3
P	0.2	0.3	0.5

试求其分布函数.

2. 设随机变量 X 的分布函数为 $F(x)=P(X\leqslant x)=\begin{cases}0 & x<0\\ 0.2 & 0\leqslant x<1\\ 0.6 & 1\leqslant x<2\\ 1 & 2\leqslant x\end{cases}$，试求其分布列.

3. (2010.3) 设随机变量的分布函数 $F(x)=\begin{cases}0 & x<0\\ \dfrac{1}{2} & 0\leqslant x<1\\ 1-\mathrm{e}^{-x} & x\geqslant 1\end{cases}$，则 $P\{X=1\}=$ (　　).

A. 0　　B. $\dfrac{1}{2}$　　C. $\dfrac{1}{2}$　　D. $1-\mathrm{e}^{-1}$

4. 设随机变量 X 的分布函数 $F(x)=\begin{cases}0 & x\leqslant 1\\ a-\dfrac{b}{x} & x>1\end{cases}$，其中 a,b 均为常数，计算 $P(|X-1|<2)$.

(二) 提高练习题

1. 选择题.

(1) 下列可以作为分布函数的选项为(　　).

A. $F(x)=\begin{cases}0 & x<0\\ 4\mathrm{e}^{4x} & x\geqslant 0\end{cases}$　　B. $F(x)=\begin{cases}0 & x<0\\ 1/3 & 0\leqslant x\leqslant 1\\ 1 & x>1\end{cases}$

C. $F(x)=\begin{cases}0 & x<0\\ \dfrac{1-x}{2} & 0\leqslant x<1\\ 1 & x\geqslant 1\end{cases}$　　D. $F(x)=\begin{cases}0 & x<0\\ \sin x & 0\leqslant x<\dfrac{\pi}{2}\\ 1 & x\geqslant \dfrac{\pi}{2}\end{cases}$

(2) 设随机变量 X 的分布函数为 $F(x)$，则(　　).

A. 当 $x<a$ 时,$F(x)=0$,则 $F(a)=0$　　B. 当 $x>a$ 时,$F(x)=1$,则 $F(a)=1$

C. 当 $P(X<a)=\frac{1}{2}$时,则 $F(a)=\frac{1}{2}$　　D. 当 $P(X\geqslant a)=\frac{1}{2}$时,则 $F(a)=\frac{1}{2}$

(3) 假设分布函数 $F(x)$ 是连续的函数且 $F(0)=0$,则可以作出新分布函数(　　).

A. $G_1(x)=\begin{cases}1-F\left(\frac{1}{x}\right) & x>1\\ 0 & x\leqslant 1\end{cases}$　　B. $G_2(x)=\begin{cases}1+F\left(\frac{1}{x}\right) & x>1\\ 0 & x\leqslant 1\end{cases}$

C. $G_3(x)=\begin{cases}F(x)-F\left(\frac{1}{x}\right) & x>1\\ 0 & x\leqslant 1\end{cases}$　　D. $G_4(x)=\begin{cases}F(x)+F\left(\frac{1}{x}\right) & x>1\\ 0 & x\leqslant 1\end{cases}$

2. 设随机变量 X 的概率分布 $P(X=k)=\frac{a}{k(k+1)}$,$k=1,2,\cdots$,其中 a 为常数,X 的分布函数为 $F(x)$,已知 $F(b)=\frac{3}{4}$,试求 b 的取值范围.

3. 设随机变量 X 的分布函数 $F(x)=\begin{cases}0 & x\leqslant a\\ x^2-b & a<x\leqslant\sqrt{2}\\ c & x>\sqrt{2}\end{cases}$,求:

(1) 常数 a、b、c 的值;(2) $P(X=a)$;(3) $P(1<X<3)$.

2.4 连续型随机变量及其分布

2.4.1 连续型随机变量的概念与性质

除了离散型随机变量外,还有一类重要的随机变量——连续型随机变量.这种随机变量可以取$[a,b]$或$(-\infty,+\infty)$等区间的一切值,如灯泡的寿命、顾客买东西排队等待的时间等.由于这种随机变量的所有可能取值无法像离散型随机变量那样一一排列,因而也就不能用离散型随机变量的分布律来描述它的概率分布.在理论和实践中刻画这种随机变量的概率分布的常用方法是概率密度.为了方便论述,先看一个例子.

例 2.4.1 一个靶子是半径为 2 m 的圆盘,设击中靶上任一同心圆盘上的点的概率与该圆盘的面积成正比,并设射击都能中靶,以 X 表示弹着点与圆心的距离.试求随机变量 X 的分布函数 $F(x)$.

解 由于分布函数 $F(x)=P(X\leqslant x)$.

(1) 若 $x<0$,则事件$\{X\leqslant x\}$是不可能事件,所以

$$F(x)=P(X\leqslant x)=P(\varnothing)=0$$

(2) 若 $0\leqslant x\leqslant 2$，则由题意有 $P(0\leqslant X\leqslant x)=kx^2$，$k$ 为常数. 由于 $P(0\leqslant X\leqslant 2)=1$，故取 $x=2$，有 $k\cdot 2^2=1$，即 $k=\frac{1}{4}$，从而有

$$P(0\leqslant X\leqslant x)=\frac{1}{4}x^2$$

于是
$$F(x)=P(X\leqslant x)=P(X<0)+P(0\leqslant X\leqslant x)=\frac{1}{4}x^2$$

(3) 若 $x>2$，则事件 $\{X\leqslant x\}$ 是必然事件，于是 $F(x)=P(X\leqslant x)=P(\Omega)=1$.

综上所述，

$$F(x)=P(X\leqslant x)=\begin{cases}0 & x<0\\ \frac{1}{4}x^2 & 0\leqslant x\leqslant 2\\ 1 & x>2\end{cases}$$

它的图形是一条连续曲线，如图 2-1 所示。

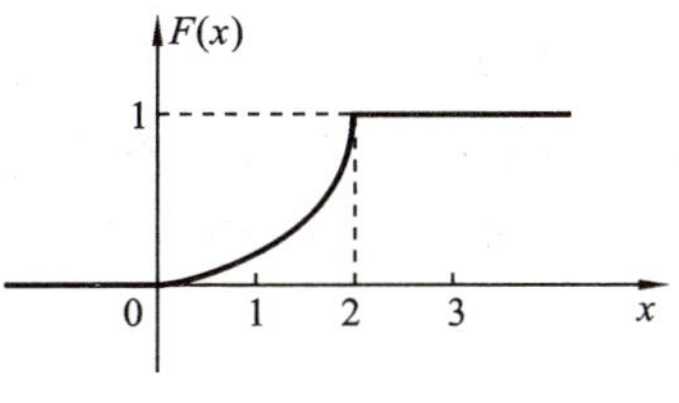

图 2-1

另外，容易看出，本例中 X 的分布函数 $F(x)$ 还可以写成如下形式：

$$F(x)=\int_{-\infty}^{x}f(t)\mathrm{d}t$$

其中，
$$f(t)=\begin{cases}\frac{1}{2}t & 0<t<2\\ 0 & \text{其他}\end{cases}$$

这就是说，$F(x)$ 恰是非负函数 $f(t)$ 在区间 $(-\infty,x]$ 上的积分，在这种情况下，我们称 X 为连续型随机变量，具体见下面的定义.

定义 2.9　设 X 为随机变量，如果存在一个定义在整个实轴上的非负可积函数 $f(x)$，满足条件：

(1) 非负性　$f(x)\geqslant 0$；

(2) 规范性(正则性)　$\int_{-\infty}^{+\infty}f(x)\mathrm{d}x=1$(含有 $f(x)$ 的可积性)；

(3) 对于任意实数 x，有

$$F(x)=P(X\leqslant x)=\int_{-\infty}^{x}f(t)\mathrm{d}t$$

则称 X 为连续型随机变量(continuous random variable)，而 $f(x)$ 为 X 的概率密度函数，简称概率密度或密度.

密度函数的非负性和规范性是密度函数必须具有的性质，也是确定或判断某个函数是否成为密度函数的充要条件.

由定义可得如下结论.

(1) 若 X 为连续型随机变量,则其分布函数 $F(x)=P(X\leqslant x)=\int_{-\infty}^{x}f(x)\mathrm{d}x$ 为连续函数.

事实上,由于 $f(x)$在 $X\in\mathbf{R}$ 上可积, $\Delta F(x)=F(x+\Delta x)\text{-}F(x)=\int_{x}^{x+\Delta x}f(t)\mathrm{d}t\rightarrow 0(\Delta x\rightarrow 0)$, 即当 $\Delta x\rightarrow 0$ 时,$\Delta F(x)\rightarrow 0$,所以分布函数 $F(x)$连续.

(2) 对于任意实数 a,有 $P(X=a)=0$.

事实上,令 $\Delta x>0$,设 X 的分布函数为 $F(x)$,则由

$$\{X=a\}\subset\{a-\Delta x<X\leqslant a\}$$

得

$$0\leqslant P(X=a)\leqslant P(\{a-\Delta x<X\leqslant a\})=F(a)-F(a-\Delta x)$$

由于分布函数 $F(x)$连续,所以 $\lim\limits_{\Delta x\rightarrow 0^{+}}F(a-\Delta x)=F(a)$.

由极限的夹击准则,当 $\Delta x\rightarrow 0$ 时,有

$$P(X=a)=0$$

即连续型随机变量取某一实数值的概率为零. 这表明:不可能事件的概率为 0,但概率为 0 的事件不一定是不可能事件. 例如 $P(X=a)=0$,但事件$\{X=a\}$却有可能发生. 类似地,必然事件的概率为 1,但概率为 1 的事件不一定是必然事件.

(3) 由于连续型随机变量在任一点取值的概率为 0,故

$$P(a<X<b)=P(a\leqslant X<b)=P(a<X\leqslant b)=P(a\leqslant X\leqslant b)=\int_{a}^{b}f(x)\mathrm{d}x$$

该式说明,当计算连续型随机变量在某一区间取值的概率时,区间端点对概率无影响.

(4) 若 $f(x)$在点 x 连续,由积分中值定理易知,X 落入微小区间$[x,x+\Delta x]$的概率为

$$P(x\leqslant X\leqslant x+\Delta x)\approx f(x)\Delta x$$

事实上

$$P(x\leqslant X\leqslant x+\Delta x)=\int_{x}^{x+\Delta x}f(x)\mathrm{d}x=f(x_0)\Delta x\approx f(x)\Delta x$$

其中,$x_0\in[x,x+\Delta x]$.

该点正好说明密度函数不是概率,但乘以微分元 $\mathrm{d}x$ 就可得小区间$[x,x+dx]$上概率的近似值. 另外,在物理学中求非均匀线段的质量时,若其线密度 $g(x)$连续,则其质量微元 $\mathrm{d}M=g(x)\mathrm{d}x$. 从此可以看出,概率微元中的 $f(x)$和质量微元中的 $g(x)$具有同样的意义,这也是为什么 $f(x)$称为概率密度的原因了.

(5) 在 $f(x)$的连续点上有 $f(x)=F'(x)$.

事实上,当 $f(x)$在某区间$[a,b]$连续时,当 $x\in[a,b]$时,有

$$F(x)=\int_{-\infty}^{x}f(t)\mathrm{d}t=\int_{-\infty}^{a}f(t)\mathrm{d}t+\int_{a}^{x}f(t)\mathrm{d}t$$

从而

$$F'(x)=\left(\int_{-\infty}^{a} f(t)\mathrm{d}t+\int_{a}^{x} f(t)\mathrm{d}t\right)'=0+f(x)=f(x)$$

(6) 由定积分或反常积分的定义及性质可知，改变 $f(x)$在有限个点的值，不影响 $P(a\leqslant X\leqslant b)=\int_{a}^{b} f(x)\mathrm{d}x$ 的值. 亦即：改变密度函数 $f(x)$在个别点的函数值，不影响分布函数 $F(x)$的取值. 因此，并不在乎改变密度函数在个别点上的值. 同时也说明，连续型随机变量的密度函数不唯一，但它们几乎处处相等，即它们由不相等处的点组成集合的概率为零. 正是这个原因，当 $F(x)$仅有有限个不可导点，X 的密度函数 $f(x)$经常可以这样取得：对于 $F(x)$的可导点，取 $f(x)=F'(x)$，而对于 $F(x)$的不可导点 x 则取 $f(x)=F'_-(x)$或 $f(x)=F'_+(x)$或其他非负值，其中 $F'_-(x)$与 $F'_+(x)$分别表示 $F(x)$在 x 处的左右导数.

例 2.4.2　设随机变量 X 具有概率密度

$$f(x)=\begin{cases} K\mathrm{e}^{-3x} & x>0 \\ 0 & x\leqslant 0 \end{cases}$$

(1) 试确定常数 K；(2) 求 $P(X>0.1)$；(3) 求 $P(-1<X\leqslant 1)$；(4) 求 $F(x)$.

解　(1) 由于 $\int_{-\infty}^{+\infty} f(x)\mathrm{d}x=1$，即

$$\int_{-\infty}^{+\infty} f(x)\mathrm{d}x=\int_{0}^{+\infty} K\mathrm{e}^{-3x}\mathrm{d}x=\frac{1}{-3}\int_{0}^{+\infty} K\mathrm{e}^{-3x}\mathrm{d}(-3x)$$

$$=\frac{K}{-3}\mathrm{e}^{-3x}\Big|_{0}^{+\infty}=\frac{K}{3}=1$$

得 $K=3$. 于是 X 的概率密度

$$f(x)=\begin{cases} 3\mathrm{e}^{-3x} & x>0 \\ 0 & x\leqslant 0 \end{cases}$$

(2)
$$P(X>0.1)=\int_{0.1}^{+\infty} f(x)\mathrm{d}x=\int_{0.1}^{+\infty} 3\mathrm{e}^{-3x}\mathrm{d}x=\mathrm{e}^{-0.3}$$

(3)
$$P(-1<X\leqslant 1)=\int_{-1}^{1} f(x)\mathrm{d}x=\int_{0}^{1} 3\mathrm{e}^{-3x}\mathrm{d}x=-\mathrm{e}^{-3}+1$$

(4) 当 $x<0$ 时，有

$$F(x)=\int_{-\infty}^{x} f(t)\mathrm{d}t=\int_{-\infty}^{x} 0\mathrm{d}t=0$$

当 $x\geqslant 0$ 时，有

$$F(x)=\int_{-\infty}^{x} f(t)\mathrm{d}t=\int_{-\infty}^{0} f(t)\mathrm{d}t+\int_{0}^{x} f(t)\mathrm{d}t$$

$$=\int_{-\infty}^{0} 0\mathrm{d}t+\int_{0}^{x} 3\mathrm{e}^{-3t}\mathrm{d}t=1-\mathrm{e}^{-3x}$$

即
$$F(x)=\int_{-\infty}^{x}f(t)\mathrm{d}t=\begin{cases}0 & x<0\\1-\mathrm{e}^{-3x} & x\geqslant 0\end{cases}$$

例 2.4.3 设连续型随机变量 X 的分布函数为

$$F(x)=\begin{cases}0 & x<-\frac{\pi}{2}\\A\cos x & -\frac{\pi}{2}\leqslant x<0\\1 & x\geqslant 0\end{cases}$$

求：(1) 参数 A；(2) $P\left(|X|<\frac{\pi}{6}\right)$；(3) $f(x)$.

解 (1) 由于 $F(x)$的连续性，有$\lim\limits_{x\to 0}F(x)=F(0)=1$，因此 $A=1$.

(2) $P\left(|X|<\frac{\pi}{6}\right)=P\left(-\frac{\pi}{6}<X<\frac{\pi}{6}\right)=F\left(\frac{\pi}{6}\right)-F\left(-\frac{\pi}{6}\right)=1-\cos\frac{\pi}{6}=1-\frac{\sqrt{3}}{2}$

(3) 由概率密度与分布函数的关系可知：

$$f(x)=\begin{cases}-\sin x & -\frac{\pi}{2}\leqslant x<0\\0 & \text{其他}\end{cases}$$

例 2.4.4 向区间$(0,a)$上任意投点，且一定落在该区间上，用 X 表示这个点的坐标. 设这个点落在$(0,a)$中任一小区间的概率与这个小区间的长度成正比，而与小区间位置无关. 求 X 的分布函数和密度函数.

解 设 X 的分布函数为 $F(x)$，则

(1) 当 $x<0$ 时，由于$\{X\leqslant x\}=\varnothing$，所以 $F(x)=P(X\leqslant x)=P(\varnothing)=0$；

(2) 当 $x\geqslant a$ 时，由于$\{X\leqslant x\}=\Omega$，所以 $F(x)=P(X\leqslant x)=P(\Omega)=1$；

(3) 当 $0\leqslant x<a$ 时，$F(x)=P(X\leqslant x)=P(0\leqslant X\leqslant x)=kx$，其中 k 为比例系数. 由于当 $x=a$ 时，$F(a)=P(X\leqslant a)=P(0\leqslant X\leqslant a)=ka=1$，所以 $k=\frac{1}{a}$.

即 X 的分布函数为

$$F(x)=\begin{cases}0 & x<0\\\frac{x}{a} & 0\leqslant x<a\\1 & x\geqslant a\end{cases}$$

下面再求 X 的密度函数 $f(x)$：

当 $x<0$ 或 $x>a$ 时，$f(x)=F'(x)=0$；

当 $0<x<a$ 时，$f(x)=F'(x)=1/a$.

在 $x=0$ 或 $x=a$ 时，$f(x)$可以取任意值，一般就近取值较好，这不会影响概率(积分)的计算. 于是 X 的密度函数为

$$f(x)=\begin{cases}\dfrac{1}{a} & 0<x<a\\ 0 & \text{其他}\end{cases}$$

该题 X 所服从的分布就是下面要介绍的均匀分布.

注　由于在若干点上改变密度函数 $f(x)$的值并不影响其积分的值,从而不影响其分布函数 $F(x)$的值,这意味着连续型随机变量的同一个分布函数可有不同的密度函数.例如,在例 2.4.4 中,改变 $f(x)$在 $x=0$ 或 $x=a$ 处的取值,可有如下两个密度函数

$$f_1(x)=\begin{cases}\dfrac{1}{a} & 0\leqslant x\leqslant a\\ 0 & \text{其他}\end{cases},\quad f_2(x)=\begin{cases}\dfrac{1}{a} & 0<x<a\\ 0 & \text{其他}\end{cases}$$

仔细考察这两个密度函数,则有

$$P(f_1(x)\neq f_2(x))=P(X=0)+P(X=a)=0$$

可见,这两个函数在概率意义上是无差别的,在此称$f_1(x)$与$f_2(x)$"几乎处处相等",其意义在于:在概率论中可以剔除概率为 0 的事件后讨论两个函数相等以及其他随机问题,这是概率论与微积分的不同之处,也是概率论所特有的魅力之处.

前面已经介绍了离散型随机变量和连续型随机变量,除此之外还有一种变量:既非离散型随机变量也非连续型随机变量,例如

$$F(x)=\begin{cases}0 & x<0\\ \dfrac{1+x}{2} & 0\leqslant x<1\\ 1 & x\geqslant 1\end{cases}$$

可以验证该函数满足分布函数的三条基本性质,因此该函数一定为某随机变量的分布函数.然而从该函数的图形(见图 2-2)可以看出,该函数既不是阶梯函数,也不是连续函数,所以它既非离散型随机变量也非连续型随机变量.另外,补充说明一点,分布函数至多有可列无穷个间断点.

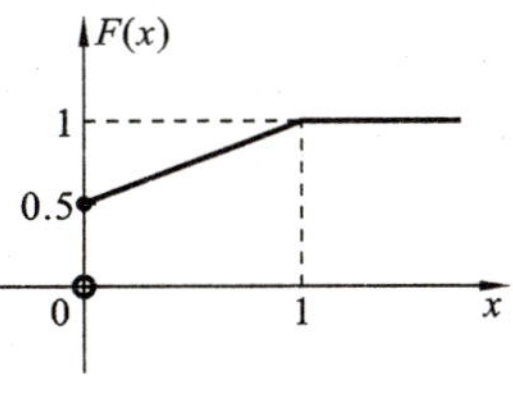

图 2-2

本书不专门研究该类随机变量,只是让大家知道知识的无边无际、山外有山.大家只有不断努力钻研和学习,才能达到更高的知识境界.

2.4.2　几种常见的连续型随机变量

下面介绍几种重要的连续型随机变量.

1. 均匀分布

定义 2.10　如果随机变量 X 的概率密度为

$$f(x)=\begin{cases}\dfrac{1}{b-a} & a\leqslant x\leqslant b\\ 0 & \text{其他}\end{cases} \tag{2.7}$$

则称 X 服从$[a,b]$上的均匀分布(又称为平顶分布或矩形分布). 记为 $X\sim U[a,b]$(uniform distribution)或 $X\sim R[a,b]$(rectangular distribution).

注 若随机变量 X 在开区间(a,b)内或半开半闭区间$(a,b]$、$[a,b)$上服从均匀分布,有时也记为 $X\sim U(a,b)$. 由密度函数的定义及解释可知,X 的密度函数 $f(x)$ 同样可以用式(2.7)定义.

当 $X\sim U[a,b]$时,容易得出它的分布函数为

$$F(x)=\begin{cases}0 & x<a\\ \dfrac{x-a}{b-a} & a\leqslant x<b\\ 1 & x\geqslant b\end{cases} \tag{2.8}$$

密度函数 $f(x)$和分布函数 $F(x)$的图形分别如图 2-3 和图 2-4 所示.

图 2-3 图 2-4

在数值计算中,由于四舍五入,小数点后第一位小数所引起的误差 X 一般可以看做是一个在$[-0.5,0.5]$中服从均匀分布的随机变量;又如在$[a,b]$中随机掷质点,则该质点的坐标 X 一般也可看做是一个在$[a,b]$中服从均匀分布的随机变量.

注 如果 X 服从$[a,b]$上的均匀分布,那么,对于任意满足 $a<c\leqslant d<b$ 的 c、d,应有

$$P(c\leqslant X\leqslant d)=\int_c^d f(x)\mathrm{d}x=\frac{d-c}{b-a} \tag{2.9}$$

该式说明:X 取值于(a,b)中任意小区间的概率与该小区间的长度成正比,而与该小区间的具体位置无关. 这就是均匀分布的概率意义.

例 2.4.5 已知某地区某周内的最高温度(单位:摄氏度)$X\sim U[36,40]$,求该周内最高温度超过 39 ℃的概率.

解 由题意可得 X 的概率密度函数为

$$f(x)=\begin{cases}\dfrac{1}{4} & 36\leqslant x\leqslant 40\\ 0 & \text{其他}\end{cases}$$

从而

$$P(X>39)=\int_{39}^{40}\frac{1}{4}\mathrm{d}x=\frac{1}{4}$$

所以该周内最高温度超过 39 ℃的概率为$\frac{1}{4}$.

2. 指数分布

定义 2.11　如果随机变量 X 的概率密度为

$$f(x)=\begin{cases}\lambda \mathrm{e}^{-\lambda x} & x>0\\ 0 & \text{其他}\end{cases}\tag{2.10}$$

式中:$\lambda>0$ 为常数,则称 X 服从参数为 λ 的指数分布(exponential distribution),记为 $X\sim E(\lambda)$. 其分布函数为

$$F(x)=\begin{cases}1-\mathrm{e}^{-\lambda x} & x>0\\ 0 & x\leqslant 0\end{cases}\tag{2.11}$$

指数分布是一种偏态分布,由于指数分布随机变量只可能取非负实数,因此指数分布常被用做各种"寿命"分布,也被称为寿命分布(life distribution). 如电子元件的寿命、电话通话的时间、随机服务系统的服务时间等都可近似看做是服从指数分布的. 指数分布在可靠性与排队论中有着广泛的应用.

例 2.4.6　设打一次电话所用的时间 X(单位:min)服从参数为 $\lambda=\frac{1}{5}$ 的指数分布,如果某人刚好在你前面进电话亭,求你等待时间超过 5 min 的概率.

解　由题意可知,$X\sim E\left(\frac{1}{5}\right)$,即其概率密度为 $f(x)=\begin{cases}\frac{1}{5}\mathrm{e}^{-\frac{1}{5}x} & x>0\\ 0 & \text{其他}\end{cases}$,所以

$$P(X>5)=\int_{5}^{+\infty}\frac{1}{5}\mathrm{e}^{-\frac{1}{5}x}\mathrm{d}x=-\int_{5}^{+\infty}\mathrm{e}^{-\frac{1}{5}x}\mathrm{d}\left(-\frac{1}{5}x\right)=-\mathrm{e}^{-\frac{1}{5}x}\Big|_{5}^{+\infty}=\mathrm{e}^{-1}$$

指数分布最常见的一个场合是寿命分布. 指数分布具有"无记忆性",即对于任意 $s,t>0$,有

$$P(X>s+t\mid X>s)=P(X>t)\tag{2.12}$$

如果用 X 表示某一元件的寿命,那么式(2.12)表明,在已知元件已使用了 s 小时的条件下,它还能再使用至少 t 小时的概率,与从开始使用时算起它至少能使用 t 小时的概率相等. 这就是说元件对它已使用过 s 小时没有记忆. 当然,指数分布描述的是无老化时的寿命分布,但"无老化"是不可能的,因而只是一种近似. 对一些寿命长的元件,在初期阶段老化现象很小,在这一阶段,指数分布比较确切地描述了其寿命分布情况.

式(2.12)是容易证明的. 事实上,

$$P(X>s+t|X>s)=\frac{P(X>s,X>s+t)}{P(X>s)}=\frac{P(X>s+t)}{P(X>s)}$$
$$=\frac{1-F(s+t)}{1-F(s)}=\frac{\mathrm{e}^{-\lambda(s+t)}}{\mathrm{e}^{-\lambda s}}=\mathrm{e}^{-\lambda t}=P(X>t)$$

例 2.4.7 如果某设备在长为 t 的时间$[0,t]$内发生故障的次数 $N(t)$(与时间长度 t 有关)服从参数为 λt 的泊松分布,则相继两次故障之间的时间间隔 T 服从参数为 λ 的指数分布.

解 设 $N(t)\sim P(\lambda t)$,即

$$P(N(t)=k)=\frac{(\lambda t)^k}{k!}\mathrm{e}^{-\lambda t},\quad k=0,1,\cdots$$

注意到两次故障之间的时间间隔 T 是非负随机变量,且事件$\{T\geqslant t\}$说明此设备在$[0,t]$内没有发生故障,即$\{T\geqslant t\}=\{N(t)=0\}$,由此可得

当 $t<0$ 时,有 $F_T(t)=P(T\leqslant t)=0$;

当 $t\geqslant 0$ 时,有 $F_T(t)=P(T\leqslant t)=1-P(T>t)=1-P(N(t)=0)=1-\mathrm{e}^{-\lambda t}$.
即 $T\sim E(\lambda)$,相继两次故障之间的时间间隔 T 服从参数为 λ 的指数分布.

以上例子说明了泊松分布与指数分布之间的关系[12],这在随机过程中是至关重要的.

3. 正态分布

正态分布[13]是概率论与数理统计中最重要的一个分布.高斯(Gauss,1777—1855)在研究误差理论时首先用正态分布来刻画误差的分布,所以正态分布又称为高斯分布.本书的第 5 章的中心极限定理表明:一个随机变量如果是由大量微小的、独立的随机因素叠加的,那么这个随机变量一般都可以认为服从正态分布.因此很多随机变量可以用正态分布描述或近似描述.某些医学现象,如同质群体的身高、红细胞数、血红蛋白量以及实验中的随机误差,呈现为正态或近似正态分布;有些指标(变

---

[12] 离散型随机变量与连续型随机变量之间也存在着内在联系.万物皆有连续,要用辩证唯物主义思想看待问题.

[13] 18 世纪天文学领域积累了大量数据需要分析,而如何解决测量误差是一个棘手的问题.人们一直用多次测量取平均值来解决误差问题.这里面的原因何在?伽利略认为误差是对称分布的:大的误差出现频率低,小的误差出现频率高,这就提出了测量误差的分布问题.于是许多天文学家和数学家开始了寻找误差分布曲线的尝试.对此,拉普拉斯在 1772—1774 年间给出了拉普拉斯分布用于解释误差的分布,但是拉普拉斯分布的计算比较复杂,最终没能给出什么有用的结果.1801 年德国数学家高斯使用最小二乘法成功预测了谷神星的轨道,这意味着高斯找到了更好的方法解决测量误差问题,但直到 1809 年高斯才给出了完整的轨道预测方法和完善的数学理论.高斯使用的方法基于现在著名的最大似然估计理论,他认为最大似然估计导出的估计就应该是算术平均数!进一步,高斯证明只有正态分布才符合这样的条件.高斯还证明当误差的分布服从正态分布时也能完美解释最小二乘法.高斯的理论在 19 世纪统计学的重要性就相当于 18 世纪的微积分之于数学,由此可以对误差大小的影响进行统计度量了.正态分布发现的历史说明:科学研究只有从解决实际问题出发才能有好的结果.另外,科学研究的过程是曲折的,是许多偶然性事件导致的必然结果.

量)虽服从偏态分布,但经数据转换后的新变量可服从正态或近似正态分布,可按正态分布规律处理.其中经对数转换后服从正态分布的指标,称为服从对数正态分布.除此之外,正态分布还是其他分布的基础.

定义 2.12　如果随机变量 X 的概率密度为

$$f(x)=\frac{1}{\sqrt{2\pi}\sigma}\mathrm{e}^{-\frac{1}{2\sigma^2}(x-\mu)^2}\quad(-\infty<x<+\infty)\tag{2.13}$$

式中:$\sigma>0$,μ、σ 为常数,则称 X 服从参数为 μ、σ 的正态分布(normal distribution),记为 $X\sim N(\mu,\sigma^2)$.

易证:

(1) $f(x)\geqslant 0$;

(2) $\int_{-\infty}^{+\infty}f(x)\mathrm{d}x=1$.(可参看后面有关伽马函数性质的介绍:$\int_0^{+\infty}\mathrm{e}^{-u^2}\mathrm{d}u=\frac{\sqrt{\pi}}{2}$)

事实上,

$$\int_{-\infty}^{+\infty}f(x)\mathrm{d}x=\int_{-\infty}^{+\infty}\frac{1}{\sqrt{2\pi}\sigma}\mathrm{e}^{-\frac{(x-u)^2}{2\sigma^2}}\mathrm{d}x=2\frac{1}{\sqrt{2\pi}\sigma}\cdot\sqrt{2}\sigma\int_0^{+\infty}\mathrm{e}^{-\frac{(x-u)^2}{2\sigma^2}}\mathrm{d}\frac{x-u}{\sqrt{2}\sigma}\quad(令\frac{x-u}{\sqrt{2}\sigma}=t)$$

$$=2\cdot\frac{1}{\sqrt{2\pi}\sigma}\cdot\sqrt{2}\sigma\int_0^{+\infty}\mathrm{e}^{-t^2}\mathrm{d}t=2\cdot\frac{1}{\sqrt{2\pi}\sigma}\cdot\sqrt{2}\sigma\cdot\frac{\sqrt{\pi}}{2}=1$$

由高等数学知识可知:

(1) 当 $x=\mu$ 时,$f(x)$达到最大值$\frac{1}{\sqrt{2\pi}\sigma}$;在 $x=\mu\pm\sigma$ 处,曲线 $y=f(x)$有拐点(见图 2-5).

(2) $f(x)$的图形对称于直线 $x=\mu$.

(3) $f(x)$以 x 轴为渐近线.

(4) 若固定 σ,改变 μ 值,则曲线 $y=f(x)$沿 x 轴平行移动,曲线的几何图形不变(见图 2-6).亦称 μ 为位置参数.

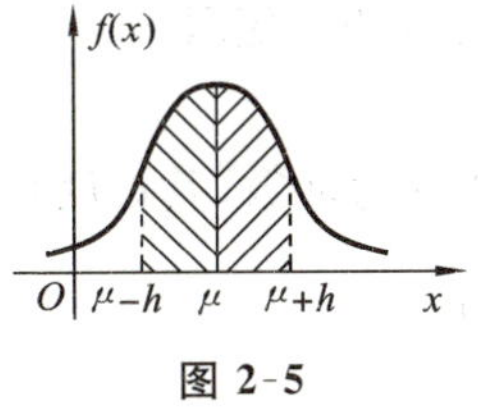

图 2-5

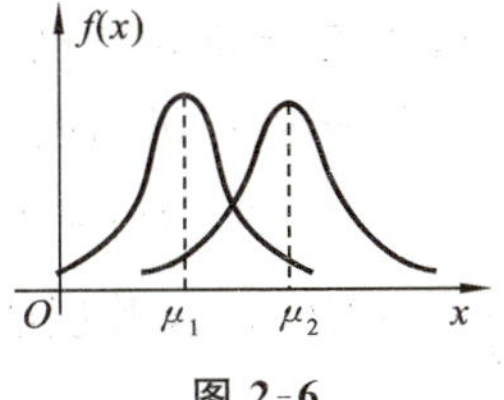

图 2-6

(5) 若固定 μ,改变 σ 值,由 $f(x)$的最大值可知:σ 越大,$f(x)$的图形越平坦;σ 越小,$f(x)$的图形越陡峭(见图 2-7).亦称 σ 为尺度参数.

特别地,当 $\mu=0$,$\sigma=1$ 时,称 X 服从标准正态分布(standard normal distribution),即$X\sim N(0,1)$,概率密度为

$$\varphi(x)=\frac{1}{\sqrt{2\pi}}\mathrm{e}^{-\frac{x^2}{2}}\quad(-\infty<x<+\infty)\tag{2.14}$$

其图形如图 2-8 所示。

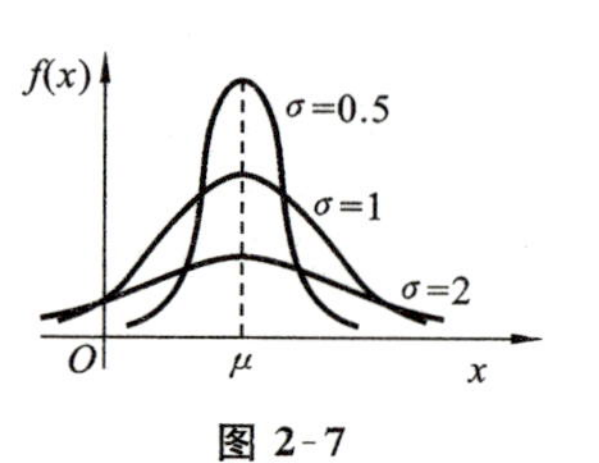

图 2-7

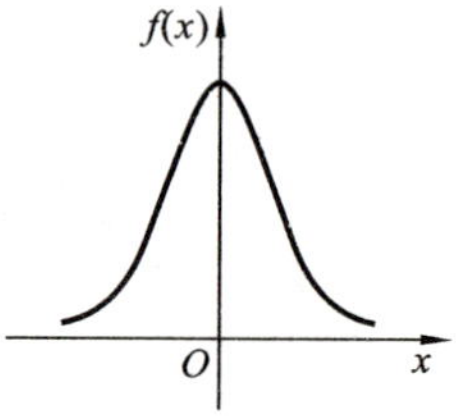

图 2-8

标准正态分布的分布函数为

$$\Phi(x)=\int_{-\infty}^{x}\varphi(t)\mathrm{d}t=\int_{-\infty}^{x}\frac{1}{\sqrt{2\pi}}\mathrm{e}^{-\frac{t^2}{2}}\mathrm{d}t\tag{2.15}$$

注 标准正态分布概率密度和分布函数的符号分别为 $\varphi(x)$和 $\Phi(x)$.

由标准正态分布的对称性易知,对任意 x 有

$$\Phi(-x)=1-\Phi(x)\tag{2.16}$$

利用上面公式和标准正态分布的分布函数表(见附表 B),即可方便地求出服从标准正态分布的随机变量在任一区间的概率了.

例 2.4.8 设 $X\sim N(0,1)$,求:

(1) $P(0.2<X\leqslant 0.5)$;(2) $P(X\leqslant -1.2)$;(3) $P(|X|\leqslant 0.34)$.

解 查标准正态分布表,得

(1) $P(0.2<X\leqslant 0.5)=\Phi(0.5)-\Phi(0.2)=0.6915-0.5793=0.1122$

(2) $P(X\leqslant -1.2)=\Phi(-1.2)=1-\Phi(1.2)=1-0.8849=0.1151$

(3) $P(|X|\leqslant 0.34)=P(-0.34\leqslant X\leqslant 0.34)=\Phi(0.34)-\Phi(-0.34)$

$=\Phi(0.34)-[1-\Phi(0.34)]=2\Phi(0.34)-1$

$=2\times 0.6331-1=0.2662$

对于服从一般正态分布的随机变量来说,我们有如下定理.

定理 2.2 若 $X\sim N(\mu,\sigma^2)$,则

(1) $Y=aX+b\sim N(a\mu+b,a^2\sigma^2)$,其中 $a(a\neq 0)$,b 为常数(其证明可见例 2.5.6);

(2) $Z=\dfrac{X-\mu}{\sigma}\sim N(0,1)$(其证明可见例 2.5.4).

事实上,$Z=\dfrac{X-\mu}{\sigma}$的分布函数为

$$P(Z\leqslant x)=P\left(\frac{X-\mu}{\sigma}\leqslant x\right)=P(X\leqslant \mu+\sigma x)$$

$$=\int_{-\infty}^{\mu+\sigma x}\frac{1}{\sqrt{2\pi}\sigma}\mathrm{e}^{-\frac{(t-\mu)^2}{2\sigma^2}}\mathrm{d}t$$

令$\frac{t-\mu}{\sigma}=s$，得

$$P(Z \leqslant x)=\frac{1}{\sqrt{2\pi}}\int_{-\infty}^{x} \mathrm{e}^{-\frac{s^2}{2}} \mathrm{d}s=\Phi(x)$$

由此知 $Z=\frac{X-\mu}{\sigma} \sim N(0,1)$.

因此，若 $X \sim N(\mu,\sigma^2)$，则可利用标准正态分布函数 $\Phi(x)$，通过查表求得 X 落在任一区间$(x_1,x_2]$内的概率，即

(1)
$$F(x)=P(X \leqslant x)=P\left(\frac{X-\mu}{\sigma} \leqslant \frac{x-\mu}{\sigma}\right)=\Phi\left(\frac{x-\mu}{\sigma}\right) \tag{2.17}$$

(2)
$$\begin{aligned} P(x_1<X \leqslant x_2) &=P\left(\frac{x_1-\mu}{\sigma}<\frac{X-\mu}{\sigma} \leqslant \frac{x_2-\mu}{\sigma}\right) \\ &=\Phi\left(\frac{x_2-\mu}{\sigma}\right)-\Phi\left(\frac{x_1-\mu}{\sigma}\right) \end{aligned} \tag{2.18}$$

例如，若 $X \sim N(\mu,\sigma^2)$，则

$$P(\mu-\sigma<X \leqslant \mu+\sigma)=\Phi(1)-\Phi(-1)=68.26\%$$
$$P(\mu-2\sigma<X \leqslant \mu+2\sigma)=\Phi(2)-\Phi(-2)=95.44\%$$
$$P(\mu-3\sigma<X \leqslant \mu+3\sigma)=\Phi(3)-\Phi(-3)=99.74\%$$

其中第 3 式就是 3σ 规则(3σ Law)：服从正态分布 $N(\mu,\sigma^2)$的随机变量 X 落在区间$(\mu-3\sigma,\mu+3\sigma)$内的概率为 0.9974，落在该区间外的概率只有 0.0026. 也就是说，X 几乎不可能在区间$(\mu-3\sigma,\mu+3\sigma)$之外取值. 假如某随机变量取值的概率近似服从 3σ 规则，则可认为这个随机变量近似服从正态分布. 假如三式中有一个偏差较大，则可以认为这个随机变量不服从正态分布，这个原则在 X 的观察值非常多时，常用来判断 X 的分布是否近似服从正态分布.

例 2.4.9　设 $X \sim N(500,60^2)$. (1) 求 $P(X>560)$；(2) 求 $P(|X-500|>200)$；(3) 若 $P(X>x) \geqslant 0.01$，求 x.

解　(1)
$$\begin{aligned} P(X>560) &=1-P(X \leqslant 560)=1-P\left(\frac{X-500}{60} \leqslant \frac{560-500}{60}\right) \\ &=1-\Phi\left(\frac{560-500}{60}\right)=1-\Phi(1)=1-0.8413=0.1587 \end{aligned}$$

(2)
$$\begin{aligned} P(|X-500|>200) &=1-P(|X-500| \leqslant 200) \\ &=1-P(-200 \leqslant X-500 \leqslant 200)=1-P(300 \leqslant X \leqslant 700) \\ &=1-P\left(\frac{300-500}{60} \leqslant \frac{X-500}{60} \leqslant \frac{700-500}{60}\right) \\ &=1-\left[\Phi\left(\frac{10}{3}\right)-\Phi\left(-\frac{10}{3}\right)\right]=1-\left[2\Phi\left(\frac{10}{3}\right)-1\right] \\ &=2\left[1-\Phi\left(\frac{10}{3}\right)\right]=2(1-0.9996)=0.0008 \end{aligned}$$

(3) 要求 $P(X>x)\geqslant 0.01$，即要求 $1-P(X\leqslant x)\geqslant 0.01$，则

$$1-\Phi\left(\frac{x-500}{60}\right)\geqslant 0.01$$

$$\Phi\left(\frac{x-500}{60}\right)\leqslant 0.99=\Phi(1.28)$$

因 $\Phi(\cdot)$为单调增函数，故需

$$\frac{x-500}{60}\leqslant 1.28 \quad 即 \quad x\leqslant 576.92$$

例 2.4.10 公共汽车的高度是按男子与车门会碰头的机会在 0.01 以下来设计的，设男子身高 X(单位:cm)服从正态分布 $N(170,6^2)$，试确定车门的高度.

解 设车门的高度为 h(单位:cm). 依题意有

$$P(X>h)=1-P(X\leqslant h)<0.01$$

即

$$P(X\leqslant h)>0.99$$

因为 $P(X\leqslant h)=\Phi\left(\frac{h-170}{6}\right)$，查标准正态分布表得 $\Phi(2.33)=0.9901>0.99$，所以得

$$\frac{h-170}{6}=2.33$$

即 $h=184$ cm，故车门的设计高度至少应为 184 cm 方可保证男子与车门碰头的概率在 0.01 以下.

为了便于今后应用，对于标准正态变量，我们引入了上 α 分位点的定义(该定义在第 6.2 节还会进一步介绍).

定义 2.13 设 $X\sim N(0,1)$，若 z_α 满足条件

$$P(X>z_\alpha)=\alpha \quad (0<\alpha<1) \tag{2.19}$$

则称点 z_α 为标准正态分布的上 α 分位点，如图 2-9 所示.

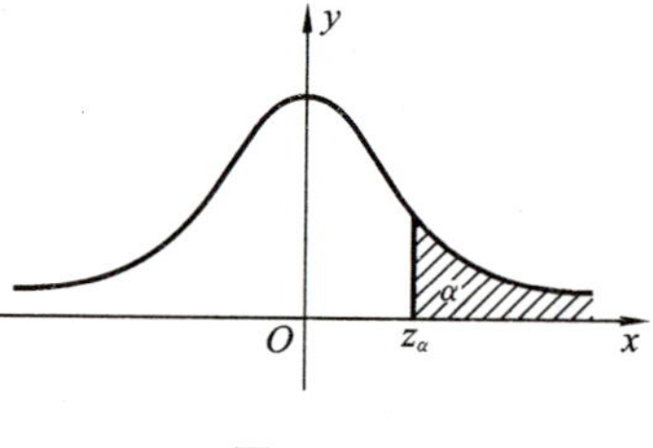

图 2-9

例如，由查表可得 $z_{0.05}=1.645$，$z_{0.001}=3.090$，故 1.645 与 3.090 分别是标准正态分布的上 0.05 分位点与上 0.001 分位点.

*4. 伽马分布

定义 2.14 函数 $\Gamma(\alpha)=\int_0^{+\infty}x^{\alpha-1}e^{-x}dx$ 被称为伽马函数，其中参数 $\alpha>0$.

伽马函数具有以下性质.

(1) $\Gamma(1)=1$，$\Gamma\left(\frac{1}{2}\right)=\sqrt{\pi}$.

(2) $\Gamma(\alpha+1)=\alpha\Gamma(\alpha)$，当 α 为自然数 n 时，有 $\Gamma(n+1)=n\Gamma(n)=n!$.

(3) $\lim\limits_{\alpha\to 0^+}\Gamma(\alpha)=+\infty$，$\Gamma(\alpha)$在 $\alpha>0$ 时连续.

(4) (余元公式) $\Gamma(\alpha)\Gamma(1-\alpha)=\dfrac{\pi}{\sin\pi\alpha}$. 取 $\alpha=\dfrac{1}{2}$，由余元公式可得 $\Gamma\left(\dfrac{1}{2}\right)=\sqrt{\pi}$.

(5) 在 $\Gamma(\alpha)=\int_0^{+\infty}x^{\alpha-1}\mathrm{e}^{-x}\mathrm{d}x$ 中，令 $x=u^2$，有

$$\Gamma(\alpha)=2\int_0^{+\infty}u^{2\alpha-1}\mathrm{e}^{-u^2}\mathrm{d}u$$

令 $\alpha=\dfrac{1}{2}$，得 $2\int_0^{+\infty}\mathrm{e}^{-u^2}\mathrm{d}u=\Gamma\left(\dfrac{1}{2}\right)=\sqrt{\pi}$，从而有

$$\int_0^{+\infty}\mathrm{e}^{-u^2}\mathrm{d}u=\frac{\sqrt{\pi}}{2}$$

定义 2.15　若随机变量 X 的密度函数为

$$f(x)=\begin{cases}\dfrac{\lambda^\alpha}{\Gamma(\alpha)}x^{\alpha-1}\mathrm{e}^{-\lambda x} & x\geqslant 0\\ 0 & x<0\end{cases}$$

则称 X 服从伽马分布，记作 $X\sim Ga(\alpha,\lambda)$，其中 $\alpha>0$ 是形状参数，$\lambda>0$ 为尺度参数.

伽马分布有两个特例.

(1) $\alpha=1$ 时的伽马分布就是指数分布，即 $Ga(1,\lambda)=E(\lambda)$.

(2) 称 $\alpha=n/2$，$\lambda=1/2$ 时的伽马分布是自由度为 n 的 χ^2(卡方)分布，记为 $X\sim\chi^2(n)$，即

$$Ga\left(\frac{n}{2},\ \frac{1}{2}\right)=\chi^2(n)$$

其概率密度为

$$f(x)=\begin{cases}\dfrac{1}{2^{\frac{n}{2}}\Gamma\left(\dfrac{n}{2}\right)}x^{\frac{n}{2}-1}\mathrm{e}^{-\frac{x}{2}} & x\geqslant 0\\ 0 & x<0\end{cases}$$

卡方分布是数理统计中一个重要的分布.

*5. 贝塔分布

定义 2.16　函数 $B(a,b)=\int_0^1 x^{a-1}(1-x)^{b-1}\mathrm{d}x$ 被称为贝塔函数，其中参数 $a>0$，$b>0$.

贝塔函数具有如下性质.

(1) $B(a,b)=B(b,a)$.

证明　令 $y=1-x$，即得

$$B(a,b)=\int_1^0(1-y)^{a-1}y^{b-1}(-\mathrm{d}y)=\int_0^1(1-y)^{a-1}y^{b-1}\mathrm{d}y=B(b,a)$$

(2) 贝塔函数与伽马函数之间关系为

$$B(a,b)=\frac{\Gamma(a)\Gamma(b)}{\Gamma(a+b)}$$

证明 由伽马函数的定义可知

$$\Gamma(a)\Gamma(b)=\int_0^{+\infty}\int_0^{+\infty}x^{a-1}y^{b-1}\mathrm{e}^{-x-y}\mathrm{d}x\mathrm{d}y$$

作变量变换 $x=uv,y=u(1\text{-}v)$，其雅可比行列式 $J=-u$，故

$$\begin{aligned}\Gamma(a)\Gamma(b)&=\int_0^1\int_0^{+\infty}(uv)^{a-1}[u(1-v)]^{b-1}\mathrm{e}^{-u}u\,\mathrm{d}u\mathrm{d}v\\&=\int_0^{+\infty}u^{a+b-1}\mathrm{e}^{-u}\mathrm{d}u\int_0^1v^{a-1}(1-v)^{b-1}\mathrm{d}v\\&=\Gamma(a+b)B(a,b)\end{aligned}$$

定义 2.17 若随机变量 X 的密度函数为

$$f(x)=\begin{cases}\dfrac{\Gamma(a+b)}{\Gamma(a)\Gamma(b)}x^{a-1}(1-x)^{b-1} & 0<x<1\\ 0 & \text{其他}\end{cases}$$

则称 X 服从贝塔分布，记作 $X\sim Be(a,b)$，其中 $a>0,b>0$ 都是形状参数.

注 当 $a=1,b=1$ 时，$Be(1,1)=U(0,1)$.

因为服从贝塔分布的随机变量是仅在区间 $(0,1)$ 内取值的，所以不合格品率、机器的维修率、市场的占有率、射击的命中率、打印错误率等选用贝塔分布作为它们的概率分布分析是合适的，只要选择恰当的参数 a、b 就好了.

习 题 2.4

(一) 基础练习题

1. 设随机变量 X 的概率密度为 $f(x)=\begin{cases}kx & 0<x<1\\ 0 & \text{其他}\end{cases}$，求

(1) 参数 k；(2) $P(0<X<0.5)$；(3) 分布函数 $F(x)$.

2. 设随机变量 X 具有密度函数

$$f(x)=\begin{cases}kx & 0\leqslant x<3\\ 2-\dfrac{x}{2} & 3\leqslant x\leqslant 4\\ 0 & \text{其他}\end{cases}$$

(1) 确定常数 k；(2) 求 X 的分布函数 $F(x)$；(3) 求 $P\left\{1<X\leqslant\dfrac{7}{2}\right\}$.

3. 设连续型随机变量 X 的分布函数为

$$F(x)=\begin{cases}0 & x<0\\ Ax^2 & 0\leqslant x<1\\ 1 & x\geqslant 1\end{cases}$$

试求：(1) 系数 A；(2) X 落在区间(0.3,0.7)内的概率；(3) X 的密度函数.

4. 设连续型随机变量 X 分布函数为

$$F(x)=\begin{cases}A+Be^{-x\lambda} \\ 0\end{cases}\quad(\lambda>0)$$

(1) 求常数 A,B；(2) 求 $P\{X\leqslant 2\}$，$P\{X>3\}$；(3) 求密度函数 $f(x)$.

5. 设随机变量 X 的概率密度为 $f(x)=\begin{cases}\dfrac{x}{2} & 0<x\leqslant 2\\ 0 & \text{其他}\end{cases}$，对 X 做 3 次独立观察，求只有 1 次 X 取值大于 1 的概率 .

6. 设随机变量 X 和 Y 同分布，X 的密度函数为 $f(x)=\begin{cases}\dfrac{3}{8}x^2 & 0<x<2\\ 0 & \text{其他}\end{cases}$，已知事件 $A=\{X>a\}$ 和事件 $B=\{Y>b\}$ 独立，且 $P(A\cup B)=3/4$，求常数 a.

7. 设 K 在$[-2,4]$上服从均匀分布，求方程 $4x^2+4Kx+K+2=0$ 有实根的概率.

8. 已知 $X\sim N(0,1)$，求

(1) $P(-0.4<X<1.4)$；(2) $P(|X|<1)$；(3) $P(X>-0.5)$.

9. 已知 $X\sim N(1.5,(0.05)^2)$，求

(1) $P(1.45<X<1.55)$；(2) $P(X>1.6)$.

(二) 提高练习题

1. 选择题.

(1) (2011.3) 设 $F_1(x)$、$F_2(x)$ 为两个分布函数，其相应的概率密度 $f_1(x)$、$f_2(x)$是连续函数，则必为概率密度的是(　　).

A. $f_1(x)f_2(x)$　　B. $2f_2(x)F_1(x)$

C. $f_1(x)F_2(x)$　　D. $f_1(x)F_2(x)+f_2(x)F_1(x)$

(2) (2010.3) 设 $f_1(x)$为标准正态分布的概率密度，$f_2(x)$为$[-1,3]$上均匀分布的概率密度，若 $f(x)=\begin{cases}af_1(x) & x\leqslant 0\\ bf_2(x) & x>0\end{cases}(a>0,b>0)$为概率密度，则 a、b 应满足(　　).

A. $2a+3b=4$　　B. $3a+2b=4$　　C. $a+b=1$　　D. $a+b=2$

(3) 假设随机变量 X 的密度函数 $f(x)$是偶函数，其分布函数为 $F(x)$，则(　　).

A. $F(x)$是偶函数　　B. $F(x)$是奇函数

C. $F(x)+F(-x)=1$　　D. $2F(x)-F(-x)=1$

(4) 设随机变量 X 的密度函数为 $f(x)$,则可以作出密度函数的是(　　).

A. $f(2x)$　　B. $f(2-x)$　　C. $f^2(x)$　　D. $f(x^2)$

(5) (2013.1) 设 X_1、X_2、X_3 是随机变量,且 $X_1\sim N(0,1)$,$X_2\sim N(0,2^2)$,$X_3\sim N(5,3^2)$,$P_i=P(-2\leqslant X_i\leqslant 2)$ $(i=1,2,3)$,则(　　).

A. $P_1>P_2>P_3$　　B. $P_2>P_1>P_3$　　C. $P_3>P_2>P_2$　　D. $P_1>P_3>P_2$

(6) (2006.3) 设随机变量 X 服从正态分布 $N(\mu_1,\sigma_1^2)$,随机变量 Y 服从正态分布 $N(\mu_2,\sigma_2^2)$,且 $P(|X-\mu_1|<1)>P(|Y-\mu_2|<1)$,则必有(　　).

A. $\sigma_1<\sigma_2$　　B. $\sigma_1>\sigma_2$　　C. $\mu_1<\mu_2$　　D. $\mu_1>\mu_2$

(7) 设随机变量 $X\sim N(\mu,4^2)$,$Y\sim N(\mu,5^2)$,记 $p_1=P(X\leqslant\mu-4)$,$p_2=P(Y\geqslant\mu+5)$,则(　　).

A. 对任何实数 μ,都有 $p_1=p_2$　　B. 对任何实数 μ,都有 $p_1<p_2$

C. 只对个别实数 μ,才有 $p_1=p_2$　　D. 对任何实数 μ,都有 $p_1>p_2$

(8) (2004.3) 设随机变量 X 服从正态分布 $N(0,1)$,对给定的 $\alpha\in(0,1)$,数 u_α 满足 $P(X>u_\alpha)=\alpha$,若 $P(|X|<x)=\alpha$,则 x 等于(　　).

A. $u_{\frac{\alpha}{2}}$　　B. $u_{1-\frac{\alpha}{2}}$　　C. $u_{\frac{1-\alpha}{2}}$　　D. $u_{1-\alpha}$

2. 设随机变量 X 的分布函数为 $F(x)$,概率密度函数为 $f(x)=af_1(x)+bf_2(x)$,其中 $f_1(x)$为正态分布 $N(0,\sigma^2)$的密度函数,$f_2(x)$是参数为 λ 的指数分布的密度函数,已知 $F(0)=\dfrac{1}{8}$,求参数 a、b.

3. (2018.1) 设随机变量 X 的概率密度 $f(x)$满足 $f(1+x)=f(1-x)$,且 $\int_0^2 f(x)\mathrm{d}x=0.6$,求概率 $P(X<0)$.

4. 设随机变量 X 的密度函数 $f(x)=\mathrm{e}^{-x^2+bx+c}$($x\in\mathbf{R}$,$b$,$c$ 为常数)在 $x=1$ 处取最大值$\dfrac{1}{\sqrt{\pi}}$,试求概率 $P(1-\sqrt{2}<X<1+\sqrt{2})$.(其中 $\Phi(2)=0.9772$)

5. 线路上的电压 $V\sim N(220,25^2)$,记事件 $A_1=\{V<200\}$,$A_2=\{200<V<240\}$,$A_3=\{V>240\}$,已知某电器元件在 A_1 出现时损坏的概率为 0.1,在 A_2 出现时损坏的概率为 0.001,在 A_3 出现时损坏的概率为 0.2.求(1) 事件 A_1、A_2、A_3 的概率 $P(A_1)$、$P(A_2)$、$P(A_3)$;(2) 元件损坏的概率.($\Phi(0.8)\approx 0.79$)

6. 设连续随机变量 X 的密度函数 $f(x)$关于直线 $x=c$ 是对称的,证明其分布函数 $F(x)$满足

$$F(c-x)=1-F(c+x),\quad x\in\mathbf{R}.$$

2.5 随机变量函数的分布

在许多实际问题中,所考虑的随机变量往往依赖于另一个随机变量.例如,设 X 是圆柱体的直径,它是随机变量,而圆柱体的横断面面积 Y 也是随机变量.在试验中,当 X 取可能值 x 时,Y 就取可能值 y,不过 y 不是试验的直接结果,而是通过普通的函数关系 $y=\frac{\pi}{4}x^2$ 而得,这时随机变量 Y 就是随机变量 X 的函数,记为 $Y=\frac{\pi}{4}X^2$.一般地,设 X 是随机变量,则函数 $Y=f(X)$ 也是随机变量.本节将讨论如何由已知的随机变量 X 的概率分布去求得它的函数 $Y=g(X)$($g(\cdot)$是已知的连续函数)的概率分布.这里 Y 是这样的随机变量,当 X 取值 x 时,Y 取值 $g(x)$.以下将分离散场合和连续场合分别介绍.

2.5.1 离散场合

当 X 是离散型随机变量时,$Y=g(X)$ 也是离散型随机变量,这时设随机变量 X 的概率分布为

X	x_1	x_2	x_3	…	x_k	…
P	p_1	p_2	p_3	…	p_k	…

当 X 取某值 x_k 时,随机变量 Y 取值 $y_k=g(x_k)$,如果所有 $g(x_k)$的值全不相等,则随机变量 Y 的概率分布为

Y	y_1	y_2	y_3	…	y_k	…
P	p_1	p_2	p_3	…	p_k	…

如果某些 $y_k=g(x_k)$有相同的值,则这些相同的值仅取一次,然后根据概率加法定理把相应的概率值 p_i 加起来,就得到 Y 的分布.请看下例:

例 2.5.1　设 X 的分布律为

X	-1	0	1	2
p_k	0.2	0.3	0.1	0.4

求 $Y=2X$ 及 $Z=X^2$ 的分布律.

解　因为 X 和 Y 取值的对应关系及概率如下:

p_k	0.2	0.3	0.1	0.4
X	-1	0	1	2
Y	-2	0	2	4
Z	1	0	1	4

Y 的分布很容易看出,即

Y	-2	0	2	4
p_k	0.2	0.3	0.1	0.4

Z 所有可能的值为 0、1、4,且

$$P(Z=0)=P(X=0)=0.3$$

$$P(Z=1)=P(X=-1)+P(X=1)=0.2+0.1=0.3$$

$$P(Z=4)=P(X=2)=0.4$$

因而,Z 的分布律为

Z	0	1	4
p_k	0.3	0.3	0.4

例 2.5.2 设随机变量 X 的分布律为

X	1	2	$\cdots$	n	$\cdots$
P	$\frac{1}{2}$	$\left(\frac{1}{2}\right)^2$	$\cdots$	$\left(\frac{1}{2}\right)^n$	$\cdots$

求随机变量 $Y=\cos\left(\frac{\pi}{2}X\right)$的分布律.

解 因为

$$\cos\left(\frac{n\pi}{2}\right)=\begin{cases}-1 & n=2(2k-1)\\ 0 & n=2k-1\\ 1 & n=2(2k)\end{cases}\quad(k=1,2,\cdots)$$

所以 $Y=\cos\left(\frac{\pi}{2}X\right)$的所有可能的取值为$-1$、0、1.

由于 X 取值 2,6,10,…时,对应的 Y 都取-1,根据上述方法得

$$P(Y=-1)=\left(\frac{1}{2}\right)^2+\left(\frac{1}{2}\right)^6+\left(\frac{1}{2}\right)^{10}+\cdots=\frac{1}{4\left(1-\frac{1}{16}\right)}=\frac{4}{15}$$

$$P(Y=0)=\left(\frac{1}{2}\right)^1+\left(\frac{1}{2}\right)^3+\left(\frac{1}{2}\right)^5+\cdots=\frac{1}{2\left(1-\frac{1}{4}\right)}=\frac{2}{3}$$

$$P(Y=1)=\left(\frac{1}{2}\right)^4+\left(\frac{1}{2}\right)^8+\left(\frac{1}{2}\right)^{12}+\cdots=\frac{1}{16\left(1-\frac{1}{16}\right)}=\frac{1}{15}$$

故 $Y=\cos\left(\frac{\pi}{2}X\right)$的分布律为

Y	-1	0	1
P	$\frac{4}{15}$	$\frac{2}{3}$	$\frac{1}{15}$

2.5.2 连续场合

在应用中最常见的情形是连续型随机变量的函数. 设 X 是连续型随机变量,记 $f_X(x)$ 为其概率密度,那么应当如何确定随机变量 $Y=g(X)$ 的概率密度 $f_Y(y)$(此处假定所求的随机变量 $Y=g(X)$ 仍为连续型随机变量[14])呢? 以下所求方法常称为分布函数法.

例 2.5.3 设随机变量 X 具有概率密度

$$f_X(x)=\begin{cases}\dfrac{x}{2} & 0<x<2\\ 0 & \text{其他}\end{cases}$$

求随机变量 $Y=2X+4$ 的概率密度.

解 分别记 X、Y 的分布函数为 $F_X(x)$、$F_Y(y)$,下面先求 $F_Y(y)$:

$$F_Y(y)=P(Y\leqslant y)=P(2X+4\leqslant y)=P\left(X\leqslant\frac{y-4}{2}\right)=F_X\left(\frac{y-4}{2}\right)$$

对 $F_Y(y)$ 关于 y 求导,得 $Y=2X+4$ 的概率密度为

$$f_Y(y)=f_X\left(\frac{y-4}{2}\right)\cdot\left(\frac{y-4}{2}\right)'=\begin{cases}\dfrac{1}{2}\cdot\left(\dfrac{y-4}{2}\right)\cdot\dfrac{1}{2} & 0<\dfrac{y-4}{2}<2\\ 0 & \text{其他}\end{cases}$$

$$=\begin{cases}\dfrac{y-4}{8} & 4<y<8\\ 0 & \text{其他}\end{cases}$$

例 2.5.4 设随机变量 $X\sim N(\mu,\sigma^2)$,求 $Y=\dfrac{X-\mu}{\sigma}$ 的概率密度.

解 分别记 X、Y 的分布函数为 $F_X(x)$、$F_Y(y)$,下面先求 $F_Y(y)$:

$$F_Y(y)=P(Y\leqslant y)=P\left(\frac{X-\mu}{\sigma}\leqslant y\right)=P(X-\mu\leqslant\sigma y)$$
$$=P(X\leqslant\sigma y+\mu)=F_X(\sigma y+\mu)$$

对 $F_Y(y)$ 关于 y 求导,得 $Y=\dfrac{X-\mu}{\sigma}$ 的概率密度为

$$f_Y(y)=F'_Y(y)=f_X(\sigma y+\mu)\cdot\sigma=\frac{1}{\sqrt{2\pi}}\mathrm{e}^{-\frac{y^2}{2}}\quad(-\infty<y<+\infty)$$

---

[14] 连续型随机变量 X 的函数 Y=g(X)不一定是连续型的随机变量.

可见 $Y=\frac{X-\mu}{\sigma}\sim N(0,1)$，$Y=\frac{X-\mu}{\sigma}$ 也称为 X 的标准化随机变量.

***例 2.5.5** 设随机变量 $X\sim U[0,2]$，$Y=\min\{X,1\}=\begin{cases}X & X<1\\1 & X\geqslant 1\end{cases}$，求 Y 的分布函数 $F_Y(y)$.

解 如果随机变量 X 仅在区间 $[0,2]$ 上取值，则随机变量 Y 仅在区间 $[0,1]$ 上取值.

考虑随机变量 Y 的分布函数 $F_Y(y)=P(Y\leqslant y)=P(\min\{X,1\}\leqslant y)$，有

当 $y<0$ 时，$F_Y(y)=0$；

当 $y\geqslant 1$ 时，$F_Y(y)=1$；

当 $0\leqslant y<1$ 时，

$$\begin{aligned}F_Y(y)&=P(Y\leqslant y)=P(\min\{X,1\}\leqslant y)\\&=P(\min\{X,1\}\leqslant y,X<1)+P(\min\{X,1\}\leqslant y,X\geqslant 1)\\&=P(X\leqslant y,X<1)+P(1\leqslant y,X\geqslant 1)=P(X\leqslant y)+P(\phi)\\&=P(X<0)+P(0\leqslant X\leqslant y)+0\\&=0+\frac{y}{2}+0=\frac{y}{2}\end{aligned}$$

综合可得

$$F_Y(y)=\begin{cases}0 & y<0\\ \dfrac{y}{2} & 0\leqslant y<1\\ 1 & 1\leqslant y\end{cases}$$

注 (1) 从该题可知，尽管随机变量 X 是连续型随机变量，$y=g(x)$ 是连续函数，但 $Y=g(X)$ 并不是连续型随机变量(因为其分布函数 $F_Y(y)$ 并不连续)，当然也不是离散型随机变量.

(2) 分布函数法的关键：先把事件 $\{g(X)\leqslant y\}$ 转化为 X 在某区间取值的形式，然后求以 X 为随机变量的相关概率分布.

分布函数法是求随机变量函数分布的一般方法，如果函数 $Y=g(X)$ 具有单调性，则有以下定理.

定理 2.3 设连续型随机变量 X 的概率密度为 $f_X(x)$，$y=g(x)$ 严格单调，反函数 $x=h(y)$ 有连续导数，则 $Y=g(X)$ 也是连续型随机变量，且 Y 的概率密度为

$$f_Y(y)=\begin{cases}f_X(h(y))\,|h'(y)| & \alpha<y<\beta\\ 0 & \text{其他}\end{cases}$$

其中：$\alpha=\min(g(-\infty),g(+\infty))$，$\beta=\max(g(-\infty),g(+\infty))$.

证明 因为 $Y=g(X)$ 在 (α,β) 内取值，所以

当 $y\leqslant\alpha$ 时，$F_Y(y)=P(Y\leqslant y)=0$.

当 $y\geqslant\beta$ 时，$F_Y(y)=P(Y\leqslant y)=1$.

当 $\alpha<y<\beta$ 时，

(1) 若 g 为严格单调增函数，则其反函数 $h(y)$ 也严格单调增，且 $h'(y)>0$，所以

$$F_Y(y)=P(g(X)\leqslant y)=P(X\leqslant h(y))=F_X(h(y))$$

对 $F_Y(y)$ 关于 y 求导，所以 Y 的概率密度为

$$f_Y(y)=F'_Y(y)=f_X(h(y))\cdot h'(y),\quad g(-\infty)<y<g(+\infty)$$

(2) 若 g 为严格单调减函数，则其反函数 $h(y)$ 也严格单调减，且 $h'(y)<0$，所以

$$F_Y(y)=P(g(X)\leqslant y)=P(X\geqslant h(y))=1-F_X(h(y))$$

对 $F_Y(y)$ 关于 y 求导，所以 Y 的概率密度为

$$f_Y(y)=F'_Y(y)=-f_X(h(y))\cdot h'(y),\quad g(-\infty)<y<g(+\infty)$$

综合以上结果即可知定理得证.

例 2.5.6 设连续型随机变量 X 具有概率密度 $f_X(x)$，求随机变量 $Y=kX+b$（其中 k、b 为常数且 $k\neq0$）的概率密度 $f_Y(y)$.

解 设 Y 的分布函数为 $F_Y(y)$.

当 $k>0$ 时，有

$$F_Y(y)=P(Y\leqslant y)=P(kX+b\leqslant y)=P\left(X\leqslant\frac{y-b}{k}\right)=\int_{-\infty}^{\frac{y-b}{k}}f_X(x)\mathrm{d}x$$

上式两边对 y 求导数得

$$f_Y(y)=\frac{1}{k}f_X\left(\frac{y-b}{k}\right)$$

当 $k<0$ 时，有

$$F_Y(y)=P(Y\leqslant y)=P(kX+b\leqslant y)=P\left(X\geqslant\frac{y-b}{k}\right)$$

$$=\int_{\frac{y-b}{k}}^{+\infty}f_X(x)\mathrm{d}x=1-\int_{-\infty}^{\frac{y-b}{k}}f_X(x)\mathrm{d}x$$

上式两边对 y 求导数，得

$$f_Y(y)=-\frac{1}{k}f_X\left(\frac{y-b}{k}\right)$$

于是

$$f_Y(y)=\frac{1}{|k|}f_X\left(\frac{y-b}{k}\right)$$

注 (1) 利用该例题结果，如果 $X\sim N(\mu,\sigma^2)$，则 $Y=kX+b$ 的概率密度为

$$f_Y(y)=\frac{1}{\sqrt{2\pi}\sigma|k|}\exp\left(-\frac{1}{2\sigma^2}\left(\frac{y-b}{k}-\mu\right)^2\right)$$

$$=\frac{1}{\sqrt{2\pi}\sigma|k|}\exp\left(-\frac{1}{2k^2\sigma^2}(y-b-k\mu)^2\right),\quad -\infty<y<+\infty$$

即 $Y\sim N(k\mu+b,(k\sigma)^2)$. 由此可知，正态变量的线性组合仍然是正态变量.

(2) 如果 $X\sim N(0,\sigma^2)$，则 $Y=-X\sim N(0,\sigma^2)$，这表明 X 与 $-X$ 有相同的分布.

显然这两个随机变量并不相等. 所以我们要明确,分布相同与随机变量相等是两个完全不同的概念.

(3) 该题计算中需用到变限积分函数求导公式:当 $f(x)$ 连续, $u(x)$、$v(x)$ 都可导时,有

$$\left(\int_{v(x)}^{u(x)} f(t)\mathrm{d}t\right)_x' = f(u(x))u'(x) - f(v(x))v'(x)$$

例 2.5.7 设随机变量 $X\sim N(\mu,\sigma^2)$, $Y=\mathrm{e}^X$,求随机变量 Y 的密度函数.

解 由于随机变量 Y 仅在 $(0,+\infty)$ 上取值,考虑随机变量 Y 的分布函数

$$F_Y(y)=P(Y\leqslant y)=P(\mathrm{e}^X\leqslant y)$$

当 $y\leqslant 0$ 时, $F_Y(y)=0$;

当 $y>0$ 时, $F_Y(y)=P(Y\leqslant y)=P(\mathrm{e}^X\leqslant y)=P(X\leqslant \ln y)$

$$=\int_{-\infty}^{\ln y}\frac{1}{\sqrt{2\pi}\sigma}\mathrm{e}^{-\frac{(x-\mu)^2}{2\sigma^2}}\mathrm{d}x.$$

从而可得

$$f(y)=\begin{cases}\dfrac{1}{\sqrt{2\pi}y\sigma}\mathrm{e}^{-\frac{(\ln y-\mu)^2}{2\sigma^2}} & y>0\\ 0 & y\leqslant 0\end{cases}$$

注 这个分布称为对数正态分布,记为 $Y=\mathrm{e}^X\sim LN(\mu,\sigma^2)$,其中 μ 称为对数均值, σ^2 称为对数方差. 对数正态分布 $LN(\mu,\sigma^2)$ 是一个偏态分布,也是一个常用分布,实际中许多随机变量服从对数正态分布,譬如

(1) 绝缘材料的寿命服从对数正态分布;

(2) 设备故障的维修时间服从对数正态分布;

(3) 家中仅有两个小孩的年龄差服从对数正态分布.

***例 2.5.8** 设随机变量 $X\sim LN(\mu,\sigma^2)$,试证: $Y=\ln X\sim N(\mu,\sigma^2)$.

证明 因为 X 的密度函数为

$$f_X(x)=\begin{cases}\dfrac{1}{\sqrt{2\pi}x\sigma}\mathrm{e}^{-\frac{(\ln x-\mu)^2}{2\sigma^2}} & x>0\\ 0 & x\leqslant 0\end{cases}$$

又因为 $Y=\ln X$ 的可能取值范围为 $(-\infty,+\infty)$,且 $y=g(x)=\ln x$ 是区间 $(0,+\infty)$ 上的严格单调增函数,其反函数为 $x=h(y)=\mathrm{e}^y$, $h'(y)=\mathrm{e}^y$,所以 Y 的密度函数为

$$f_Y(y)=f_X(\mathrm{e}^y)\left|\mathrm{e}^y\right|=\frac{1}{\sqrt{2\pi}\mathrm{e}^y\sigma}\mathrm{e}^{-\frac{(\ln \mathrm{e}^y-\mu)^2}{2\sigma^2}}\mathrm{e}^y=\frac{1}{\sqrt{2\pi}\sigma}\mathrm{e}^{-\frac{(y-\mu)^2}{2\sigma^2}},\quad y\in\mathbf{R}$$

即

$$Y=\ln X\sim N(\mu,\sigma^2)$$

***定理 2.4** 若随机变量 X 的分布函数 $F_X(x)$ 为严格单调增的连续函数,其反函数 $F_X^{-1}(y)$ 存在,则 $Y=F_X(X)\sim U(0,1)$.

证明　由于分布函数 $F_X(x)$ 仅在 $[0,1]$ 区间上取值，故

当 $y<0$ 时，$F_Y(y)=P(Y\leqslant y)=P(F_X(X)\leqslant y)=0$；

当 $y\geqslant 1$ 时，$F_Y(y)=P(Y\leqslant y)=P(F_X(X)\leqslant y)=1$；

当 $0\leqslant y<1$ 时，$F_Y(y)=P(Y\leqslant y)=P(F_X(X)\leqslant y)=P(X\leqslant F_X^{-1}(y))=F_X(F_X^{-1}(y))=y$.

综上所述，$Y=F_X(X)$ 的分布函数为

$$F_Y(y)=\begin{cases}0 & y<0\\ y & 0\leqslant y<1\\ 1 & y\geqslant 1\end{cases}$$

这正是 $(0,1)$ 上均匀分布的分布函数，所以 $Y=F_X(X)\sim U(0,1)$.

注　该定理表明：任一个连续型随机变量 X 都可以通过其分布函数 $F(x)$ 与均匀分布随机变量 U 产生联系. 例如，X 服从指数分布 $E(\lambda)$，其分布函数为 $F(x)=1-\mathrm{e}^{-\lambda x}$，当 x 替换为 X 后，则有

$$U=1-\mathrm{e}^{-\lambda X}\sim U(0,1)$$

改写成 $X=\dfrac{1}{\lambda}\ln\dfrac{1}{1-U}$ 后则表明：由均匀分布 $U(0,1)$ 的随机数（伪观察值）u_i 可得指数分布 $E(\lambda)$ 的随机数 $x_i=\dfrac{1}{\lambda}\ln\dfrac{1}{1-u_i}$，$i=1,2,\cdots$. 而均匀分布随机数在很多统计软件中都可以模拟产生，从而使得指数分布（当然其他分布也一样）的随机模拟数也可获得，而这些随机数的产生也就使得随机模拟法（又称蒙特卡罗法）能够得以实现. 随机模拟法是统计应用中非常重要且常用的一种方法.

例 2.5.9　设随机变量 $X\sim N(0,1)$，试求 $Y=X^2$ 的分布.

解　先求 Y 的分布函数 $F_Y(y)$. 由于 $Y=X^2\geqslant 0$，故当 $y\leqslant 0$ 时有 $F_Y(y)=0$，从而 $f_Y(y)=0$. 当 $y>0$ 时，有

$$F_Y(y)=P(Y\leqslant y)=P(X^2\leqslant y)=P(-\sqrt{y}\leqslant X\leqslant\sqrt{y})=2\Phi(\sqrt{y})-1$$

因此 Y 的分布函数为

$$F_Y(y)=\begin{cases}2\Phi(\sqrt{y})-1 & y>0\\ 0 & y\leqslant 0\end{cases}$$

于是，Y 的密度函数为

$$f_Y(y)=\begin{cases}\varphi(\sqrt{y})y^{-\frac{1}{2}} & y>0\\ 0 & y\leqslant 0\end{cases}=\begin{cases}\dfrac{1}{\sqrt{2\pi}}\mathrm{e}^{-\frac{y}{2}}y^{-\frac{1}{2}} & y>0\\ 0 & y\leqslant 0\end{cases}$$

对照 χ^2 分布的密度函数，可以看出 $Y\sim\chi^2(1)$.

习 题 2.5

(一) 基础练习题

1. 设随机变量 X 具有如下所示的分布律，试求 $Y=2X+1$、$Z=X^2$ 的分布律.

X	-1	0	1	2	3
P	0.2	0.1	0.3	0.3	0.1

2. 设 X 是服从参数为 2 的指数分布的随机变量，试求随机变量 $Y=X-\dfrac{1}{2}$ 的概率密度 $f_Y(y)$.

3. (1995.1) 设 X 的密度函数为 $f_X(x)=\begin{cases} e^{-x} & x\geqslant 0 \\ 0 & x<0 \end{cases}$，求 $Y=e^X$ 的概率密度 $f_Y(y)$.

4. 设随机变量 X 服从参数为 1 的指数分布，随机变量函数 $Y=1-e^{-X}$ 的分布函数为 $F_Y(y)$，试求 $F_Y\left(\dfrac{1}{2}\right)$.

5. 设随机变量 X 服从(0,2)上的均匀分布，$Y=X^2$，试求随机变量 Y 的概率密度 $f_Y(y)$.

(二) 提高练习题

1. 设 X 的密度函数为 $f_X(x)=\begin{cases} \dfrac{1}{2} & -1<x<0 \\ \dfrac{1}{4} & 0\leqslant x<2 \\ 0 & \text{其他} \end{cases}$，令 $Y=X^2$，求 Y 的概率密度 $f_Y(y)$.

2. (2023.3) 设随机变量 X 的概率密度为 $f(x)=\dfrac{e^x}{(1+e^x)^2}$，$-\infty<x<+\infty$，令 $Y=e^X$. (1) 求 X 的分布函数；(2) 求 Y 的概率密度.

3. 设随机变量 $X\sim U(0,\pi)$，求 $Y=\sin X$ 的密度函数 $f_Y(y)$.

4. 设随机变量 $X\sim E(\lambda)$，$\lambda>0$，令 $Y=\min\{X,2\}$. (1) 求 Y 的分布函数 $F_Y(y)$；(2) 求 $F_Y(y)$的间断点.

综合练习 2

(一) 综合基础练习题

1. 填空题.

(1) 设随机变量 $X\sim B(3,p)$，且有 $P(X=1)=P(X=0)$，则 $P(X=2)=$______.

(2) 设随机变量 X 的分布律为 $P(X=k)=\frac{1}{2^k}, k=1,2,3,\cdots$，则 $P(X=\text{偶数})=$ ______.

(3) 设随机变量 X 服从两点分布 $B(1,0.6)$，则 $P(X\geqslant 1)=$ ______.

(4) 已知随机变量 X 的概率密度为 $f(x)=\begin{cases} a(1-x) & 0<x<1 \\ 0 & \text{其他} \end{cases}$，则常数 $a=$ ______.

(5) 设随机变量 X 的分布函数为 $F(x)=\begin{cases} 0 & x<-1 \\ \frac{x+1}{6} & -1\leqslant x<5 \\ 1 & x\geqslant 5 \end{cases}$，则 $P(-2<X<2)=$ ______.

(6) 设 C. R. V. $X\sim R[0,3]$（即均匀分布），且 $P(0<X<x_1)=P(x_2<X<3)=\frac{1}{3}$，则分点 $x_1=$ ______，$x_2=$ ______.

(7) 某服务台在 1 min 内接到呼唤服务的次数 X 服从参数为 2 的泊松分布，若服务员离开 1 min，则会影响工作的概率为______.

(8) 已知 C. R. V. $X\sim N(2,4)$，则 $P(1<X<3)=$ ______（$\Phi(0.5)=0.6915$）.

2. 判断题.

(1) 设 $f(x)$ 为连续型随机变量 X 的概率密度，则 $0\leqslant f(x)\leqslant 1$.　(　　)

(2) 若随机变量 $X\sim N(\mu,\sigma^2)$，则 $P(|X-\mu|\leqslant\sigma)$ 随 σ 增大而变小.　(　　)

(3) 设 $F(x)$ 为连续型随机变量 X 的分布函数，则 $F(x)$ 一定是连续函数.　(　　)

3. 选择题.

(1) 每次试验的成功率为 $p(0<p<1)$，重复进行试验，直到第 n 次试验才取得第 r 次成功的概率为(　　).

A. $C_{n-1}^{r-1}p^r(1-p)^{n-r}$　　B. $C_n^{r-1}p^{r-1}(1-p)^{n-r+1}$

C. $C_n^r p^r(1-p)^{n-r}$　　D. $C_{n-1}^{r-1}p^{r-1}(1-p)^{n-r}$

(2) 设随机变量 $X\sim R[1,5]$，对 X 进行 3 次独立观察，则至少有 2 次观察值大于 3 的概率为(　　).

A. $\frac{1}{2}$　　B. $\frac{1}{4}$　　C. $\frac{3}{4}$　　D. $\frac{3}{8}$

(3) 设随机变量 $X\sim N(2,\sigma^2)$，$P(2<X<4)=0.3$，则 $P(X\leqslant 0)=$(　　).

A. 0.8　　B. 0.5　　C. 0.2　　D. 0.1

(4) 设随机变量 $X\sim N(1,4)$，$\Phi(1)=0.8413$，则概率 $P(1\leqslant X\leqslant 3)$ 为(　　).

A. 0.1385　　B. 0.2413　　C. 0.2934　　D. 0.3413

(5) 设离散型随机变量 X 服从分布律 $P(X=k)=\frac{C}{k!}e^{-2}, k=0,1,2,\cdots$，则常数 C 必为(　　).

A. 1　　B. e　　C. e^{-1}　　D. e^{-2}

(6) 设随机变量 X 的分布函数为 $F(x)$，概率密度为 $f(x)=af_1(x)+bf_2(x)$，其中 $f_1(x)$ 为正态分布 $N(0,\sigma^2)$ 的概率密度，$f_2(x)$ 是参数为 λ 的指数分布的概率密度，已知 $F(0)=\frac{1}{8}$，则(　　).

A. $a=1, b=0$　　B. $a=\frac{3}{4}, b=\frac{1}{4}$　　C. $a=\frac{1}{2}, b=\frac{1}{2}$　　D. $a=\frac{1}{4}, b=\frac{3}{4}$

(7) 假设随机变量 X 的概率密度 $f(x)$ 是偶函数，其分布函数为 $F(x)$，则(　　).

A. $F(x)$ 是偶函数　　B. $F(x)$ 是奇函数

C. $F(x)+F(-x)=1$　　D. $2F(x)-F(-x)=1$

4. 设一汽车在开往目的地的道路上需通过 4 盏信号灯，每盏灯以 0.6 的概率允许汽车通过，以 0.4 的概率禁止汽车通过(设各盏信号灯的工作相互独立). 以 X 表示汽车首次停下时已经通过的信号灯盏数，求 X 的分布律.

5. 设某种型号电子元件的寿命 X(单位：h)具有概率密度 $f(x)=\begin{cases}\frac{1000}{x^2} & x\geqslant 1000\\ 0 & \text{其他}\end{cases}$. 现有一大批此种元件(设各元件工作互相独立)，问：

(1) 任取 1 只，其寿命大于 1500 h 的概率是多少?

(2) 任取 4 只，4 只元件中恰有 2 只元件的寿命大于 1500 h 的概率是多少?

6. 设 C. R. V. X 的分布函数为 $F(x)=\begin{cases}0 & x<-\frac{\pi}{2}\\ a(b+\sin x) & -\frac{\pi}{2}\leqslant x\leqslant\frac{\pi}{2}\\ 1 & x>\frac{\pi}{2}\end{cases}$，求：

(1) 常数 a、b；

(2) 概率密度 $f(x)$；

(3) $P\left(-\frac{\pi}{4}<X<\frac{\pi}{4}\right)$.

7. 由统计物理学知识可知分子运动速度的绝对值 X 服从麦克斯韦(Maxwell)分布，其概率密度为

$$f(x)=\begin{cases}\frac{4x^2}{a^3\sqrt{\pi}}e^{-\frac{x^2}{a^2}} & x>0\\ 0 & x\leqslant 0\end{cases}$$

式中：$a>0$ 为常数，求分子动能 $Y=\frac{1}{2}mX^2$（m 为分子质量）的概率密度.

（二）综合提高练习题

1. 选择题.

（1）设随机变量 X_i 的分布函数为 $F_i(x)$，概率密度函数为 $f_i(x)$，$i=1,2$，对任意的常数 a，$(0<a<1)$，则（　　）.

A. $F_2(x)+a[F_2(x)-F_1(x)]$ 也是分布函数

B. $aF_1(x)F_2(x)$ 也是分布函数

C. $f_2(x)+a[f_1(x)-f_2(x)]$ 也是概率密度函数

D. $f_1(x)f_2(x)$ 也是概率密度函数

（2）设随机变量 X 服从正态分布 $N(1,\sigma^2)$，其分布函数为 $F(x)$，则对任意实数 x，有（　　）.

A. $F(x)+F(-x)=1$　　B. $F(1+x)+F(1-x)=1$

C. $F(x+1)+F(x-1)=1$　　D. $F(1-x)+F(x-1)=1$

（3）设随机变量 X 的分布函数为 $F(x)$，则可以作出分布函数的是（　　）.

A. $F(ax)$　　B. $F(x^2+1)$　　C. $F(x^3-1)$　　D. $F(|x|)$

（4）若随机变量 X 的密度函数为 $f(x)=\begin{cases}1/4 & -2\leqslant x\leqslant -1\\ 1/4 & 0\leqslant x\leqslant 1\\ 1/2 & 2\leqslant x\leqslant 3\\ 0 & \text{其他}\end{cases}$，如果常数 k 使 $P(X>k)=P(X<k)$，则 k 的取值范围是（　　）.

A. $(-\infty,-2]$　B. $[-1,0]$　　C. $[1,2]$　　D. $[3,+\infty)$

（5）若随机变量 X 的密度函数为 $f(x)=\begin{cases}A\mathrm{e}^{-x} & x>\lambda\\ 0 & x\leqslant\lambda\end{cases}$ $(\lambda>0)$，则概率 $P(\lambda<X<\lambda+a)$ $(a>0)$ 的值（　　）.

A. 与 a 无关，随 λ 的增大而增大　　B. 与 a 无关，随 λ 的增大而减小

C. 与 λ 无关，随 a 的增大而增大　　D. 与 λ 无关，随 a 的增大而减小

（6）设随机变量 $X\sim N(0,1)$，其分布函数为 $\Phi(x)$，则随机变量 $Y=\min(X,0)$ 的分布函数 $F(y)$ 为（　　）.

A. $F(y)=\begin{cases}1 & y>0\\ \Phi(y) & y\leqslant 0\end{cases}$　　B. $F(y)=\begin{cases}1 & y\geqslant 0\\ \Phi(y) & y<0\end{cases}$

C. $F(y)=\begin{cases}0 & y\leqslant 0\\ \Phi(y) & y>0\end{cases}$　　D. $F(y)=\begin{cases}0 & y<0\\ \Phi(y) & y\geqslant 0\end{cases}$

（7）设随机变量 X 的分布函数为 $F(x)$，其密度函数为 $f(x)=\begin{cases}Ax(1-x) & 0\leqslant x\leqslant 1\\ 0 & \text{其他}\end{cases}$，

其中 A 为常数，则 $F\left(\frac{1}{2}\right)$ 的值为(　　).

A. $\frac{1}{2}$　　B. $\frac{1}{3}$　　C. $\frac{1}{4}$　　D. $\frac{1}{5}$

(8) 连续型随机变量 X 的分布函数 $F(x)=\begin{cases} a+be^{-x} & x\geqslant 0 \\ 0 & x<0 \end{cases}$，则其中的常数 a、b 为(　　).

A. $\begin{cases} a=1 \\ b=1 \end{cases}$　　B. $\begin{cases} a=1 \\ b=-1 \end{cases}$　　C. $\begin{cases} a=-1 \\ b=1 \end{cases}$　　D. $\begin{cases} a=0 \\ b=1 \end{cases}$

(9) 设随机变量 X 的密度函数为 $f(x)=\begin{cases} e^{-x} & x>0 \\ 0 & x\leqslant 0 \end{cases}$，则 $P(X\leqslant 2 \mid X\geqslant 1)$ 的值为(　　).

A. e^{-2}　　B. $-e^{-2}$　　C. e^{-1}　　D. $1-e^{-1}$

(10) 已知 $X\sim N(15,4)$，若 X 的值落入区间 $(-\infty,x_1)$，(x_1,x_2)，(x_2,x_3)，(x_3,x_4)，$(x_4,+\infty)$ 内的概率之比为 7∶24∶38∶24∶7，则 x_1,x_2,x_3,x_4 分别为(　　).

A. 12，13.5，16.5，18　　B. 11.5，13.5，16.5，18.5

C. 12，14，16，18　　D. 11，14，16，19

(附：标准正态分布函数值 $\Phi(1.5)=0.93$，$\Phi(0.5)=0.69$)

2. 填空题.

(1) 将一枚硬币重复投掷 5 次，则正反面都至少出现 2 次的概率为______.

(2) 某种产品自动生产线进行生产时，一旦出现不合格品就立即对其进行调整，经过调整后生产出的产品为不合格品的概率为 0.1，那么两次调整之间至少生产 3 件产品的概率为______.

(3) 袋中有 8 个球，其中有 3 个白球 5 个黑球，现随意从中取出 4 个球，如果 4 个球中有 2 个白球 2 个黑球，则试验停止. 否则将 4 个球放回袋中，重新抽取 4 个球，直到出现 2 个白球 2 个黑球为止. 用 X 表示抽取的次数，则 $P(X=k)=$______$(k=1,2,\cdots)$.

(4) 假设 X 服从参数为 λ 的指数分布，对 X 做 3 次独立重复观察，至少有一次观测值大于 2 的概率为 $\frac{7}{8}$，则 $\lambda=$______.

(5) 设随机变量 $X\sim N(\mu,\sigma^2)$，$\sigma>0$，其分布函数为 $F(x)$，则 $F(\mu+x\sigma)+F(\mu-x\sigma)=$______.

3. 设随机变量 X 的绝对值不大于 1，$P(X=-1)=\frac{1}{8}$，$P(X=1)=\frac{1}{4}$，在 $\{-1<X<1\}$ 发生的条件下，X 在 $(-1,1)$ 内的任意子区间取值的条件概率与该子区间长度成正比，求 X 的分布函数 $F(x)$.

4. 设随机变量 X 的密度函数为 $f(x)=\begin{cases}\dfrac{1}{3\sqrt[3]{x^2}} & x\in[1,8]\\ 0 & \text{其他}\end{cases}$，$F(x)$是 X 的分布函数，求 $Y=F(X)$的分布函数.

5. (2013.1) 设随机变量 X 的概率密度为 $f(x)=\begin{cases}\dfrac{1}{a}x^2 & 0<x<3\\ 0 & \text{其他}\end{cases}$，令随机变量 $Y=\begin{cases}2, & X\leqslant 1\\ X & 1<X<2\\ 1 & X\geqslant 2\end{cases}$ (1) 求 Y 的分布函数；(2) 求概率 $P(X\leqslant Y)$.

6. 设随机变量 X 的密度函数 $f(x)$为偶函数，$F(x)$为其分布函数，证明：

(1) $F(x)+F(-x)=1$；(2) $\int_{-\infty}^{0}f(x)\mathrm{d}x=\int_{0}^{+\infty}f(x)\mathrm{d}x=\dfrac{1}{2}$；

(3) $F(-x)=\dfrac{1}{2}-\int_{0}^{x}f(t)\mathrm{d}t$

科学家传记(二)

参考答案(二)

第 3 章　二维随机变量及其分布

在第 2 章中讨论了单个随机变量及其分布，但在实际应用中常常需要用两个或两个以上的随机变量来描述随机问题[15]. 例如，描述一天的天气同时要用到"温度"和"湿度"这两个指标，考虑平面上的一随机点时要用坐标 (X,Y) 即横坐标和纵坐标这两个随机变量来描述. 这些随机变量之间有着一定的内在联系，所以应该将其作为一个整体来进行研究. 由于对二维和二维以上的随机变量的讨论没有本质的差异，故本章将重点介绍二维的情况，有关的内容可以推广到多于二维的情况. 仿一维随机变量，我们先研究联合分布函数，然后研究离散型随机变量的联合分布列、连续型随机变量的联合密度等.

【思政目标】

(1) 让学生认识到国家对于人民高度的责任感与使命感，增强学生的民族自豪感.

(2) 理解整体决定局部，但局部不能决定整体的科学观点. 要以严谨的科学态度去学习和研究，凡事不能以偏概全.

(3) 平时在生活或工作中遇到困难时，应该学会变通，即换个思路或角度，困难也许会迎刃而解.

3.1　二维随机变量的定义及其分布

3.1.1　二维随机变量的定义及分布函数

定义 3.1　设 $\Omega=\{\omega\}$ 为随机试验 E 的样本空间，$X=X(\omega)$，$Y=Y(\omega)$ 是定义在 Ω 上的随机变量，则称有序数组 (X,Y) 为二维随机变量(2-dimensional random variable)或二维随机向量(2-dimensional random vector)，称 (X,Y) 的取值规律为二维

---

[15] 在疫情爆发初期的检测手段精度不高的情况下，很容易造成漏诊率提升. 如果医院因漏诊而拒收这些实际已感染肺炎的患者，极易引起后续的社区感染，会极大提升疾病扩散的风险. 在 2020 年公共卫生事件爆发期间，将病毒检测和 CT 纳入诊断标准，将二者设为二维离散型随机变量，利用二维离散型随机变量进行分析研究，大大降低了漏诊率，充分体现了国家对于人民高度的责任感与使命感.

分布.

注　二维随机变量的关键是定义在同一样本空间上，对于不同的样本空间 Ω_1 和 Ω_2 上的两个随机变量，我们只能在乘积空间 $\Omega_1 \times \Omega_2 = \{(\omega_1, \omega_2): \omega_1 \in \Omega_1, \omega_2 \in \Omega_2\}$ 及其事件域上讨论.

定义 3.2　设 (X,Y) 是二维随机变量，对于任意实数 x, y，称二元函数

$$F(x,y) = P((X \leqslant x) \cap (Y \leqslant y)) \xlongequal{\text{记成}} P(X \leqslant x, Y \leqslant y) \tag{3.1}$$

为二维随机变量 (X,Y) 的分布函数，或称为 (X,Y) 的联合分布函数(joint distribution function).

在二维随机变量 (X,Y) 场合，联合分布函数 $F(x,y) = P(X \leqslant x, Y \leqslant y)$ 就是事件 $\{X \leqslant x\}$ 与事件 $\{Y \leqslant y\}$ 同时发生(积事件)的概率. 如果把二维随机变量 (X,Y) 看成平面上具有随机坐标 (X,Y) 的点，那么分布函数 $F(x,y)$ 在 (x,y) 处的函数值就是随机点 (X,Y) 落在以点 (x,y) 为顶点的左下方的无穷矩形域内的概率，如图 3-1 所示 .

根据以上几何解释，借助图 3-2 可以算出随机点 (X,Y) 落在矩形域 $\{x_1 < X \leqslant x_2, y_1 < Y \leqslant y_2\}$ 内的概率为

$$P(x_1 < X \leqslant x_2, y_1 < Y \leqslant y_2) = F(x_2, y_2) - F(x_2, y_1) - F(x_1, y_2) + F(x_1, y_1) \tag{3.2}$$

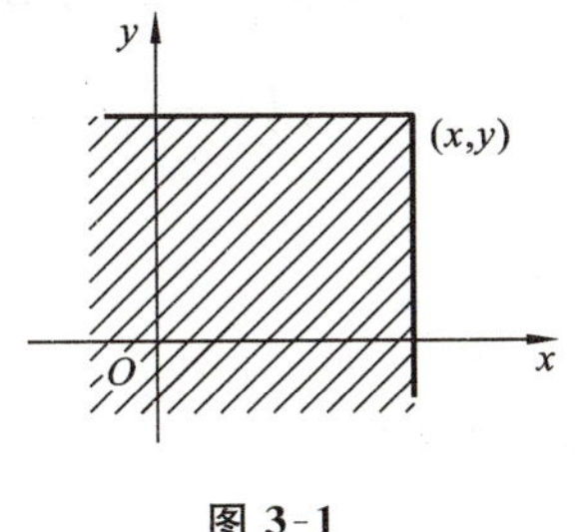

图 3-1

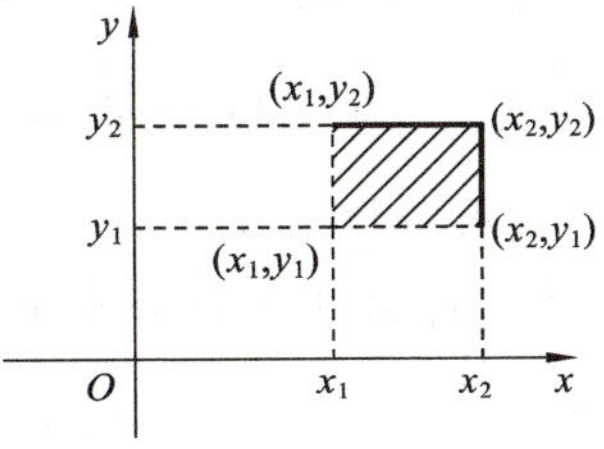

图 3-2

由分布函数的定义，容易证明分布函数 $F(x,y)$ 具有以下基本性质.

性质 1(单调性)　$F(x,y)$ 是变量 x, y 的不减函数，即对于任意固定的 y，当 $x_1 < x_2$ 时有 $F(x_1, y) \leqslant F(x_2, y)$；对于任意固定的 x，当 $y_1 < y_2$ 时有 $F(x, y_1) \leqslant F(x, y_2)$.

性质 2(有界性)　对任意的 x 和 y，有 $0 \leqslant F(x,y) \leqslant 1$，且对于任意固定的 y，有 $F(-\infty, y) = \lim\limits_{x \to -\infty} F(x,y) = 0$，对于任意固定的 x，有 $F(x, -\infty) = \lim\limits_{y \to -\infty} F(x,y) = 0$，并且

$$F(-\infty, -\infty) = \lim_{\substack{x \to -\infty \\ y \to -\infty}} F(x,y) = 0 \ , F(+\infty, +\infty) = \lim_{\substack{x \to +\infty \\ y \to +\infty}} F(x,y) = 1$$

性质 3(右连续性)　关于 x 或 y 都是右连续的，即

$$F(x+0, y) = F(x,y), \quad F(x, y+0) = F(x,y)$$

性质 4(非负性) 对任意的 $x_1 \leqslant x_2, y_1 \leqslant y_2$,有

$$P(x_1 < X \leqslant x_2, y_1 < Y \leqslant y_2) = F(x_2, y_2) - F(x_1, y_2) - F(x_2, y_1) + F(x_1, y_1) \geqslant 0$$

注 (1) 可以证明,具有上述 4 条性质的二元函数 $F(x,y)$ 一定是某个二维随机变量的分布函数.

(2) 任一个二维分布函数 $F(x,y)$ 必须具有上述 4 条性质,其中非负性是二维场合特有的,也是合理的. 但性质 4 不能由前 3 条性质推出,所以必须单独列出. 因为存在这样的二元函数 $G(x,y)$ 满足性质 1、2、3,但不满足性质 4. 见下面的例子.

例 3.1.1 二元函数

$$G(x,y) = \begin{cases} 0 & x+y<0 \\ 1 & x+y \geqslant 0 \end{cases}$$

满足二维分布函数的性质 1、2、3,但不满足性质 4.

分析 显然,直线 $x+y=0$ 将平面 xOy 一分为二,且 $G(x,y)$ 在右上半平面($x+y\geqslant 0$)取值为 1,$G(x,y)$ 在左下半平面($x+y<0$)取值为 0,$G(x,y)$ 具有非降性、有界性和右连续性,但在正方形区域$\{(x,y): -1\leqslant x\leqslant 1, -1\leqslant y\leqslant 1\}$的 4 个顶点中,右上 3 个顶点位于右上半闭平面,只有左下顶点(-1,-1)位于左下半开平面,故有

$$G(1,1)-G(1,-1)-G(-1,1)+G(-1,-1)=1-1-1+0=-1<0$$

所以,$G(x,y)$ 不满足性质 4,故 $G(x,y)$ 不能成为某二维随机变量的分布函数.

例 3.1.2 设随机变量 X 的分布函数为 $F(x,y)=A\left(B+\arctan\dfrac{x}{3}\right)(C+\arctan y)$,试求参数 A、B、C.

解 由二维随机变量分布函数的性质可知:

$$F(-\infty,y)=A\left(B-\frac{\pi}{2}\right)(C+\arctan y)=0$$

$$F(x,-\infty)=A\left(B+\arctan\frac{x}{3}\right)\left(C-\frac{\pi}{2}\right)=0$$

且 $A\neq 0$,从而 $B=C=\dfrac{\pi}{2}$;又 $F(+\infty,+\infty)=A\left(B+\dfrac{\pi}{2}\right)\left(C+\dfrac{\pi}{2}\right)=1$,从而 $A=\dfrac{1}{\pi^2}$.

3.1.2 二维离散型随机变量的概率分布

定义 3.3 如果二维随机变量(X,Y)可能取的值只有有限对或可列无限对,则称(X,Y)为二维离散型随机变量.

显然,如果(X,Y)是二维离散型随机变量,则 X、Y 均为一维离散型随机变量,反之亦成立.

定义 3.4 设二维随机变量(X,Y)所有可能取的值为$(x_i,y_j)$$(i=1,2,\cdots;j=1,2,\cdots)$,则称

$$P(X=x_i,Y=y_j)=p_{ij} \quad (i,j=1,2,\cdots) \tag{3.3}$$

为(X,Y)的概率分布律，或称(X,Y)的联合分布律.

二维离散型随机变量(X,Y)的联合分布律有时也用如下的概率分布表来表示：

Y \ X	x_1	x_2	$\cdots$	x_i	$\cdots$
y_1	p_{11}	p_{21}	$\cdots$	p_{i1}	$\cdots$
y_2	p_{12}	p_{22}	$\cdots$	p_{i2}	$\cdots$
$\vdots$	$\vdots$	$\vdots$	$\vdots$	$\vdots$	$\vdots$
y_j	p_{1j}	p_{2j}	$\cdots$	p_{ij}	$\cdots$
$\vdots$	$\vdots$	$\vdots$	$\vdots$	$\vdots$	$\vdots$

显然，p_{ij}具有以下性质.

(1) 非负性：$p_{ij}\geqslant 0\ (i,j=1,2,\cdots)$.

(2) 规范性：$\sum\limits_{i}\sum\limits_{j}p_{ij}=1$.

(3) 如果(X,Y)是二维离散型随机变量，那么它的分布函数可按下式求得：

$$F(x,y)=\sum_{x_i\leqslant x}\sum_{y_j\leqslant y}p_{ij} \tag{3.4}$$

这里和式是对一切满足不等式$x_i\leqslant x$、$y_j\leqslant y$的i、j来求和的.

例 3.1.3 一个口袋中有大小形状相同的2红、3白共5个球，从袋中不放回地取2次球.设随机变量

$$X=\begin{cases}0 & \text{表示第 1 次取红球}\\ 1 & \text{表示第 1 次取白球}\end{cases}$$

$$Y=\begin{cases}0 & \text{表示第 2 次取红球}\\ 1 & \text{表示第 2 次取白球}\end{cases}$$

求(X,Y)的分布律及$F(1,0.5)$.

解 利用概率的乘法公式及条件概率定义，可得二维随机变量(X,Y)的联合分布律

$$P(X=0,Y=0)=P(X=0)P(Y=0\,|\,X=0)=\frac{2}{5}\times\frac{1}{4}=\frac{1}{10}$$

$$P(X=0,Y=1)=P(X=0)P(Y=1\,|\,X=0)=\frac{2}{5}\times\frac{3}{4}=\frac{3}{10}$$

$$P(X=1,Y=0)=P(X=1)P(Y=0\,|\,X=1)=\frac{3}{5}\times\frac{2}{4}=\frac{3}{10}$$

$$P(X=1,Y=1)=P(X=1)P(Y=1\,|\,X=1)=\frac{3}{5}\times\frac{2}{4}=\frac{3}{10}$$

把(X,Y)的联合分布律写成表格的形式：

X \ Y	0	1
0	1/10	3/10
1	3/10	3/10

$$F(1,0.5)=P(X=0,Y=0)+P(X=1,Y=0)=\frac{1}{10}+\frac{3}{10}=\frac{2}{5}$$

例 3.1.4 设随机变量 X 在 1、2、3、4 这 4 个整数中等可能地取值，另一个随机变量 Y 在 $1\sim X$ 中等可能地取一整数值，试求 (X,Y) 的联合分布律.

解 由乘法公式容易求得 (X,Y) 的分布律，易知 $\{X=i,Y=j\}$ 的取值情况是：$i=1,2,3,4$，j 取不大于 i 的正整数，且

$$P(X=i,Y=j)=P(Y=j\mid X=i)P(X=i)=\frac{1}{i}\cdot\frac{1}{4}\quad(i=1,2,3,4;j\leqslant i)$$

于是 (X,Y) 的联合分布律表如下.

Y \ X	1	2	3	4
1	1/4	1/8	1/12	1/16
2	0	1/8	1/12	1/16
3	0	0	1/12	1/16
4	0	0	0	1/16

由此可以算得事件 $\{X+Y\}$ 的概率为

$$P(X=Y)=p_{11}+p_{22}+p_{33}+p_{44}=\frac{1}{4}+\frac{1}{8}+\frac{1}{12}+\frac{1}{16}=\frac{25}{48}$$

3.1.3 二维连续型随机变量的概率分布

定义 3.5 设 (X,Y) 是二维随机变量，如果存在一个非负可积函数 $f(x,y)$，使得对于任意实数 x、y，都有

$$F(x,y)=P(X\leqslant x,Y\leqslant y)=\int_{-\infty}^{x}\int_{-\infty}^{y}f(u,v)\mathrm{d}u\mathrm{d}v \tag{3.5}$$

则称 (X,Y) 是二维连续型随机变量，函数 $f(x,y)$ 称为二维连续型随机变量 (X,Y) 的概率密度，或称 (X,Y) 的联合概率密度.

按定义，二维概率密度具有以下性质.

性质 1 $f(x,y)\geqslant 0$.

性质 2 $\int_{-\infty}^{+\infty}\int_{-\infty}^{+\infty}f(x,y)\mathrm{d}x\mathrm{d}y=1$.

性质 3 $P((X,Y)\in D)=\iint\limits_{D}f(x,y)\mathrm{d}x\mathrm{d}y$，其中：$D$ 为 XOY 平面上的任意一个

区域.

特别地,设 l 为任意的一条曲线,则 $P\{(X,Y)\in l\}=0$(曲线的面积为 0),因此,积分区域的边界线是否在积分区域内不影响积分计算的结果,即不影响其概率的大小.

在具体使用上式时,先要注意积分范围是密度函数 $f(x,y)$ 的非零区域与 D 的交集部分,然后设法化成直角坐标系或极坐标系下的累次积分,最后计算出结果.

性质 4　如果二维连续型随机变量 (X,Y) 的概率密度 $f(x,y)$ 连续,(X,Y) 的分布函数为 $F(x,y)$,则

$$\frac{\partial^2 F(x,y)}{\partial x\partial y}=f(x,y)$$

性质 5　$F(x,y)=P(X\leqslant x,Y\leqslant y)=\int_{-\infty}^{x}\int_{-\infty}^{y}f(u,v)\mathrm{d}u\mathrm{d}v$ 在整个 XOY 平面上连续.

二元函数 $z=f(x,y)$ 在几何上表示一个曲面,通常称这个曲面为分布曲面(distribution curved surface). 由性质 2 知,介于分布曲面和 XOY 平面之间的空间区域的全部体积等于 1;由性质 3 知,(X,Y) 落在区域 D 内的概率等于以 D 为底、曲面 $z=f(x,y)$ 为顶的柱体体积.

这里的性质 1、性质 2 是概率密度的基本性质. 我们不加证明地指出:任何一个二元实函数 $f(x,y)$,若它满足性质 1、性质 2,则它可以成为某二维随机变量的概率密度.

例 3.1.5　设二维随机变量(X、Y)具有概率密度

$$f(x,y)=\begin{cases}A\mathrm{e}^{-(x+y)} & x>0,y>0\\ 0 & \text{其他}\end{cases}$$

(1) 求参数 A;

(2) 求概率 $P(Y\leqslant X)$.

解　(1) 因为 $\int_{-\infty}^{+\infty}\int_{-\infty}^{+\infty}f(x,y)\mathrm{d}x\mathrm{d}y=1$,所以

$$A\int_{0}^{+\infty}\int_{0}^{+\infty}\mathrm{e}^{-x-y}\mathrm{d}x\mathrm{d}y=A\int_{0}^{+\infty}\mathrm{e}^{-x}\mathrm{d}x\int_{0}^{+\infty}\mathrm{e}^{-y}\mathrm{d}y=1$$

所以 $A=1$.

(2) 随机事件 $\{Y\leqslant X\}$ 相当于随机点落入区域 $G=\{(x,y)\mid y\leqslant x\}$,所以

$$P(Y\leqslant X)=P((X,Y)\in G)=\iint_{G}f(x,y)\mathrm{d}x\mathrm{d}y=\int_{0}^{+\infty}\mathrm{d}x\int_{0}^{x}\mathrm{e}^{-x-y}\mathrm{d}y=\frac{1}{2}$$

以上关于二维随机变量的讨论,不难推广到 $n(n>2)$ 维随机变量的情况. 一般,设 E 是一个随机试验,它的样本空间是 $\Omega=\{\omega\}$,设 $X_1=X_1(\omega),X_2=X_2(\omega),\cdots,X_n=X_n(\omega)$ 是定义在 Ω 上的随机变量,由它们构成的一个 n 维向量 $(X_1,X_2,\cdots,X_n)$ 称

为 n 维随机向量或 n 维随机变量.

对于任意 n 个实数 $x_1,x_2,\cdots,x_n$，n 元函数

$$F(x_1,x_2,\cdots,x_n)=P(X_1\leqslant x_1,X_2\leqslant x_2,\cdots,X_n\leqslant x_n) \tag{3.6}$$

称为 n 维随机变量 $(X_1,X_2,\cdots,X_n)$ 的分布函数，或随机变量 $X_1,X_2,\cdots,X_n$ 的联合分布函数，它具有类似于二维随机变量的分布函数的性质.

3.1.4 几种常见的二维随机变量及其分布

*1. 多项分布

多项分布是重要的多维离散分布，它是二项分布的推广.

定义 3.6 进行 n 次独立重复试验，如果每次试验有 r 个互不相容的结果：A_1，A_2，$\cdots$，A_r 之一发生，且每次试验中 A_i 发生的概率为 $p_i=P(A_i)$，$i=1,2,\cdots,r$，$p_1+p_2+\cdots+p_r=1$；记 X_i 为 n 次独立重复试验中 A_i 发生的次数，$i=1,2,\cdots,r$，则 $(X_1,X_2,\cdots,X_r)$ 取值为 $(n_1,n_2,\cdots,n_r)$ 的概率，即 A_1 出现 n_1 次，A_2 出现 n_2 次，$\cdots$，A_r 出现 n_r 次的概率为

$$\begin{aligned}P(X_1=n_1,X_2=n_2,\cdots,X_r=n_r)&=\mathrm{C}_n^{n_1}\mathrm{C}_{n-n_1}^{n_2}\mathrm{C}_{n-n_1-n_2}^{n_3}\cdots\mathrm{C}_{n-n_1-n_2-\cdots n_{r-1}}^{n_r}p_1^{n_1}p_2^{n_2}\cdots p_r^{n_r}\\&=\frac{n!}{n_1!\ n_2!\ \cdots n_r!}p_1^{n_1}p_2^{n_2}\cdots p_r^{n_r}\end{aligned}$$

其中 $n_1+n_2+\cdots+n_r=n$，$\mathrm{C}_n^{n_1}\mathrm{C}_{n-n_1}^{n_2}\mathrm{C}_{n-n_1-n_2}^{n_3}\cdots\mathrm{C}_{n-n_1-n_2-\cdots n_{r-1}}^{n_r}=\dfrac{n!}{n_1!\ (n-n_1)!}\cdot$

$$\frac{(n-n_1)!}{n_2!\ (n-n_1-n_2)!}\cdots\frac{(n-n_1-n_2-\cdots n_{r-1})!}{n_r!\ (n-n_1-n_2-\cdots n_{r-1}-n_r)!}=\frac{n!}{n_1!\ n_2!\ \cdots n_r!}$$

这个联合分布列称为 r 项分布，又称多项分布(multinomial distribution)，记为 $M(n,p_1,p_2,\cdots,p_r)$. 这个概率是多项式 $(p_1+p_2+\cdots+p_r)^n$ 展开式中的一项，故其和为 1，当 $r=2$ 时，即为二项分布.

注 二项分布是一维随机变量的分布，而在 r 项分布中，因为 $p_1+p_2+\cdots+p_r=1$，且 $n_1+n_2+\cdots+n_r=n$，所以 r 项分布是 $r-1$ 维随机变量的分布.

例 3.1.6 一批产品共有 100 件，其中一等品 60 件，二等品 30 件，三等品 10 件. 从这批产品中有放回地任取 3 件，以 X 和 Y 分别表示取出的 3 件产品中一等品、二等品的件数，求二维随机变量 (X,Y) 的概率分布.

解 因为 X 和 Y 的可能取值都是 0、1、2、3，事件 $\{X=i,Y=j\}$ 表示取出的 3 件产品中有 i 件一等品、j 件二等品，$3-i-j$ 件三等品. 对于有放回抽样，当 $i+j>3$ 时，有

$$P(X=i,Y=j)=0$$

当 $i+j\leqslant 3$ 时，有

$$P(X=i,Y=j)=\frac{3!}{i!\ j!\ (3-i-j)!}\left(\frac{6}{10}\right)^i\left(\frac{3}{10}\right)^j\left(\frac{1}{10}\right)^{3-i-j}$$

注　此例是二项分布的推广. 在二项分布中,讨论的是从两种情况中进行抽取,而在该例中是从一等品、二等品、三等品三种情况中进行抽取,我们称该分布为三项分布,它是一个二维随机变量的分布.

*2. 多维超几何分布

定义 3.7　袋中有 N 个球,其中有 N_i 个 i 号球,$i=1,2,\cdots,r$,且 $N=N_1+N_2+\cdots+N_r$. 从中任意取出 $n(\leqslant N)$个,若记 X_i 为取出的n 个球中i 号球的个数,$i=1,2,\cdots,r$,则

$$P(X_1=n_1,X_2=n_2,\cdots,X_r=n_r)=\frac{C_{N_1}^{n_1}C_{N_2}^{n_2}\cdots C_{N_r}^{n_r}}{C_N^n}$$

其中 $n_1+n_2+\cdots+n_r=n,n_i\leqslant N_i$, $i=1,2,\cdots,r$.

例 3.1.7(将例 3.1.6 改成不放回抽样)　一批产品共有 100 件,其中一等品 60 件,二等品 30 件,三等品 10 件. 从这批产品中不放回地任取 3 件,以 X 和 Y 分别表示取出的 3 件产品中一等品、二等品的件数,求二维随机变量(X,Y)的概率分布.

解　因为 X 和 Y 的可能取值都是 0、1、2、3,事件$\{X=i,Y=j\}$表示取出的 3 件产品中有 i 件一等品,j 件二等品,$3-i-j$ 件三等品. 对于不放回抽样,当 $i+j>3$ 时,有

$$P(X=i,Y=j)=0$$

当 $i+j\leqslant 3$ 时,有

$$\{X=i,Y=j\}=\frac{C_{60}^{i}C_{30}^{j}C_{10}^{3-i-j}}{C_{100}^{3}}$$

注　此例是超几何分布的推广,其差别仅在于超几何分布讨论的是在两种情况下进行不放回抽样,而此处讨论的是在三种情况下进行不放回抽样. 我们称该例的分布为三维超几何分布,它是一种特定的多维超几何分布.

3. 二维均匀分布

定义 3.8　设(X,Y)为二维随机变量,G 是平面上的一个有界区域,其面积 S_G 为 $A(A>0)$,又设

$$f(x,y)=\begin{cases}\dfrac{1}{A} & (x,y)\in G\\ 0 & (x,y)\notin G\end{cases}\tag{3.7}$$

若(X,Y)的概率密度为式(3.7)定义的函数 $f(x,y)$,则称二维随机变量(X,Y)在 G 上服从二维均匀分布(two-dimension uniform distribution).

可验证 $f(x,y)$满足概率密度的基本性质.

二维均匀分布所描述的随机现象就是向平面区域 G 中随机投点,如果该点坐标(X,Y)落在 G 的子区域 D 中的概率只与子区域 D 的面积有关,而与子区域 D 的位置无关,则由第 1 章可知这是几何概率. 现在该种概率模型可由二维均匀分布来描

述，即

$$P((X,Y)\in D)=\iint_D f(x,y)\mathrm{d}x\mathrm{d}y=\iint_D \frac{1}{S_G}\mathrm{d}x\mathrm{d}y=\frac{D\text{ 的面积}}{G\text{ 的面积}}$$

这正是几何概率的计算公式.

类似地，设 G 为空间上的有界区域，其体积为 $A>0$，若三维随机变量 (X,Y,Z) 具有概率密度

$$f(x,y,z)=\begin{cases}\dfrac{1}{A} & (x,y,z)\in G\\ 0 & \text{其他}\end{cases}$$

则称 (X,Y,Z) 在 G 上服从三维均匀分布. 类似可推广到 n 维均匀分布的情形.

例 3.1.8 若二维随机变量 (X,Y) 在圆域 $x^2+y^2\leqslant R^2$ 上服从均匀分布，试求其概率密度函数.

解 根据均匀分布的定义，很容易得其概率密度函数为

$$f(x,y)=\begin{cases}\dfrac{1}{\pi R^2} & x^2+y^2\leqslant R^2\\ 0 & \text{其他}\end{cases}$$

4. 二维正态分布

定义 3.9 若二维随机变量 (X,Y) 的概率密度为

$$f(x,y)=\frac{1}{2\pi\sigma_1\sigma_2\sqrt{1-\rho^2}}\exp\left\{\frac{-1}{2(1-\rho^2)}\left[\frac{(x-\mu_1)^2}{\sigma_1^2}-2\rho\frac{(x-\mu_1)(y-\mu_2)}{\sigma_1\sigma_2}+\frac{(y-\mu_2)^2}{\sigma_2^2}\right]\right\}$$

$$(-\infty<x<+\infty,-\infty<y<+\infty) \tag{3.8}$$

其中 μ_1、μ_2、σ_1、σ_2、ρ 都是常数，且 $\sigma_1>0$，$\sigma_2>0$，$|\rho|<1$，则称 (X,Y) 服从二维正态分布(two-dimension normal distribution)，记做 $(X,Y)\sim N(\mu_1,\mu_2;\sigma_1^2,\sigma_2^2;\rho)$.

可以证明 $f(x,y)$ 满足概率密度的两条基本性质(此处不证).

以后将指出：μ_1、μ_2 分别是 X 与 Y 的均值，σ_1^2、σ_1^2 分别是 X 与 Y 的方差，ρ 是 X 与 Y 的相关系数. 二元正态密度函数的图形很像一顶四周无限延伸的草帽，其中心点在 (μ_1,μ_2) 处，其等高线是椭圆. 平行 xOz 平面(或平行 yOz 平面)的截面显示正态曲线. 其密度函数图形如图 3-3 所示.

图 3-3

例 3.1.9 设 $(X,Y)\sim N(0,0;\sigma^2,\sigma^2;0)$，求 $P(X<Y)$.

解 易知 $f(x,y)=\dfrac{1}{2\pi\sigma^2}\mathrm{e}^{-\frac{x^2+y^2}{2\sigma^2}}(-\infty<x<+\infty,-\infty<y<+\infty)$，所以

$$P(X<Y)=\iint\limits_{x<y}\frac{1}{2\pi\sigma^2}e^{-\frac{x^2+y^2}{2\sigma^2}}dxdy$$

引进极坐标 $x=r\cos\theta$,$y=r\sin\theta$,则

$$P(X<Y)=\int_{\frac{\pi}{4}}^{\frac{5}{4}\pi}\int_0^{+\infty}\frac{1}{2\pi\sigma^2}re^{-\frac{r^2}{2\sigma^2}}drd\theta=\frac{1}{2}$$

习 题 3.1

(一) 基础练习题

1. 设随机变量(X,Y)的分布函数为

$$F(x,y)=\begin{cases}a(b+\arctan x)(c-e^{-y}) & x\in\mathbf{R},y>0\\0 & 其他\end{cases}$$,求常数 a、b、c 的值.

2. 设二维随机变量(X,Y)取下列值$(0,1)$、$(0,2)$、$(1,1)$、$(1,2)$的概率分别为 $\frac{a}{6}$、$\frac{a}{3}$、$\frac{a}{12}$、$\frac{a}{6}$,求其参数 a.

3. 盒子里装有 3 个黑球、2 个红球、2 个白球,从中任取 4 个,以 X 表示取到黑球的个数,以 Y 表示取到红球的个数,试求 $P(X=Y)$.

4. 设随机变量(X,Y)的概率密度为 $f(x,y)=\begin{cases}k(6-x-y) & 0<x<2,2<y<4\\0 & 其他\end{cases}$,试求(1) 参数 k;(2) $P(X<1,Y<3)$;(3) $P(X<1.5)$;(4) $P(X+Y\leqslant 4)$.

5. 设随机变量(X,Y)的概率密度为 $f(x,y)=\begin{cases}kx & 0<x<y<1\\0 & 其他\end{cases}$,(1) 试求其参数 k;(2) 计算概率 $P(X+Y\leqslant 1)$.

6. 设随机变量(X,Y)的概率密度为 $f(x,y)=\begin{cases}ke^{-x} & 0<y<x\\0 & 其他\end{cases}$,(1) 试求其参数 k;(2) 计算概率 $P(X+Y<2)$.

7. 设(X,Y)在圆域 $x^2+y^2\leqslant 4$ 上服从均匀分布,求(1) (X,Y)的概率密度;(2) $P\{0<X<1,0<Y<1\}$.

(二) 提高练习题

1. 设二维随机变量(X,Y)的分布函数为 $F(x,y)$,且当 $x\geqslant 0$,$y\geqslant 0$ 时,$F(x,y)=(a-e^{-\lambda x})(b-e^{-\mu y})$,其中 $a>0$,$b>0$,$\lambda>0$,$\mu>0$,求 $F(0,0)$、$F(-1,1)$.

2. 设随机变量 X_i,$i=1,2$ 的分布列如下,且满足 $P(X_1X_2=0)=1$,试求 $P(X_1=X_2)$.

X_i	-1	0	1
P	0.25	0.5	0.25

3. 设随机变量 $Y\sim E(1)$，定义随机变量 X_k 如下：

$$X_k=\begin{cases}0 & Y\leqslant k\\ 1 & Y>k\end{cases}\quad (k=1,2)$$

求 X_1 与 X_2 的联合分布列.

4. 从(0,1)中随机地取两个数，求其积不小于 3/16，且其和不大于 1 的概率.

5. 设二维随机变量(X,Y)的概率密度为

$$f(x,y)=\begin{cases}k\mathrm{e}^{-(2x+3y)} & x>0,y>0,\\ 0 & \text{其他}\end{cases}$$

(1) 确定常数 k；(2) 求(X,Y)的分布函数；(3) 求 $P(X<Y)$.

6. 设二维随机变量(X,Y)的联合密度函数为

$$f(x,y)=\begin{cases}4xy & 0<x<1,0<y<1\\ 0 & \text{其他}\end{cases}$$

试求(X,Y)的联合分布函数 $F(x,y)$.

3.2 边缘分布

二维随机变量(X,Y)的取值情况可由它的联合分布函数 $F(x,y)$或它的联合概率密度 $f(x,y)$全面地描述，而 X、Y 又都是随机变量，因此也可以单独考虑其某一个随机变量的概率分布问题，这就是下面要讨论的边缘分布.

定义 3.10 设(X,Y)是二维随机变量，称分量 X 的概率分布为(X,Y)关于 X 的边缘分布，记为 $F_X(x)$，分量 Y 的概率分布为(X,Y)关于 Y 的边缘分布，记为 $F_Y(y)$.

由于(X,Y)的联合分布全面地描述了(X,Y)的取值情况，因此，当已知(X,Y)的联合分布时，容易求得关于 X 或关于 Y 的边缘分布.

边缘分布函数与联合分布函数之间有如下关系：

$$F_X(x)=P(X\leqslant x)=P(X\leqslant x,Y<+\infty)=F(x,+\infty)$$

即

$$F_X(x)=\lim_{y\to+\infty}F(x,y)\tag{3.9}$$

也就是说，只要在函数 $F(x,y)$中令 $y\to+\infty$就能得到 $F_X(x)$.

同理

$$F_Y(y)=F(+\infty,y)=\lim_{x\to+\infty}F(x,y)\tag{3.10}$$

注 在三维随机变量(X,Y,Z)的联合分布函数 $F(x,y,z)$中，用类似的方法可得到更多的边际分布函数：

$$F_X(x)=F(x,+\infty,+\infty),\quad F_Y(y)=F(+\infty,y,+\infty)$$

$$F_Z(z)=F(+\infty,+\infty,z),\quad F_{X,Y}(x,y)=F(x,y,+\infty)$$

$$F_{X,Z}(x,z)=F(x,+\infty,z),\quad F_{Y,Z}(y,z)=F(+\infty,y,z)$$

例 3.2.1 已知二维随机变量(X,Y)的分布函数为

$$F(x,y)=\frac{1}{\pi^2}\left(\frac{\pi}{2}+\arctan x\right)\left(\frac{\pi}{2}+\arctan y\right)\quad(x\in\mathbf{R},y\in\mathbf{R})$$

试求边缘分布函数 $F_X(x)$ 和 $F_Y(y)$.

解

$$\begin{aligned}F_X(x)&=\lim_{y\to+\infty}F(x,y)\\&=\lim_{y\to+\infty}\frac{1}{\pi^2}\left(\frac{\pi}{2}+\arctan x\right)\left(\frac{\pi}{2}+\arctan y\right)\\&=\frac{1}{\pi}\left(\frac{\pi}{2}+\arctan x\right)\quad(x\in\mathbf{R})\end{aligned}$$

同理

$$\begin{aligned}F_Y(y)&=\lim_{x\to+\infty}F(x,y)\\&=\lim_{x\to+\infty}\frac{1}{\pi^2}\left(\frac{\pi}{2}+\arctan x\right)\left(\frac{\pi}{2}+\arctan y\right)\\&=\frac{1}{\pi}\left(\frac{\pi}{2}+\arctan y\right)\quad(y\in\mathbf{R})\end{aligned}$$

例 3.2.2 设二维随机变量 (X,Y) 的联合分布函数为

$$F(x,y)=\begin{cases}1-e^{-x}-e^{-y}+e^{-x-y-\lambda xy} & x>0,y>0\\ 0 & \text{其他}\end{cases}$$

其中，参数 $\lambda>0$. 该分布被称为二维指数分布，试求两个边缘分布 $F_X(x)$，$F_Y(y)$.

解 由边缘分布与联合分布间的关系可知

$$F_X(x)=F(x,+\infty)=\begin{cases}1-e^{-x} & x>0\\ 0 & x\leqslant 0\end{cases}$$

$$F_Y(y)=F(+\infty,y)=\begin{cases}1-e^{-y} & y>0\\ 0 & y\leqslant 0\end{cases}$$

注 由该例可知，服从参数为 λ 的二维指数分布，其边缘分布都是一维指数分布. 另外发现，不同的 λ 对应不同的二维指数分布，但它们的两个边缘分布却是一样的(与 λ 无关). 这说明二维随机变量的联合分布可以唯一确定其边缘分布，但边缘分布不能唯一确定其联合分布. 联合分布不仅含有每个分量的概率分布，还含有两个变量之间的信息，这也正是人们要研究多维随机变量的原因.

以下分别讨论离散型和连续型随机变量的边缘分布.

3.2.1 离散型随机变量边缘分布律

设二维随机变量的分布律为 $P(X=x_i,Y=y_j)=p_{ij}\ (i,j=1,2,\cdots)$，则随机变量 (X,Y) 关于 X 的边缘分布律如下：

$$\begin{aligned}P(X=x_i)&=P\Big(X=x_i,\bigcup_{j=1}^{+\infty}\{Y=y_j\}\Big)=\sum_{j=1}^{+\infty}P(X=x_i,Y=y_j)\\&=\sum_{j=1}^{+\infty}p_{ij}\quad(i=1,2,\cdots)\end{aligned}\tag{3.11}$$

同样得到(X,Y)关于Y的边缘分布律：

$$P(Y=y_j)=\sum_{i=1}^{+\infty}p_{ij}\quad(j=1,2,\cdots)\tag{3.12}$$

常记

$$p_{i\cdot}=P\{X=x_i\}=\sum_{j=1}^{+\infty}p_{ij}\quad(i=1,2,\cdots)\tag{3.13}$$

$$p_{\cdot j}=P\{Y=y_j\}=\sum_{i=1}^{+\infty}p_{ij}\quad(j=1,2,\cdots)\tag{3.14}$$

例 3.2.3 已知二维随机变量(X,Y)的联合概率分布如下：

$X \backslash Y$	1	2	3	$p_{i\cdot}$
0	0.1	0	0.2	0.3
1	0	0.2	0	0.2
2	0.3	0.1	0.1	0.5
$p_{\cdot j}$	0.4	0.3	0.3	1

试求关于X、Y的边缘分布律.

解 由离散型随机变量的边缘分布律公式，很容易得其边缘分布如下：

X	0	1	2
P	0.3	0.2	0.5

Y	1	2	3
P	0.4	0.3	0.3

常常将边缘分布律写在联合分布律表格的边缘上，如上述表格所示，这就是“边缘分布”这个名词的来由.

3.2.2 连续型随机变量边缘概率密度

设$f(x,y)$是(X,Y)的联合概率密度，$f_X(x)$和$f_Y(y)$分别记为(X,Y)关于X、Y的边缘概率密度. 由

$$F_X(x)=F(x,+\infty)=\int_{-\infty}^{x}\int_{-\infty}^{+\infty}f(x,y)\mathrm{d}x\mathrm{d}y=\int_{-\infty}^{x}\left(\int_{-\infty}^{+\infty}f(x,y)\mathrm{d}y\right)\mathrm{d}x$$

以及

$$F_X(x)=\int_{-\infty}^{x}f_X(x)\mathrm{d}x$$

易知X的边缘概率密度为

$$f_X(x)=\int_{-\infty}^{+\infty}f(x,y)\mathrm{d}y\tag{3.15}$$

同样可得Y的边缘概率密度为

$$f_Y(y)=\int_{-\infty}^{+\infty}f(x,y)\mathrm{d}x\tag{3.16}$$

例 3.2.4 设二维随机变量(X,Y)的概率密度为

$$f(x,y)=\begin{cases}6 & 0<x<1,x^2<y<x\\ 0 & \text{其他}\end{cases}$$

求边缘概率密度 $f_X(x)$ 和 $f_Y(y)$.

解　因为
$$f_X(x)=\int_{-\infty}^{+\infty}f(x,y)\mathrm{d}y$$

当 $x\leqslant 0$ 或者 $x\geqslant 1$ 时，$f(x,y)=0$，所以

$$f_X(x)=0$$

当 $0<x<1$ 时，

$$f_X(x)=\int_{-\infty}^{+\infty}f(x,y)\mathrm{d}y=\int_{-\infty}^{x^2}0\mathrm{d}y+\int_{x^2}^{x}6\mathrm{d}y+\int_{x}^{+\infty}0\mathrm{d}y=6(x-x^2)$$

即
$$f_X(x)=\begin{cases}6(x-x^2) & 0<x<1\\ 0 & \text{其他}\end{cases}$$

同理
$$f_Y(y)=\begin{cases}6(\sqrt{y}-y) & 0<y<1\\ 0 & \text{其他}\end{cases}$$

例 3.2.5　设二维随机变量(X,Y)在矩形区域 $G:a\leqslant x\leqslant b,c\leqslant y\leqslant d$ 上服从均匀分布，求边缘概率密度 $f_X(x)$ 和 $f_Y(y)$.

解　由二维均匀分布的定义可知，二维随机变量(X,Y)的概率密度为

$$f(x,y)=\begin{cases}\dfrac{1}{(b-a)(d-c)} & a\leqslant x\leqslant b,c\leqslant y\leqslant d\\ 0 & \text{其他}\end{cases}$$

当 $a\leqslant x\leqslant b$ 时，

$$f_X(x)=\int_{-\infty}^{+\infty}f(x,y)\mathrm{d}y=\int_{c}^{d}\frac{1}{(b-a)(d-c)}\mathrm{d}y=\frac{1}{b-a}$$

当 $x<a$ 或 $x>b$ 时，

$$f_X(x)=0$$

所以
$$f_X(x)=\int_{-\infty}^{+\infty}f(x,y)\mathrm{d}y=\begin{cases}\dfrac{1}{b-a} & a\leqslant x\leqslant b\\ 0 & \text{其他}\end{cases}$$

同理
$$f_Y(y)=\begin{cases}\dfrac{1}{d-c} & c\leqslant y\leqslant d\\ 0 & \text{其他}\end{cases}$$

可见，在矩形区域 $G:a\leqslant x\leqslant b,c\leqslant y\leqslant d$ 上服从均匀分布的二维随机变量$(X$、$Y)$，它的两个边缘分布也服从一维均匀分布.

* **例 3.2.6**　求二维正态随机变量的边缘概率密度.

解　$f_X(x)=\int_{-\infty}^{+\infty}f(x,y)\mathrm{d}y$，由于

$$\frac{(y-\mu_2)^2}{\sigma_2^2}-2\rho\frac{(x-\mu_1)(y-\mu_2)}{\sigma_1\sigma_2}=\left(\frac{y-\mu_2}{\sigma_2}-\rho\frac{x-\mu_1}{\sigma_1}\right)^2-\rho^2\frac{(x-\mu_1)^2}{\sigma_1^2}$$

故

$$f_X(x)=\frac{1}{2\pi\sigma_1\sigma_2\sqrt{1-\rho^2}}e^{-\frac{(x-\mu_1)^2}{2\sigma_1^2}}\int_{-\infty}^{+\infty}e^{-\frac{1}{2(1-\rho^2)}\left(\frac{y-\mu_2}{\sigma_2}-\rho\frac{x-\mu_1}{\sigma_1}\right)^2}dy$$

令

$$t=\frac{1}{\sqrt{1-\rho^2}}\left(\frac{y-\mu_2}{\sigma_2}-\rho\frac{x-\mu_1}{\sigma_1}\right)$$

则有

$$f_X(x)=\frac{1}{2\pi\sigma_1}e^{-\frac{(x-\mu_1)^2}{2\sigma_1^2}}\int_{-\infty}^{+\infty}e^{-\frac{t^2}{2}}dt=\frac{1}{\sqrt{2\pi}\sigma_1}e^{-\frac{(x-\mu_1)^2}{2\sigma_1^2}}\quad(-\infty<x<+\infty)$$

同理

$$f_Y(y)=\frac{1}{\sqrt{2\pi}\sigma_2}e^{-\frac{(y-\mu_2)^2}{2\sigma_2^2}}\quad(-\infty<y<+\infty)$$

注 从该例可看出，若二维随机变量(X,Y)服从二维正态分布$N(\mu_1,\mu_2;\sigma_1^2,\sigma_2^2;\rho)$，经计算得知

$$f_X(x)=\frac{1}{\sqrt{2\pi}\sigma_1}e^{-\frac{1}{2\sigma_1^2}(x-\mu_1)^2}\quad(-\infty<x<+\infty)$$

$$f_Y(y)=\frac{1}{\sqrt{2\pi}\sigma_2}e^{-\frac{1}{2\sigma_2^2}(y-\mu_2)^2}\quad(-\infty<y<+\infty)$$

于是，二维正态分布的两个边缘分布都是一维正态分布，并且都不依赖于参数ρ. 由此可知，μ_1、μ_2 相同，σ_1、σ_2 相同，不同的 ρ 虽然对应不同的二维正态分布，但它们的边缘分布却是一样的. 这一事实说明，仅仅知道关于 X 和关于 Y 的边缘分布，一般是不能确定二维随机变量(X,Y)的分布的，这也说明二维随机变量不是一维随机变量的简单组合.

该例子也说明了整体决定局部，但局部不能决定整体的科学观点. 大家要以严谨的科学的态度去学习和研究，凡事不能以偏概全.

***例 3.2.7** 求三项分布 $M(n,p_1,p_2,p_3)$的边缘分布.

解 三项分布 $M(n,p_1,p_2,p_3)$的实质是二维随机变量(X,Y)的分布，其联合分布列为

$$\begin{aligned}P(X=i,Y=j)&=\frac{n!}{i!\ j!\ (n-i-j)!}p_1{}^i p_2{}^j(1-p_1-p_2)^{n-i-j}\\&=\frac{n!\times(1-p_1)^{n-i}/(n-i)!}{i!\ j!\ (n-i-j)!\times(1-p_1)^{n-i}/(n-i)!}p_1{}^i p_2{}^j(1-p_1-p_2)^{n-i-j}\\&=\frac{n!}{i!\ (n-i)!}p_1{}^i(1-p_1)^{n-i}\frac{(n-i)!}{j!(n-i-j)!}\left(\frac{p_2}{1-p_1}\right)^j\left(1-\frac{p_2}{1-p_1}\right)^{n-i-j}\end{aligned}$$

$$=\frac{n!}{i!\ (n-i)!}p_1{}^i(1-p_1)^{n-i}C_{n-i}^j\left(\frac{p_2}{1-p_1}\right)^j\left(1-\frac{p_2}{1-p_1}\right)^{n-i-j}$$

$$i,j=0,1,2,\cdots,n,i+j\leqslant n$$

所以

$$\begin{aligned}P(X=i)&=\sum_{j=0}^{n-i}P(X=i,Y=j)\\&=\frac{n!}{i!(n-i)!}p_1{}^i(1-p_1)^{n-i}\sum_{j=0}^{n-i}C_{n-i}^j\left(\frac{p_2}{1-p_1}\right)^j\left(1-\frac{p_2}{1-p_1}\right)^{n-i-j}\\&=\frac{n!}{i!(n-i)!}p_1{}^i(1-p_1)^{n-i}\left(\frac{p_2}{1-p_1}+1-\frac{p_2}{1-p_1}\right)^{n-i}\\&=\frac{n!}{i!(n-i)!}p_1{}^i(1-p_1)^{n-i}\end{aligned}$$

即 $X\sim B(n,p_1)$，同理可证 $Y\sim B(n,p_2)$.

用类似的方法可以证明：r 项分布 $M(n,p_1,p_2,\cdots,p_r)$ 的最低阶边缘分布是 r 个二项分布 $B(n,p_i)$，$i=1,2,\cdots,r$.

习　题　3.2

（一）基础练习题

1. 设二维随机变量(X,Y)的概率分布如下：

X \ Y	0	1
0	0.2	0.5
1	0.2	0.2

试求其边缘分布律.

2. 一个盒子中有三只乒乓球，分别标有数字 1、2、2. 现从袋中任意取球二次，每次取一只（有放回），以 X、Y 分别表示第一次和第二次取得球上标有的数字. 求：

（1）X 和 Y 的联合概率分布；（2）关于 X 和 Y 边缘分布.

3. 设随机变量(X,Y)有概率密度 $f(x,y)=\begin{cases}cxy^2 & 0<x<1,0<y<1\\ 0 & \text{其他}\end{cases}$.

（1）求常数 c；（2）求边缘概率密度 $f_X(x)$和 $f_Y(y)$.

4. 设二维随机变量(X,Y)的密度函数为 $f(x,y)=\begin{cases}e^{-x} & 0<y<x\\ 0 & \text{其他}\end{cases}$，求边缘密度函数 $f_X(x)$和 $f_Y(y)$.

5. 设二维随机变量(X,Y)的概率密度为 $f(x,y)=\begin{cases}cx^2y & x^2<y<x\\ 0 & \text{其他}\end{cases}$，（1）试确

定常数 c；(2) 求边缘概率密度.

(二) 提高练习题

1. 设随机变量(X,Y)的分布函数为$F(x,y)$，边缘分布函数为$F_X(x)$和$F_Y(y)$，则概率$P(X>x,Y>y)$等于(　　).

A. $1-F(x,y)$　　B. $1-F_X(x)-F_Y(y)$

C. $F(x,y)-F_X(x)-F_Y(y)+1$　　D. $F(x,y)+F_X(x)+F_Y(y)-1$

2. 设$X\sim\begin{pmatrix}0 & 1\\ \dfrac{1}{3} & \dfrac{2}{3}\end{pmatrix}$，$Y\sim\begin{pmatrix}-1 & 0 & 1\\ \dfrac{1}{3} & \dfrac{1}{3} & \dfrac{1}{3}\end{pmatrix}$，且$P(X^2=Y^2)=1$，求$(X,Y)$的联合分布律.

3. 设二维随机变量(X,Y)的密度函数为$f(x,y)=\begin{cases}\dfrac{1}{\pi} & x^2+y^2\leqslant 1\\ 0 & \text{其他}\end{cases}$，求边缘密度函数$f_X(x)$和$f_Y(y)$.

4. 设平面区域D由曲线$y=1/x$及直线$y=0,x=1,x=e^2$围成，二维随机变量(X,Y)在区域D上服从均匀分布，试求边缘密度函数$f_X(x)$、$f_Y(y)$.

3.3 条件分布

在第1章中我们讨论过随机事件的条件概率，即设A、B为两随机事件，且$P(B)>0$，则在事件B发生的条件下，事件A发生的条件概率为

$$P(A|B)=\frac{P(AB)}{P(B)}$$

现在把条件概率的概念推广到二维随机变量(X,Y)中去，考虑在一个随机变量X或Y取某确定值时，求另一个随机变量Y或X的分布，这就是求条件分布的问题. 下面将分别讨论二维离散型和二维连续型随机变量的条件分布.

3.3.1 离散型随机变量的条件分布律

设(X,Y)为二维离散型随机变量，其分布律为

$$P(X=x_i,Y=y_j)=p_{ij}\quad(i,j=1,2,\cdots)$$

(X,Y)关于X和Y的边缘分布律为

$$P(X=x_i)=p_{i\cdot}\quad(i=1,2,\cdots)$$

$$P(Y=y_j)=p_{\cdot j}\quad(j=1,2,\cdots)$$

定义 3.11 对于固定的i，若$p_{i\cdot}>0$，则称

$$P(Y=y_j|X=x_i)=\frac{P(X=x_i,Y=y_j)}{P(X=x_i)}=\frac{p_{ij}}{p_{i\cdot}}\quad(j=1,2,\cdots)\tag{3.17}$$

为 $X=x_i$ 条件下随机变量 Y 的条件分布律.

同样,对于固定的 j,若 $p_{\cdot j}>0$,则称

$$P(X=x_i|Y=y_j)=\frac{P(X=x_i,Y=y_j)}{P(Y=y_j)}=\frac{p_{ij}}{p_{\cdot j}}\quad(i=1,2,\cdots)\tag{3.18}$$

为 $Y=y_j$ 条件下随机变量 X 的条件分布律.

例 3.3.1　已知(X,Y)的联合分布律如下:

Y \ X	0	1	2	$P(Y=y_j)$
1	1/4	0	1/6	5/12
2	0	1/4	1/6	5/12
3	0	0	1/6	1/6
$P(X=x_i)$	1/4	1/4	1/2	

求:(1) 在 $Y=1$ 的条件下,X 的条件分布律;

(2) 在 $X=2$ 的条件下,Y 的条件分布律.

解　(1) 由联合分布律可知边缘分布律,于是

$$P(X=0|Y=1)=\frac{1}{4}\Big/\frac{5}{12}=3/5$$

$$P(X=1|Y=1)=0\Big/\frac{5}{12}=0$$

$$P(X=2|Y=1)=\frac{1}{6}\Big/\frac{5}{12}=2/5$$

即在 $Y=1$ 的条件下,X 的条件分布律如下表所示.

X	0	1	2
P	3/5	0	2/5

(2) 同理可求得在 $X=2$ 的条件下,Y 的条件分布律如下表所示.

Y	1	2	3
P	1/3	1/3	1/3

* **例 3.3.2**　设在一段时间内进入某一商店的顾客人数 X 服从泊松分布 $P(\lambda)$,每个顾客购买某种物品的概率为 p,并且各个顾客是否购买该种物品相互独立,求进入商店的顾客购买这种物品的人数 Y 的分布列.

解　由题意知

$$P(X=m)=\frac{\lambda^m}{m!}e^{-\lambda}\quad(m=0,1,2,\cdots)$$

在进入商店的人数 $X=m$ 的条件下，购买某种物品的人数 Y 的条件分布为二项分布 $B(m,p)$，即

$$P(Y=k|X=m)=C_m^k p^k(1-p)^{m-k},\quad k=0,1,2,\cdots,m$$

由全概率公式有

$$\begin{aligned}
P(Y=k)&=P(Y=k,X=0,1,2,\cdots)\\
&=P(Y=k,X=0)+P(Y=k,X=1)+P(Y=k,X=2)\\
&\quad+\cdots+P(Y=k,X=k)+\cdots\\
&=P(Y=k,X=k)+P(Y=k,X=k+1)+P(Y=k,X=k+2)+\cdots\\
&=\sum_{m=k}^{\infty}P(Y=k,X=m)=\sum_{m=k}^{\infty}P(X=m)P(Y=k\mid X=m)\\
&=\sum_{m=k}^{\infty}\frac{\lambda^m}{m!}e^{-\lambda}C_m^k p^k(1-p)^{m-k}=\sum_{m=k}^{\infty}\frac{\lambda^m}{m!}e^{-\lambda}\frac{m!}{k!(m-k)!}p^k(1-p)^{m-k}\\
&=e^{-\lambda}\sum_{m=k}^{\infty}\frac{\lambda^m}{k!(m-k)!}p^k(1-p)^{m-k}=e^{-\lambda}\frac{(\lambda p)^k}{k!}\sum_{m=k}^{\infty}\frac{[(1-p)\lambda]^{m-k}}{(m-k)!}\\
&=e^{-\lambda}\frac{(\lambda p)^k}{k!}e^{\lambda(1-p)}=\frac{(\lambda p)^k}{k!}e^{-\lambda p},\quad k=0,1,2,\cdots
\end{aligned}$$

即 Y 服从参数为 λp 的泊松分布.

这个例子告诉我们，在直接寻求 Y 的分布有困难时，借助条件分布有时可把困难克服. 这也启示我们，平时在生活或工作中遇到困难时，应该学会变通，即换个思路或角度，困难也许会迎刃而解.

3.3.2 连续型随机变量的条件分布

对于连续型随机变量 (X,Y)，因为对于任意实数 x 或 y，$P(X=x)=0$，$P(Y=y)=0$，所以不能直接利用条件概率公式讨论条件分布问题，需要借助极限方法来处理.

定义 3.12 设对于任意固定的 $\varepsilon>0$，有 $P(x-\varepsilon<X\leqslant x+\varepsilon)>0$，若对于任意的 y，极限

$$\lim_{\varepsilon\to 0^+}P(Y\leqslant y|x-\varepsilon<X\leqslant x+\varepsilon)=\lim_{\varepsilon\to 0^+}\frac{P(x-\varepsilon<X\leqslant x+\varepsilon,Y\leqslant y)}{P(x-\varepsilon<X\leqslant x+\varepsilon)}\tag{3.19}$$

存在，则称此极限为在 $X=x$ 条件下 Y 的条件分布函数，记作 $P(Y\leqslant y|X=x)$ 或 $F_{Y|X}(y|x)$.

类似地，可定义 $F_{X|Y}(x|y)$. 进一步，我们可得具体的条件分布函数.

定义 3.13 设二维随机变量 (X,Y) 的分布函数为 $F(x,y)$，概率密度为 $f(x,y)$，若 $f(x,y)$ 在点 (x,y) 处连续，而边缘概率密度 $f_X(x)$ 在点 x 处连续，且 $f_X(x)>0$，则有

$$F_{Y|X}(y\mid x)=\lim_{\varepsilon\to 0^+}\frac{P(x-\varepsilon<X\leqslant x+\varepsilon,Y\leqslant y)}{P(x-\varepsilon<X\leqslant x+\varepsilon)}=\lim_{\varepsilon\to 0^+}\frac{F(x+\varepsilon,y)-F(x-\varepsilon,y)}{F_X(x+\varepsilon)-F_X(x-\varepsilon)}$$

$$= \lim_{\varepsilon \to 0^+} \frac{[F(x+\varepsilon, y) - F(x-\varepsilon, y)]/2\varepsilon}{[F_X(x+\varepsilon) - F_X(x-\varepsilon)]/2\varepsilon}$$

$$= \frac{\dfrac{\partial F(x,y)}{\partial x}}{\dfrac{\mathrm{d}}{\mathrm{d}x} F_X(x)} = \frac{\int_{-\infty}^{y} f(x,y)\mathrm{d}y}{f_X(x)} = \int_{-\infty}^{y} \frac{f(x,y)}{f_X(x)} \mathrm{d}y$$

即

$$F_{Y|X}(y \mid x) = \int_{-\infty}^{y} \frac{f(x,y)}{f_X(x)} \mathrm{d}y \tag{3.20}$$

则由式(3.20)可得在 $X=x$ 条件下 Y 的条件概率密度 $f_{Y|X}(y|x)$.

定义 3.14　对一切使 $f_X(x)>0$ 的 x,在给定 $X=x$ 的条件下 Y 的条件密度函数为

$$f_{Y|X}(y|x) = \frac{f(x,y)}{f_X(x)} \tag{3.21}$$

同理,对一切使 $f_Y(y)>0$ 的 y,在给定 $Y=y$ 条件下 X 的条件密度函数[16]为

$$f_{X|Y}(x|y) = \frac{f(x,y)}{f_Y(y)} \tag{3.22}$$

注　无论条件分布函数 $F(x|y)$ 还是条件密度函数 $f(x|y)$,它们都是条件 $Y=y$ 的函数,不同的条件(如 $Y=y_1$ 和 $Y=y_2$)下,其分布函数 $F(x|y_1)$ 和 $F(x|y_2)$ 是不同的,条件密度函数 $f(x|y_1)$ 和 $f(x|y_2)$ 也是不同的. 由此可见,条件分布(密度)函数 $F(x|y)(f(x|y))$ 表示一簇分布(密度)函数.

例 3.3.3　设二维随机变量 (X,Y) 的概率密度为

$$f(x,y) = \begin{cases} 6 & 0<x<1, x^2<y<x \\ 0 & \text{其他} \end{cases}$$

求:(1) $f_{X|Y}(x|y)$;(2) $f_{X|Y}\left(x \,\middle|\, \dfrac{1}{4}\right)$;(3) $P\left(0 \leqslant X \leqslant \dfrac{1}{3} \,\middle|\, Y=\dfrac{1}{4}\right)$.

解　(1) 由例 3.2.4 得知

$$f_Y(y) = \begin{cases} 6(\sqrt{y}-y) & 0<y<1 \\ 0 & \text{其他} \end{cases}$$

所以,当 $0<y<1$ 时,有

$$f_{X|Y}(x|y) = \frac{f(x,y)}{f_Y(y)} = \begin{cases} \dfrac{1}{\sqrt{y}-y} & y<x<\sqrt{y} \\ 0 & \text{其他} \end{cases}$$

---

[16]　条件概率密度满足条件:$f_{X|Y}(x|y) = \dfrac{f(x,y)}{f_Y(y)} \geqslant 0$;

$$\int_{-\infty}^{+\infty} f_{X|Y}(x \mid y)\mathrm{d}x = \int_{-\infty}^{+\infty} \frac{f(x,y)}{f_Y(y)} \mathrm{d}x = \frac{1}{f_Y(y)} \int_{-\infty}^{+\infty} f(x,y)\mathrm{d}x = 1.$$

(2) 将 $y=\frac{1}{4}$ 代入上式即得

$$f_{X|Y}\left(x\left|\frac{1}{4}\right.\right)=\begin{cases}4 & \frac{1}{4}<x<\frac{1}{2}\\ 0 & \text{其他}\end{cases}$$

(3) $P\left(0\leqslant X\leqslant\frac{1}{3}\left|Y=\frac{1}{4}\right.\right)=\int_0^{\frac{1}{3}}f_{X|Y}\left(x\left|\frac{1}{4}\right.\right)\mathrm{d}x=\int_{\frac{1}{4}}^{\frac{1}{3}}4\mathrm{d}x=\frac{1}{3}$

例 3.3.4 设随机变量 $X\sim U[0,1]$，当观察到 $X=x(0<x<1)$ 时，$Y\sim U[x,1]$，求 Y 的概率密度 $f_Y(y)$.

解 按题意，X 具有概率密度

$$f_X(x)=\begin{cases}1 & 0<x<1\\ 0 & \text{其他}\end{cases}$$

由题意，对于任意给定的值 $x(0<x<1)$，在 $X=x$ 的条件下，Y 的条件概率密度为

$$f_{Y|X}(y|x)=\frac{f(x,y)}{f_X(x)}=\begin{cases}\frac{1}{1-x} & x<y<1\\ 0 & \text{其他}\end{cases}$$

即在 $0<x<1$ 的条件下，$f(x,y)=f_X(x)\times f_{Y|X}(y|x)=\begin{cases}1\times\frac{1}{1-x} & x<y<1\\ 1\times 0 & \text{其他}\end{cases}$；而在 $x\leqslant 0$ 或 $x\geqslant 1$ 的条件下，$f_X(x)=0$，从而 $f(x,y)=0$.

综合以上，X 和 Y 的联合概率密度为

$$f(x,y)=\begin{cases}\frac{1}{1-x} & 0<x<y<1\\ 0 & \text{其他}\end{cases}$$

(验证：$\iint\limits_{x,y\in\mathbf{R}}f(x,y)\mathrm{d}x\mathrm{d}y=\int_0^1\mathrm{d}x\int_x^1\frac{1}{1-x}\mathrm{d}y=\int_0^1 1\mathrm{d}x=1$，即 $f(x,y)$ 满足密度函数的要求)

于是，得到关于 Y 的边缘概率密度为

$$f_Y(y)=\int_{-\infty}^{+\infty}f(x,y)\mathrm{d}x=\begin{cases}\int_0^y\frac{1}{1-x}\mathrm{d}x=-\ln(1-y) & 0<y<1\\ 0 & \text{其他}\end{cases}$$

***例 3.3.5** 设 (X,Y) 服从二维正态分布 $N(\mu_1,\mu_2;\sigma_1^2,\sigma_2^2;\rho)$，试求条件密度函数 $f_{X|Y}(x|y)$.

解 由前面边缘分布结论可知，正态分布的边缘分布也服从正态分布，且 $X\sim$

$N(\mu_1,\sigma_1^2)$，$Y\sim N(\mu_2,\sigma_2^2)$. 由条件密度函数公式，有

$$f_{X|Y}(x|y)=\frac{f(x,y)}{f_Y(y)}$$

$$=\frac{\dfrac{1}{2\pi\sigma_1\sigma_2\sqrt{1-\rho^2}}\exp\left\{-\dfrac{1}{2(1-\rho^2)}\left[\dfrac{(x-\mu_1)^2}{\sigma_1^2}-2\rho\dfrac{(x-\mu_1)(y-\mu_2)}{\sigma_1\sigma_2}+\dfrac{(y-\mu_2)^2}{\sigma_2^2}\right]\right\}}{\dfrac{1}{\sqrt{2\pi}\sigma_2}\exp\left\{-\dfrac{(y-\mu_2)^2}{2\sigma_2^2}\right\}}$$

$$=\frac{1}{\sqrt{2\pi}\sigma_1\sqrt{1-\rho^2}}\exp\left\{-\frac{1}{2\sigma_1^2(1-\rho^2)}\left[x-\left(\mu_1+\rho\frac{\sigma_1}{\sigma_2}(y-\mu_2)\right)\right]^2\right\}$$

这正是正态密度函数，其均值 μ_3 和方差 σ_3^2 分别为

$$\mu_3=\mu_1+\rho\frac{\sigma_1}{\sigma_2}(y-\mu_2),\quad \sigma_3^2=\sigma_1^2(1-\rho^2)$$

类似可以得：在给定条件 $X=x$ 的条件下，Y 的条件分布仍为正态分布 $N(\mu_4,\sigma_4^2)$，其均值 μ_4 和方差 σ_4^2 分别为

$$\mu_4=\mu_2+\rho\frac{\sigma_2}{\sigma_1}(x-\mu_1),\quad \sigma_4^2=\sigma_2^2(1-\rho^2)$$

由此可以看出：二维正态分布的边缘分布和条件分布都是一维正态分布，这也是正态分布的一个重要性质和特点.

*3.3.3 连续场合的全概率公式和贝叶斯公式

有了条件分布密度函数的概念，就可以给出连续场合下的全概率公式和贝叶斯公式. 由条件概率公式，有

$$f(x,y)=f_X(x)f_{Y|X}(y|x)$$
$$f(x,y)=f_Y(y)f_{X|Y}(x|y)$$

再对 $f(x,y)$ 求边缘密度，就得到全概率公式的密度函数形式为

$$f_Y(y)=\int_{-\infty}^{+\infty}f_X(x)f_{Y|X}(y\mid x)\mathrm{d}x$$

$$f_X(x)=\int_{-\infty}^{+\infty}f_Y(y)f_{X|Y}(x\mid y)\mathrm{d}y$$

由上式即可得到贝叶斯公式的密度函数形式为

$$f_{X|Y}(x\mid y)=\frac{f(x,y)}{f_Y(y)}=\frac{f_X(x)f_{Y|X}(y\mid x)}{\int_{-\infty}^{+\infty}f_X(x)f_{Y|X}(y\mid x)dx}$$

或

$$f_{Y|X}(y\mid x)=\frac{f(x,y)}{f_X(x)}=\frac{f_Y(y)f_{X|Y}(x\mid y)}{\int_{-\infty}^{+\infty}f_Y(y)f_{X|Y}(x\mid y)\mathrm{d}y}$$

注 虽然由边缘分布无法得到联合分布，但由边缘分布和条件分布一起就可以得到联合分布.

* **例 3.3.6** 设随机变量 $X \sim N(\mu, \sigma_1^2)$，在 $X=x$ 的条件下 Y 的条件分布为 $N(x, \sigma_2^2)$，试求 Y 的(无条件)密度函数 $f_Y(y)$.

解 由题意，有

$$f_X(x)=\frac{1}{\sqrt{2\pi}\sigma_1}\exp\left\{-\frac{(x-\mu)^2}{2\sigma_1^2}\right\}$$

$$f_{Y|X}(y|x)=\frac{1}{\sqrt{2\pi}\sigma_2}\exp\left\{-\frac{(y-x)^2}{2\sigma_2^2}\right\}$$

由公式可得

$$\begin{aligned}
f_Y(y)&=\int_{-\infty}^{+\infty} f_X(x)\, f_{Y|X}(y \mid x)\mathrm{d}x\\
&=\frac{1}{2\pi\sigma_1\sigma_2}\int_{-\infty}^{+\infty}\exp\left\{-\frac{(x-\mu)^2}{2\sigma_1^2}-\frac{(y-x)^2}{2\sigma_2^2}\right\}\mathrm{d}x\\
&=\frac{1}{2\pi\sigma_1\sigma_2}\int_{-\infty}^{+\infty}\exp\left\{-\frac{1}{2}\left[\left(\frac{1}{\sigma_1^2}+\frac{1}{\sigma_2^2}\right)x^2-2\left(\frac{y}{\sigma_2^2}+\frac{\mu}{\sigma_1^2}\right)x+\frac{y^2}{\sigma_2^2}+\frac{\mu^2}{\sigma_1^2}\right]\right\}\mathrm{d}x
\end{aligned}$$

记 $c=\dfrac{\sigma_1^2\sigma_2^2}{\sigma_1^2+\sigma_2^2}$，则上式可以化简为

$$\begin{aligned}
f_Y(y)&=\frac{1}{2\pi\sigma_1\sigma_2}\int_{-\infty}^{+\infty}\exp\left\{-\frac{1}{2}c^{-1}\left[x-c\left(\frac{y}{\sigma_2^2}+\frac{\mu}{\sigma_1^2}\right)\right]^2-\frac{1}{2}\,\frac{(y-\mu)^2}{\sigma_1^2+\sigma_2^2}\right\}\mathrm{d}x\\
&=\frac{1}{2\pi\sigma_1\sigma_2}\sqrt{2\pi c}\exp\left\{-\frac{(y-\mu)^2}{2(\sigma_1^2+\sigma_2^2)}\right\}\\
&=\frac{1}{\sqrt{2\pi}\sqrt{\sigma_1^2+\sigma_2^2}}\exp\left\{-\frac{(y-\mu)^2}{2(\sigma_1^2+\sigma_2^2)}\right\}
\end{aligned}$$

注 以上结果表明，Y 仍服从正态分布 $N(\mu, \sigma_1^2+\sigma_2^2)$.

二维随机变量的条件分布是通过已学过的条件概率的概念来进一步延伸和拓展的，因此要学会用联系的、科学的发展观看问题，学会自己总结、发现、体会这些巧妙的联系，并利用这些联系，多进行延伸思考. 大家要树立学习的信心，常总结、多讨论、勤思考，必能收获更多.

习 题 3.3

(一) 基础练习题

1. 已知二维随机变量 (X,Y) 的联合分布律如下所示，求：

(1) 在 $Y=1$ 的条件下，X 的条件分布律；

(2) 在 $X=1$ 的条件下，Y 的条件分布律.

Y \ X	0	1	2	$P(Y=y_j)$
-1	0.1	0.2	0	0.3
0	0	0.1	0.2	0.3
1	0.2	0	0.2	0.4
$P(X=x_i)$	0.3	0.3	0.4	

2. 设随机变量 X 的概率密度为 $f(x)=\begin{cases} e^{-x} & x>0 \\ 0 & x\leqslant 0 \end{cases}$，试求 $P(X\leqslant 2|X\geqslant 1)$.

3. 已知随机变量 (X,Y) 的联合概率密度为

$$f(x,y)=\begin{cases} \dfrac{6}{5}x^2(4xy+1) & 0<x<1,0<y<1 \\ 0 & \text{其他} \end{cases}$$

求条件概率密度 $f_{X|Y}(x|y)$、$f_{Y|X}(y|x)$.

4. 设随机变量 (X,Y) 的概率密度为 $f(x,y)=\begin{cases} 1 & |y|<x,0<x<1 \\ 0 & \text{其他} \end{cases}$，求条件概率密度 $f_{Y|X}(y|x)$、$f_{X|Y}(x|y)$.

5. 设 $(X,Y)\sim N(0,0;1,1;\rho)$，求 $f_{X|Y}(x|y)$、$f_{Y|X}(y|x)$.

（二）提高练习题

1. 设某班车起点站上客人数 X 服从参数为 $\lambda(\lambda>0)$ 的泊松分布，每位乘客在中途下车的概率为 $p(0<p<1)$，且中途下车与否相互独立，以 Y 表示在中途下车的人数. 求：(1) 在发车时有 n 个乘客的条件下，中途有 m 人下车的概率；(2) 二维随机变量 (X,Y) 的概率分布.

2. 一射手进行射击，击中的概率为 $p(0<p<1)$，射击到击中目标两次为止. 记 X 表示首次击中目标时的射击次数，Y 表示射击的总次数. 试求 X、Y 的联合分布律与条件分布律.

3.（2013.1）设随机变量 X 服从参数为 1 的指数分布，a 为常数且大于零，计算 $P(X\leqslant a+1|X>a)$.

4. 二维随机变量 (X,Y) 的概率密度为 $f(x,y)$，$-\infty<x<+\infty$，$-\infty<y<+\infty$. 已知 X 的密度函数 $f_X(x)=\begin{cases} 1 & 0<x<1 \\ 0 & \text{其他} \end{cases}$，当 $0<x<1$ 时，条件概率密度 $f_{Y|X}(y|x)=\begin{cases} \dfrac{1}{x} & 0<y<x \\ 0 & \text{其他} \end{cases}$，求 $f(x,y)$，$-\infty<x<+\infty$，$-\infty<y<+\infty$.

5.（2009.3）设二维随机变量 (X,Y) 的概率密度为 $f(x,y)=\begin{cases} e^{-x} & 0<y<x \\ 0 & \text{其他} \end{cases}$.

(1) 求条件概率密度 $f_{Y|X}(y|x)$；(2) 求条件概率 $P(X\leqslant 1|Y\leqslant 1)$.

3.4 相互独立的随机变量

3.4.1 二维随机变量的独立性

定义 3.15 设 X、Y 是两个随机变量，如果对于任意实数 a、$b(a<b)$，c、$d(c<d)$，事件$\{a<X\leqslant b\}$和$\{c<Y\leqslant d\}$相互独立，即有

$$P(a<X\leqslant b,c<Y\leqslant d)=P(a<X\leqslant b)P(c<Y\leqslant d) \tag{3.23}$$

则称随机变量 X 与 Y 是相互独立的.

等价定义：

设 X、Y 是两个随机变量，如果对于任意实数 x、y，事件$\{X\leqslant x\}$和$\{Y\leqslant y\}$相互独立，即

$$P(X\leqslant x,Y\leqslant y)=P(X\leqslant x)P(Y\leqslant y) \tag{3.24}$$

则称随机变量 X 与 Y 是相互独立的.

注 (1) 如果记 $A=\{X\leqslant x\}$，$B=\{Y\leqslant y\}$，那么式(3.24)为 $P(AB)=P(A)P(B)$，可见，X、Y 相互独立的定义与两个事件相互独立的定义是一致的.

(2) 由(X,Y)的联合分布函数、边缘分布函数的定义，可得 X、Y 相互独立的充要条件为：对所有 x 和 y，都有

$$F(x,y)=F_X(x)F_Y(y) \tag{3.25}$$

(3) 若 X、Y 是二维离散型随机变量，则 X、Y 相互独立的充要条件是：对于(X,Y)所有可能的取值$(x_i,y_j)(i,j=1,2,\cdots)$，都有

$$P(X=x_i,Y=y_j)=P(X=x_i)P(Y=y_j) \tag{3.26}$$

(4) 若 X、Y 是二维连续型随机变量，$f(x,y)$、$f_X(x)$、$f_Y(y)$分别是联合概率密度与边缘概率密度，则 X、Y 相互独立的充要条件是：$f(x,y)=f_X(x)f_Y(y)$在平面上几乎处处成立. 此处"几乎处处成立"的含义是：在平面上除去"面积"为零的集合以外，处处成立.

例 3.4.1 设(X,Y)的联合分布律为

X \ Y	0	1
0	0.2	0.1
1	0.1	0.2
2	0.1	0.3

试求(X,Y)关于 X 和关于 Y 的边缘分布律，并判断 X、Y 是否相互独立.

解　由表中可按行加得 $p_{i\cdot}$，按列加得 $p_{\cdot j}$.

X \ Y	0	1	$p_{i\cdot}$
0	0.2	0.1	0.3
1	0.1	0.2	0.3
2	0.1	0.3	0.4
$p_{\cdot j}$	0.4	0.6	

即得关于 X 的边缘分布律为

X	0	1	2
$p_{i\cdot}$	0.3	0.3	0.4

及关于 Y 的边缘分布律为

Y	0	1
$p_{\cdot j}$	0.4	0.6

由于 $p_{11}=P(X=0,Y=0)=0.2$，而 $p_{1\cdot}\,p_{\cdot 1}=0.3\times 0.4=0.12\neq 0.2$，所以 X、Y 互不独立.

例 3.4.2　设二维随机变量具有概率密度

$$f(x,y)=\begin{cases}Ce^{-2(x+y)} & 0<x<+\infty,0<y<+\infty\\ 0 & \text{其他}\end{cases}$$

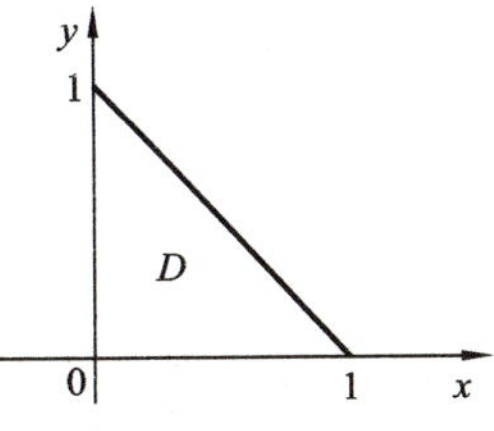

图 3-4

试求：

(1) 常数 C；

(2) (X,Y) 落在如图 3-4 所示的三角区域 D 内的概率；

(3) 关于 X 和关于 Y 的边缘分布律，并判断 X、Y 是否相互独立.

解　(1) $1=\int_{-\infty}^{+\infty}\int_{-\infty}^{+\infty}f(x,y)\mathrm{d}x\mathrm{d}y=\int_{0}^{+\infty}\int_{0}^{+\infty}Ce^{-2(x+y)}\mathrm{d}x\mathrm{d}y$

$$=C\int_{0}^{+\infty}e^{-2x}\mathrm{d}x\int_{0}^{+\infty}e^{-2y}\mathrm{d}y=\frac{C}{4}$$

所以

$$C=4$$

(2) $P((X,Y)\in D)=\iint\limits_{D}f(x,y)\mathrm{d}x\mathrm{d}y=\int_{0}^{1}\mathrm{d}x\int_{0}^{1-x}4e^{-2(x+y)}\mathrm{d}y=1-3e^{-2}$

(3) 关于 X 的边缘分布概率密度为

$$f_X(x)=\int_{-\infty}^{+\infty}f(x,y)\mathrm{d}y$$

当 $x\leqslant 0$ 时， $f_X(x)=0$

当 $x>0$ 时，$f_X(x)=\int_{-\infty}^{+\infty}f(x,y)\mathrm{d}y=\int_0^{+\infty}4\mathrm{e}^{-2(x+y)}\mathrm{d}y=2\mathrm{e}^{-2x}$

故有

$$f_X(x)=\begin{cases}2\mathrm{e}^{-2x} & x>0\\ 0 & x\leqslant 0\end{cases}$$

同理可求得关于 Y 的边缘分布概率密度为

$$f_Y(y)=\begin{cases}2\mathrm{e}^{-2y} & y>0\\ 0 & y\leqslant 0\end{cases}$$

因为对任意的实数 x、y，都有 $f(x,y)=f_X(x)f_Y(y)$，所以 X、Y 相互独立.

例 3.4.3 设二维随机变量 (X,Y) 在矩形区域 $G:a\leqslant x\leqslant b,c\leqslant y\leqslant d$ 上服从均匀分布，试证随机变量 X、Y 相互独立.

解 由例 3.2.5 可知，二维随机变量 (X,Y) 的概率密度及其边缘概率密度分别为

$$f(x,y)=\begin{cases}\dfrac{1}{(b-a)(d-c)} & a\leqslant x\leqslant b,c\leqslant y\leqslant d\\ 0 & \text{其他}\end{cases}$$

$$f_X(x)=\int_{-\infty}^{+\infty}f(x,y)\mathrm{d}y=\begin{cases}\dfrac{1}{b-a} & a\leqslant x\leqslant b\\ 0 & \text{其他}\end{cases}$$

$$f_Y(y)=\begin{cases}\dfrac{1}{d-c} & c\leqslant y\leqslant d\\ 0 & \text{其他}\end{cases}$$

因为对任意的实数 x、y，都有 $f(x,y)=f_X(x)f_Y(y)$，所以 X、Y 相互独立.

可见，在矩形区域 $G:a\leqslant x\leqslant b,c\leqslant y\leqslant d$ 上服从均匀分布的二维随机变量 (X,Y)，其一维变量 X、Y 间相互独立.

例 3.4.4 证明：若 $(X,Y)\sim N(\mu_1,\mu_2;\sigma_1^2,\sigma_2^2;\rho)$，则随机变量 X 与 Y 相互独立的充要条件为 $\rho=0$.

证明 因为 $(X,Y)\sim N(\mu_1,\mu_2;\sigma_1^2,\sigma_2^2;\rho)$，所以

$$f(x,y)=\frac{1}{2\pi\sigma_1\sigma_2\sqrt{1-\rho^2}}\exp\left\{-\frac{1}{2(1-\rho^2)}\left[\frac{(x-\mu_1)^2}{\sigma_1^2}-\frac{2\rho(x-\mu_1)(y-\mu_2)}{\sigma_1\sigma_2}+\frac{(y-\mu_2)^2}{\sigma_2^2}\right]\right\}$$

由边缘密度计算公式可得

$$f_X(x)=\frac{1}{\sqrt{2\pi}\sigma_1}e^{-\frac{(x-\mu_1)^2}{2\sigma_1^2}},\quad x\in\mathbf{R}$$

$$f_Y(y)=\frac{1}{\sqrt{2\pi}\sigma_2}e^{-\frac{(y-\mu_2)^2}{2\sigma_2^2}},\quad y\in\mathbf{R}$$

当 $\rho=0$ 时，$f(x,y)=\frac{1}{2\pi\sigma_1\sigma_2}\exp\left\{-\frac{1}{2}\left[\frac{(x-\mu_1)^2}{\sigma_1^2}+\frac{(y-\mu_2)^2}{\sigma_2^2}\right]\right\}=f_X(x)f_Y(y)$，即有随机变量 X 与 Y 相互独立.

反之，如果 X 与 Y 相互独立，则 $\forall x,y\in\mathbf{R}$，有 $f(x,y)=f_X(x)f_Y(y)$，令 $x=\mu_1,y=\mu_2$，则应有

$$f(\mu_1,\mu_2)=f_X(\mu_1)f_Y(\mu_2)$$

即

$$\frac{1}{2\pi\sigma_1\sigma_2\sqrt{1-\rho^2}}=\frac{1}{\sqrt{2\pi}\sigma_1}\frac{1}{\sqrt{2\pi}\sigma_2}=\frac{1}{2\pi\sigma_1\sigma_2}$$

从而有 $\sqrt{1-\rho^2}=1\Rightarrow\rho=0$.

综合以上可知，若 $(X,Y)\sim N(\mu_1,\mu_2;\sigma_1^2,\sigma_2^2;\rho)$，则随机变量 X 与 Y 相互独立的充要条件为 $\rho=0$.

3.4.2 相互独立且服从正态分布的随机变量所具有的性质

关于相互独立且服从正态分布的随机变量，我们将不加证明地给出以下性质.

定理 3.1 设 $Y_1\sim N(\mu_1,\sigma_1^2)$，$Y_2\sim N(\mu_2,\sigma_2^2)$，且 Y_1、Y_2 相互独立，则有

$$Y_1+Y_2\sim N(\mu_1+\mu_2,\sigma_1^2+\sigma_2^2)\tag{3.27}$$

推广定理 3.1 有

定理 3.2 设 $X_1,X_2,\cdots,X_n$ 相互独立，且 $X_i\sim N(\mu_i,\sigma_i^2)$，$i=1,2,\cdots,n$，则有

$$C_1X_1+C_2X_2+\cdots+C_nX_n\sim N(C_1\mu_1+C_2\mu_2+\cdots+C_n\mu_n,C_1^2\sigma_1^2+C_2^2\sigma_2^2+\cdots+C_n^2\sigma_n^2)\tag{3.28}$$

即有限个相互独立的正态随机变量的线性组合仍然服从正态分布.

如在定理 3.2 中取 $C_1=C_2=\cdots=C_n=1/n$，可得下面重要结论：

定理 3.3 设 $X_1,X_2,\cdots,X_n$ 相互独立，且 $X_1,X_2,\cdots,X_n$ 服从同一分布 $N(\mu,\sigma^2)$，$\overline{X}=\frac{1}{n}\sum_{i=1}^{n}X_i$ 是 $X_1,X_2,\cdots,X_n$ 的算术平均值，则有

$$\overline{X}\sim N(\mu,\sigma^2/n)\quad 或\quad \frac{\overline{X}-\mu}{\sigma/\sqrt{n}}\sim N(0,1)\tag{3.29}$$

例 3.4.5 设 $X_1,X_2,\cdots,X_9$ 相互独立且都服从 $N(3,4)$，Y_1,Y_2,Y_3,Y_4 相互独立且都服从 $N(2.5,1)$，又设 $\overline{X}$ 和 $\overline{Y}$ 相互独立，求 $P(\overline{X}\geqslant\overline{Y})$.

解 由定理 3.3 知

$$\overline{X}=\frac{1}{9}\sum_{i=1}^{9}X_i\sim N\left(3,\frac{4}{9}\right)$$

$$\overline{Y}=\frac{1}{4}\sum_{i=1}^{4}Y_i\sim N\left(2.5,\frac{1}{4}\right)$$

又由假设 $\overline{X}$ 和 $\overline{Y}$ 相互独立，故知

$$\overline{X}-\overline{Y}\sim N\left(3-2.5,\frac{4}{9}+\frac{1}{4}\right)$$

即

$$\overline{X}-\overline{Y}\sim N\left(0.5,\frac{25}{36}\right)$$

于是

$$P(\overline{X}\geqslant\overline{Y})=P(\overline{X}-\overline{Y}\geqslant 0)=1-P(\overline{X}-\overline{Y}<0)$$

$$=1-\Phi\left(\frac{-0.5}{\sqrt{25/36}}\right)=\Phi(0.6)=0.7257$$

*3.4.3 n 维随机变量相关概念及结论

(1) n 维随机变量$(X_1,X_2,\cdots,X_n)$的分布函数和边缘分布函数：

$F(x_1,x_2,\cdots,x_n)=P(X_1\leqslant x_1,X_2\leqslant x_2,\cdots,X_n\leqslant x_n)(-\infty<x_1,x_2,\cdots,x_n<+\infty)$为 n 维随机变量$(X_1,X_2,\cdots,X_n)$的分布函数；$F_{X_i}(x_i)=F(\infty,\infty,\cdots,x_i,\infty,\cdots,\infty)$为$(X_1,X_2,\cdots,X_n)$关于 X_i 的边缘分布函数.

(2) n 维连续型随机变量$(X_1,X_2,\cdots,X_n)$的边缘概率密度：

设 $f(x_1,x_2,\cdots,x_n)$为 n 维连续型随机变量$(X_1,X_2,\cdots,X_n)$的概率密度，则称

$$f_{X_i}(x_i)=\int_{-\infty}^{+\infty}\int_{-\infty}^{+\infty}\cdots\int_{-\infty}^{+\infty}f(x_1,\cdots,x_{i-1},x_{i+1},\cdots,x_n)\mathrm{d}x_1\cdots\mathrm{d}x_{i-1}\mathrm{d}x_{i+1}\cdots\mathrm{d}x_n$$

为$(X_1,X_2,\cdots,X_n)$关于 X_i 的边缘概率密度.

(3) $(X_1,X_2,\cdots,X_n)$相互独立的充要条件：

$$F(x_1,x_2,\cdots,x_n)=F_{X_1}(x_1)F_{X_2}(x_2)\cdots F_{X_n}(x_n)$$

或

$$f(x_1,x_2,\cdots,x_n)=f_{X_1}(x_1)f_{X_2}(x_2)\cdots f_{X_n}(x_n)$$

(4) $X=(X_1,X_2,\cdots,X_n)$和 $Y=(Y_1,Y_2,\cdots,Y_m)$相互独立的充要条件：

$$F(x_1,x_2,\cdots,x_n,y_1,y_2,\cdots,y_n)=F_1(x_1,x_2,\cdots,x_n)F_2(y_1,y_2,\cdots,y_n)$$

式中：F、F_1 和 F_2 分别为$(X_1,X_2,\cdots,X_n,Y_1,Y_2,\cdots,Y_m)$、$(X_1,X_2,\cdots,X_n)$和$(Y_1,Y_2,\cdots,Y_m)$的分布函数. 或

$P(X\in G_1,Y\in G_2)=P(X\in G_1)P(Y\in G_2)$ （G_1、G_2 分别为任意 n 维和 m 维的区域）

(5) 若随机变量 $X_1,X_2,\cdots,X_n$ 相互独立，则它们各自的函数 $g_1(X_1),g_2(X_2),\cdots,g_n(X_n)$也相互独立（$g_i(x)$均为连续函数，$i=1,2,\cdots,n$）.

(6) 若$(X_1,X_2,\cdots,X_n)$与$(Y_1,Y_2,\cdots,Y_m)$相互独立，且 g、h 为连续函数，则 $h(X_1,X_2,\cdots,X_n)$和 $g(Y_1,Y_2,\cdots,Y_m)$也相互独立.

(7) 若$(X_1,X_2,\dots,X_n)$与$(Y_1,Y_2,\dots,Y_m)$相互独立,则$X_i(i=1,2,\cdots,n)$与$Y_j(j=1,2,\cdots,m)$相互独立.

(8) 设t个随机变量$(X_{11},X_{21},\cdots,X_{n_1 1}),(X_{12},X_{22},\cdots,X_{n_2 2}),\cdots,(X_{1t},X_{2t},\cdots,X_{n_t t})$是相互独立的,又设对每一个$i=1,2,\cdots,t,n_i$个随机变量$X_{1i},X_{2i},\cdots,X_{n_i i}$是相互独立的,则随机变量$X_{11},X_{21},\cdots,X_{n_1 1},X_{12},X_{22},\cdots,X_{n_2 2},\cdots,X_{1t},X_{2t},\cdots,X_{n_t t}$相互独立.

习 题 3.4

(一) 基础练习题

1. 选择题.

(1) 随机变量X和Y的边缘分布可以由它们的联合分布确定,联合分布(　　)由边缘分布确定.

A. 不能　B. 为正态分布时可以　C. 也可　D. 当X与Y相互独立时可以

(2) 若随机变量$Y=-X_1+2X_2,X_i\sim N(0,1)\ (i=1,2)$,则(　　).

A. Y不一定服从正态分布　　B. $Y\sim N(0,5)$

C. $Y\sim N(0,1)$　　D. $Y\sim N(0,3)$

2. 设随机变量$X\sim N(0,4),Y\sim N(1,9)$,且$X$与$Y$相互独立,则随机变量$Z=X-2Y\sim$________.

3. 设二维随机变量(X,Y)的概率分布为

X \ Y	1	2	3
1	1/6	1/9	1/18
2	1/3	s	t

且X、Y相互独立,求参数s、t.

4. 设X和Y分别表示两个元件的寿命(单位:h),又设X与Y相互独立,且它们的概率密度分别为

$$f_X(x)=\begin{cases}e^{-x} & x>0\\ 0 & 其他\end{cases},\quad f_Y(y)=\begin{cases}e^{-y} & y>0\\ 0 & 其他\end{cases}$$

求X和Y的联合概率密度$f(x,y)$.

5. 设二维随机变量X和Y具有概率密度

$$f(x,y)=\begin{cases}ke^{-(3x+4y)} & x>0,y>0\\ 0 & 其他\end{cases}$$

(1) 求参数k;(2) 证明X与Y相互独立.

6. 设(X,Y)在圆域$x^2+y^2\leqslant 1$上服从均匀分布,问X和Y是否相互独立?

7. 设随机变量$X\sim N(1,4),Y\sim N(0,1)$,且$X$与$Y$相互独立,求$P(X>Y+1)$.

8. 设二维随机变量 X 和 Y 相互独立，且都服从 $N(0,1)$，求 $P(X^2+Y^2\leqslant 1)$.

9. 设 X 和 Y 是两个相互独立的随机变量，X 在 $(0,1)$ 上服从均匀分布，Y 的概率密度为 $f_Y(y)=\begin{cases}\frac{1}{2}e^{-y/2} & y>0,\\ 0 & \text{其他}.\end{cases}$ (1) 求 X 和 Y 的联合概率密度；(2) 设含有 a 的二次方程为 $a^2+2Xa+Y=0$，试求 a 有实根的概率. ($\Phi(1)=0.8413$)

10. 设内燃机汽缸的直径(以 cm 计) $X\sim N(42.5,0.4^2)$，活塞的直径(以 cm 计) $Y\sim N(41.5,0.3^2)$，设 X 和 Y 相互独立. 若活塞不能装入汽缸则需返工，求返工的概率.

(二) 提高练习题

1. 选择题.

(1) 设 (X,Y) 具有密度函数 $f(x,y)=\frac{1+\sin x\sin y}{2\pi}e^{-\frac{x^2+y^2}{2}}$，则(　　).

A. (X,Y) 服从二维正态分布，且 X 与 Y 服从一维正态分布

B. (X,Y) 服从二维正态分布，但 X 与 Y 不服从一维正态分布

C. (X,Y) 不服从二维正态分布，且 X 与 Y 也不服从一维正态分布

D. (X,Y) 不服从二维正态分布，但 X 与 Y 服从一维正态分布

(2) 设随机变量 X 与 Y 相互独立、同分布，已知 $P(X=k)=pq^{k-1}$，$k=1,2,3,\cdots$，其中 $0<p<1$，$q=1-p$，则 $P(X=Y)$ 等于(　　).

A. $\frac{p}{2-p}$　　B. $\frac{1-p}{2-p}$　　C. $\frac{p}{1-p}$　　D. $\frac{2p}{1-p}$

2. 设二维随机变量 X 和 Y 的分布律为 $(X,Y)\sim\begin{pmatrix}(0,-1) & (0,0) & (1,-1) & (1,0)\\ a & b & \frac{1}{8} & \frac{3}{8}\end{pmatrix}$，且随机事件 $\{X+Y=0\}$ 与 $\{X=1\}$ 相互独立，求常数 a、b 的值.

3. 设随机变量 X 的概率密度为 $f(x)=\frac{1}{2}e^{-|x|}$，$-\infty<x<+\infty$，问 X 与 $|X|$ 是否相互独立，为什么？

4. 设随机变量 X 的密度函数为 $f(x)=\begin{cases}1-|x| & |x|\leqslant 1\\ 0 & |x|>1\end{cases}$，$X$ 与 X^2 是否独立？

5. 设 (X,Y) 的概率密度为 $f(x,y)=\begin{cases}\frac{1}{4}(1+xy) & |x|<1,|y|<1\\ 0 & \text{其他}\end{cases}$，证明：

(1) X 与 Y 不相互独立；(2) X^2 与 Y^2 相互独立.

3.5　两个随机变量的函数的分布

第 2 章已经讨论了一个随机变量的函数的分布，本节将讨论两个随机变量的函数的分布，即当二维随机变量(X,Y)的分布为已知时，求随机变量 $Z=\varphi(X,Y)$的分布. 这是一类技巧性很强的工作，不仅对离散场合和连续场合有不同的方法，而且对不同形式的函数 $\varphi(X,Y)$要采用不同的方法，甚至有些方法只对特殊形式的 $\varphi(\cdot)$适用. 下面分别介绍一些常用的方法. 本节主要介绍二维随机变量的函数分布，至于多维随机变量的函数分布则直接做相应的推广即可.

3.5.1　两个离散型随机变量的函数的分布

设(X,Y)为二维离散型随机变量，则函数 $Z=(X,Y)$仍然是离散型随机变量. 当(X,Y)所有可能取值较少时，可先将 Z 的取值一一列出，再合并整理即可，如下例.

例 3.5.1　设(X,Y)的分布律如下：

$Y \backslash X$	0	1
-1	0.1	0.2
1	0.2	0.3
2	0.1	0.1

求 $Z=X+Y$ 和 $Z=XY$ 的分布律.

解　先列出下表：

P	0.1	0.2	0.1	0.2	0.3	0.1
(X,Y)	$(0,-1)$	$(0,1)$	$(0,2)$	$(1,-1)$	$(1,1)$	$(1,2)$
$X+Y$	-1	1	2	0	2	3
XY	0	0	0	-1	1	2

从表中看出 $Z=X+Y$ 可能取值为-1、0、1、2、3，且

$$P(Z=-1)=P(X+Y=-1)=P(X=0,Y=-1)=0.1$$

$$P(Z=0)=P(X+Y=0)=P(X=1,Y=-1)=0.2$$

$$P(Z=1)=P(X+Y=1)=P(X=0,Y=1)=0.2$$

$$P(Z=2)=P(X+Y=2)=P(X=0,Y=2)+P(X=1,Y=1)=0.1+0.3=0.4$$

$$P(Z=3)=P(X+Y=3)=P(X=1,Y=2)=0.1$$

于是 $Z=X+Y$ 的分布律为

$X+Y$	-1	0	1	2	3
P	0.1	0.2	0.2	0.4	0.1

同理可得,$Z=XY$ 的分布律为

XY	0	-1	1	2
P	0.4	0.2	0.3	0.1

通过以上例子可知:当(X,Y)取值(x_i,y_j)时,$Z=\varphi(X,Y)$就取值 $z_0=\varphi(x_i,y_j)$.

(1) 如果当且仅当(X,Y)取值(x_i,y_j)时,$Z=\varphi(X,Y)$取值 $z_0=\varphi(x_i,y_j)$,则

$$P(Z=z_0)=P(X=x_i,Y=y_j) \tag{3.30}$$

(2) 如果(X,Y)取不同的值$(x_{i_1},y_{j_1}),(x_{i_2},y_{j_2}),\cdots$,时,都有 $Z=\varphi(X,Y)$取值 $z_0=\varphi(x_{i_1},y_{j_1})=\varphi(x_{i_2},y_{j_2})=\cdots$,则

$$P(Z=z_0)=P(X=x_{i_1},Y=y_{j_1})+P(X=x_{i_2},Y=y_{j_2})+\cdots \tag{3.31}$$

***例 3.5.2**(泊松分布的可加性) 设 X、Y 相互独立,且 $X\sim P(\lambda_1)$,$Y\sim P(\lambda_2)$,求证 $Z=X+Y\sim P(\lambda_1+\lambda_2)$.

证明 因为 $X\sim P(\lambda_1)$,所以

$$P(X=k)=\frac{\lambda_1^k e^{-\lambda_1}}{k!} \quad (k=0,1,2,\cdots)$$

又 $Y\sim P(\lambda_2)$,所以

$$P(Y=k)=\frac{\lambda_2^k e^{-\lambda_2}}{k!} \quad (k=0,1,2,\cdots)$$

$Z=X+Y$ 的所有可能取值为 $0,1,2,\cdots$

$$\begin{aligned}
P(Z=k) &= P(X+Y=k)\\
&= P(X=0,Y=k)+P(X=1,Y=k-1)+\cdots+P(X=k,Y=0)\\
&= \sum_{i=0}^{k}P(X=i,Y=k-i)=\sum_{i=0}^{k}P(X=i)P(Y=k-i)\\
&\quad \text{(这个概率公式被称为离散场合下的卷积公式)}\\
&= \sum_{i=0}^{k}\left(\frac{\lambda_1^i e^{-\lambda_1}}{i!}\cdot\frac{\lambda_2^{k-i}e^{-\lambda_2}}{(k-i)!}\right)=\frac{e^{-\lambda_1}e^{-\lambda_2}}{k!}\cdot\sum_{i=0}^{k}\frac{k!}{i!(k-i)!}\lambda_1^i\lambda_2^{k-i}\\
&= \frac{e^{-(\lambda_1+\lambda_2)}}{k!}\cdot\sum_{i=0}^{k}C_k^i\lambda_1^i\lambda_2^{k-i}=\frac{(\lambda_1+\lambda_2)^k}{k!}\cdot e^{-(\lambda_1+\lambda_2)} \quad (k=0,1,2,\cdots)
\end{aligned}$$

即

$$Z=X+Y\sim P(\lambda_1+\lambda_2)$$

注 (1) 泊松分布的这个性质可以叙述为:泊松分布的卷积仍是泊松分布,并记为

$$P(\lambda_1)*P(\lambda_2)=P(\lambda_1+\lambda_2)$$

这里的卷积是指“寻求两个独立随机变量和的分布运算”. 显然这个性质可以推广到

有限个独立泊松分布和的分布上去,即

$$P(\lambda_1)*P(\lambda_2)*\cdots*P(\lambda_n)=P(\lambda_1+\lambda_2+\cdots+\lambda_n)$$

(2) 本例说明,若 X、Y 相互独立,且 $X\sim P(\lambda_1)$,$Y\sim P(\lambda_2)$,则 $X+Y\sim P(\lambda_1+\lambda_2)$,这种性质称为分布的可加性(今后我们称性质"同类分布的独立随机变量和的分布仍属于此类分布"为此类分布具有可加性),泊松分布是一个可加性分布.类似地可以证明二项分布也是一个可加性分布,见下例.

***例 3.5.3** 若 X,Y 相互独立,且 $X\sim B(n,p)$,$Y\sim B(m,p)$,则 $Z=X+Y\sim B(n+m,p)$.

证明 显然,$Z=X+Y$ 可取 $0,1,2,\cdots,n+m$ 等 $n+m+1$ 个不同的值,利用离散场合的卷积公式,有

$$P(Z=k)=\sum_{i=0}^{k}P(X=i)P(Y=k-i)$$

由于 $X\sim B(n,p)$、$X\sim B(n,p)$,所以上式只需考虑 $0\leqslant i\leqslant n,0\leqslant k\text{-}i\leqslant m$,即 $i\leqslant n$ 且 $i\leqslant k;i\geqslant 0$,且 $i\geqslant k\text{-}m$,因此记

$$a=\max\{0,k-m\},\quad b=\min\{n,k\}$$

则

$$P(Z=k)=\sum_{i=a}^{b}P(X=i)P(Y=k-i)$$

$$\sum_{i=a}^{b}C_n^i p^i(1-p)^{n-i}\cdot C_m^{k-i}p^{k-i}(1-p)^{m-(k-i)}=p^k(1-p)^{n+m-k}\sum_{i=a}^{b}C_n^i\cdot C_m^{k-i}$$

利用超几何分布可以证明

$$\sum_{i=a}^{b}\frac{C_n^iC_m^{k-i}}{C_{n+m}^k}=1\quad(\text{或})\quad\sum_{i=a}^{b}C_n^iC_m^{k-i}=C_{n+m}^k$$

由此可得

$$P(Z=k)=C_{n+m}^k p^k(1-p)^{n+m-k},\quad k=0,1,2,\cdots,n+m$$

注 这表明 $Z=X+Y\sim B(n+m,p)$,即在参数 p 相同的情况下,二项分布的卷积仍是二项分布,即 $B(n,p)*B(m,p)=B(n+m,p)$.显然该性质可以推广到有限个场合,即

$$B(n_1,p)*B(n_2,p)*\cdots*B(n_k,p)=B(n_1+n_2+\cdots+n_k,p)$$

特别地,当 $n_1=n_2=\cdots=n_k=1$ 时,有

$$B(1,p)*B(1,p)*\cdots*B(1,p)=B(k,p)$$

这表明:如果 $X_1,X_2,\cdots,X_n$ 独立同分布于 $B(1,p)$(0—1 分布),则其和 $\sum\limits_{i=1}^{n}X_i\sim B(n,p)$.即 n 个相互独立的服从 0-1 分布的随机变量和的分布为二项分布 $B(n,p)$,或者说,服从二项分布 $B(n,p)$的随机变量可以分解为 n 个相互独立的服从 0-1 分布的随机变量的和.

***例 3.5.4** 设随机变量 X 与 Y 相互独立,且 $X\sim P(\lambda_1)$,$Y\sim P(\lambda_2)$.在已知 X

$+Y=n$ 的条件下,求 X 的条件分布.

解 因为独立泊松分布变量的和仍为泊松分布,即 $X+Y\sim P(\lambda_1+\lambda_2)$,所以

$$P(X=k|X+Y=n)=\frac{P(X=k,X+Y=n)}{P(X+Y=n)}=\frac{P(X=k,Y=n-k)}{P(X+Y=n)}=\frac{P(X=k)P(Y=n-k)}{P(X+Y=n)}$$

$$=\frac{\frac{\lambda_1^k}{k!}e^{-\lambda_1}\frac{\lambda_2^{n-k}}{(n-k)!}e^{-\lambda_2}}{\frac{(\lambda_1+\lambda_2)^n}{n!}e^{-\lambda_1-\lambda_2}}=\frac{n!}{k!\ (n-k)!}\frac{\lambda_1^k\lambda_2^{n-k}}{(\lambda_1+\lambda_2)^n}$$

$$=C_n^k\left(\frac{\lambda_1}{\lambda_1+\lambda_2}\right)^k\left(1-\frac{\lambda_1}{\lambda_1+\lambda_2}\right)^{n-k},\quad k=0,1,2,\cdots,n$$

即在 $X+Y=n$ 的条件下,X 服从二项分布 $B(n,p)$,其中 $p=\frac{\lambda_1}{\lambda_1+\lambda_2}$.

3.5.2 两个连续型随机变量的函数的分布

设(X,Y)为二维连续型随机变量,若其函数 $Z=\varphi(X,Y)$仍然是连续型随机变量,则存在概率密度 $f_Z(z)$. 求概率密度 $f_Z(z)$的一般方法如下.

首先求出 $Z=\varphi(X,Y)$的分布函数.

$$F_Z(z)=P(Z\leqslant z)=P(\varphi(X,Y)\leqslant z)=P((X,Y)\in G)=\iint_G f(u,v)\mathrm{d}u\mathrm{d}v$$

式中:$f(x,y)$ 是概率密度;$G=\{(x,y)\mid\varphi(x,y)\leqslant z\}$.

其次是利用分布函数与概率密度的关系,对分布函数求导,就可得到概率密度 $f_Z(z)$. 下面讨论几个具体的随机变量函数的分布.

1. $Z=X+Y$ 的分布

设(X,Y) 的概率密度为 $f(x,y)$,则 $Z=X+Y$ 的分布函数为

$$F_Z(z)=P\{Z\leqslant z\}=\iint_{x+y\leqslant z} f(x,y)\mathrm{d}x\mathrm{d}y$$

这里积分区域 $G:x+y\leqslant z$ 是直线 $x+y=z$ 左下方的半平面,如图 3-5 所示. 化成累次积分得

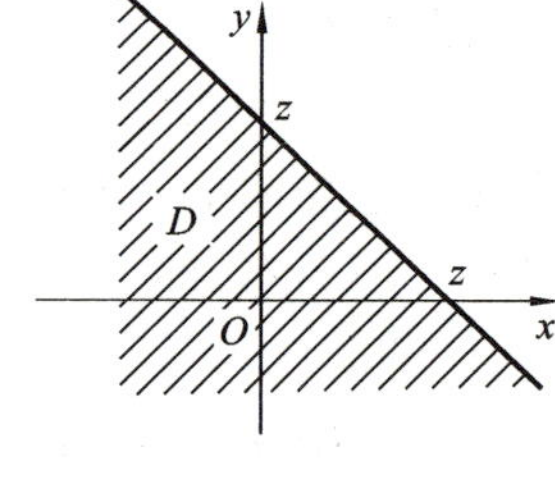

图 3-5

$$F_Z(z)=\int_{-\infty}^{+\infty}\left[\int_{-\infty}^{z-y}f(x,y)\mathrm{d}x\right]\mathrm{d}y$$

固定 z 和 y,对积分$\int_{-\infty}^{z-y}f(x,y)\mathrm{d}x$ 作变量变换,令 $x=u-y$,得

$$\int_{-\infty}^{z-y}f(x,y)\mathrm{d}x=\int_{-\infty}^{z}f(u-y,y)\mathrm{d}u$$

于是 $$F_Z(z)=\int_{-\infty}^{+\infty}\int_{-\infty}^{z}f(u-y,y)\mathrm{d}u\mathrm{d}y=\int_{-\infty}^{z}\left[\int_{-\infty}^{+\infty}f(u-y,y)\mathrm{d}y\right]\mathrm{d}u$$

由概率密度的定义，即得 Z 的概率密度为

$$f_Z(z)=\int_{-\infty}^{+\infty} f(z-y,y)\mathrm{d}y \tag{3.32}$$

由 X、Y 的对称性，$f_Z(z)$ 又可写成

$$f_Z(z)=\int_{-\infty}^{+\infty} f(x,z-x)\mathrm{d}x \tag{3.33}$$

这样，我们得到了两个随机变量和的概率密度的一般公式.

特别地，当 X 和 Y 相互独立时，设 (X,Y) 关于 X、Y 的边缘概率密度分别为 $f_X(x)$、$f_Y(y)$，则有

$$f_Z(z)=\int_{-\infty}^{+\infty} f_X(z-y)f_Y(y)\mathrm{d}y \tag{3.34}$$

$$f_Z(z)=\int_{-\infty}^{+\infty} f_X(x)f_Y(z-x)\mathrm{d}x \tag{3.35}$$

这两个公式称为卷积(convolution)公式，记为 $f_X * f_Y$，即

$$f_X * f_Y=\int_{-\infty}^{+\infty} f_X(z-y)f_Y(y)\mathrm{d}y=\int_{-\infty}^{+\infty} f_X(x)f_Y(z-x)\mathrm{d}x$$

例 3.5.5　两台同样的自动记录仪，每台无故障工作时间服从参数为 5 的指数分布，首先开动其中一台，当其发生故障时停用而另一台自行开动，试求两台记录仪无故障工作的总时间 Z 的概率密度函数 $f_Z(z)$.

解　设第一台和第二台无故障工作时间分别为 X 和 Y，它们是两个相互独立的随机变量，且它们的分布密度均为

$$f_X(x)=\begin{cases}5\mathrm{e}^{-5x} & x>0\\ 0 & x\leqslant 0\end{cases},\quad f_Y(y)=\begin{cases}5\mathrm{e}^{-5y} & y>0\\ 0 & y\leqslant 0\end{cases}$$

而 $Z=X+Y$，由式(3.35)知 Z 的概率密度函数 $f_Z(z)$ 为

$$f_Z(z)=\int_{-\infty}^{+\infty} f_X(x)f_Y(z-x)\mathrm{d}x$$

由于

$$f_Y(z-x)=\begin{cases}5\mathrm{e}^{-5(z-x)} & z-x>0\\ 0 & z-x\leqslant 0\end{cases}$$

所以

$$f_X(x)\cdot f_Y(z-x)=\begin{cases}5\mathrm{e}^{-5x}5\mathrm{e}^{-5(z-x)}, & x>0,z-x>0\\ 0 & z-x\leqslant 0\end{cases}$$

$$=\begin{cases}25\mathrm{e}^{-5z} & z>x>0\\ 0 & \text{其他}\end{cases}$$

所以两台记录仪无故障工作的总时间 Z 的密度函数 $f_Z(z)$ 为

$$f_Z(z)=\int_{-\infty}^{+\infty} f_X(x)f_Y(z-x)\mathrm{d}x=\begin{cases}\int_0^z 25\mathrm{e}^{-5z}\mathrm{d}x=25z\mathrm{e}^{-5z} & z>0\\ 0 & z\leqslant 0\end{cases}$$

***例 3.5.6(正态分布的可加性)**　设 X、Y 是两个相互独立的随机变量，它们都

服从 $N(0,1)$ 分布，求 $Z=X+Y$ 的概率密度.

解 X、Y 的概率密度分别为

$$f_X(x)=\frac{1}{\sqrt{2\pi}}\mathrm{e}^{-\frac{x^2}{2}} \quad (-\infty<x<+\infty)$$

$$f_Y(y)=\frac{1}{\sqrt{2\pi}}\mathrm{e}^{-\frac{y^2}{2}} \quad (-\infty<y<+\infty)$$

由卷积公式得

$$f_Z(z)=\int_{-\infty}^{+\infty}f_X(x)f_Y(z-x)\mathrm{d}x=\frac{1}{2\pi}\int_{-\infty}^{+\infty}\mathrm{e}^{-\frac{x^2}{2}}\cdot\mathrm{e}^{-\frac{(z-x)^2}{2}}\mathrm{d}x=\frac{1}{2\pi}\mathrm{e}^{-\frac{z^2}{4}}\int_{-\infty}^{+\infty}\mathrm{e}^{-\left(x-\frac{z}{2}\right)^2}\mathrm{d}x$$

$$\xlongequal{t=x-\frac{z}{2}}\frac{1}{2\pi}\mathrm{e}^{-\frac{z^2}{4}}\int_{-\infty}^{+\infty}\mathrm{e}^{-t^2}\mathrm{d}t=\frac{1}{2\sqrt{\pi}}\mathrm{e}^{-\frac{z^2}{4}}=\frac{1}{\sqrt{2\pi}\sqrt{2}}\mathrm{e}^{-\frac{z^2}{2(\sqrt{2})^2}}$$

可见，$Z=X+Y$ 服从 $N(0,2)$.

注 一般情况下设 X、Y 相互独立且 $X\sim N(\mu_1,\sigma_1^2)$，$Y\sim N(\mu^2,\sigma_2^2)$，由式(3.35)经过计算知 $Z=X+Y$ 仍然服从正态分布[17]，且有 $Z\sim N(\mu_1+\mu_2,\sigma_1^2+\sigma_2^2)$. 这个结论还能推广到 n 个独立正态随机变量之和的情况，即若 $X_i\sim N(\mu_i,\sigma_i^2)(i=1,2,\cdots,n)$，且它们相互独立，则它们的和 $Z=X_1+X_2+\cdots+X_n$ 仍然服从正态分布，且有 $Z\sim N\left(\sum_{i=1}^{n}\mu_i,\sum\sigma_i^2\right)$.

我们知道，若随机变量 $X\sim N(\mu,\sigma^2)$，则对任意非零实数 a，有 $aX\sim N(a\mu,a^2\sigma^2)$，由此可得更一般的结论，即有限个相互独立的正态随机变量的线性组合仍服从正态分布，即

$$a_1X_1+a_2X_2+\cdots+a_nX_n\sim N\left(\sum_{i=1}^{n}a_i\mu_i,\sum_{i=1}^{n}a_i^2\sigma_i^2\right)$$

***例 3.5.7(伽马分布的可加性)** 设随机变量 $X\sim Ga(\alpha_1,\lambda)$，$Y\sim Ga(\alpha_2,\lambda)$，且 X 与 Y 独立，证明 $Z=X+Y\sim Ga(\alpha_1+\alpha_2,\lambda)$.

证明 由于

$$f_X(x)=\begin{cases}\dfrac{\lambda^{\alpha_1}}{\Gamma(\alpha_1)}x^{\alpha_1-1}\mathrm{e}^{-\lambda x} & x\geqslant 0\\ 0 & x<0\end{cases}$$

$$f_Y(y)=\begin{cases}\dfrac{\lambda^{\alpha_2}}{\Gamma(\alpha_2)}y^{\alpha_2-1}\mathrm{e}^{-\lambda y} & y\geqslant 0\\ 0 & y<0\end{cases}$$

---

[17] 若 X、Y 仅服从正态分布并不独立，X+Y 不一定服从正态分布. 若 X、Y 相互独立且服从正态分布，则 X+Y 服从正态分布.

$$f_X(z-y)=\begin{cases}\dfrac{\lambda^{\alpha_1}}{\Gamma(\alpha_1)}(z-y)^{\alpha_1-1}\mathrm{e}^{-\lambda(z-y)} & z-y\geqslant 0\\ 0 & z-y<0\end{cases}$$

所以

$$f_X(z-y)f_Y(y)=\begin{cases}\dfrac{\lambda^{\alpha_1+\alpha_2}}{\Gamma(\alpha_1)\Gamma(\alpha_2)}(z-y)^{\alpha_1-1}\mathrm{e}^{-\lambda(z-y)}y^{\alpha_2-1}\mathrm{e}^{-\lambda y} & z\geqslant y\geqslant 0\\ 0 & \text{其他}\end{cases}$$

从而当 $z<0$ 时，$Z=X+Y$ 的密度函数 $f_Z(z)=0$，而当 $z\geqslant 0$ 时，有

$$f_Z(z)=\int_{-\infty}^{+\infty}f_X(z-y)f_Y(y)\mathrm{d}y=\frac{\lambda^{\alpha_1+\alpha_2}}{\Gamma(\alpha_1)\Gamma(\alpha_2)}\int_0^z(z-y)^{\alpha_1-1}\mathrm{e}^{-\lambda(z-y)}y^{\alpha_2-1}\mathrm{e}^{-\lambda y}\mathrm{d}y$$

$$=\frac{\lambda^{\alpha_1+\alpha_2}\mathrm{e}^{-\lambda z}}{\Gamma(\alpha_1)\Gamma(\alpha_2)}\int_0^z(z-y)^{\alpha_1-1}y^{\alpha_2-1}\mathrm{d}y$$

令 $y=zt$，则继续简化为

$$f_Z(z)=\frac{\lambda^{\alpha_1+\alpha_2}\mathrm{e}^{-\lambda z}}{\Gamma(\alpha_1)\Gamma(\alpha_2)}z^{\alpha_1+\alpha_2-1}\int_0^1(1-t)^{\alpha_1-1}t^{\alpha_2-1}\mathrm{d}t$$

最后的积分为贝塔函数，且$\int_0^1(1-t)^{\alpha_1-1}t^{\alpha_2-1}\mathrm{d}t=\dfrac{\Gamma(\alpha_1)\Gamma(\alpha_2)}{\Gamma(\alpha_1+\alpha_2)}$，带入上式可得

$$f_Z(z)=\frac{\lambda^{\alpha_1+\alpha_2}}{\Gamma(\alpha_1+\alpha_2)}z^{\alpha_1+\alpha_2-1}\mathrm{e}^{-\lambda z}$$

而这正是形状参数为$\alpha_1+\alpha_2$、尺度参数为 λ 的伽马分布.

这个结论表明，两个尺度参数相同的独立的伽马变量之和仍为伽马变量，其尺度参数不变，而形状参数相加，即

$$Ga(\alpha_1,\lambda)*Ga(\alpha_2,\lambda)=Ga(\alpha_1+\alpha_2,\lambda)$$

显然该结论可以推广到有限个尺度参数相同的独立伽马变量之上.

另外，由第 2 章我们知道，伽马分布有两个常用的特例：指数分布和卡方分布，即

$$E(\lambda)=Ga(1,\lambda),\quad \chi^2(n)=Ga\left(\frac{n}{2},\frac{1}{2}\right)$$

从而又可以得到另外两个结论.

(1) m 个独立同分布的指数变量之和为伽马变量，即

$$\underbrace{E(\lambda)*E(\lambda)*\cdots*E(\lambda)}_{m\text{个}}=Ga(m,\lambda)$$

或者表述成：若 $X_i\sim(\lambda),i=1,2,\cdots,m$，$X_i$ 间相互独立，则$\sum\limits_{i=1}^m X_i\sim Ga(m,\lambda)$.

(2) m 个独立的 χ^2 变量之和为卡方变量(χ^2 分布的可加性)，即

$$\chi^2(n_1)*\chi^2(n_2)*\cdots*\chi^2(n_m)=Ga\left(\frac{n_1}{2},\frac{1}{2}\right)*Ga\left(\frac{n_2}{2},\frac{1}{2}\right)*\cdots*Ga\left(\frac{n_m}{2},\frac{1}{2}\right)$$

$$=Ga\left(\frac{n_1}{2}+\frac{n_2}{2}+\cdots+\frac{n_m}{2},\frac{1}{2}\right)=\chi^2(n_1+n_2\cdots+n_m)$$

或者表述成:若 $\chi_i^2\sim\chi^2(n_i)$, $i=1,2,\cdots,m$, χ_i^2 间相互独立,则 $\sum_{i=1}^{m}\chi_i^2\sim\chi^2(n_1+n_2\cdots+n_m)$.

*2. $Z=X/Y$ 的分布

设(X,Y)的概率密度为 $f(x,y)$,则 $Z=X/Y$ 的分布函数为

$$F_Z(z)=P\{Z\leqslant z\}=P\{X/Y\leqslant z\}=\iint_{x/y\leqslant z}f(x,y)\mathrm{d}x\mathrm{d}y$$

令 $u=y, v=x/y$,即 $x=uv, y=u$. 这一变换的雅可比(Jacobi)行列式为

$$J=\begin{vmatrix}v & u\\ 1 & 0\end{vmatrix}=-u$$

于是,代入上式得

$$F_Z(z)=\iint_{v\leqslant z}f(uv,u)\ |J|\,\mathrm{d}u\mathrm{d}v=\int_{-\infty}^{z}\left[\int_{-\infty}^{+\infty}f(uv,u)\ |u|\,\mathrm{d}u\right]\mathrm{d}v$$

这就是说,随机变量 Z 的概率密度为

$$f_Z(z)=\int_{-\infty}^{+\infty}f(zu,u)\ |u|\,\mathrm{d}u \tag{3.36}$$

特别地,当 X 和 Y 相互独立时,有

$$f_Z(z)=\int_{-\infty}^{+\infty}f_X(zu)\ f_Y(u)\,|u|\,\mathrm{d}u \tag{3.37}$$

式中:$f_X(x)$、$f_Y(y)$分别为(X,Y)关于 X 和关于 Y 的边缘概率密度.

***例 3.5.8** 设 X 和 Y 相互独立,均服从 $N(0,1)$分布,求 $Z=X/Y$ 的概率密度 $f_Z(z)$.

解 由式(3.37)有

$$f_Z(z)=\int_{-\infty}^{+\infty}f_X(zu)f_Y(u)\ |\ u\ |\ \mathrm{d}u=\frac{1}{2\pi}\int_{-\infty}^{+\infty}\mathrm{e}^{-\frac{u^2(1+z^2)}{2}}\ |\ u\ |\ \mathrm{d}u$$

$$=\frac{1}{\pi}\int_{0}^{+\infty}u\mathrm{e}^{-\frac{u^2(1+z^2)}{2}}\mathrm{d}u=\frac{1}{\pi(1+z^2)}\quad(-\infty<z<+\infty)$$

*3. $Z=XY$(积)的分布

设随机变量(X,Y)的概率密度为 $f(x,y)$,则 $Z=XY$ 的分布函数为

$$F_Z(z)=P(Z\leqslant z)=P(XY\leqslant z)=\iint_{xy\leqslant z}f(x,y)\mathrm{d}x\mathrm{d}y$$

令 $xy=u, y=v$,即有

$$x=\frac{u}{y}=\frac{u}{v},\quad y=v$$

$$J=\begin{vmatrix}\dfrac{\partial x}{\partial u} & \dfrac{\partial x}{\partial v}\\ \dfrac{\partial y}{\partial u} & \dfrac{\partial y}{\partial v}\end{vmatrix}=\begin{vmatrix}\dfrac{1}{v} & -\dfrac{u}{v^2}\\ 0 & 1\end{vmatrix}=\frac{1}{v}$$

从而

$$F_Z(z)=\iint\limits_{u\leqslant z}\frac{1}{|v|}f\left(\frac{u}{v},v\right)\mathrm{d}u\mathrm{d}v=\int_{-\infty}^{z}\left(\int_{-\infty}^{+\infty}\frac{1}{|v|}f\left(\frac{u}{v},v\right)\mathrm{d}v\right)\mathrm{d}u$$

所以

$$f_Z(z)=(F_Z(z))'=\int_{-\infty}^{+\infty}\frac{1}{|v|}f\left(\frac{z}{v},v\right)\mathrm{d}v$$

或写成(将积分变量 v 改写成 y)

$$f_Z(z)=\int_{-\infty}^{+\infty}\frac{1}{|y|}f\left(\frac{z}{y},y\right)\mathrm{d}y$$

同理可得(变换为关于变量 x 的积分)

$$f_Z(z)=\int_{-\infty}^{+\infty}\frac{1}{|x|}f\left(x,\frac{z}{x}\right)\mathrm{d}x$$

3.5.3 最大值与最小值的分布

1. $Z_1=\max(X,Y)$，$Z_2=\min(X,Y)$ 的分布

设 X、Y 是两个相互独立的随机变量，它们的分布函数分别为 $F_X(x)$ 与 $F_Y(y)$，求 $Z_1=\max(X,Y)$ 及 $Z_2=\min(X,Y)$ 的分布函数.

对于任意的实数 z，由于

$$\{Z_1\leqslant z\}=\{\max(X,Y)\leqslant z\}=\{(X\leqslant z)\cap(Y\leqslant z)\}$$

又由于 X 和 Y 相互独立，于是得到 $Z_1=\max(X,Y)$ 的分布函数为

$$F_{\max}(z)=P(Z_1\leqslant z)=P((X\leqslant z)\cap(Y\leqslant z))=P(X\leqslant z)P(Y\leqslant z)=F_X(z)F_Y(z)$$

类似地，可得 $Z_2=\min(X,Y)$ 的分布函数为

$$\begin{aligned}F_{\min}(z)&=P(Z_2\leqslant z)=P(\min(X,Y)\leqslant z)=1-P(\min(X,Y)>z)\\&=1-P(X>z)P(Y>z)=1-[1-P(X\leqslant z)][1-P(Y\leqslant z)]\\&=1-[1-F_X(z)][1-F_Y(z)]\end{aligned}$$

2. $Z_1=\max(X_1,X_2,\cdots,X_n)$ 的分布和 $Z_2=\min(X_1,X_2,\cdots,X_n)$ 的分布

下面进行推广.

设 $X_1,\cdots,X_n$ 是 n 个相互独立的随机变量，它们的分布函数分别为 $F_{X_I}(x_i)$ $(i=0,1,\cdots,n)$，用与二维时类似的方法，可得

$Z_1=\max(X_1,\cdots,X_n)$ 的分布函数为

$$F_{\max}(z)=F_{X_1}(z)\cdots F_{X_n}(z)\tag{3.38}$$

$Z_2=\min(X_1,\cdots,X_n)$的分布函数为

$$F_{\min}(z)=1-[1-F_{X_1}(z)]\cdots[1-F_{X_n}(z)] \tag{3.39}$$

特别,当 $X_1,\cdots,X_n$ 为相互独立且具有相同分布函数 $F(x)$时,有

$$F_{\max}(z)=[F(z)]^n \tag{3.40}$$

$$F_{\min}(z)=1-[1-F(z)]^n \tag{3.41}$$

若 $X_1,\cdots,X_n$ 是连续型随机变量,在求得 $Z_1=\max(X_1,\cdots,X_n)$和 $Z_2=\min(X_1,\cdots,X_n)$的分布函数后,不难求得 Z_1 和 Z_2 的概率密度.

例 3.5.9 设随机变量 X 与 Y 独立同分布,且 $X\sim\begin{pmatrix}0 & 1\\ 0.5 & 0.5\end{pmatrix}$,试求 $Z=\min(X,Y)$的分布律.

解 由于 X 与 Y 独立同分布,故可得(X,Y)的联合分布律为

X \ Y	0	1	$p_{i\cdot}$
0	0.25	0.25	0.5
1	0.25	0.25	0.5
$p_{\cdot j}$	0.5	0.5	1

由此可得

(X,Y)	$(0,0)$	$(0,1)$	$(1,0)$	$(1,1)$
P	0.25	0.25	0.25	0.25
$Z=\min(X,Y)$	0	0	0	1

所以

$$Z\sim\begin{pmatrix}0 & 1\\ 0.75 & 0.25\end{pmatrix}$$

例 3.5.10 设 X、Y 相互独立,且都服从参数为 1 的指数分布,求 $Z=\max(X,Y)$的概率密度.

解 设 X,Y 的分布函数分别为 $F_X(x)$和 $F_Y(y)$,即有

$$F_X(x)=\begin{cases}1-e^{-x} & x>0\\ 0 & x\leqslant 0\end{cases},\quad F_Y(y)=\begin{cases}1-e^{-y} & y>0\\ 0 & y\leqslant 0\end{cases}$$

由于 Z 的分布函数为

$$\begin{aligned}F_Z(z)&=P\{Z\leqslant z\}=P\{X\leqslant z,Y\leqslant z\}=P\{X\leqslant z\}P\{Y\leqslant z\}\\&=F_X(z)\cdot F_Y(z)=\begin{cases}(1-e^{-z})^2 & z>0\\ 0 & z\leqslant 0\end{cases}\end{aligned}$$

所以,Z 的密度函数为

$$f_Z(z)=F'_Z(z)=\begin{cases}2e^{-z}(1-e^{-z}) & z>0\\ 0 & z\leqslant 0\end{cases}$$

*3.5.4 有关求随机变量函数分布的其他情形

前面已经介绍了几种比较特殊的随机变量函数分布，实际中的函数类型更多，此时需要根据不同情形采用不同的方法.

1. 若 X,Y 均为连续型随机变量，求一般函数 $Z=g(X,Y)$ 的分布

例 3.5.11 设(X,Y)的概率密度函数为 $f(x,y)=\begin{cases} e^{-(x+y)} & x>0,y>0 \\ 0 & \text{其他} \end{cases}$，求随机变量 $Z=2X+Y$ 的密度函数.

解 由 $f(x,y)$可知随机点只能落入第一象限，所以当 $Z<0$ 时，$\{2X+Y\leqslant z\}$是不可能事件，故 $F_Z(z)=P(2X+Y\leqslant Z)=0$.

当 $Z\geqslant 0$ 时，

$$F_Z(z)=P(2X+Y\leqslant z)=\iint_{2x+y\leqslant z} f(x,y)\mathrm{d}x\mathrm{d}y$$

$$=\int_0^{\frac{z}{2}}\mathrm{d}x\int_0^{z-2x}e^{-x-y}\mathrm{d}y=\int_0^{\frac{z}{2}}e^{-x}\left(-e^{-y}\Big|_0^{z-2x}\right)\mathrm{d}x=(1-e^{-\frac{z}{2}})^2$$

因此，Z 的分布函数为 $F_Z(z)=\begin{cases}(1-e^{-\frac{z}{2}})^2 & z\geqslant 0\\ 0 & z<0\end{cases}$.

Z 的概率密度函数为 $f_Z(z)=F'_Z(z)=\begin{cases}e^{-\frac{z}{2}}(1-e^{-\frac{z}{2}}) & z\geqslant 0\\ 0 & z<0\end{cases}$.

注 求 $Z=X+Y$ 的概率密度可直接套用公式[18]，但若求 $Z=aX+bY$ 则没有公式，只能利用分布函数法具体求解.

2. 若 X 为离散型随机变量，Y 为连续型随机变量，求 $Z=g(X,Y)$ 的分布

例 3.5.12 设随机变量 X 的分布律为 $X\sim\begin{pmatrix}-1 & 0 & 1\\ \frac{1}{4} & \frac{1}{4} & \frac{1}{2}\end{pmatrix}$，随机变量 Y 的密度函数为 $f_Y(y)=\begin{cases}2y & 0<y<1\\ 0 & \text{其他}\end{cases}$，$X$ 与 Y 相互独立，求 $Z=X+Y$ 的分布函数.

解 $Z=X+Y$ 的分布函数为

$$\begin{aligned}F_Z(z)&=P(X+Y\leqslant z)\\&=P(Y\leqslant z-X,X=-1)+P(Y\leqslant z-X,X=0)+P(Y\leqslant z-X,X=1)\\&=P(Y\leqslant z+1)P(X=-1)+P(Y\leqslant z)P(X=0)+P(Y\leqslant z-1)P(X=1)\end{aligned}$$

---

[18] 一般函数的计算，不能直接套用公式，因此，应学会一般解题思维方式，不要死记公式，当遇到困难时，要积极思考.

$$=\frac{1}{4}P(Y\leqslant z+1)+\frac{1}{4}P(Y\leqslant z)+\frac{1}{2}P(Y\leqslant z-1)$$

(1) 当 $z<-1(z+1<0)$时，$F_Z(z)=0$；

(2) 当$-1\leqslant z<0(0\leqslant z+1<1)$时，$F_Z(z)=\frac{1}{4}P(Y\leqslant z+1)=\frac{1}{4}\int_0^{1+z}2y\mathrm{d}y$ $=\frac{(z+1)^2}{4}$.

(3) 当 $0\leqslant z<1$ 时，$F_Z(z)=\frac{1}{4}\times 1+\frac{1}{4}P(Y\leqslant z)=\frac{1}{4}+\frac{1}{4}\int_0^z 2y\mathrm{d}y=\frac{1}{4}+\frac{z^2}{4}$.

(4) 当 $1\leqslant z<2(0\leqslant z-1<1)$时，$F_Z(z)=\frac{1}{4}+\frac{1}{4}+\frac{1}{2}\int_0^{z-1}2y\mathrm{d}y=\frac{1}{2}+\frac{(z-1)^2}{2}$.

(5) 当 $z\geqslant 2(1\leqslant z-1)$时，$F_Z(z)=1$.

故 Z 的分布函数为：$F_Z(z)=\begin{cases}0 & z<-1\\ \frac{(z+1)^2}{4} & -1\leqslant z<0\\ \frac{1}{4}+\frac{z^2}{4} & 0\leqslant z<1\\ \frac{1}{2}+\frac{(z-1)^2}{2} & 1\leqslant z<2\\ 1 & z\geqslant 2\end{cases}$.

注 若 X 为离散型随机变量，Y 为连续型随机变量，则一般对离散型随机变量 X 的各种可能取值利用全概率公式将它们展开，即有

$$F_Z(z)=P(Z\leqslant z)=P(g(X,Y)\leqslant z)=P(g(X,Y)\leqslant z\cap\{X=x_1\cup x_2\cup\cdots\cup x_i\cup\cdots\})$$
$$=\sum_i P(\{g(X,Y)\leqslant z\}\cap\{X=x_i\})$$
$$=\sum_i P(X=x_i)P(g(X,Y)\leqslant z\mid X=x_i)$$

习 题 3.5

(一) 基础练习题

1. 设随机变量(X,Y)的分布律为

Y \ X	0	1	2	3	4	5
0	0	0.01	0.03	0.05	0.07	0.09
1	0.01	0.02	0.04	0.05	0.06	0.08
2	0.01	0.03	0.05	0.05	0.05	0.06
3	0.01	0.02	0.04	0.06	0.06	0.05

(1) 求 $P(X=2|Y=2)$，$P(Y=3|X=0)$；(2) 求 $V=\max(X,Y)$ 的分布律；

(3) 求 $U=\min(X,Y)$ 的分布律；(4) 求 $W=X+Y$ 的分布律.

2. 设 X,Y 相互独立，分别在 $[0,1]$ 区间上服从均匀分布，求随机变量 $Z=X+Y$ 的分布密度.

3. 设 X 和 Y 是两个相互独立的随机变量，其概率密度分别为

$$f_X(x)=\begin{cases}1 & 0\leqslant x\leqslant 1\\ 0 & \text{其他}\end{cases},\quad f_Y(y)=\begin{cases}e^{-y} & y>0\\ 0 & \text{其他}\end{cases}$$

求随机变量 $Z=X+Y$ 的分布密度.

4. 设随机变量 (X,Y) 的联合密度函数为 $f(x,y)=\begin{cases}x+y & 0<x<1,0<y<1\\ 0 & \text{其他}\end{cases}$，求随机变量 $Z=X+Y$ 的概率密度.

5.(1995.1) 设 X 和 Y 为两个随机变量，且 $P(X\geqslant 0,Y\geqslant 0)=\dfrac{3}{7}$，$P(X\geqslant 0)=P(Y\geqslant 0)=\dfrac{4}{7}$，则 $P(\max(X,Y)\geqslant 0)=$______.

6.(2008.1) 设随机变量 X、Y 独立同分布且 X 的分布函数为 $F(x)$，则 $Z=\max\{X,Y\}$ 的分布函数为(　　).

A. $F^2(x)$　B. $F(x)F(y)$　C. $1-[1-F(x)]^2$　D. $[1-F(x)][1-F(y)]$

7. 设某种型号的电子元件的寿命(单位：h)近似服从 $N(150,10^2)$ 分布，随机的选取 4 只，求其中没有一只寿命小于 160 h 的概率.

8. 雷达的圆形屏幕半径为 R，设目标出现点 (X,Y) 在屏幕上服从均匀分布.

(1) 求 $P(Y>0|Y>X)$；(2) 设 $M=\max\{X,Y\}$，求 $P(M>0)$.

(二) 提高练习题

1. 设 X、Y 是相互独立的随机变量，其分布律分别为

$$P(X=k)=p(k),k=0,1,2,\cdots$$
$$P(Y=r)=q(r),r=0,1,2,\cdots$$

证明随机变量 $Z=X+Y$ 的分布律为 $P(Z=i)=\sum\limits_{k=0}^{i}p(k)q(i-k)$，$i=0,1,2,\cdots$.

2. 设 (X,Y) 的概率密度函数为 $f(x,y)=\begin{cases}e^{-(x+y)} & x>0,y>0\\ 0 & \text{其他}\end{cases}$，求随机变量 $Z=2X+Y$ 的分布密度.

3. 设二维随机变量 (X,Y) 在区域 D 上服从均匀分布，其中区域 D 由 $y=2x$，

$x=1$ 及 x 轴围成，求 $Z=2X-Y$ 的密度函数.

4.（2023.1）设二维随机变量(X,Y)的概率密度为

$$f(x,y)=\begin{cases}\frac{2}{\pi}(x^2+y^2) & x^2+y^2\leqslant 1\\ 0 & \text{其他}\end{cases}$$

求 $Z=X^2+Y^2$ 的概率密度.

5. 设 X、Y 分别表示两只不同型号的灯泡的寿命，X、Y 相互独立，它们的概率密度依次为

$$f(x)=\begin{cases}e^{-x} & x>0\\ 0 & \text{其他}\end{cases},\quad g(y)=\begin{cases}2e^{-2y} & y>0\\ 0 & \text{其他}\end{cases}$$

求 $Z=X/Y$ 的概率密度函数.

6. 设 X 和 Y 分别表示两个不同电子器件的寿命（以小时计），并设 X 和 Y 相互独立，且服从同一分布，其概率密度为

$$f(x)=\begin{cases}\frac{1000}{x^2} & x>1000\\ 0 & \text{其他}\end{cases}$$

求 $Z=X/Y$ 的概率密度.

7. 设随机变量 X、Y 相互独立，且 $X\sim B\left(1,\frac{1}{2}\right)$，$Y\sim E(1)$，求 $P(Y-X>1)$.

8.（2009.3）设随机变量 X 与 Y 相互独立，且 X 服从标准正态分布 $N(0,1)$，Y 的概率分布为 $P(Y=0)=P(Y=1)=\frac{1}{2}$，记 $F_Z(z)$ 为随机变量 $Z=XY$ 的分布函数，则函数 $F_Z(z)$ 的间断点个数为(　　).

A. 0　　　B. 1　　　C. 2　　　D. 3

9.（2008.3）设随机变量 X 与 Y 相互独立，X 的概率分布为 $P(X=i)=\frac{1}{3}(i=-1,0,1)$，$\gamma$ 的概率密度为 $f_Y(y)=\begin{cases}1 & 0\leqslant y\leqslant 1\\ 0 & \text{其他}\end{cases}$，记 $Z=X+Y$：

（Ⅰ）求 $P\left(Z\leqslant\frac{1}{2}\middle|X=0\right)$；（Ⅱ）求 Z 的概率密度 $f_Z(z)$.

10.（2016.3）设二维随机变量(X,Y)在区域 $D=\{(x,y)\mid 0<x<1,x^2<y<\sqrt{x}\}$ 上服从均匀分布，令 $U-\begin{cases}1 & X\leqslant Y\\ 0 & X>Y\end{cases}$.（Ⅰ）写出$(X,Y)$的概率密度；（Ⅱ）问 U 与 X 是否相互独立？并说明理由；（Ⅲ）求 $Z=U+X$ 的分布函数 $F(z)$.

11. 设随机变量 X 与 Y 相互独立，X 的密度函数为 $f_X(x)=\begin{cases}2x & 0<x<1\\ 0 & \text{其他}\end{cases}$，$Y\sim B\left(1,\dfrac{1}{2}\right)$，求 $Z=\max\{X,Y\}$ 的分布函数 $F_Z(z)$，Z 是否为连续型随机变量？

综合练习 3

(一) 综合基础练习题

1. 填空题.

(1) 设(X,Y)为任一二维连续型随机变量，则 $P(X+Y=1)=$______.

(2) 设二维随机变量(X,Y)的概率密度为 $f(x,y)=\begin{cases}x+y & 0<x<1,0<y<1\\ 0 & \text{其他}\end{cases}$，则 $P(X+Y\leqslant 0)=$______.

(3) 设二维随机变量(X,Y)的概率密度为 $f(x,y)=\begin{cases}Ax & 0<x<1,0<y<x\\ 0 & \text{其他}\end{cases}$，则常数 $A=$______.

(4) 设二维随机变量$(X,Y)\sim N(\mu_1,\mu_2;\sigma_1^2,\sigma_2^2;\rho)$，则 X 与 Y 独立等价于______.

(5) 设随机向量(X,Y)的密度函数为 $f(x,y)=\begin{cases}1/2 & 0\leqslant x\leqslant 1,0\leqslant Y\leqslant 2\\ 0 & \text{其他}\end{cases}$，则 X、Y 中至少有一个小于 1/2 的概率为______.

2. 选择题.

(1) 若随机变量 $Y=2X_1-X_2$，$X_i\sim N(0,1)$，$i=1,2$，则(　　).

A. Y 不一定服从正态分布　　B. $Y\sim N(0,5)$

C. $Y\sim N(0,3)$　　D. $Y\sim N(0,1)$

(2) 设 X,Y 为两随机变量，且 $P(X\leqslant 1,Y\leqslant 1)=\dfrac{4}{9}$，$P(X\leqslant 1)=P(Y\leqslant 1)=\dfrac{2}{3}$，则 $P(\min(X,Y)\leqslant 1)=$(　　).

A. 4/9　　B. 2/3　　C. 8/9　　D. 1/9

3. 设(X,Y)的联合分布律为

Y \ X	1	2	3
−1	0.2	0.1	0
0	0.1	0	0.3
1	0.1	0.1	0.1

(1) 求 X 和 Y 的边缘分布律;(2) 求(X,Y)的分布函数 $F(1,1)$的值.

4. 设二维随机变量(X,Y)的联合分布律为

X \ Y	-1	0
0	$\frac{1}{3}$	$\frac{1}{4}$
1	$\frac{1}{4}$	$\frac{1}{6}$

试求:(1) (X,Y)关于 X 和关于 Y 的边缘分布律;(2) $P(X+Y=0)$.

5. 若二维随机变量(X,Y)中 X 与 Y 相互独立,其联合分布律为

Y \ X	1	2	3
0	1/15	q	1/5
1	p	1/5	3/10

(1) 求 p、q;(2) 求 X 与 Y 的边缘分布律.

6. 设二维随机变量(X,Y)概率密度为

$$f(x,y)=\begin{cases}6xy^2 & 0<x<1,0<y<1\\ 0 & \text{其他}\end{cases}$$

(1) 求边缘概率密度 $f_X(x)$、$f_Y(y)$;(2) X 与 Y 是否相互独立,为什么 ?

7. 设随机变量(X,Y)的联合概率密度为

$$f(x,y)=\begin{cases}2\mathrm{e}^{-(2x+y)} & x>0,y>0\\ 0 & \text{其他}\end{cases}$$

(1) 判断 X 与 Y 是否相互独立; (2) 求 $P(X\leqslant 2|Y\leqslant 1)$.

8. 设(X,Y)服从域 D(见图 3-6)上的均匀分布,求关于 X 和关于 Y 的边缘分布律,并判断 X、Y 是否相互独立.

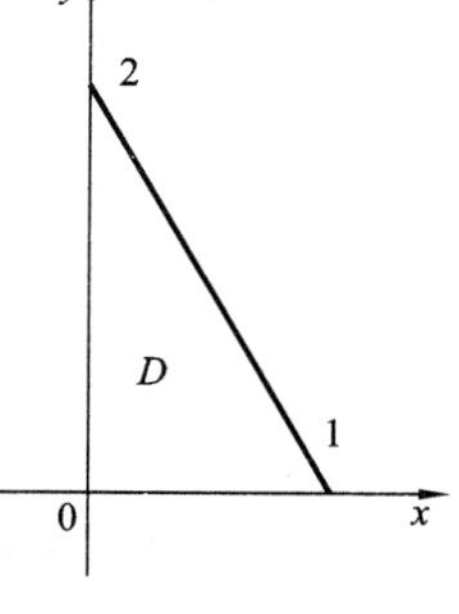

图 3-6

9. 设二维随机变量(X, Y)的概率密度为

$$f(x,y)=\begin{cases}2-x-y & 0<x<1,0<y<1\\ 0 & \text{其他}\end{cases}$$

(1) 求 $P(X>2Y)$;(2) 求 $Z=X+Y$ 的概率密度 $f_Z(z)$.

10. 设二维随机变量(X,Y)的概率密度为

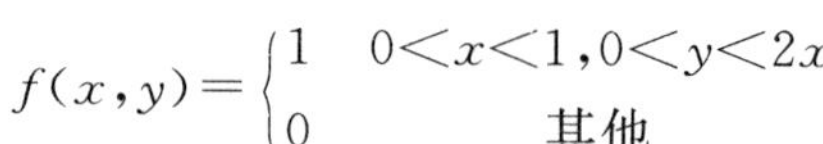

$$f(x,y)=\begin{cases}1 & 0<x<1,0<y<2x\\ 0 & \text{其他}\end{cases}$$

求:(1) (X,Y)的边缘概率密度 $f_X(x)$、$f_Y(y)$;(2) $Z=2X-Y$ 的概率密度$f_Z(z)$.

11. 设 X、Y 相互独立，且都服从 $N(0,\sigma^2)$，求 $Z=\sqrt{X^2+Y^2}$ 的概率密度.

12. 设 X、Y 是相互独立的随机变量，均服从几何分布，即 $P(X=k)=P(Y=k)=q^{k-1}p$，$0<p<1$，$p+q=1$，令 $Z=\max(X,Y)$，求 Z 的分布.

13. 随机变量 (X,Y) 在由 $x=0$，$y=0$，$x+y=1$ 所围成的区域上服从均匀分布，求：(1) X 和 Y 中较大者小于等于 1/3 的概率；(2) $Z=\min(X,Y)$ 的概率密度 $f_Z(z)$.

(二) 综合提高练习题

1. 选择题.

(1) 已知随机变量 X_1 与 X_2 具有相同的分布函数 $F(x)$，设 $X=X_1+X_2$ 的分布函数为 $G(x)$，则有(　　).

A. $G(2x)=2F(x)$　　B. $G(2x)=F(x)\cdot F(x)$

C. $G(2x)\leqslant 2F(x)$　　D. $G(2x)\geqslant 2F(x)$

(2) (2003.1) 设 X_1 和 X_2 是任意相互独立的连续型随机变量，它们的概率密度分别为 $f_1(x)$ 和 $f_2(x)$，分布函数分别为 $F_1(x)$ 和 $F_2(x)$，则(　　).

A. $f_1(x)+f_2(x)$ 必为某一随机变量的概率密度

B. $f_1(x)f_2(x)$ 必为某一随机变量的概率密度

C. $F_1(x)+F_2(x)$ 必为某一随机变量的分布函数

D. $F_1(x)F_2(x)$ 必为某一随机变量的分布函数

(3) 假设随机变量 X 与 Y 相互独立，X 服从参数为 λ 的指数分布，Y 的分布律为 $P(Y=-1)=P(Y=1)=\frac{1}{2}$，则 $X+Y$ 的分布函数(　　).

A. 是连续函数　　B. 恰有一个间断点的阶梯函数

C. 恰有一个间断点的非阶梯函数　　D. 至少有两个间断点

(4) 设随机变量 X_i 的分布函数分别为 $F_i(x)$，$i=1,2$. 如果 X_i 为离散型，则 $X_i\sim B(1,p_i)$，其中 $0<p_i<1$，$i=1,2$；如果 X_i 为连续型，则其概率密度函数为 $f_i(x)$，$i=1,2$，已知成立 $F_1(x)\leqslant F_2(x)$，则(　　).

A. $p_1\leqslant p_2$　　B. $p_1\geqslant p_2$　　C. $f_1(x)\leqslant f_2(x)$　　D. $f_1(x)\geqslant f_2(x)$

(5) 设随机变量 X 与 Y 相互独立且都服从参数为 λ 的指数分布，则可以作出服从参数为 2λ 的指数分布的随机变量为(　　).

A. $X+Y$　　B. $X-Y$　　C. $\max(X,Y)$　　D. $\min(X,Y)$

(6) 设随机变量 X 与 Y 相互独立同分布，已知 $P(X=k)=pq^{k-1}$，$k=1,2,3,\cdots$，其中 $0<p<1$，$q=1-p$，则 $P(X>Y)$ 等于(　　).

A. $\frac{p}{2-p}$　　B. $\frac{1-p}{2-p}$　　C. $\frac{p}{1-p}$　　D. $\frac{2p}{1-p}$

(7) 设随机变量 X 与 Y 相互独立且都服从二项分布 $B\left(1,\frac{1}{2}\right)$，则(　　).

A. $P(X=Y)=1$ B. $P(X=Y)=\frac{1}{2}$

C. $P(X=Y)=\frac{1}{4}$ D. $P(X=Y)=0$

(8) 设随机变量 $X_i \sim \begin{pmatrix} -1 & 0 & 1 \\ \frac{1}{4} & \frac{1}{2} & \frac{1}{4} \end{pmatrix}$，$i=1,2$，且满足条件 $P(X_1+X_2=0)=1$，则 $P(X_1=X_2)$等于（　　）.

A. 0 B. $\frac{1}{4}$ C. $\frac{1}{2}$ D. 1

(9) 已知随机变量(X,Y)在区域 $D=\{(x,y)\mid -1<x<1,-1<y<1\}$上服从均匀分布，则（　　）.

A. $P(X+Y\geqslant 0)=\frac{1}{4}$ B. $P(X-Y\geqslant 0)=\frac{1}{4}$

C. $P(\max(X,Y)\geqslant 0)=\frac{1}{4}$ D. $P(\min(X,Y)\geqslant 0)=\frac{1}{4}$

(10) 设相互独立的随机变量 X、Y，其中 $X\sim B\left(1,\frac{1}{2}\right)$，而 Y 具有概率密度 $f(y)=\begin{cases} 1 & 0\leqslant y\leqslant 1 \\ 0 & \text{其他} \end{cases}$，则 $P\left(X+Y\leqslant\frac{1}{3}\right)$的值为（　　）.

A. $\frac{1}{6}$ B. $\frac{1}{3}$ C. $\frac{1}{4}$ D. $\frac{1}{2}$

(11) 设相互独立的随机变量 X、Y 都服从二项分布 $B\left(1,\frac{1}{3}\right)$，则 $P(X\leqslant 2Y)=$（　　）.

A. $\frac{1}{9}$ B. $\frac{4}{9}$ C. $\frac{5}{9}$ D. $\frac{7}{9}$

(12) 设相互独立的随机变量 X、Y 均服从泊松分布 $P(1)$，则 $P(X=1\mid X+Y=2)$为（　　）.

A. $\frac{1}{2}$ B. $\frac{1}{4}$ C. $\frac{1}{6}$ D. $\frac{1}{8}$

(13) 设二维随机变量(X_1,X_2)的概率密度为 $f_1(x_1,x_2)$，$Y_1=2X_1$，$Y_2=\frac{1}{3}X_2$，则随机变量(Y_1,Y_2)的概率密度 $f_2(y_1,y_2)$等于（　　）.

A. $f_1\left(\frac{y_1}{2},3y_2\right)$ B. $\frac{3}{2}f_1\left(\frac{y_1}{2},3y_2\right)$ C. $f_1\left(2y_1,\frac{y_2}{3}\right)$ D. $\frac{2}{3}f_1\left(2y_1,\frac{y_2}{3}\right)$

(14) 设相互独立的随机变量 X、Y 均服从$[0,3]$上的均匀分布，则 $P(1<\max(X,Y)\leqslant 2)$的值为（　　）.

A. $\frac{1}{6}$　　B. $\frac{1}{4}$　　C. $\frac{1}{3}$　　D. $\frac{1}{2}$

(15) 设相互独立的随机变量 X、Y 分别服从 $E(\lambda),\lambda>0$ 和 $E(2+\lambda)$分布，则 $P(\min(X,Y)>1)$的值为(　　).

A. $e^{-(\lambda+1)}$　　B. $1-e^{-(\lambda+1)}$　　C. $e^{-2(\lambda+1)}$　　D. $1-e^{-2(\lambda+1)}$

(16) 设相互独立的随机变量 X、Y 均服从 $E(1)$分布，则 $P(1<\min(X,Y)\leqslant 2)$的值为(　　).

A. $e^{-1}-e^{-2}$　　B. $1-e^{-1}$　　C. $1-e^{-2}$　　D. $e^{-2}-e^{-4}$

(17) 设随机变量 X_1 与 X_2 相互独立，其分布函数分别为

$$F_1(x)=\begin{cases}0 & x<0\\ \frac{1}{2} & 0\leqslant x<1\\ 1 & x\geqslant 1\end{cases},\ F_2(x)=\int_{-\infty}^{x}\frac{1}{\sqrt{2\pi}}e^{-\frac{t^2}{2}}dt,\ -\infty<x<+\infty,$$

则 X_1+X_2 的分布函数 $F(x)=$(　　).

A. $F_1(x)+F_2(x)$　　B. $\frac{1}{2}F_1(x)+\frac{1}{2}F_2(x)$

C. $\frac{1}{2}F_1(x)+\frac{1}{2}F_2(1-x)$　　D. $\frac{1}{2}F_2(x)+\frac{1}{2}F_2(x-1)$

(18) 设随机变量 X 与 Y 独立，且有相同的分布函数 $F(x)$，$Z=X+Y$，$F_Z(z)$为 Z 的分布函数，则有(　　).

A. $F_Z(2z)=2F(z)$　　B. $F_Z(2z)=F^2(z)$

C. $F_Z(2z)\leqslant F^2(z)$　　D. $F_Z(2z)\geqslant F^2(z)$

(19) 设二维随机变量(X,Y)的分布函数为 $F(x,y)=\begin{cases}0 & \min(x,y)<0\\ \min(x,y) & 0\leqslant\min(x,y)<1\\ 1 & \min(x,y)\geqslant 1\end{cases}$，

则有(　　).

A. X 和 Y 独立，且同分布　　B. X 和 Y 不独立，但同分布

C. X 和 Y 独立，但不同分布　　D. X 和 Y 不独立，且不同分布

2. 填空题.

(1) 已知随机变量 X 的概率分布为 $P(X=k)=\frac{1}{3}$，$k=1,2,3$，当 $X=k$ 时随机变量 Y 在$(0,k)$上服从均匀分布，即 $P(Y\leqslant y\mid X=k)=\begin{cases}0 & y\leqslant 0\\ \frac{y}{k} & 0<y<k\\ 1 & k\leqslant y\end{cases}$，则 $P(Y\leqslant 2.5)$

$=$______.

(2) 设随机变量 X_1 和 X_2 相互独立，已知 $X_1 \sim B\left(1,\dfrac{3}{4}\right)$，$X_2$ 的分布函数为 $F(x)$，则随机变量 $Y=X_1+X_2$ 的分布函数 $F_Y(y)=$______.

(3) 设随机变量 X 和 Y 相互独立，且 X 服从标准正态分布，其分布函数为 $\Phi(x)$，Y 的概率分布为 $P(Y=-1)=P(Y=1)=\dfrac{1}{2}$，则随机变量 $Z=XY$ 的分布函数 $F(x)=$______.

(4) 设随机变量 X 和 Y 相互独立，且都服从正态分布 $N(\mu,\sigma^2)$，则 $P(\max(X,Y)>\mu)-P(\min(X,Y)<\mu)=$______.

(5) (2023.1) 设随机变量 X 与 Y 相互独立，$X\sim B\left(1,\dfrac{1}{3}\right)$，$Y\sim B\left(2,\dfrac{1}{2}\right)$，则 $P\{X=Y\}=$______.

3. (2006.1) 设随机变量 X 的概率密度为 $f_X(x)=\begin{cases}\dfrac{1}{2}, & -1<x<0\\ \dfrac{1}{4}, & 0\leqslant x<2\\ 0, & 其他\end{cases}$，令 $F(x,y)$ 为二维随机变量 (X,Y) 的分布函数. (1) 求 Y 的概率密度 $f_Y(y)$；(2) 求 $F\left(-\dfrac{1}{2},4\right)$.

4. 设 (X,Y) 在 $D=\{(x,y)\mid 0<x<1,0<y<2\}$ 上服从均匀分布，令 $Z=\begin{cases}0 & X<Y\\ 1 & X\geqslant Y\end{cases}$. (Ⅰ) 求 (X,Y) 的联合密度；(Ⅱ) 令 $U=X+Z$，求 U 的分布函数 $F_U(x)$.

5. 设随机变量 X、Y、Z 相互独立，且 X 和 Y 均服从 $N(0,1)$，Z 的分布律为 $P(Z=0)=P(Z=1)=0.5$，$T=(X^2+Y^2)Z$. (1) 求 T 的分布函数 $F_T(t)$；(2) 求 $E(T)$；(3) 判断随机变量 T 和 X 的独立性，并说明理由.

6. 设随机变量 (X,Y) 服从平面区域 $D: x^2+y^2\leqslant 1$ 上的均匀分布，(R,Θ) 为 (X,Y) 的极坐标表示，其中 $0\leqslant R\leqslant 1,0\leqslant\Theta\leqslant 2\pi$. (1) 求 $P\left(R\leqslant\dfrac{1}{2},\Theta\leqslant\dfrac{\pi}{2}\right)$；(2) 求 (R,Θ) 的密度函数 $f_{R,\Theta}(r,\theta)$，以及 R 和 Θ 的边缘密度函数 $f_R(r)$ 和 $f_\Theta(\theta)$，并问 R 和 Θ 是否相互独立？

科学家传记(三)

参考答案(三)

第 4 章　随机变量的数字特征

在第 2、3 章中，我们讨论了随机变量的分布函数，了解到分布函数能够完整地描述随机变量的统计特性. 但在一些实际问题中，一方面由于求分布函数并非易事；另一方面，往往不需要去全面考察随机变量的变化情况而只需知道随机变量的某些特征. 例如，在检查一批棉花的质量时，只需要注意纤维的平均长度，以及纤维长度与平均长度的偏离程度，平均长度越大、偏离程度越小，其质量就越好. 从这个例子看到，某些与随机变量有关的数字，虽然不能完整地描述随机变量，但能概括描述它的基本面貌. 这些能代表随机变量的主要特征数字称为数字特征. 本章将介绍随机变量的常用数字特征：数学期望、方差和相关系数和矩等.

【思政目标】

(1) 树立合理的目标，注重平时的点滴积累，只有踏实勤恳才能有所成就.

(2) 引导学生善于利用数学知识来解决实际生活中的问题.

(3) 感受我国社会主义制度的优越性，增强四个自信.

(4) 培养学生的类比、逻辑推理等科学思维能力.

4.1　数学期望(随机变量的均值)

在概率论中，数学期望来源于历史上一个著名的分赌本问题.

例 4.1.1(分赌本问题[19])　17 世纪中叶，一位赌徒向法国数学家帕斯卡(Pascal, 1623—1662 年)提出了一个使他苦恼很久的分赌本问题：甲、乙两赌徒赌技不相上下，各出赌注 50 法郎，每局中无平局. 他们约定，谁先赢三局，则得到全部赌本. 当甲赢了两局、乙赢了一局时，因故(国王召见)要终止赌博. 现问这 100 法郎如何分才算公平？

这个问题引起了不少人的兴趣. 大家认识到：平均分配对甲不公，全部归甲对乙不公. 合理的分法是按一定的比例，甲多分些、乙少分些. 但问题的焦点在于：按怎样的比例来分？以下有两种分法.

解　(1) 甲得 100 法郎中的 2/3，乙得 100 法郎中的 1/3. 这是基于已赌局数：甲

---

[19] 理解数学期望产生的实际背景及意义，增强对概念的理解.

赢了两局、乙赢了一局.

(2) 1654 年帕斯卡提出如下的分法:设想再赌下去,则甲最终所得 X 是一个随机变量,其可能取值为 0 或 100. 再赌两局必可以结束,其结果不外乎以下 4 种情况之一:

甲甲、甲乙、乙甲、乙乙

其中"甲乙"表示第一局甲胜第二局乙胜. 在这 4 种情况下有 3 种情况可使甲获得 100 法郎,只有一种情况(乙乙)下甲获得 0 法郎. 因为他们赌技不相上下,所以甲获得 100 法郎的可能性为 3/4,获得 0 法郎的可能性为 1/4,即 X 的分布律为

X	0	100
P	0.25	0.75

经过上述分析,帕斯卡认为,甲的"期望"所得应为:$0\times0.25+100\times0.75=75$(法郎),即甲获得 75 法郎,乙获得 25 法郎. 这种分法不仅考虑了已赌局数,也包括了对再赌下去的一种"期望",它比另一种分法更为合理.

这就是数学期望这个名称的由来. 当然,这个名称称为"均值"更加形象易懂. 对上例而言,也就是再赌下去的话,甲"平均"可以赢 75 法郎.

下面将主要对离散型随机变量和连续型随机变量的期望进行讨论.

4.1.1 离散型随机变量的数学期望

例 4.1.2 某年级有 50 名学生,17 岁的有 6 人,18 岁的有 4 人,16 岁的有 40 人,则该年级学生的平均年龄(单位:岁)为

$$\frac{(17\times6+18\times4+16\times40)}{50}=17\times\frac{6}{50}+18\times\frac{4}{50}+16\times\frac{40}{50}=16.28$$

事实上,我们在计算中是用频率作为权重进行加权平均的,而频率具有波动性,因此要定出平均年龄,可以使用频率的稳定值即概率来替代其频率进行加权平均,推而广之,便得出数学期望的概念. 对于一般的离散型随机变量,其定义如下.

定义 4.1 设离散型随机变量 X 的分布律为

$$P(X=x_k)=p_k \quad (k=1,2,\cdots)$$

若级数 $\sum_{k=1}^{+\infty}x_kp_k$ 绝对收敛,则称级数 $\sum_{k=1}^{+\infty}x_kp_k$ 为随机变量 X 的数学期望(mathematical expectation) 或均值(average)[20],记为

[20] 数学期望反映随机变量取值的平均水平,又称"均值",也可以说是对未来的预期. 未来事件的"均值"与之前事件的分布有着密切的关系,任何不切实际的期望都是很难实现的. 在学习和生活中,必须要树立合理的目标,注重平时的点滴积累、踏实勤恳才能有所成就.

$$E(X)=\sum_{k=1}^{+\infty}x_k p_k \tag{4.1}$$

若级数 $\sum_{k=1}^{+\infty}|x_k p_k|$ 发散，则称随机变量 X 的数学期望不存在.

注　以上定义中，要求级数绝对收敛的目的在于使数学期望唯一. 因为随机变量的取值可正可负，取值的次序可先可后，由无穷级数的理论知道，如果无穷级数绝对收敛，则可保证其和不受次序变动的影响. 当然对于取值为有限项的随机变量来说，由于有限项的和不受次序变动的影响，故取有限个可能值的随机变量的数学期望总是存在的.

数学期望 $E(X)$ 的物理解释是重心. 若把概率 $p(x_k)=P(X=x_k)$ 看作点 x_k 上的质量，概率分布看作质量在 x 轴上的分布，则 X 的数学期望 $E(X)$ 就是该质量分布的重心所在的位置.

例 4.1.3　设一射手射击，X 表示其射中的环数，且其概率分布如下：

X	7	8	9	10
P	0.2	0.4	0.3	0.1

试求该射手射击命中的平均环数 $E(X)$.

解　由题意可知，射手射击命中的平均环数

$$E(X)=\sum_{k=1}^{+\infty}x_k p_k=7\times 0.2+8\times 0.4+9\times 0.3+10\times 0.1=8.3$$

例 4.1.4　设随机变量 $X\sim B(n,p)$（即服从二项分布），求其数学期望.

解　因为 $X\sim B(n,p)$，$P(X=k)=\mathrm{C}_n^k p^k(1-p)^{n-k}$，$k=0,1,\cdots,n$，所以

$$\begin{aligned}E(X)&=\sum_{k=0}^{n}k\mathrm{C}_n^k p^k(1-p)^{n-k}=\sum_{k=0}^{n}k\frac{n!}{k!(n-k)!}p^k(1-p)^{n-k}\\&=np\sum_{k=0}^{n}\frac{(n-1)!}{(k-1)!((n-1)-(k-1))!}p^{k-1}(1-p)^{(n-1)-(k-1)}\\&=np\sum_{k=0}^{n}\mathrm{C}_{n-1}^{k-1}p^{k-1}(1-p)^{(n-1)-(k-1)}=np(p+(1-p))^{n-1}=np\end{aligned}$$

注　若 $X\sim B(1,p)$（即服从 0-1 分布），则 $E(X)=p$.

例 4.1.5　设随机变量 X 服从参数为 λ 的泊松分布，求它的数学期望.

解　由于 $p_k=P(X=k)=\dfrac{\lambda^k}{k!}\mathrm{e}^{-\lambda}(k=0,1,2,\cdots)$，故

$$\begin{aligned}E(X)&=\sum_{k=1}^{+\infty}kp_k=\sum_{k=1}^{+\infty}k\frac{\lambda^k}{k!}\mathrm{e}^{-\lambda}=\sum_{k=1}^{+\infty}\frac{\lambda^k}{(k-1)!}\mathrm{e}^{-\lambda}\\&=\lambda\mathrm{e}^{-\lambda}\sum_{k=1}^{+\infty}\frac{\lambda^{k-1}}{(k-1)!}=\lambda\mathrm{e}^{-\lambda}\mathrm{e}^{\lambda}=\lambda\end{aligned}$$

***例 4.1.6** 设随机变量 $X\sim H(n,N,M)$（即超几何分布），求它的数学期望.

解 因为 $X\sim H(n,N,M)$，则其概率分布为

$$P(X=k)=\frac{C_M^k C_{N-M}^{n-k}}{C_N^n},\quad k=0,1,\cdots,r$$

其中，$r=\min\{M,n\}$，$M\leqslant N$，$n\leqslant N$，n、N、M 均为正整数，则其数学期望为

$$\begin{aligned}E(X)&=\sum_{k=0}^{r}k\frac{C_M^k C_{N-M}^{n-k}}{C_N^n}=\sum_{k=1}^{r}k\frac{C_M^k C_{N-M}^{n-k}}{C_N^n}=\sum_{k=1}^{r}k\frac{M!C_{N-M}^{n-k}n!(N-n)!}{k!(M-k)!N!}\\&=\frac{nM}{N}\sum_{k=1}^{r}\frac{(M-1)!C_{N-M}^{n-k}(n-1)!(N-n)!}{(k-1)!(M-k)!(N-1)!}\\&=\frac{nM}{N}\sum_{k=1}^{r}\frac{C_{N-M}^{n-k}C_{M-1}^{k-1}}{C_{N-1}^{n-1}}=\frac{nM}{N}\end{aligned}$$

注 由组合等式$\sum\limits_{k=0}^{r}C_M^k C_{N-M}^{n-k}=C_N^n$，有

$$\sum_{k=1}^{r}\frac{C_{N-M}^{n-k}C_{M-1}^{k-1}}{C_{N-1}^{n-1}}=1$$

***例 4.1.7** 设随机变量 $X\sim Ge(p)$（即几何分布），求它的数学期望.

解 因为随机变量 $X\sim Ge(p)$，则有 $P(X=k)=pq^{k-1}$，$k=1,2,\cdots$ $0<p<1$，$q=1-p$. 其数学期望为

$$\begin{aligned}E(X)&=\sum_{k=1}^{\infty}kpq^{k-1}=p\sum_{k=1}^{\infty}kq^{k-1}=p\sum_{k=1}^{\infty}\frac{\mathrm{d}q^k}{\mathrm{d}q}\\&=p\frac{\mathrm{d}}{\mathrm{d}q}\left(\sum_{k=1}^{\infty}q^k\right)=p\frac{\mathrm{d}}{\mathrm{d}q}\left(\frac{q}{1-q}\right)=\frac{p}{(1-q)^2}=\frac{1}{p}\end{aligned}$$

注 幂级数的和函数性质如下：

设幂级数 $\sum\limits_{n=0}^{\infty}a_nx^n$ 在收敛区间$(-\mathbf{R},\mathbf{R})$上的和函数为 $S(x)$，若 x 为$(-\mathbf{R},\mathbf{R})$内任意一点，则

(1) $S(x)$在 x 可导，且 $S'(x)=\sum\limits_{n=1}^{\infty}na_nx^{n-1}$；

(2) $S(x)$在 0 与 x 构成的区间上可积，且$\int_0^x S(t)\mathrm{d}t=\sum\limits_{n=0}^{\infty}\frac{a_n}{n+1}x^{n+1}$.

4.1.2 连续型随机变量的数学期望

定义 4.2 设连续型随机变量 X 的概率密度为 $f(x)$，若积分$\int_{-\infty}^{+\infty}xf(x)\mathrm{d}x$ 绝对收敛，则称积分$\int_{-\infty}^{+\infty}xf(x)\mathrm{d}x$ 为 X 的数学期望或均值，记为 $E(X)$，即

$$E(X)=\int_{-\infty}^{+\infty}xf(x)\mathrm{d}x \tag{4.2}$$

若积分 $E(X)=\int_{-\infty}^{+\infty}|xf(x)|\mathrm{d}x$ 发散，则称随机变量 X 的数学期望不存在.

例 4.1.8　设随机变量 X 服从参数为 λ $(\lambda>0)$ 的指数分布，求 $E(X)$.

解　由于指数分布的概率密度为 $f(x)=\begin{cases}\lambda \mathrm{e}^{-\lambda x} & x>0\\ 0 & x\leqslant 0\end{cases}$，故

$$E(X)=\int_{0}^{+\infty}xf(x)\mathrm{d}x=\int_{0}^{+\infty}\lambda x\mathrm{e}^{-\lambda x}\mathrm{d}x=-x\mathrm{e}^{-\lambda x}\Big|_{0}^{+\infty}+\int_{0}^{+\infty}\mathrm{e}^{-\lambda x}\mathrm{d}x$$

$$=0-\frac{1}{\lambda}\mathrm{e}^{-\lambda x}\Big|_{0}^{+\infty}=\frac{1}{\lambda}$$

例 4.1.9　设随机变量 X 服从 $[a,b]$ 上的均匀分布，求 $E(X)$.

解　由于均匀分布的概率密度为 $f(x)=\begin{cases}\dfrac{1}{b-a} & a\leqslant x\leqslant b\\ 0 & \text{其他}\end{cases}$，故

$$E(X)=\int_{a}^{b}xf(x)\mathrm{d}x=\int_{a}^{b}\frac{x}{b-a}\mathrm{d}x=\frac{b^2-a^2}{2(b-a)}=\frac{a+b}{2}$$

例 4.1.10　设 $X\sim N(\mu,\sigma^2)$，求 $E(X)$.

解　因为 $X\sim N(\mu,\sigma^2)$，其概率密度为 $f(x)=\frac{1}{\sqrt{2\pi}\sigma}\mathrm{e}^{-\frac{(x-\mu)^2}{2\sigma^2}}$，则 X 的数学期望为

$$E(X)=\int_{-\infty}^{+\infty}xf(x)\mathrm{d}x=\frac{1}{\sqrt{2\pi}\sigma}\int_{-\infty}^{+\infty}x\mathrm{e}^{-\frac{(x-\mu)^2}{2\sigma^2}}\mathrm{d}x$$

令 $\frac{x-\mu}{\sigma}=t$，则

$$E(X)=\frac{1}{\sqrt{2\pi}}\int_{-\infty}^{+\infty}(\mu+\sigma t)\mathrm{e}^{-\frac{t^2}{2}}\mathrm{d}t$$

注意到

$$\frac{\mu}{\sqrt{2\pi}}\int_{-\infty}^{+\infty}\mathrm{e}^{-\frac{t^2}{2}}\mathrm{d}t=\mu,\quad \frac{1}{\sqrt{2\pi}}\int_{-\infty}^{+\infty}\sigma t\mathrm{e}^{-\frac{t^2}{2}}\mathrm{d}t=0$$

故有 $E(X)=\mu$.

例 4.1.11　设随机变量 X 服从柯西分布，其概率密度为 $f(x)=\frac{1}{\pi(1+x^2)}$ $(-\infty<x<+\infty)$，求 $E(X)$.

解　由于积分

$$\int_{-\infty}^{+\infty}\frac{|x|\mathrm{d}x}{\pi(1+x^2)}=\frac{2}{\pi}\int_{0}^{+\infty}\frac{x\mathrm{d}x}{(1+x^2)}=\frac{1}{\pi}\int_{0}^{+\infty}\frac{\mathrm{d}(1+x^2)}{(1+x^2)}=\frac{1}{\pi}\ln(1+x^2)\Big|_{0}^{+\infty}$$

$$=\lim_{x\to+\infty}\frac{1}{\pi}\ln(1+x^2)=\infty$$

可见积分发散,因而 $E(X)$ 不存在.

***例 4.1.12** 设随机变量 $X \sim Ga(\alpha,\lambda)$(即伽马分布),其中 $\alpha>0,\lambda>0$,求其数学期望.

解 由于 $X \sim Ga(\alpha,\lambda)$,则其密度函数为

$$f(x)=\begin{cases}\dfrac{\lambda^{\alpha}}{\Gamma(\alpha)}x^{\alpha-1}\mathrm{e}^{-\lambda x} & x\geqslant 0\\ 0 & x<0\end{cases}$$

其数学期望为

$$E(X)=\int_{-\infty}^{+\infty}xf(x)\mathrm{d}x=\frac{\lambda^{\alpha}}{\Gamma(\alpha)}\int_{0}^{+\infty}x^{\alpha}\mathrm{e}^{-\lambda x}\mathrm{d}x$$

令 $\lambda x=t$,则有

$$\begin{aligned}E(X)&=\frac{\lambda^{\alpha}}{\Gamma(\alpha)}\int_{0}^{+\infty}\left(\frac{t}{\lambda}\right)^{\alpha}\mathrm{e}^{-t}\mathrm{d}\,\frac{t}{\lambda}=\frac{\lambda^{\alpha}}{\Gamma(\alpha)}\,\frac{1}{\lambda^{\alpha+1}}\int_{0}^{+\infty}t^{\alpha+1-1}\mathrm{e}^{-t}\mathrm{d}t\\&=\frac{1}{\Gamma(\alpha)}\,\frac{1}{\lambda}\Gamma(\alpha+1)=\frac{1}{\Gamma(\alpha)}\,\frac{1}{\lambda}\Gamma(\alpha)\alpha=\frac{\alpha}{\lambda}\end{aligned}$$

注 $\Gamma(\alpha)=\int_{0}^{+\infty}x^{\alpha-1}\mathrm{e}^{-x}\mathrm{d}x,\Gamma(\alpha+1)=\alpha\Gamma(\alpha)$.

***例 4.1.13** 设随机变量 $X \sim Be(a,b)$,其中 $a>0,b>0$,求其数学期望.

解 由于 $X \sim Be(a,b)$,故其密度函数为

$$f(x)=\begin{cases}\dfrac{\Gamma(a+b)}{\Gamma(a)\Gamma(b)}x^{a-1}(1-x)^{b-1} & 0<x<1\\ 0 & \text{其他}\end{cases}$$

则其期望为

$$\begin{aligned}E(X)&=\int_{-\infty}^{+\infty}xf(x)\mathrm{d}x=\frac{\Gamma(a+b)}{\Gamma(a)\Gamma(b)}\int_{0}^{1}x^{a}(1-x)^{b-1}\mathrm{d}x\\&=\frac{\Gamma(a+b)}{\Gamma(a)\Gamma(b)}\int_{0}^{1}x^{a+1-1}(1-x)^{b-1}\mathrm{d}x=\frac{\Gamma(a+b)}{\Gamma(a)\Gamma(b)}B(a+1,b)\\&=\frac{\Gamma(a+b)}{\Gamma(a)\Gamma(b)}\,\frac{\Gamma(a+1)\Gamma(b)}{\Gamma(a+b+1)}=\frac{\Gamma(a+b)a}{\Gamma(a)\Gamma(b)}\,\frac{\Gamma(a)\Gamma(b)}{(a+b)\Gamma(a+b)}=\frac{a}{a+b}\end{aligned}$$

注 $B(a,b)=\int_{0}^{1}x^{a-1}(1-x)^{b-1}\mathrm{d}x,B(a,b)=\dfrac{\Gamma(a)\Gamma(b)}{\Gamma(a+b)},\Gamma(\alpha+1)=\alpha\Gamma(\alpha)$.

4.1.3 随机变量的函数的数学期望

定理 4.1 设 Y 为随机变量 X 的函数:$Y=g(X)$(g 是连续函数).

(1) X 是离散型随机变量,分布律为 $p_k=P(X=x_k)$ $(k=1,2,\cdots)$,若级数 $\sum\limits_{k=1}^{+\infty}g(x_k)p_k$ 绝对收敛,则有

$$E(Y)=E[g(X)]=\sum_{k=1}^{+\infty}g(x_k)p_k \tag{4.3}$$

(2) X 是连续型随机变量,它的概率密度为 $f(x)$,若积分 $\int_{-\infty}^{+\infty}g(x)f(x)\mathrm{d}x$ 绝对收敛,则有

$$E(Y)=E[g(X)]=\int_{-\infty}^{+\infty}g(x)f(x)\mathrm{d}x \tag{4.4}$$

(其证明超出了本书的范围,这里不予以证明,仅对下述特殊情况加以证明.)

证明　设 X 是连续型随机变量,且 $y=g(x)$ 满足第 2 章第 5 节中定理的条件.

由第 2 章第 5 节中定理的条件知道随机变量 $Y=g(X)$ 的概率密度为

$$f_Y(y)=\begin{cases}f_X[h(y)]|h'(y)| & \alpha<y<\beta\\ 0 & 其他\end{cases}$$

于是

$$E(Y)=\int_{-\infty}^{+\infty}yf_Y(y)\mathrm{d}y=\int_{\alpha}^{\beta}yf_X[h(y)]\mid h'(y)\mid\mathrm{d}y$$

当 $h'(y)>0$ 时,有

$$\begin{aligned}E(Y)&=\int_{\alpha}^{\beta}yf_X[h(y)]h'(y)\mathrm{d}y=\int_{\alpha}^{\beta}yf_X[h(y)]\mathrm{d}(h(y))\\&=\int_{a}^{b}g(x)f_X(x)\mathrm{d}x=\int_{-\infty}^{+\infty}g(x)f_X(x)\mathrm{d}x\end{aligned}$$

当 $h'(y)<0$ 时,有

$$\begin{aligned}E(Y)&=-\int_{\alpha}^{\beta}yf_X[h(y)]h'(y)\mathrm{d}y=-\int_{\alpha}^{\beta}yf_X[h(y)]\mathrm{d}(h(y))=-\int_{b}^{a}g(x)f_X(x)\mathrm{d}x\\&=\int_{a}^{b}g(x)f_X(x)\mathrm{d}x=\int_{-\infty}^{+\infty}g(x)f_X(x)\mathrm{d}x\end{aligned}$$

综合两式得证.

定理 4.1 的重要意义在于,当求 $E(Y)$时,不必知道 Y 的分布而只需知道 X 的分布就可以了.当然,我们也可以由已知的 X 的分布,先求出其函数 $g(X)$的分布,再根据数学期望的定义去求 $E[g(X)]$.然而,求 $Y=g(X)$的分布是不容易的,所以一般不采用后一种方法.

例 4.1.14　随机变量 X 的分布律如下:

X	0	1	2	3
P	$\frac{1}{2}$	$\frac{1}{4}$	$\frac{1}{8}$	$\frac{1}{8}$

求 $E(1+X)$、$E(X^2)$.

解　$E(1+X)=(1+0)\times\frac{1}{2}+(1+1)\times\frac{1}{4}+(1+2)\times\frac{1}{8}+(1+3)\times\frac{1}{8}=\frac{15}{8}$

$$E(X^2)=0^2\times\frac{1}{2}+1^2\times\frac{1}{4}+2^2\times\frac{1}{8}+3^2\times\frac{1}{8}=\frac{15}{8}$$

例 4.1.15 设随机变量 X 的概率密度 $f(x)=\begin{cases}2\mathrm{e}^{-2x} & x>0\\ 0 & x\leqslant 0\end{cases}$，求 $E(\mathrm{e}^{-x})$.

解 因为 $E[g(X)]=\int_{-\infty}^{+\infty}g(x)f(x)\mathrm{d}x$，所以

$$E(\mathrm{e}^{-X})=\int_0^{+\infty}\mathrm{e}^{-x}\cdot 2\mathrm{e}^{-2x}\mathrm{d}x=-\frac{2}{3}\mathrm{e}^{-3x}\Big|_0^{+\infty}=\frac{2}{3}$$

定理 4.2 设 $Z=g(X,Y)$ 是随机变量 (X,Y) 的函数，其中 $g(x,y)$ 为二元连续函数.

(1) (X,Y) 是二维离散型随机变量，联合分布律为

$$p_{ij}=P(X=x_i,Y=y_j)\quad(i,j=1,2,\cdots)$$

则有

$$E(Z)=E[g(X,Y)]=\sum_{i=1}^{+\infty}\sum_{j=1}^{+\infty}g(x_i,y_j)p_{ij}\tag{4.5}$$

(设该级数绝对收敛.)

(2) (X,Y) 是二维连续型随机变量，联合概率密度为 $f(x,y)$，则有

$$E(Z)=E[g(X,Y)]=\int_{-\infty}^{+\infty}\int_{-\infty}^{+\infty}g(x,y)f(x,y)\mathrm{d}x\mathrm{d}y\tag{4.6}$$

(设该积分绝对收敛.)

特别地有

$$E(X)=\int_{-\infty}^{+\infty}\int_{-\infty}^{+\infty}xf(x,y)\mathrm{d}x\mathrm{d}y=\int_{-\infty}^{+\infty}xf_X(x)\mathrm{d}x$$

$$E(Y)=\int_{-\infty}^{+\infty}\int_{-\infty}^{+\infty}yf(x,y)\mathrm{d}x\mathrm{d}y=\int_{-\infty}^{+\infty}yf_Y(y)\mathrm{d}y$$

(证明略.)

例 4.1.16 设 (X,Y) 的概率密度为

$$f(x,y)=\begin{cases}(x+y)/3 & 0\leqslant x\leqslant 2,0\leqslant y\leqslant 1\\ 0 & \text{其他}\end{cases}$$

求 $E(X)$、$E(XY)$、$E(X^2+Y^2)$.

解 由定理 4.2 及 D：$0\leqslant x\leqslant 2,0\leqslant y\leqslant 1$，知

$$E(X)=\iint_D xf(x,y)\mathrm{d}x\mathrm{d}y=\int_0^2 x\mathrm{d}x\int_0^1\frac{x+y}{3}\mathrm{d}y=\frac{1}{6}\int_0^2 x(2x+1)\mathrm{d}x=\frac{11}{9}$$

$$E(XY)=\iint_D xyf(x,y)\mathrm{d}x\mathrm{d}y=\int_0^2\int_0^1 xy\frac{x+y}{3}\mathrm{d}y\mathrm{d}x=\int_0^2\left(\frac{1}{6}x^2+\frac{1}{9}x\right)\mathrm{d}x=\frac{2}{3}$$

$$\begin{aligned}E(X^2+Y^2)&=\iint_D(x^2+y^2)f(x,y)\mathrm{d}x\mathrm{d}y\\&=\int_0^2 x^2\mathrm{d}x\int_0^1\frac{x+y}{3}\mathrm{d}y+\int_0^2\mathrm{d}x\int_0^1\frac{xy^2+y^3}{3}\mathrm{d}y=\frac{13}{6}\end{aligned}$$

注 用定理 4.2 虽然可以省略求随机变量函数的分布，但在某些场合所涉及的求和或求积难以计算时，也只能分两步走：先求随机变量函数 $Z=g(X_1,X_2,\cdots,X_n)$ 的分布，然后由 Z 的分布去求 $E(Z)$，如下例.

例 4.1.17 设 X_1 和 X_2 是独立同分布的随机变量，其共同分布为指数分布 $E(\lambda)$，试求 $Y=\max\{X_1,X_2\}$ 的数学期望.

解 因为 $X_i\sim F(x)=\begin{cases}1-\mathrm{e}^{-\lambda x} & x>0\\ 0 & x\leqslant 0\end{cases}$，$X_i\sim f(x)=\begin{cases}\lambda\mathrm{e}^{-\lambda x} & x>0\\ 0 & x\leqslant 0\end{cases}$，$i=1,2$ 且

$$\begin{aligned}F_Y(y)&=P(Y\leqslant y)=P(\max\{X_1,X_2\}\leqslant y)=P(X_1\leqslant y,X_2\leqslant y)\\&=P(X_1\leqslant y)P(X_2\leqslant y)=F(y)F(y)=[F(y)]^2\end{aligned}$$

所以

$$f_Y(y)=F'_Y(y)=2F(y)f(y)=\begin{cases}2(1-\mathrm{e}^{-\lambda y})\lambda\mathrm{e}^{-\lambda y} & y>0\\ 0 & y\leqslant 0\end{cases}$$

从而

$$\begin{aligned}E(Y)&=E[\max\{X_1,X_2\}]=\int_0^{+\infty}2y(1-\mathrm{e}^{-\lambda y})\lambda\mathrm{e}^{-\lambda y}\,\mathrm{d}y\\&=2\int_0^{+\infty}y\mathrm{e}^{-\lambda y}\,\mathrm{d}(\lambda y)-\int_0^{+\infty}y\mathrm{e}^{-2\lambda y}\,\mathrm{d}(2\lambda y)\\&=\frac{2}{\lambda}\int_0^{+\infty}u\mathrm{e}^{-u}\,\mathrm{d}u-\frac{1}{2\lambda}\int_0^{+\infty}v\mathrm{e}^{-v}\,\mathrm{d}v\\&=\frac{2}{\lambda}\Gamma(2)-\frac{1}{2\lambda}\Gamma(2)=\frac{3}{2\lambda}\end{aligned}$$

注 $\Gamma(s)=\int_0^{+\infty}x^{s-1}\mathrm{e}^{-x}\,\mathrm{d}x$，$\Gamma(s+1)=s\Gamma(s)$，$\Gamma(n+1)=n!$.

4.1.4 数学期望的性质

性质 1 设 c 是常数，则有 $E(c)=c$.

性质 2 设 X 是随机变量，c 是常数，则有 $E(cX)=cE(X)$.

性质 3 设 X、Y 是随机变量，则有 $E(X+Y)=E(X)+E(Y)$（该性质可推广到有限个随机变量之和的情况）. 结合性质 2、性质 3，有 $E(k_1X_1+k_2X_2+\cdots+k_nX_n)=k_1E(X_1)+k_2E(X_2)+\cdots+k_nE(X_n)$，即线性函数的期望等于期望的线性函数.

性质 4 设 X、Y 是相互独立的随机变量，则有 $E(XY)=E(X)E(Y)$（该性质可推广到有限个随机变量之积的情况）.

性质 1、性质 2 由读者自己证明. 下面来证明性质 3 和性质 4，仅就连续型情形给出证明，离散型情形类似可证.

证明 设二维连续型随机变量 (X,Y) 的联合概率密度为 $f(x,y)$，其边缘概率密度为 $f_X(x)$、$f_Y(y)$，则

$$
\begin{aligned}
E(X+Y) &= \int_{-\infty}^{+\infty}\int_{-\infty}^{+\infty}(x+y)f(x,y)\mathrm{d}x\mathrm{d}y \\
&= \int_{-\infty}^{+\infty}\int_{-\infty}^{+\infty}xf(x,y)\mathrm{d}x\mathrm{d}y+\int_{-\infty}^{+\infty}\int_{-\infty}^{+\infty}yf(x,y)\mathrm{d}x\mathrm{d}y \\
&= E(X)+E(Y)
\end{aligned}
$$

性质 3 得证.

又若 X 和 Y 相互独立,此时 $f(x,y) = f_X(x)f_Y(y)$,则有

$$
E(XY)=\iint_{-\infty}^{+\infty}xyf(x,y)\mathrm{d}x\mathrm{d}y=\left[\int_{-\infty}^{+\infty}xf_X(x)\mathrm{d}x\right]\left[\int_{-\infty}^{+\infty}yf_Y(y)\mathrm{d}y\right]=E(X)E(Y)
$$

性质 4 得证.

例 4.1.18 设随机变量 $X\sim\begin{pmatrix}0 & 10\\ 0.6 & 0.4\end{pmatrix}$,$Y$ 的概率密度为 $f(y)=\frac{1}{2}\mathrm{e}^{-|y|}\ (-\infty<y<+\infty)$,且 X 和 Y 相互独立,求 $E(XY^3-2X^2Y+1)$.

解 由于 X 与 Y 相互独立,可知 X 与 Y^3 相互独立,X^2 与 Y 也相互独立,又

$$
E(X)=0\times0.6+10\times0.4=4,\quad E(X^2)=0^2\times0.6+10^2\times0.4=40
$$

$$
E(Y)=\int_{-\infty}^{+\infty}y\cdot\frac{1}{2}\mathrm{e}^{-|y|}\mathrm{d}y=0,\quad E(Y^3)=\int_{-\infty}^{+\infty}y^3\cdot\frac{1}{2}\mathrm{e}^{-|y|}\mathrm{d}y=0
$$

(该计算用到 Γ 函数的性质)

所以

$$
E(XY^3-2X^2Y+1)=E(X)E(Y^3)-2E(X^2)E(Y)+1=1
$$

注 $\Gamma(s)=\int_0^{+\infty}\mathrm{e}^{-x}x^{s-1}\mathrm{d}x\ (s>0)$ 是收敛的连续函数.

将一个随机变量写成几个随机变量的和,然后再利用数学期望的性质去进行计算,可以使复杂的计算变得简单,现举例如下.

***例 4.1.19** 设一袋中装有 m 个颜色各不相同的球,每次从中任取一个,有放回地摸取 n 次,以 X 表示在 n 次摸取中摸到球的不同颜色的数目,求 $E(X)$.

解 直接写出 X 的分布列比较困难,其原因在于:若第 i 种颜色的球被取到过,则此种颜色的球可能被取到过 1 次、2 次、……n 次,情况较多且复杂,而其对立事件"第 i 种颜色的球没被取到过"的概率容易写出,即

$$
P(\text{第 } i \text{ 种颜色的球在 } n \text{ 次摸球中一次也没被取到})=\left(1-\frac{1}{m}\right)^n
$$

令

$$
X_i=\begin{cases}1 & \text{第 } i \text{ 种颜色的球在 } n \text{ 次摸球中至少被摸到一次}\\ 0 & \text{第 } i \text{ 种颜色的球在 } n \text{ 次摸球中一次也没被取到}\end{cases},\ i=1,2,\cdots,m
$$

这些 X_i 相当于是计算器,分别记录下第 i 种颜色的球是否被摸到过,而 X 是取到过的不同颜色总数,所以 $X=\sum_{i=1}^{m}X_i$,由

$$P(X_i=0)=\left(1-\frac{1}{m}\right)^n$$

可得

$$E(X_i)=0\cdot P(X_i=0)+1\cdot P(X_i=1)=P(X_i=1)=1-P(X_i=0)=1-\left(1-\frac{1}{m}\right)^n$$

所以
$$E(X)=E\left(\sum_{i=1}^{m}X_i\right)=\sum_{i=1}^{m}E(X_i)=m\left[1-\left(1-\frac{1}{m}\right)^n\right]$$

例如，当 $m=n=6$ 时，有

$$E(X)=6\left[1-\left(1-\frac{1}{6}\right)^6\right]=3.99\approx 4$$

这表明，袋中有 6 个不同颜色的球，从中有放回地摸取 6 次，则平均只能取到 4 种颜色的球.

例 4.1.20[21]　2021 年 1 月 2 日，自河北省石家庄市报告突发公共卫生事件首例新增病例以来，疫情又突然爆发，短期内出现了大量的病例，防疫工作面临新的挑战. 河北省防疫部门快速反应，自 1 月 6 日起石家庄市全市范围内启动全员检测. 截至 1 月 22 日，石家庄市已完成了 3 轮全员检测，累计检测超过 3000 万人次. 为何中国的检测速度如此之快？外国的媒体不禁地感叹.

在这惊人的速度背后隐藏着样本采集的核心技术：混采检测技术，即将一组人的拭子样本混合于一个采集管中进行检测，若该组的检测呈阳性，再对该组人逐个进行检测. 此次石家庄市低风险地区的全员检测采用了 1∶5 和 1∶10 的混采方法. 那么这种混采检测技术是否真的可以提高检测效率呢？看下面具体的例子.

某高校共有 2000 人参加检测，已知每人检测呈阳性的概率是 0.001，现在采用两种方案进行.

方案一：逐一进行化验.

方案二：每 5 人为一组进行分组化验，如果检验为阴性则一次通过，如果呈阳性则再逐一检验.

问哪一种方案较优？

逐一检测与分组检测对比结果如下.

采用第一种方案逐一化验，则化验次数为 2000 次.

采用第二种方案，则检验次数不定. 设随机变量 X 为一组检验所需的检验次数，根据第二种方案的操作过程，那么 X 的可能取值要么为 1(全阴性)，要么为 6(有阳性，逐一化验)，$X=1$ 意味着 5 人全阴性，一个人血液阴性的概率为 0.999，5 个人血液阴性的概率为 0.999^5，$X=6$ 意味着至少有一个阳性，也就是全为阴性的逆事件，则其概率为 $1-0.999^5$，那么每组需要的平均检验次数为

[21] 引导学生善于利用数学知识来解决实际生活中的问题.

$$E(X)=1\times 0.999^5+6\times(1-0.999^5)\approx 1.02$$

设采用方案二的总检验次数 $Z=X_1+X_2+\cdots+X_n$，X_i 与 X 同分布.

$$E(Z)=E(X_1+X_2+\cdots+X_n)=400\times 1.02=408\ll 2000$$

因此，方案二比方案一更高效. 这种混采检测技术可以极大地提高检测的效率.

习　题　4.1

（一）基础练习题

1. 一批产品分为一、二、三等品及废品四种，其所占比例分别为 60%、20%、10%、10%，各级产品的出厂价分别为 6 元、4.8 元、4 元、1 元，求产品的平均出厂价.

2. 某商店在年末大甩卖中进行有奖销售，摇奖时从摇箱摇出的球的可能颜色为红、黄、蓝、白、黑五种，其对应的奖金额分别为 10000 元、1000 元、100 元、10 元、1 元. 假定摇箱内装有很多球，其中红、黄、蓝、白、黑的比例分别为 0.01%、0.15%、1.34%、10%、88.5%，求每次摇奖摇出的奖金额 X 的数学期望.

3. 按规定，某车站每天 8 点至 9 点、9 点至 10 点都有一辆客车到站，但到站的时刻是随机的，且两者到站的时间相互独立. 其分布律为

到站时刻	8:10，9:10	8:30，9:30	8:50，9:50
概率	1/6	3/6	2/6

一旅客 8 点 20 分到车站，求他候车时间的数学期望.

4. 盒内有 5 个球，其中有 3 个白球、2 个黑球，从中随机抽取 2 个，设 X 表示取得的白球的个数，求：(1) $E(X)$；(2) $E(2X)$、$E(X^2)$.

5. 设随机变量 X 的概率密度为 $f(x)=\begin{cases}kx^2 & 0\leqslant x\leqslant 1\\ 0 & \text{其他}\end{cases}$. 求(1) 参数 k；(2) $E(X)$.

6. 设随机变量 X 的概率密度为 $f(x)=\begin{cases}a+bx^2 & 0\leqslant x\leqslant 1\\ 0 & \text{其他}\end{cases}$，$E(X)=\dfrac{3}{5}$，试求常数 a 和 b.

7. 设随机变量 X 的概率密度为 $f(x)=\begin{cases}x & 0\leqslant x\leqslant 1\\ 2-x & 1<x\leqslant 2\\ 0 & \text{其他}\end{cases}$，求 $E(X^2)$.

8. 某厂所产设备的寿命 X 服从参数为 $\lambda=1/5$ 的指数分布(单位：年). 销售合同规定：设备若在售出 1 年之内出故障，则必须包换. 假设工厂每售出一台设备可赢利 300 元，调换一台设备会开支 400 元，试求工厂每售出一台设备的平均净赢利值为多少？

9. 若随机变量 X、Y 的数学期望分别为 $E(X)=2$，$E(Y)=3$.

(1) 函数 $Z=2X+3Y-4$ 的数学期望 $E(Z)=E(2X+3Y-4)$ 为多少？

（2）若 X、Y 相互独立，那么函数 $Z=2XY-1$ 的数学期望 $E(Z)=E(2XY-1)$ 为多少？

10. 设随机变量 X、Y 的概率密度为

$$f(x,y)=\begin{cases} k & 0<x<1,0<y<x \\ 0 & \text{其他} \end{cases}$$

试确定常数 k，并判断 $E(XY)$ 与 $E(X)\cdot E(Y)$ 是否相等.

11. 设二维随机变量 (X,Y) 在区域 A 上服从均匀分布，其中 A 为 x 轴、y 轴及直线 $x+\frac{y}{2}=1$ 所围成的三角区域，求 $E(X)$、$E(Y)$、$E(XY)$.

（二）提高练习题

1. 选择题.

（1）设随机变量 X 的密度函数为 $f(x)$，数学期望 $E(X)=2$，则（　　）.

A. $\int_{-\infty}^{2} xf(x)\mathrm{d}x=\frac{1}{2}$　　　　B. $\int_{-\infty}^{2} xf(x)\mathrm{d}x=\int_{2}^{+\infty} xf(x)\mathrm{d}x$

C. $\int_{-\infty}^{2} f(x)\mathrm{d}x=\frac{1}{2}$　　　　D. $\int_{-\infty}^{+\infty} xf(2x)\mathrm{d}x=\frac{1}{2}$

（2）（2023.1）设随机变量 X 服从参数为 1 的泊松分布，则 $E(|X-EX|)=$（　　）.

A. $\frac{1}{\mathrm{e}}$　　B. $\frac{1}{2}$　　C. $\frac{2}{\mathrm{e}}$　　D. 1

（3）（2011.1）设随机变量 X 与 Y 独立，且 $E(X)$ 与 $E(Y)$ 存在，记 $U=\max(X,Y)$，$V=\min(X,Y)$，则 $E(UV)=$（　　）.

A. $E(U)\cdot E(V)$　B. $E(X)\cdot E(Y)$　C. $E(U)\cdot E(Y)$　D. $E(X)\cdot E(V)$

2. 填空题.

（1）（1996.1）设 ξ、η 是两个相互独立且均服从正态分布 $N\left(0,\frac{1}{2}\right)$ 的随机变量，则 $E|\xi-\eta|=$______.

（2）设随机变量 X 服从分布 $E(1)$，记 $Y=\min\{|X|,1\}$，则 Y 的数学期望 $E(Y)=$______.

（3）设随机变量 X 和 Y 独立同分布，已知 $X\sim N(\mu,\sigma^2)$，求 $Z=\min(X,Y)$ 的数学期望 $E(Z)$.

3. 设随机变量 X 的密度函数为 $f(x)$，分布函数为 $F(x)$，且 $f(x)$ 连续，令 $Y=F(X)$，试求 $E(Y)$.

4. 有 5 个相互独立工作的电子装置，它们的寿命 $X_k(k=1,2,3,4,5)$ 服从同一指数分布，其概率密度为

$$f(x)=\begin{cases} \frac{1}{\theta}\mathrm{e}^{-x/\theta} & x>0,\theta>0 \\ 0 & x\leqslant 0 \end{cases}$$

(1) 若将这 5 个电子装置串联组成整机，求整机寿命 N 的数学期望；

(2) 若将这 5 个电子装置并联组成整机，求整机寿命 M 的数学期望.

5. 设随机变量 X 的分布函数为 $F(x)=0.4\Phi\left(\frac{x-1}{2}\right)+0.6\Phi(3x+1)$ ，其中 $\Phi(x)$ 为标准正态变量的分布函数，求 $E(X)$.

6. (2012.3) 设随机变量 X 和 Y 相互独立，且均服从参数为 1 的指数分布，$V=\min(X,Y)$，$U=\max(X,Y)$. 求：(1) 随机变量 V 的概率密度；(2) $E(U+V)$.

7. (2015.1) 设随机变量 X 的概率密度为 $f(x)=\begin{cases}2^{-x}\ln 2 & x>0\\ 0 & x\leqslant 0\end{cases}$，对 X 进行独立重复的观测，直到第 2 个大于 3 的观测值出现，记 Y 为观测次数. 求：(1) Y 的概率分布；(2) $E(Y)$.

8. 设实验成功的概率为 $\frac{3}{4}$，失败的概率为 $\frac{1}{4}$，独立重复该实验直到成功 2 次，求实验次数的数学期望.

9. 设随机变量 $X\sim P(\lambda)$，证明 $E(X^n)=\lambda E[(X+1)^{n-1}]$，并利用此结果计算 $E(X^3)$.

4.2 方　　差

随机变量的数学期望可以理解为该随机变量取值的平均值，但有时在实际问题中，知道其均值还是不够的，例如在检验棉花的质量时，除了要注意纤维的平均长度，还要注意纤维长度与平均长度的偏离程度. 那么，用怎样的量去度量这个偏离程度呢？用 $E[X-E(X)]$ 来描述是不行的，因为这时正负偏差会抵消；用 $E[|X-E(X)|]$ 来描述原则上是可以的，但有绝对值不便计算. 因此，通常用 $E\{[X-E(X)]^2\}$ 来描述随机变量与均值的偏离程度.

4.2.1 方差的概念

定义 4.3 设 X 是随机变量，$E\{[X-E(X)]^2\}$ 存在，就称其为 X 的方差(variance)，记为 $D(X)$(或 $\mathrm{Var}(X)$)，即

$$D(X)=E\{[X-E(X)]^2\} \tag{4.7}$$

称 $\sqrt{D(X)}$ 为均方差(mean square deviation)或标准差(standard deviation)，记为 $\sigma(X)$ 或 σ_X.

根据定义可知，随机变量 X 的方差反映了随机变量的取值与其数学期望的偏离程度. 若 X 取值比较集中，则 $D(X)$ 较小，反之，若 X 取值比较分散，则 $D(X)$ 较大.

2015 年，习近平总书记强调，全面建成小康社会，是中国共产党对中国人民的庄严承诺．脱贫攻坚战的冲锋号已经吹响，咬定目标、苦干实干，坚决打赢脱贫攻坚战，确保到 2020 年所有贫困地区和贫困人口一道迈入全面小康社会．

脱贫是为了消除贫困，减小贫富差距，提高平均生活水平，改善民生，逐步实现共同富裕．这里的数学期望体现的是"平均生活水平"的高低，方差体现的是"贫富差距"的大小[22]．

方差和标准差之间的区别主要在量纲上，由于标准差与所讨论的随机变量、数学期望有相同的量纲，其运算 $E(X)\pm k\sigma(X)$ 是有意义的（k 为正实数），所以在实际中用标准差较多，但标准差必须通过方差来计算．

另外要指出：随机变量 X 的数学期望存在，其方差不一定存在；而 X 的方差存在，其数学期望 $E(X)$ 一定存在。其原因在于 $|x|\leqslant x^2+1$ 总是成立的．

4.2.2 方差的计算

（1）若 X 是离散型随机变量，分布律为 $p_k=P(X=x_k)$ $(k=1,2,\cdots)$，则

$$D(X)=\sum_{k=1}^{+\infty}[x_k-E(X)]^2p_k \tag{4.8}$$

（2）若 X 是连续型随机变量，它的概率密度为 $f(x)$，则

$$D(X)=\int_{-\infty}^{+\infty}[x-E(X)]^2f(x)\mathrm{d}x \tag{4.9}$$

（3）
$$D(X)=E(X^2)-[E(X)]^2 \tag{4.10}$$

证明　仅证(3)．由方差的定义及数学期望的性质，得

$$\begin{aligned}D(X)&=E\{[X-E(X)]^2\}=E\{X^2-2XE(X)+[E(X)]^2\}\\&=E(X^2)-2E(X)E(X)+[E(X)]^2=E(X^2)-[E(X)]^2\end{aligned}$$

由该等式可知，要计算 $D(X)$，只需计算 $E(X)$、$E(X^2)$的值．

例 4.2.1　设一射手射击，X 表示其射中的环数，且其概率分布如下：

X	7	8	9	10
P	0.2	0.3	0.4	0.1

求 $D(X)$．

解　因为　$E(X)=7\times0.2+8\times0.3+9\times0.4+10\times0.1=8.4$

且　$E(X^2)=7^2\times0.2+8^2\times0.3+9^2\times0.4+10^2\times0.1=71.4$

所以　$D(X)=E(X^2)-[E(X)]^2=0.84$

例 4.2.2　设随机变量 $X\sim B(n,p)$（即服从二项分布），求其方差 $D(X)$．

[22] 利用数学期望与方差分析解读脱贫攻坚政策，感受我国社会主义制度的优越性，增强四个自信．

解 因为 $X\sim B(n,p)$，$P(X=k)=C_n^k p^k(1-p)^{n-k}$，$k=0,1,\cdots,n$，$E(X)=np$，所以

$$\begin{aligned}
E(X^2) &= \sum_{k=0}^{n} k^2 C_n^k p^k(1-p)^{n-k} = \sum_{k=1}^{n} k^2 \frac{n!}{k!(n-k)!} p^k(1-p)^{n-k} \\
&= \sum_{k=1}^{n} (k-1+1)k \frac{n!}{k!(n-k)!} p^k(1-p)^{n-k} \\
&= \sum_{k=1}^{n} (k-1)k \frac{n!}{k!(n-k)!} p^k(1-p)^{n-k} + \sum_{k=1}^{n} k \frac{n!}{k!(n-k)!} p^k(1-p)^{n-k} \\
&= \sum_{k=2}^{n} (k-1)k \frac{n!}{k!(n-k)!} p^k(1-p)^{n-k} + np \\
&= n(n-1)p^2 \sum_{k=2}^{n} \frac{(n-2)!}{(k-2)!(n-k)!} p^{k-2}(1-p)^{(n-2)-(k-2)} + np \\
&= n(n-1)p^2 \sum_{k=2}^{n} C_{n-2}^{k-2} p^{k-2}(1-p)^{(n-2)-(k-2)} + np \\
&= n(n-1)p^2(p+1-p)^{n-2} + np = n(n-1)p^2 + np
\end{aligned}$$

求得 $D(X)=E(X^2)-(E(X))^2=n(n-1)p^2+np-n^2p^2=np(1-p)$

注 若 $X\sim B(1,p)$（即 0-1 分布），则 $D(X)=p(1-p)$.

例 4.2.3 设随机变量 X 服从参数为 λ 的泊松分布，求 $D(X)$.

解 由于 $D(X)=E(X^2)-[E(X)]^2$，而 $E(X)=\lambda$，故

$$\begin{aligned}
E(X^2) &= \sum_{k=1}^{+\infty} k^2 \frac{\lambda^k}{k!} e^{-\lambda} = \lambda \sum_{k=1}^{+\infty} \frac{k\lambda^{k-1}}{(k-1)!} e^{-\lambda} = \lambda e^{-\lambda} \sum_{k=0}^{+\infty} \frac{(k+1)\lambda^k}{k!} \\
&= \lambda e^{-\lambda} \sum_{k=0}^{+\infty} \frac{k\lambda^k}{k!} + \lambda e^{-\lambda} \sum_{k=0}^{+\infty} \frac{\lambda^k}{k!} = \lambda e^{-\lambda}(\lambda e^{\lambda} + e^{\lambda}) = \lambda^2 + \lambda
\end{aligned}$$

因而 $D(X)=\lambda$.

***例 4.2.4** 设随机变量 $X\sim H(n,N,M)$（即超几何分布），求其方差 $D(X)$.

解 因为 $X\sim H(n,N,M)$，则其概率分布为

$$P(X=k)=\frac{C_M^k C_{N-M}^{n-k}}{C_N^n},\quad k=0,1,\cdots,r$$

其中，$r=\min\{M,n\}$，$M\leqslant N$，$n\leqslant N$，n、N、M 均为正整数. 其数学期望为 $E(X)=\dfrac{nM}{N}$，又

$$\begin{aligned}
E(X^2) &= \sum_{k=0}^{r} k^2 \frac{C_M^k C_{N-M}^{n-k}}{C_N^n} = \sum_{k=1}^{r} k^2 \frac{C_M^k C_{N-M}^{n-k}}{C_N^n} = \sum_{k=1}^{r} k(k-1+1) \frac{C_M^k C_{N-M}^{n-k}}{C_N^n} \\
&= \sum_{k=1}^{r} k(k-1) \frac{C_M^k C_{N-M}^{n-k}}{C_N^n} + \sum_{k=1}^{r} k \frac{C_M^k C_{N-M}^{n-k}}{C_N^n} = \sum_{k=2}^{r} k(k-1) \frac{M!\,C_{N-M}^{n-k}}{k!(M-k)!\,C_N^n} + \frac{nM}{N} \\
&= \frac{M(M-1)}{C_N^n} \sum_{k=2}^{r} \frac{(M-2)!\,C_{N-M}^{n-k}}{(k-2)!(M-k)!} + \frac{nM}{N} = \frac{M(M-1)}{C_N^n} \sum_{k=2}^{r} C_{N-M}^{n-k} C_{M-2}^{k-2} + \frac{nM}{N}
\end{aligned}$$

$$= \frac{M(M-1)}{C_N^n} C_{N-2}^{n-2} + \frac{nM}{N} = \frac{M(M-1)n!(N-n)!(N-2)!}{N!(n-2)!(N-n)!} + \frac{nM}{N}$$

$$= \frac{M(M-1)n(n-1)}{N(N-1)} + \frac{nM}{N}$$

所以
$$D(X) = E(X^2) - (E(X))^2 = \frac{M(M-1)n(n-1)}{N(N-1)} + \frac{nM}{N} - \left(\frac{nM}{N}\right)^2$$

$$= \frac{nM(N-M)(N-n)}{N^2(N-1)}$$

*例 4.2.5　设随机变量 $X \sim Ge(p)$（即几何分布），求其方差 $D(X)$.

解　因为随机变量 $X \sim Ge(p)$，则有 $P(X=k) = pq^{k-1}, k=1,2,\cdots, 0<p<1, q=1-p$，其数学期望 $E(X) = \frac{1}{p}$，又

$$E(X^2) = \sum_{k=1}^{\infty} k^2 pq^{k-1} = p\left(\sum_{k=1}^{\infty} k(k-1)q^{k-1} + \sum_{k=1}^{\infty} kq^{k-1}\right)$$

$$= pq\sum_{k=1}^{\infty} k(k-1)q^{k-2} + \frac{1}{p} = pq\sum_{k=1}^{\infty}(q^k)'' + \frac{1}{p}$$

$$= pq\frac{d^2}{dq^2}\left(\sum_{k=1}^{\infty} q^k\right) + \frac{1}{p} = pq\frac{d^2}{dq^2}\left(\frac{q}{1-q}\right) + \frac{1}{p}$$

$$= pq\frac{2}{(1-q)^3} + \frac{1}{p} = \frac{2q}{p^2} + \frac{1}{p}$$

所以
$$D(X) = E(X^2) - [E(X)]^2 = \frac{2q}{p^2} + \frac{1}{p} - \frac{1}{p^2} = \frac{q}{p^2}$$

例 4.2.6　设随机变量 X 服从 (a,b) 上的均匀分布，求 $D(X)$.

解　由于均匀分布的密度函数为

$$f(x) = \begin{cases} \dfrac{1}{b-a} & a \leqslant x \leqslant b \\ 0 & \text{其他} \end{cases}, \quad E(X) = \frac{a+b}{2}$$

$$E(X^2) = \int_a^b \frac{x^2}{b-a} dx = \frac{b^3 - a^3}{3(b-a)} = \frac{b^2 + ab + a^2}{3}$$

故
$$D(X) = \frac{b^2 + ab + a^2}{3} - \left(\frac{a+b}{2}\right)^2 = \frac{(b-a)^2}{12}$$

例 4.2.7　设随机变量 X 服从参数为 λ 的指数分布，求 $D(X)$.

解　由于指数分布的概率密度为 $f(x) = \begin{cases} \lambda e^{-\lambda x} & x > 0 \\ 0 & x \leqslant 0 \end{cases}$，$E(X) = \frac{1}{\lambda}$，且

$$E(X^2) = \int_0^{+\infty} x^2 \cdot \lambda e^{-\lambda x} dx = -\int_0^{+\infty} x^2 \cdot de^{-\lambda x} = -x^2 e^{-\lambda x}\Big|_0^{+\infty} + \int_0^{+\infty} e^{-\lambda x} dx^2$$

$$= 0 + 2\int_0^{+\infty} xe^{-\lambda x} dx = -\frac{2}{\lambda}\int_0^{+\infty} x de^{-\lambda x} = -\frac{2}{\lambda} x e^{-\lambda x}\Big|_0^{+\infty} + \frac{2}{\lambda}\int_0^{+\infty} e^{-\lambda x} dx$$

$$= 0 + \frac{-2}{\lambda^2}\int_0^{+\infty} \mathrm{d}e^{-\lambda x} = \frac{2}{\lambda^2}$$

故
$$D(X) = \frac{2}{\lambda^2} - \left(\frac{1}{\lambda}\right)^2 = \frac{1}{\lambda^2}$$

例 4.2.8 设随机变量 $X \sim N(\mu,\sigma^2)$，求 $D(X)$.

解 由 4.1 节知 $E(X) = \mu$，从而

$$D(X) = \int_{-\infty}^{+\infty}[x - E(X)]^2 f(x)\mathrm{d}x = \int_{-\infty}^{+\infty}(x-\mu)^2 \frac{1}{\sqrt{2\pi}\sigma}e^{-\frac{(x-\mu)^2}{2\sigma^2}}\mathrm{d}x$$

令$\frac{x-\mu}{\sigma} = t$ 则

$$D(X) = \frac{\sigma^2}{\sqrt{2\pi}}\int_{-\infty}^{+\infty} t^2 e^{-\frac{t^2}{2}}\mathrm{d}t = \frac{\sigma^2}{\sqrt{2\pi}}\left(-te^{-\frac{t^2}{2}}\Big|_{-\infty}^{+\infty} + \int_{-\infty}^{+\infty} e^{-\frac{t^2}{2}}\mathrm{d}t\right)$$

$$= \frac{\sigma^2}{\sqrt{2\pi}}(0 + \sqrt{2\pi}) = \sigma^2$$

由此可知：正态分布的概率密度中的两个参数 μ 和 σ 分别是该分布的数学期望和均方差. 因而正态分布完全可由它的数学期望和方差确定.

* **例 4.2.9** 设随机变量 $X \sim Ga(\alpha,\lambda)$（即伽马分布），其中 $\alpha > 0, \lambda > 0$，求其方差 $D(X)$.

解 由于 $X \sim Ga(\alpha,\lambda)$，故其密度函数为 $f(x) = \begin{cases} \frac{\lambda^\alpha}{\Gamma(\alpha)}x^{\alpha-1}e^{-\lambda x} & x \geqslant 0 \\ 0 & x < 0 \end{cases}$，其数学期望为 $E(X) = \frac{\alpha}{\lambda}$，又由于

$$E(X^2) = \int_{-\infty}^{+\infty} x^2 f(x)\mathrm{d}x = \frac{\lambda^\alpha}{\Gamma(\alpha)}\int_0^{+\infty} x^{\alpha+1}e^{-\lambda x}\mathrm{d}x$$

令 $\lambda x = t$，则有

$$E(X^2) = \frac{\lambda^\alpha}{\Gamma(\alpha)}\int_0^{+\infty}\left(\frac{t}{\lambda}\right)^{\alpha+1}e^{-t}\mathrm{d}\,\frac{t}{\lambda} = \frac{\lambda^\alpha}{\Gamma(\alpha)}\,\frac{1}{\lambda^{\alpha+2}}\int_0^{+\infty} t^{\alpha+2-1}e^{-t}\mathrm{d}t$$

$$= \frac{1}{\Gamma(\alpha)}\,\frac{1}{\lambda^2}\Gamma(\alpha+2) = \frac{1}{\Gamma(\alpha)}\,\frac{1}{\lambda^2}\Gamma(\alpha)\alpha(\alpha+1) = \frac{\alpha(\alpha+1)}{\lambda^2}$$

所以

$$D(X) = E(X^2) - [E(X)]^2 = \frac{\alpha(\alpha+1)}{\lambda^2} - \frac{\alpha^2}{\lambda^2} = \frac{\alpha}{\lambda^2}$$

注 由于 χ^2 分布是特殊的伽马分布，即 $Ga\left(\frac{n}{2},\frac{1}{2}\right) = \chi^2(n)$，则很容易得到 χ^2 分布的期望和方差为

$$E(X) = \frac{\alpha}{\lambda} = n, \quad D(X) = \frac{\alpha}{\lambda^2} = 2n$$

* **例 4.2.10**　设随机变量 $X \sim Be(a,b)$（即贝塔分布），其中 $a>0,b>0$，求其方差 $D(X)$.

解　由于 $X \sim Be(a,b)$，则其密度函数为

$$f(x)=\begin{cases}\dfrac{\Gamma(a+b)}{\Gamma(a)\Gamma(b)}x^{a-1}(1-x)^{b-1} & 0<x<1\\ 0 & \text{其他}\end{cases}$$

其期望 $E(X)=\dfrac{a}{a+b}$，又因

$$\begin{aligned}E(X^2)&=\int_{-\infty}^{+\infty}x^2f(x)\mathrm{d}x=\frac{\Gamma(a+b)}{\Gamma(a)\Gamma(b)}\int_0^1x^{a+1}(1-x)^{b-1}\mathrm{d}x\\&=\frac{\Gamma(a+b)}{\Gamma(a)\Gamma(b)}\int_0^1x^{a+2-1}(1-x)^{b-1}\mathrm{d}x=\frac{\Gamma(a+b)}{\Gamma(a)\Gamma(b)}B(a+2,b)\\&=\frac{\Gamma(a+b)}{\Gamma(a)\Gamma(b)}\frac{\Gamma(a+2)\Gamma(b)}{\Gamma(a+b+2)}=\frac{\Gamma(a+b)}{\Gamma(a)\Gamma(b)}\frac{(a+1)a\Gamma(a)\Gamma(b)}{(a+b+1)(a+b)\Gamma(a+b)}\\&=\frac{a(a+1)}{(a+b+1)(a+b)}\end{aligned}$$

所以

$$\begin{aligned}D(X)=E(X^2)-E^2(X)&=\frac{a(a+1)}{(a+b+1)(a+b)}-\frac{a^2}{(a+b)^2}\\&=\frac{ab}{(a+b+1)(a+b)^2}\end{aligned}$$

注　$B(a,b)=\int_0^1x^{a-1}(1-x)^{b-1}\mathrm{d}x, B(a,b)=\dfrac{\Gamma(a)\Gamma(b)}{\Gamma(a+b)}, \Gamma(\alpha+1)=\alpha\Gamma(\alpha)$.

例 4.2.11　设 (X,Y) 的概率密度为

$$f(x,y)=\begin{cases}1 & |y|\leqslant x, 0\leqslant x\leqslant 1\\ 0 & \text{其他}\end{cases}$$

求 $D(X)$ 及 $D(Y)$.

解　$D: |y|\leqslant x \quad (0\leqslant x\leqslant 1)$

$$E(X)=\iint_D xf(x,y)\mathrm{d}x\mathrm{d}y=\int_0^1x\mathrm{d}x\int_{-x}^x\mathrm{d}y=\int_0^1 2x^2\mathrm{d}x=\frac{2}{3}$$

$$E(Y)=\iint_D yf(x,y)\mathrm{d}x\mathrm{d}y=\int_0^1\mathrm{d}x\int_{-x}^x y\mathrm{d}y=0$$

$$E(X^2)=\iint_D x^2f(x,y)\mathrm{d}x\mathrm{d}y=\int_0^1x^2\mathrm{d}x\int_{-x}^x\mathrm{d}y=\int_0^1 2x^3\mathrm{d}x=\frac{1}{2}$$

$$E(Y^2)=\iint_D y^2f(x,y)\mathrm{d}x\mathrm{d}y=\int_0^1\mathrm{d}x\int_{-x}^x y^2\mathrm{d}y=\frac{2}{3}\int_0^1x^3\mathrm{d}x=\frac{1}{6}$$

$$D(X)=\frac{1}{2}-\frac{4}{9}=\frac{1}{18},\quad D(Y)=\frac{1}{6}-0=\frac{1}{6}$$

4.2.3 方差的性质

性质 1 设 c 是常数，则有 $D(c)=0$.

性质 2 设 a、c 是常数，则有 $D(aX)=a^2D(X)$，$D(aX+c)=a^2D(X)$.

性质 3 $D(aX+bY)=a^2D(X)+b^2D(Y)+2abE\{[X-E(X)][Y-E(Y)]\}$.

证明
$$\begin{aligned}D(aX+bY)&=E\{[aX+bY-E(aX+bY)]^2\}\\&=E\{[aX-aE(X)+bY-bE(Y)]^2\}\\&=a^2E[X-E(X)]^2+b^2E[Y-E(Y)]^2\\&\quad+2abE\{[X-E(X)][Y-E(Y)]\}\\&=a^2D(X)+b^2D(Y)+2abE\{[X-E(X)][Y-E(Y)]\}\end{aligned}$$

当 X、Y 是相互独立时，有
$$\begin{aligned}E\{[X-E(X)][Y-E(Y)]\}&=E[XY-X\cdot E(Y)-Y\cdot E(X)+E(X)\cdot E(Y)]\\&=E(XY)-E(X)\cdot E(Y)-E(Y)\cdot E(X)+E(X)\cdot E(Y)\\&=E(XY)-E(X)\cdot E(Y)=0\end{aligned}$$

即有
$$D(aX+bY)=a^2D(X)+b^2D(Y)$$

性质 4 若 $X_1,X_2,\cdots,X_n$ 是相互独立的随机变量，则
$$D\left(\sum_{i=1}^{n}k_iX_i\right)=\sum_{i=1}^{n}k_i^2D(X_i)$$

性质 5 $D(X)=0$ 的充要条件是 X 以概率为 1 取常数，即
$$P(X=c)=1$$

* **证明** 充分性是显然的，下面证明必要性. 设 $D(X)=0$，这时 $E(X)$存在. 因为
$$\{|X-E(X)|>0\}=\bigcup_{n=1}^{\infty}\left\{|X-E(X)|\geqslant\frac{1}{n}\right\}$$

所以有
$$\begin{aligned}P(|X-E(X)|>0)&=P\left(\bigcup_{n=1}^{\infty}\left\{|X-E(X)|\geqslant\frac{1}{n}\right\}\right)\\&\leqslant\sum_{n=1}^{\infty}P\left(|X-E(X)|\geqslant\frac{1}{n}\right)\leqslant\sum_{n=1}^{\infty}\frac{D(X)}{(1/n)^2}=0\end{aligned}$$

其中最后一个不等式用到了切比雪夫不等式(请参看第 5 章第 1 节)，由此可知
$$P(|X-E(X)|>0)=0$$

因而有
$$P(|X-E(X)|=0)=1$$

即
$$P(X=E(X))=1$$

从而结论得证，且其中的常数 $c=E(X)$.

例 4.2.12 设随机变量 X 服从二项分布 $B(n,p)$，求 $E(X)$、$D(X)$.

解 由二项分布的定义知 X 是 n 重伯努利试验中事件 A 发生的次数，且每次试

验中事件 A 发生的概率为 p，引入随机变量

$$X_k = \begin{cases} 1 & A\text{ 在第 }k\text{ 次试验中发生} \\ 0 & A\text{ 在第 }k\text{ 次试验中不发生} \end{cases} \quad (k = 1,2,\cdots,n)$$

易知
$$X = X_1 + X_2 + \cdots + X_n$$

且 $X_1, X_2, \cdots, X_n$ 独立同分布，X_k 的分布律均为

$$P(X_k = 1) = p, \quad P(X_k = 0) = 1 - p \quad (k = 1,2,\cdots,n)$$

那么 $X = X_1 + X_2 + \cdots + X_n$ 服从 $B(n,p)$.

因为
$$E(X_i) = 1 \cdot p + 0 \cdot (1 - p) = p$$

$$D(X_i) = E(X_i^2) - E(X_i)^2 = 1^2 \times p + 0^2 \times (1 - p) - p^2$$
$$= p(1 - p) \quad (k = 1,2,\cdots,n)$$

所以
$$E(X) = \sum_{i=1}^{n} E(X_i) = \sum_{i=1}^{n} P = np$$

$$D(X) = \sum_{i=1}^{n} D(X_i) = np(1 - p)$$

注　本例是直接利用二项分布 $B(n,p)$ 变量总可以分解为 n 个 $B(1,p)$(0-1 分布)变量之和来解答的. 利用该特性，可类似求出负二项分布的期望和方差.

* **例 4.2.13**　设随机变量 $X \sim NB(r,p)$(负二项分布)，求其数学期望和方差.

解　因为随机变量 $X \sim NB(r,p)$，其分布列为

$$P(X = k) = C_{k-1}^{r-1} p^r q^{k-r}, k = r, r+1, \cdots \quad 0 < p < 1, q = 1 - p$$

又由于负二项分布的随机变量可以分解为 r 个独立同分布的几何分布随机变量之和，即若 $X_i \sim Ge(p)$，且 X_i 间独立，$i = 1,2,\cdots,r$，此时有

$$X = X_1 + X_2 + \cdots + X_r \sim NB(r,p)$$

由于 $E(X_i) = \dfrac{1}{p}$，$D(X_i) = \dfrac{q}{p^2}$，故由期望和方差的性质有

$$E(X) = E(X_1 + X_2 + \cdots + X_r) = \sum_{i=1}^{r} E(X_i) = \frac{r}{p}$$

$$D(X) = D(X_1 + X_2 + \cdots + X_r) = \sum_{i=1}^{r} D(X_i) = \frac{rq}{p^2}$$

例 4.2.14　设 $X_1, X_2, \cdots, X_n$ 是相互独立且同分布的随机变量，$E(X_i) = \mu$，$D(X_i) = \sigma^2$，记 $\overline{X} = \dfrac{1}{n}\sum_{i=1}^{n} X_i$，求 $E(\overline{X})$、$D(\overline{X})$.

解　因为 $X_1, X_2, \cdots, X_n$ 是相互独立且同分布的随机变量，所以

$$E(\overline{X}) = E\left(\frac{1}{n}\sum_{i=1}^{n} X_i\right) = \frac{1}{n} E\left(\sum_{i=1}^{n} X_i\right) = \frac{1}{n}\sum_{i=1}^{n} E(X_i) = \frac{1}{n} \cdot n\mu = \mu$$

$$D(\overline{X}) = D\left(\frac{1}{n}\sum_{i=1}^{n} X_i\right) = \frac{1}{n^2} D\left(\sum_{i=1}^{n} X_i\right) = \frac{1}{n^2}\sum_{i=1}^{n} D(X_i) = \frac{1}{n^2} \cdot n\sigma^2 = \frac{\sigma^2}{n}$$

注 该例的结果与总体的分布类型无关，其结论在后面的数理统计中会经常用到，请读者留意.

4.2.4 几种常见分布的数学期望和方差

由前面例题的计算结果，可得几种常见分布的数学期望与方差，现整理并列举如下.

1. 0-1 分布

设 $X\sim B(1,p)$，即有

$$P(X=1)=p,\quad P(X=0)=1-p\quad(0<p<1)$$

则
$$E(X)=p,D(X)=p(1-p)$$

2. 二项分布

设 $X\sim B(n,p)$，即有

$$P(X=k)=C_n^k p^k(1-p)^{n-k}\quad(k=0,1,\cdots,n)$$

则
$$E(X)=np,\quad D(X)=np(1-p)$$

3. 泊松分布

设 $X\sim P(\lambda)$，即有

$$P(X=k)=\frac{\lambda^k}{k!}e^{-\lambda}\quad(\lambda>0;k=0,1,\cdots)$$

则
$$E(X)=\lambda,\quad D(X)=\lambda$$

4. 均匀分布

设 $X\sim R[a,b]$，即有 X 的概率密度为

$$f(x)=\begin{cases}\dfrac{1}{b-a} & a<x<b\\ 0 & \text{其他}\end{cases}$$

分布函数为
$$F(x)=\begin{cases}0 & x<a\\ \dfrac{x-a}{b-a} & a\leqslant x<b\\ 1 & x\geqslant b\end{cases}$$

则
$$E(X)=\frac{a+b}{2},\quad D(X)=\frac{(b-a)^2}{12}$$

5. 正态分布

设 $X\sim N(\mu,\sigma^2)$，即有 X 的概率密度为

$$f(x)=\frac{1}{\sqrt{2\pi}\sigma}e^{-\frac{1}{2\sigma^2}(x-\mu)^2}\quad(-\infty<x<+\infty)$$

其中 $\sigma>0$，σ、μ 为常数，则

$$E(X)=\mu,\quad D(X)=\sigma^2$$

6. 指数分布

设 $X\sim E(\lambda)$，即有 X 的概率密度为

$$f(x)=\begin{cases}\lambda e^{-\lambda x} & x>0\\ 0 & \text{其他}\end{cases}$$

其中 $\lambda>0$，且为常数；分布函数为

$$F(x)=\begin{cases}1-e^{-\lambda x} & x>0\\ 0 & x\leqslant 0\end{cases}$$

则
$$E(X)=\frac{1}{\lambda},\quad D(X)=\frac{1}{\lambda^2}$$

***7. 超几何分布**

设 $X\sim H(n,N,M)$，即 X 的概率分布律为

$$P(X=k)=\frac{C_M^k C_{N-M}^{n-k}}{C_N^n}\quad (k=0,1,\cdots,r)$$

其中，$r=\min\{M,n\}$，$M\leqslant N$，$n\leqslant N$，n、N、M 均为正整数，则

$$E(X)=\frac{nM}{N},\quad D(X)=\frac{nM(N-M)(N-n)}{N^2(N-1)}$$

***8. 几何分布**

设 $X\sim Ge(p)$，即有 X 的概率分布律为

$$P(X=k)=pq^{k-1}\quad (k=1,2,\cdots,0<p<1,q=1-p)$$

则
$$E(X)=\frac{1}{p},\quad D(X)=\frac{q}{p^2}$$

***9. 负二项分布**

设 $X\sim NB(r,p)$，即有 X 的概率分布律为

$$P(X=k)=C_{k-1}^{r-1}p^r q^{k-r}\quad (k=r,r+1,\cdots,0<p<1,q=1-p)$$

则
$$E(X)=\frac{r}{p},\quad D(X)=\frac{rq}{p^2}$$

***10. 伽马分布**

设 $X\sim Ga(\alpha,\lambda)$，即有 X 的密度函数为

$$f(x)=\begin{cases}\dfrac{\lambda^\alpha}{\Gamma(\alpha)}x^{\alpha-1}e^{-\lambda x} & x\geqslant 0\\ 0 & x<0\end{cases}$$

其中 $\alpha>0$，$\lambda>0$，则

$$E(X)=\frac{\alpha}{\lambda},\quad D(X)=\frac{\alpha}{\lambda^2}$$

*11. 贝塔分布

设 $X\sim Be(a,b)$(即贝塔分布),即有 X 的密度函数为

$$f(x)=\begin{cases}\dfrac{\Gamma(a+b)}{\Gamma(a)\Gamma(b)}x^{a-1}(1-x)^{b-1} & 0<x<1\\ 0 & \text{其他}\end{cases}$$

其中 $a>0,b>0$,则

$$E(X)=\frac{a}{a+b},D(X)=\frac{ab}{(a+b+1)(a+b)^2}$$

例 4.2.15 设 $X\sim B(4,0.5)$,Y 服从参数为 λ 的泊松分布,且满足 $E[(X+1)(X-1)]=2E[(Y-1)(Y-2)]$,求参数 λ.

解 因为 $X\sim B(4,0.5)$,得

$$E(X)=2,\quad D(X)=1,\quad E(X^2)=D(X)+[E(X)]^2=5$$

又因为 $Y\sim P(\lambda)$,所以 $E(Y)=D(Y)=\lambda$,$E(Y^2)=D(Y)+[E(Y)]^2=\lambda+\lambda^2$,由

$$E[(X+1)(X-1)]=2E[(Y-1)(Y-2)]$$

得
$$E(X^2)-1=2[E(Y^2)-3E(Y)+2]$$

即
$$5-1=2[(\lambda+\lambda^2)-3\lambda+2]$$

从而
$$\lambda=2$$

习　题　4.2

(一) 基础练习题

1. 袋中装有 5 个球,编号为 1、2、3、4、5,在袋中同时取 3 个球,用 X 表示取出的 3 个球中的最大号码,求 $E(X)$、$D(X)$.

2. $X\sim B(n,p)$,且 $E(X)=3.6$,$D(X)=2.16$,求参数 n、p.

3. 设随机变量 X 的概率密度为 $f(x)=\begin{cases}2x & 0\leqslant x\leqslant 1\\ 0 & \text{其他}\end{cases}$,求 $D(X)$、$D(X^2)$.

4. 设随机变量 X 的概率密度为 $f(x)=\begin{cases}x & 0<x<1\\ 2-x & 1\leqslant x\leqslant 2\\ 0 & \text{其他}\end{cases}$,求 $E(X)$、$D(X)$.

5. 设随机变量 $X\sim U[-2,2]$,求 $D(1-2X)$.

6. 设随机变量 X 和 Y 相互独立,且 $D(X)=2$,$D(Y)=3$,求 $D(2X-3Y)$.

7.(2008.3) 设随机变量 X 服从参数为 1 的泊松分布,求 $P(X=E(X^2))$.

8.(2004.3) 设随机变量 X 服从参数为 λ 的指数分布,求 $P(X>\sqrt{D(X)})$.

9. 设 X_1、X_2、X_3 相互独立,其中 $X_1\sim U[0,6]$,$X_2\sim N(0,1)$,$X_3\sim P\left(\frac{1}{3}\right)$,记 Y

$=X_1-2X_2+3X_3$，求 $D(Y)$.

10. 设 $X_1,X_2,\cdots,X_n$ 是相互独立且都服从参数为 λ 的泊松分布的随机变量，记 $\overline{X}=\frac{1}{n}\sum_{i=1}^{n}X_i$，求 $E(\overline{X})$、$D(\overline{X})$.

（二）提高练习题

1. 已知随机变量 X 的概率密度为 $f(x)=\frac{1}{2}e^{-|x|}$，$-\infty<x<+\infty$，试求 $D(X^2)$.

2. 设 $X\sim U[a,b]$，且 $E(X)=1$，$D(X)=\frac{1}{3}$，求 $E(|X-1|)$.

3. 设有 $n(n>1)$ 张卡片(编号为 $1\sim n$)，现从中有放回地任取 k 张，求所取号码之和 X 的数学期望 $E(X)$ 和方差 $D(X)$.

4. 已知 X 的概率密度 $f(x)=Ae^{-\left(\frac{x+1}{2}\right)^2}$，$aX+b\sim N(0,1)$，$(a>0)$，试求常数 A、a、b.

5.(1998.1) 设 X、Y 是两个相互独立且均服从正态分布 $N(0,\frac{1}{2})$ 的随机变量，求 $D(|X-Y|)$.

6. 设随机变量 X 与 Y 独立，$X\sim N\left(1,\frac{1}{4}\right)$，$Y\sim N(3,1)$，令 $Z=2X-Y+1$，求 (1) Z 的密度函数 $f_Z(z)$；(2) $D(|Z|)$.

7. 设随机变量 U 在区间 $[-2,2]$ 上服从均匀分布，随机变量

$$X=\begin{cases}-1 & U\leqslant -1\\ 1 & U>-1\end{cases}\qquad Y=\begin{cases}-1 & U\leqslant 1\\ 1 & U>1\end{cases}$$

试求(1) X 和 Y 的联合概率分布；(2) $D(X+Y)$.

4.3　协方差与相关系数

对于二维随机变量 (X,Y)，除了讨论 X 与 Y 的数学期望和方差外，还需讨论描述 X 与 Y 之间相互关系的数字特征. 实际上，在实际问题中，每对随机变量往往相互影响、相互联系，例如，人的体重与身高、某种农产品的产量与施肥量等. 随机变量的这种相互联系称为相关关系，它们也是一类重要的数字特征，本节讨论有关这方面的数字特征.

4.3.1　协方差及相关系数的定义

定义 4.4　称 $E\{[X-E(X)][Y-E(Y)]\}$ 为随机变量 X 与 Y 的协方差(covariance). 记为 $\mathrm{Cov}(X,Y)$，即

$$\mathrm{Cov}(X,Y)=E\{[X-E(X)][Y-E(Y)]\}$$

特别地，

$$\mathrm{Cov}(X,X)=E\{[X-E(X)][X-E(X)]\}=D(X)$$
$$\mathrm{Cov}(Y,Y)=E\{[Y-E(Y)][Y-E(Y)]\}=D(Y)$$

故方差 $D(X)$、$D(Y)$是协方差的特例.

若(X,Y)为二维离散型随机变量,其联合分布律为 $P(X=x_i,Y=y_j)=p_{ij}\,(i,j=1,2,\cdots)$,则有

$$\mathrm{Cov}(X,Y)=\sum_i\sum_j[x_i-E(X)][y_i-E(Y)]p_{ij} \tag{4.11}$$

若(X,Y) 为二维连续型随机变量,其概率密度为 $f(x,y)$,则有

$$\mathrm{Cov}(X,Y)=\int_{-\infty}^{+\infty}\int_{-\infty}^{+\infty}[x-E(X)][y-E(Y)]f(x,y)\mathrm{d}x\mathrm{d}y \tag{4.12}$$

注 由协方差的定义及数学期望的性质可得下列实用计算公式:

$$\mathrm{Cov}(X,Y)=E(XY)-E(X)E(Y) \tag{4.13}$$

定义 4.5 称

$$\rho_{XY}=\frac{\mathrm{Cov}(X,Y)}{\sqrt{D(X)}\sqrt{D(Y)}}\ (D(X)\neq 0,D(Y)\neq 0) \tag{4.14}$$

为随机变量 X 与 Y 的(线性)相关系数(correlation coefficient)或标准协方差(standard covariance)(无量纲).

注 从以上定义可以看出,相关系数与协方差是同符号的.

定义 4.6 若 $\rho_{XY}=0$(即 $\mathrm{Cov}(X,Y)=0$),则称 X 与 Y 不相关.

注 若 $\rho_{XY}>0$(即 $\mathrm{Cov}(X,Y)>0$),则称 X 与 Y 正相关;若 $\rho_{XY}<0$(即 $\mathrm{Cov}(X,Y)<0$),则称 X 与 Y 负相关.

相关系数的另一个解释:它是相应标准化变量的协方差.若记 X 与 Y 的数学期望分别为 μ_X 和 μ_Y,其标准化变量为

$$X^*=\frac{X-\mu_X}{\sigma_X},\quad Y^*=\frac{Y-\mu_Y}{\sigma_Y}$$

则有

$$\mathrm{Cov}(X^*,Y^*)=\mathrm{Cov}\left(\frac{X-\mu_X}{\sigma_X},\frac{Y-\mu_Y}{\sigma_Y}\right)=\frac{\mathrm{Cov}(X-\mu_X,Y-\mu_Y)}{\sigma_X\sigma_Y}=\frac{\mathrm{Cov}(X,Y)}{\sigma_X\sigma_Y}=\rho_{XY}$$

其中

$$\begin{aligned}\mathrm{Cov}(X-\mu_X,Y-\mu_Y)&=\mathrm{Cov}(X-\mu_X,Y)-\mathrm{Cov}(X-\mu_X,\mu_Y)\\&=\mathrm{Cov}(X-\mu_X,Y)=\mathrm{Cov}(X,Y)-\mathrm{Cov}(\mu_X,Y)\\&=\mathrm{Cov}(X,Y)\end{aligned}$$

例 4.3.1 设二维随机变量(X,Y)的分布律为

X \ Y	−1	0	1
1	0.2	0.1	0.1
2	0.1	0	0.1
3	0	0.3	0.1

试计算 $\mathrm{Cov}(X,Y)$、ρ_{XY}.

解　由于关于 X 和 Y 的边缘分布律分别为

X	1	2	3
P	0.4	0.2	0.4

Y	−1	0	1
P	0.3	0.4	0.3

所以有 $E(X)=2$，　$E(Y)=0$，　$E(X^2)=4.8$，　$E(Y^2)=0.6$，　$E(XY)=0.2$

$$D(X)=E(X^2)-[E(X)]^2=0.8,\quad D(Y)=E(Y^2)-[E(Y)]^2=0.6$$

于是
$$\mathrm{Cov}(X,Y)=E(XY)-E(X)E(Y)=0.2$$

$$\rho_{XY}=\frac{\mathrm{Cov}(X,Y)}{\sqrt{D(X)}\sqrt{D(Y)}}=0.289$$

例 4.3.2　设二维随机变量 (X,Y) 的概率密度函数为 $f(x,y)=\begin{cases}2-x-y & 0<x<1,0<y<1\\ 0 & \text{其他}\end{cases}$，求相关系数 ρ_{XY}.

解
$$E(X)=\int_0^1 \mathrm{d}x\int_0^1 (2-x-y)\mathrm{d}y=\frac{5}{12}=E(Y)$$

$$E(XY)=\int_0^1 \mathrm{d}x\int_0^1 xy\cdot(2-x-y)\mathrm{d}y=\frac{1}{6}$$

$$E(X^2)=\int_0^1 \mathrm{d}x\int_0^1 x^2\cdot(2-x-y)\mathrm{d}y=\frac{1}{4}=E(Y^2)$$

$$D(X)=E(X^2)-[E(X)]^2=\frac{11}{144}=D(Y)$$

$$\rho_{XY}=\frac{E(XY)-E(X)E(Y)}{\sqrt{D(X)}\sqrt{D(Y)}}=-\frac{1}{11}$$

4.3.2　协方差与相关系数的性质

1. 协方差的性质

性质 1
$$\mathrm{Cov}(X,Y)=\mathrm{Cov}(Y,X)$$

性质 2
$$\mathrm{Cov}(X,X)=D(X),\quad \mathrm{Cov}(X,c)=0\ (c\ \text{为常数})$$

性质 3
$$\mathrm{Cov}(X,Y)=E(XY)-E(X)E(Y)$$

性质 4
$$D(aX\pm bY)=a^2D(X)+b^2D(Y)\pm 2ab\mathrm{Cov}(X,Y)$$

性质 5 $$\mathrm{Cov}(aX,bY)=ab\mathrm{Cov}(X,Y)$$

性质 6 $$\mathrm{Cov}(X_1+X_2,Y)=\mathrm{Cov}(X_1,Y)+\mathrm{Cov}(X_2,Y)$$

下面仅证性质 6,其余类似.

$$\begin{aligned}\mathrm{Cov}(X_1+X_2,Y)&=E[(X_1+X_2)Y]-E(X_1+X_2)E(Y)\\&=E(X_1Y)+E(X_2Y)-E(X_1)E(Y)-E(X_2)E(Y)\\&=[E(X_1Y)-E(X_1)E(Y)]+[E(X_2Y)-E(X_2)E(Y)]\\&=\mathrm{Cov}(X_1,Y)+\mathrm{Cov}(X_2,Y)\end{aligned}$$

2. 相关系数的性质

定理 4.3 设 ρ_{XY}是 X 和 Y 的相关系数,则有

(1) $|\rho_{XY}|\leqslant 1$.

* **证明** 对任意实数 t,有

$$\begin{aligned}D(Y-tX)&=E[(Y-tX)-E(Y-tX)]^2=E\{[Y-E(Y)]-t[X-E(X)]\}^2\\&=E[Y-E(Y)]^2-2tE[Y-E(Y)][X-E(X)]+t^2E[X-E(X)]^2\\&=t^2D(X)-2t\mathrm{Cov}(X,Y)+D(Y)\\&=D(X)\left[t-\frac{\mathrm{Cov}(X,Y)}{D(X)}\right]^2+D(Y)-\frac{[\mathrm{Cov}(X,Y)]^2}{D(X)}\end{aligned}$$

令 $t=\dfrac{\mathrm{Cov}(X,Y)}{D(X)}=b$,于是

$$\begin{aligned}D(Y-bX)&=D(Y)-\frac{[\mathrm{Cov}(X,Y)]^2}{D(X)}=D(Y)\left\{1-\frac{[\mathrm{Cov}(X,Y)]^2}{D(X)D(Y)}\right\}\\&=D(Y)(1-\rho_{XY}^2)\end{aligned}$$

由于方差不能为负,所以 $1-\rho_{XY}^2\geqslant 0$,从而

$$|\rho_{XY}|\leqslant 1$$

(2) $|\rho_{XY}|=1$ 的充要条件是 X 和 Y 以概率为 1 存在线性关系,即存在常数 a、b,使$P(Y=aX+b)=1$.

* **证明** 充分性(不严格):若 $Y=aX+b$,则将

$$D(Y)=D(aX+b)=a^2D(X),\quad \mathrm{Cov}(X,Y)=\mathrm{Cov}(X,aX+b)=aD(X)$$

代入相关系数的定义中,得

$$\rho_{XY}=\frac{\mathrm{Cov}(X,Y)}{\sigma_X\sigma_Y}=\frac{aD(X)}{|a|D(X)}=\begin{cases}1 & a>0\\-1 & a<0\end{cases}$$

必要性:因为

$$\begin{aligned}D\left(\frac{X}{\sigma_X}\pm\frac{Y}{\sigma_Y}\right)&=D\left(\frac{X}{\sigma_X}\right)+D\left(\frac{Y}{\sigma_Y}\right)\pm 2\mathrm{Cov}\left(\frac{X}{\sigma_X},\frac{Y}{\sigma_Y}\right)=\frac{D(X)}{\sigma_X^2}+\frac{D(Y)}{\sigma_Y^2}\pm 2\frac{1}{\sigma_X\sigma_Y}\mathrm{Cov}(X,Y)\\&=1+1\pm 2\rho_{XY}=2[1\pm\rho_{XY}]\end{aligned}$$

所以,当 $\rho_{XY}=1$ 时,有

$$D\left(\frac{X}{\sigma_X}-\frac{Y}{\sigma_Y}\right)=0$$

由此得

$$P\left(\frac{X}{\sigma_X}-\frac{Y}{\sigma_Y}=c\right)=1$$

或

$$P\left(Y=\frac{\sigma_Y}{\sigma_X}X-c\sigma_Y\right)=1$$

这就证明了当 $\rho_{XY}=1$ 时，Y 与 X 几乎处处为线性正相关.

同理，当 $\rho_{XY}=-1$ 时，有

$$D\left(\frac{X}{\sigma_X}+\frac{Y}{\sigma_Y}\right)=0$$

由此得

$$P\left(\frac{X}{\sigma_X}+\frac{Y}{\sigma_Y}=c\right)=1$$

或

$$P\left(Y=-\frac{\sigma_Y}{\sigma_X}X+c\sigma_Y\right)=1$$

这就证明了当 $\rho_{XY}=-1$ 时，Y 与 X 几乎处处为线性负相关.

例 4.3.3　已知随机变量 X,Y 分别服从正态分布 $N(0,3^2)$ 和 $N(2,4^2)$，且 X 与 Y 的相关系数 $\rho_{XY}=-1/2$，设 $Z=X/3+Y/2$，求：(1) 数学期望 $E(Z)$、方差 $D(Z)$；(2) X 与 Z 的相关系数 ρ_{XZ}.

解　(1) 由数学期望、方差的性质及相关系数的定义得

$$E(Z)=E\left(\frac{X}{3}+\frac{Y}{2}\right)=\frac{1}{3}E(X)+\frac{1}{2}E(Y)=\frac{1}{3}\times 0+\frac{1}{2}\times 2=1$$

$$\begin{aligned}D(Z)&=D\left(\frac{X}{3}+\frac{Y}{2}\right)=\frac{1}{9}D(X)+\frac{1}{4}D(Y)+2\times\frac{1}{3}\times\frac{1}{2}\mathrm{Cov}(X,Y)\\&=D\left(\frac{X}{3}+\frac{Y}{2}\right)=\frac{1}{9}D(X)+\frac{1}{4}D(Y)+2\times\frac{1}{3}\times\frac{1}{2}\rho_{XY}\sqrt{D(X)}\sqrt{D(Y)}\\&=3\end{aligned}$$

(2) 由协方差的性质可得

$$\begin{aligned}\mathrm{Cov}(X,Z)&=\mathrm{Cov}\left(X,\frac{1}{3}X+\frac{1}{2}Y\right)=\frac{1}{3}\mathrm{Cov}(X,X)+\frac{1}{2}\mathrm{Cov}(X,Y)\\&=\frac{1}{3}D(X)+\frac{1}{2}\rho_{XY}\sqrt{D(X)}\sqrt{D(Y)}=0\end{aligned}$$

从而 X 与 Z 的相关系数 $\rho_{XZ}=\dfrac{\mathrm{Cov}(X,Z)}{\sqrt{D(X)}\sqrt{D(Z)}}=0$.

定理 4.4　若 X 与 Y 相互独立，则 $\rho_{XY}=0$，即 X 与 Y 不相关.

证明 因为 X 与 Y 相互独立，有 $E(XY)=E(X)E(Y)$，即有 $\mathrm{Cov}(X,Y)=0$，所以有 $\rho_{XY}=0$，也就是 X 与 Y 不相关.

事实上，相关系数只是随机变量间线性关系强弱的一个度量. 当 $|\rho_{XY}|=1$ 时，表明随机变量 X 与 Y 具有线性关系：$\rho_{XY}=1$ 时为正线性相关，$\rho_{XY}=-1$ 时为负线性相关. 当 $|\rho_{XY}|<1$ 时，这种线性相关程度就随着 $|\rho_{XY}|$ 的减小而减弱. 当 $|\rho_{XY}|=0$ 时，就意味着随机变量 X 与 Y 是不相关的. 特别注意，X 与 Y 不相关是指它们之间没有线性关系，并不是表示没有任何关系，譬如可能有平方关系、对数关系等.

另外，下面将证明，当 (X,Y) 服从二维正态分布时，X 和 Y 不相关和相互独立是等价的.

例 4.3.4 设 (X,Y) 服从二维正态分布，它的概率密度为 $f(x,y)$

$$=\frac{1}{2\pi\sigma_1\sigma_2\sqrt{1-\rho^2}}\cdot\exp\left\{-\frac{1}{2(1-\rho^2)}\left[\frac{(x-\mu_1)^2}{\sigma_1^2}-2\rho\frac{(x-\mu_1)(y-\mu_2)}{\sigma_1\sigma_2}+\frac{(y-\mu_2)^2}{\sigma_2^2}\right]\right\}$$

求 $\mathrm{Cov}(X,Y)$ 和 ρ_{XY}.

解 可以计算得 (X,Y) 的边缘概率密度为

$$f_X(x)=\frac{1}{\sqrt{2\pi}\sigma_1}\mathrm{e}^{-\frac{(x-\mu_1)^2}{2\sigma_1^2}}\quad(-\infty<x<+\infty)$$

$$f_Y(y)=\frac{1}{\sqrt{2\pi}\sigma_2}\mathrm{e}^{-\frac{(x-\mu_2)^2}{2\sigma_2^2}}\quad(-\infty<y<+\infty)$$

故
$$E(X)=\mu_1,\quad E(Y)=\mu_2,\quad D(X)=\sigma_1^2,\quad D(Y)=\sigma_2^2$$

而

$$\begin{aligned}\mathrm{Cov}(X,Y)&=\int_{-\infty}^{+\infty}\int_{-\infty}^{+\infty}(x-\mu_1)(y-\mu_2)f(x,y)\mathrm{d}x\mathrm{d}y\\&=\frac{1}{2\pi\sigma_1\sigma_2\sqrt{1-\rho^2}}\int_{-\infty}^{+\infty}\int_{-\infty}^{+\infty}(x-\mu_1)(y-\mu_2)\mathrm{e}^{-\frac{(x-\mu_1)^2}{2\sigma_1^2}}\mathrm{e}^{-\frac{1}{2(1-\rho^2)}\left[\frac{y-\mu_2}{\sigma_2}-\rho\frac{x-\mu_1}{\sigma_1}\right]^2}\mathrm{d}x\mathrm{d}y\end{aligned}$$

令 $t=\frac{1}{\sqrt{1-\rho^2}}\left(\frac{y-\mu_2}{\sigma_2}-\rho\frac{x-\mu_1}{\sigma_1}\right)$，$u=\frac{x-\mu_1}{\sigma_1}$，则

$$\begin{aligned}\mathrm{Cov}(X,Y)&=\frac{1}{2\pi}\int_{-\infty}^{+\infty}\int_{-\infty}^{+\infty}(\sigma_1\sigma_2\sqrt{1-\rho^2}tu+\rho\sigma_1\sigma_2u^2)\mathrm{e}^{-\frac{u^2}{2}-\frac{t^2}{2}}\mathrm{d}t\mathrm{d}u\\&=\frac{\sigma_1\sigma_2\rho}{2\pi}\left(\int_{-\infty}^{+\infty}u^2\mathrm{e}^{-\frac{u^2}{2}}\mathrm{d}u\right)\left(\int_{-\infty}^{+\infty}\mathrm{e}^{-\frac{t^2}{2}}\mathrm{d}t\right)\\&\quad+\frac{\sigma_1\sigma_2\sqrt{1-\rho^2}}{2\pi}\left(\int_{-\infty}^{+\infty}u\mathrm{e}^{-\frac{u^2}{2}}\mathrm{d}u\right)\left(\int_{-\infty}^{+\infty}t\mathrm{e}^{-\frac{t^2}{2}}\mathrm{d}t\right)\\&=\frac{\rho\sigma_1\sigma_2}{2\pi}\sqrt{2\pi}\cdot\sqrt{2\pi}=\rho\sigma_1\sigma_2\end{aligned}$$

于是

$$\rho_{XY}=\frac{\mathrm{Cov}(X,Y)}{\sqrt{D(X)}\sqrt{D(Y)}}=\rho$$

这说明二维正态随机变量(X,Y)的概率密度中的参数ρ就是X和Y的相关系数,从而二维正态随机变量的分布完全可由X、Y各自的数学期望、方差以及它们的相关系数确定.

由上一章讨论可知,若(X,Y)服从二维正态分布,那么X和Y相互独立的充要条件是$\rho=0$,即X与Y不相关.因此,对于二维正态随机变量(X,Y)来说,X和Y不相关与X和Y相互独立是等价的.

例 4.3.5 设Z是服从$[-\pi,\pi]$上的均匀分布,又$X=\sin Z,Y=\cos Z$,试求相关系数ρ_{XY}.

解
$$E(X)=\frac{1}{2\pi}\int_{-\pi}^{\pi}\sin z\mathrm{d}z=0,\quad E(Y)=\frac{1}{2\pi}\int_{-\pi}^{\pi}\cos z\mathrm{d}z=0$$

$$E(X^2)=\frac{1}{2\pi}\int_{-\pi}^{\pi}\sin^2 z\mathrm{d}z=\frac{1}{2},\quad E(Y^2)=\int_{-\pi}^{\pi}\cos^2 z\mathrm{d}z=\frac{1}{2}$$

$$E(XY)=\frac{1}{2\pi}\int_{-\pi}^{\pi}\sin z\cos z\mathrm{d}z=0$$

因而$\mathrm{Cov}(X,Y)=0$,即相关系数$\rho_{XY}=0$,表明随机变量X与Y不相关,但是有$X^2+Y^2=1$,从而说明X与Y不独立.

注 这个例子说明:当两个随机变量不相关时,它们并不一定相互独立,它们之间还可能存在其他的函数关系.所以X与Y不相关不能说明X与Y相互独立.

***例 4.3.6(投资组合风险)** 设有一笔资金,总量记为 1,如今要投资甲、乙两种证券.若将资金x_1投资于甲证券,将余下的资金$1-x_1=x_2$投资于乙证券,于是(x_1,x_2)就形成了一个投资组合.记X为投资甲证券的收益率,Y为投资乙证券的收益率,它们都是随机变量.如果已知X和Y的均值(代表平均收益)分别为μ_1和μ_2,方差(代表风险)分别为σ_1^2和σ_2^2,X和Y间的相关系数为ρ.试求该投资组合的平均收益与风险(方差),并求使投资组合风险最小的x_1是多少?

解 因为组合收益为

$$Z=x_1X+x_2Y=x_1X+(1-x_1)Y$$

所以该投资组合的平均收益为

$$E(Z)=x_1E(X)+x_2E(Y)=x_1\mu_1+(1-x_1)\mu_2$$

而该投资组合的风险(方差)为

$$\begin{aligned}D(Z)&=x_1^2D(X)+(1-x_1)^2D(Y)+2x_1(1-x_1)\mathrm{Cov}(X,Y)\\&=x_1^2\sigma_1^2+(1-x_1)^2\sigma_2^2+2x_1(1-x_1)\rho\sigma_1\sigma_2\end{aligned}$$

求最小的组合风险就是求$D(Z)$关于x_1的极小值,为此令

$$\frac{\mathrm{d}(D(Z))}{\mathrm{d}x_1}=2x_1\sigma_1^2-2(1-x_1)\sigma_2^2+2\rho\sigma_1\sigma_2-4x_1\rho\sigma_1\sigma_2=0$$

从中解得

$$x_1^* = \frac{\sigma_2^2 - \rho\sigma_1\sigma_2}{\sigma_1^2 + \sigma_2^2 - 2\rho\sigma_1\sigma_2}$$

它与 μ_1 和 μ_2 无关. 又因为 $D(Z)$ 中 x_1^2 的系数为正,所以 x_1^* 可使组合风险达到最小.

例如,$\sigma_1^2=0.3$,$\sigma_2^2=0.5$,$\rho=0.4$,则 $x_1^*=0.704$,这说明应把全部资金的70%投资于甲证券,而把余下的30%资金投资于乙证券,这样会使得投资组合的风险最小.

4.3.3 矩

定义 4.7 设 X 和 Y 是随机变量,若 $E(X^k)$,$k=1,2,\cdots$ 存在,则称它为 X 的 k 阶原点矩,简称 k 阶矩;若 $E\{[X-E(X)]^k\}$,$k=1,2,\cdots$ 存在,则称它为 X 的 k 阶中心矩;若 $E(X^kY^l)$,$k,l=1,2,\cdots$ 存在,则称它为 X 和 Y 的 $k+l$ 阶混合矩;若 $E\{[X-E(X)]^k[Y-E(Y)]^l\}$,$k,l=1,2,\cdots$ 存在,则称它为 X 和 Y 的 $k+l$ 阶混合中心矩.

显然,X 的数学期望 $E(X)$ 是 X 的一阶原点矩,方差 $D(X)$ 是 X 的二阶中心矩,协方差 $\mathrm{Cov}(X,Y)$ 是 X 和 Y 的二阶混合中心矩.

定义 4.8 设 n 维随机向量 $X=(X_1,X_2,\cdots,X_n)^{\mathrm{T}}$,若其中每个分量的数学期望都存在,则称

$$E(X)=[E(X_1),E(X_2),\cdots,E(X_n)]^{\mathrm{T}}$$

为 n 维随机向量 X 的数学期望向量,简称 X 的数学期望,而称

$$E[(X-E(X))(X-E(X))^{\mathrm{T}}]=\begin{pmatrix} D(X_1) & \mathrm{Cov}(X_1,X_2) & \cdots & \mathrm{Cov}(X_1,X_n) \\ \mathrm{Cov}(X_2,X_1) & D(X_2) & \cdots & \mathrm{Cov}(X_2,X_n) \\ \vdots & \vdots & \vdots & \vdots \\ \mathrm{Cov}(X_n,X_1) & \mathrm{Cov}(X_n,X_2) & \cdots & D(X_n) \end{pmatrix}$$

为该随机向量的方差-协方差矩阵,简称协方差阵,记为 $\mathrm{Cov}(X)$.

***定理** n 维随机向量的协方差矩阵 $\mathrm{Cov}(X)=(\mathrm{Cov}(X_i,X_j))_{n\times n}$ 是一个对称的非负定矩阵.

***证明** 因为 $(\mathrm{Cov}(X_i,X_j))=(\mathrm{Cov}(X_j,X_i))$,所以对称性是显然的. 下面证明其非负定性. 因为对任意的 n 维实随机向量 $\boldsymbol{c}=(c_1,c_2,\cdots,c_n)^{\mathrm{T}}$,有

$$\boldsymbol{c}^{\mathrm{T}}\mathrm{Cov}(X)\boldsymbol{c} = (c_1,c_2,\cdots,c_n)\begin{pmatrix} D(X_1) & \mathrm{Cov}(X_1,X_2) & \cdots & \mathrm{Cov}(X_1,X_n) \\ \mathrm{Cov}(X_2,X_1) & D(X_2) & \cdots & \mathrm{Cov}(X_2,X_n) \\ \vdots & \vdots & \vdots & \vdots \\ \mathrm{Cov}(X_n,X_1) & \mathrm{Cov}(X_n,X_2) & \cdots & D(X_n) \end{pmatrix}\begin{pmatrix} c_1 \\ c_2 \\ \vdots \\ c_n \end{pmatrix}$$

$$= \sum_{i=1}^{n}\sum_{j=1}^{n} c_ic_j\mathrm{Cov}(X_i,X_j) = \sum_{i=1}^{n}\sum_{j=1}^{n} E(c_i(X_i-E(X_i))c_j(X_j-E(X_j)))$$

$$= E\left(\sum_{i=1}^{n}\sum_{j=1}^{n}[c_i(X_i - E(X_i))][c_j(X_j - E(X_j))]\right)$$

$$= E\left(\left[\sum_{i=1}^{n} c_i(X_i - E(X_i))\right]\left[\sum_{j=1}^{n} c_j(X_j - E(X_j))\right]\right)$$

$$= E\left(\left[\sum_{i=1}^{n} c_i(X_i - E(X_i))\right]^2\right) \geqslant 0$$

所以 $\mathrm{Cov}(X)$是非负定的，定理得证.

***例 3.4.7**（n 元正态分布）　设 n 维随机向量 $\boldsymbol{X}=(X_1,X_2,\cdots,X_n)^{\mathrm{T}}$ 的协方差矩阵 $\boldsymbol{B}=\mathrm{Cov}(X)$是正定的，数学期望向量为 $\boldsymbol{a}=(a_1,a_2,\cdots,a_n)^{\mathrm{T}}$，又记 $\boldsymbol{x}=(x_1,x_2,\cdots,x_n)^{\mathrm{T}}$，则由密度函数

$$f(x_1,x_2,\cdots,x_n)=f(x)=\frac{1}{(2\pi)^{\frac{n}{2}}\left|B\right|^{\frac{1}{2}}}\exp\left\{-\frac{1}{2}(\boldsymbol{x}-\boldsymbol{a})^{\mathrm{T}}\boldsymbol{B}^{-1}(\boldsymbol{x}-\boldsymbol{a})\right\}$$

定义的分布称为 n 元（维）正态分布，记为 $X\sim N(a,B)$，其中 $|\boldsymbol{B}|$ 表示 $\boldsymbol{B}$ 的行列式，$\boldsymbol{B}^{-1}$ 表示 $\boldsymbol{B}$ 的的逆矩阵，$(\boldsymbol{x}-\boldsymbol{a})^{\mathrm{T}}$ 表示$(\boldsymbol{x}-\boldsymbol{a})$的转置.

若记 $\boldsymbol{B}^{-1}=(r_{ij})$，则上式可写成

$$f(x_1,x_2,\cdots,x_n)=\frac{1}{(2\pi)^{\frac{n}{2}}\left|\boldsymbol{B}\right|^{\frac{1}{2}}}\exp\left\{-\frac{1}{2}\sum_{i,j=1}^{n} r_{ij}(x_i-a_i)(x_j-a_j)\right\}$$

在 $n=2$ 的情况下，若取数学期望向量和协方差矩阵分别为

$$\boldsymbol{a}=\begin{pmatrix}\mu_1\\ \mu_2\end{pmatrix},\quad \boldsymbol{B}=\begin{pmatrix}\sigma_1^2 & \sigma_1\sigma_2\rho\\ \sigma_1\sigma_2\rho & \sigma_2^2\end{pmatrix}$$

代入上式，则得二元正态密度函数的具体形式.

n 元正态分布是一种非常重要的多维分布，它在概率论、数理统计和随机过程中占有重要的地位.

n 元正态分布具有以下几条重要性质.

(1) n 维随机变量$(X_1,X_2,\cdots,X_n)$服从 n 维正态分布的充要条件是 $X_1,X_2,\cdots,X_n$ 的任意线性组合

$$k_1X_1+k_2X_2+\cdots+k_nX_n$$

服从一维正态分布（其中 $k_1,k_2,\cdots,k_n$ 不全为零）.

(2) 若$(X_1,X_2,\cdots,X_n)$服从 n 维正态分布，设 $Y_1,Y_2,\cdots,Y_k$ 是 $X_1,X_2,\cdots,X_n$ 的线性函数，则$(Y_1,Y_2,\cdots,Y_k)$服从 k 维正态分布. 这一性质称为正态变量的线性变换不变性.

(3) 设$(X_1,X_2,\cdots,X_n)$服从 n 维正态分布，则 $X_1,X_2,\cdots,X_n$ 相互独立的充要条件是 $X_1,X_2,\cdots,X_n$ 两两不相关.

(4) n 维正态随机变量$(X_1,X_2,\cdots,X_n)$的每一个分量 X_i，$i=1,2,\cdots,n$ 都是正态随机变量，反之，若 $X_1,X_2,\cdots,X_n$ 都是正态随机变量，且相互独立，则$(X_1,X_2,\cdots,$

X_n)是 n 维正态随机变量.

习 题 4.3

(一) 基础练习题

1. 选择题.

(1) 设随机变量 X 与 Y 的相关系数 $\rho_{XY}=0$,则下列结论中不正确的是( ).

A. $D(X-Y)=D(X)+D(Y)$ B. X 与 Y 必相互独立

C. X 与 Y 有可能服从二维正态分布 D. $E(XY)=E(X)\cdot E(Y)$

(2) (2015.1)设随机变量 X、Y 不相关,且 $E(X)=2,E(Y)=1,D(X)=3$,则 $E(X(X+Y-2))=$( ).

A. -3 B. 3 C. -5 D. 5

2. 设二维离散型随机变量(X,Y)的概率分布律为

(X,Y)	(0,0)	(1,1)	(0,2)	(2,0)	(2,2)
P	1/4	1/3	1/4	1/12	1/12

求 $\mathrm{Cov}(X-Y,Y)$.

3. 设随机变量 $X\sim N(1,5)$,$Y\sim N(1,16)$,且 X 与 Y 相互独立,令 $Z=2X-Y-1$,试求:(1) $E(Z)$;(2) $D(Z)$;(3) Y 与 Z 的相关系数 ρ_{YZ}.

4. 设二维随机变量(X,Y)的概率密度为

$$f(x,y)=\begin{cases}1 & 0<x<1,|y|<x\\ 0 & \text{其他}\end{cases}$$

求 $E(X)$、$E(Y)$、$\mathrm{Cov}(X,Y)$.

5. 设(X,Y)的概率密度为 $f(x,y)=\begin{cases}\dfrac{1}{2}\sin(x+y) & 0\leqslant x\leqslant\dfrac{\pi}{2},0\leqslant y\leqslant\dfrac{\pi}{2}\\ 0 & \text{其他}\end{cases}$,求协方差 $\mathrm{Cov}(X,Y)$和相关系数 ρ_{XY}.

6. 设(X,Y)的概率密度为

$$f(x,y)=\begin{cases}x+y & 0<x<1,0<y<1\\ 0 & \text{其他}\end{cases}$$

求 $\mathrm{Cov}(X,Y)$.

7. 设二维随机变量(X,Y)的概率密度为 $f(x,y)=\begin{cases}\dfrac{1}{\pi} & x^2+y^2\leqslant 1\\ 0 & \text{其他}\end{cases}$,试验证 X 和 Y 是不相关的,但 X 和 Y 不是相互独立的.

8. 已知二维随机变量(X,Y)的协方差矩阵为$\begin{bmatrix}1 & 1\\ 1 & 4\end{bmatrix}$,试求 $Z_1=X-2Y$ 和 $Z_2=$

$2X-Y$ 的相关系数.

（二）提高练习题

1. 选择题.

(1)（2004.1）设随机变量 $X_1,X_2,\cdots,X_n(n>1)$ 独立同分布，且其方差为 $\sigma^2>0$，令 $Y=\dfrac{1}{n}\sum\limits_{i=1}^{n}X_i$，则（　　）.

A. $\text{Cov}(X_1,Y)=\dfrac{\sigma^2}{n}$　　B. $\text{Cov}(X_1,Y)=\sigma^2$

C. $D(X_1+Y)=\dfrac{n+2}{n}\sigma^2$　　D. $D(X_1-Y)=\dfrac{n+1}{n}\sigma^2$

(2) 设随机变量 X 与 Y 相互独立，且方差 $D(X)>0,D(Y)>0$，则（　　）.

A. X 与 $X+Y$ 一定相关　　B. X 与 $X+Y$ 一定不相关

C. X 与 XY 一定相关　　D. X 与 XY 一定不相关

(3)（2016.1）随机实验 E 有三种两两不相容的结果 A_1、A_2、A_3，且 3 种结果发生的概率均为 $\dfrac{1}{3}$，将实验 E 独立重复做 2 次，X 表示 2 次实验中结果 A_1 发生的次数，Y 表示 2 次实验中结果 A_2 发生的次数，则 X 与 Y 的相关系数为（　　）.

A. $-\dfrac{1}{2}$　　B. $\dfrac{1}{2}$　　C. $-\dfrac{1}{3}$　　D. $\dfrac{1}{3}$

(4) 已知随机变量 $X_1,X_2,\cdots,X_n$ 相互独立，且 $E(X_i)=\mu,D(X_i)=\sigma^2>0$，记 $\overline{X}=\dfrac{1}{n}\sum\limits_{i=1}^{n}X_i$，则 $X_1-\overline{X}$ 与 $X_2-\overline{X}$（　　）.

A. 不相关且相互独立　　B. 不相关且相互不独立

C. 相关且相互独立　　D. 相关且相互不独立

2. 设随机变量 X 的密度函数为 $f(x)=\begin{cases}1-|x| & |x|\leqslant 1\\ 0 & |x|>1\end{cases}$，问 X 与 X^2 是否不相关？

3.（2023.3）设随机变量 X 与 Y 相互独立，$X\sim B(1,p)$，$Y\sim B(2,p)$，$p\in(0,1)$，计算 $X+Y$ 与 $X-Y$ 的相关系数.

4.（2023.1）设二维随机变量 (X,Y) 的概率密度为

$$f(x,y)=\begin{cases}\dfrac{2}{\pi}(x^2+y^2) & x^2+y^2\leqslant 1\\ 0 & \text{其他}\end{cases}$$

(1) 求 X、Y 的协方差；(2) X、Y 是否相互独立？

5. 设随机变量 $X\sim U(-1,2)$（均匀分布），$Y=\begin{cases}-1 & X<0\\ 0 & X=0\\ 1 & X>0\end{cases}$，求 ρ_{XY}.

6. 设随机变量 X 的概率密度为

$$f_X(x)=\begin{cases}1/2 & -1<x<0\\ 1/4 & 0\leqslant x<2\\ 0 & \text{其他}\end{cases}$$

令 $Y=X^2$，$F(x,y)$为二维随机变量(X,Y)的分布函数，求：(1) Y 的概率密度 $f_Y(y)$；(2) $\mathrm{Cov}(X,Y)$；(3) $F\left(-\frac{1}{2},4\right)$.

综合练习 4

（一）综合基础练习题

1. 填空题.

(1) 设随机变量 X 的密度函数 $f(x)=\frac{1}{\sqrt{\pi}}\mathrm{e}^{-x^2+4x-4}$，$-\infty<x<+\infty$，则 $E(X)=$______.

(2) 设随机变量 X 的分布函数为 $F(x)=\begin{cases}0 & x<-2\\ \frac{x+2}{4} & -2\leqslant x<2\\ 1 & x\geqslant 2\end{cases}$，则 $E(X)=$______.

(3) 设 $X\sim N(0,4)$，$Y\sim B\left(8,\frac{1}{4}\right)$，且两个随机变量相互独立，则 $D(2X-Y)=$______.

(4) 设随机变量 $X\sim E\left(\frac{1}{2}\right)$（指数分布），则方差 $D(X)=$______.

(5) 设随机变量 $X\sim P(\lambda)$（泊松分布），且 $P(X=0)=\mathrm{e}^{-1}$，则方差 $D(X)=$______.

(6) 设随机变量 X 的概率密度为 $f(x)=\begin{cases}2x & 0\leqslant x\leqslant 1\\ 0 & \text{其他}\end{cases}$，则 $D(6X-3)=$______.

(7) 设随机变量 X、Y 的方差分别为 $D(X)=9$，$D(Y)=4$，又 X 与 Y 的相关系数 $\rho_{XY}=-0.5$，则 $D(X-Y)=$______.

(8) 设随机变量 X 的概率密度为 $f(x)=\begin{cases}1-x & 0<x\leqslant 1\\ 1+x & -1\leqslant x\leqslant 0\end{cases}$，则 $D(3X+2)=$______.

(9) 设 X 与 Y 独立，且 $E(X)=E(Y)=\frac{1}{3}$，则 $\mathrm{Cov}(X,Y)=$______.

2. 判断题.

(1) 对任意随机变量 X 和 Y,总有 $D(X+Y)=D(X)+D(Y)$.　　(　　)

(2) 随机变量 X 的方差 $D(X)=0$, 则 $P(X=E(X))=1$.　　(　　)

3. 选择题.

(1) 设随机变量 X 的二阶矩存在,则(　　).

A. $E(X^2)<E(X)$　　B. $E(X^2)\geqslant E(X)$

C. $E(X^2)<[E(X)]^2$　　D. $E(X^2)\geqslant[E(X)]^2$

(2) 设随机变量 X 的期望和方差都存在,则对任意常数 c,有(　　).

A. $E(X-c)^2<D(X)+E^2(X-c)$　　B. $E(X-c)^2>D(X)+E^2(X-c)$

C. $E(X-c)^2=D(X)+E^2(X-c)$　　D. $E(X-c)^2=D(X)-E^2(X-c)$

(3) 设随机变量 X 与 Y 都服从 $B\left(1,\frac{1}{2}\right)$ 分布,且 $E(XY)=\frac{1}{2}$,记 X 与 Y 的相关系数为 ρ,则(　　).

A. $\rho=1$　　B. $\rho=-1$　　C. $\rho=0$　　D. $\rho=\frac{1}{2}$

4. 设3个球随机地放入4个杯子中去,用 X 表示杯子中球的最多个数.求:(1) X 的分布;(2) $E(X)$、$E(X^2)$;(3) $D(X)$.

5. 设随机变量 X 的概率密度为

$$f(x)=\begin{cases}1+x & -1\leqslant x<0\\ 1-x & 0\leqslant x<1\\ 0 & \text{其他}\end{cases}$$

求 $E(X)$、$D(X)$.

6. 设C.R.V. X 的概率密度为 $f(x)=\begin{cases}ax+b & 1<x<3\\ 0 & \text{其他}\end{cases}$,并且已知 $P(2<X<3)=2P(1<X<2)$.求:(1) 常数 a、b;(2) $E(X^2)$;(3) $E(9X^2-7)$.

7. 设离散型随机变量 X 的分布律为

X	1	2	3
P	p_1	p_2	p_3

且已知 $E(X)=2$,$D(X)=0.5$,试求:(1) p_1、p_2、p_3;(2) X 的分布函数 $F(x)$;(3) $P(0<X\leqslant 2)$.

8. 设 X、Y 是随机变量且有 $E(X)=1$,$E(Y)=-1$,$D(X)=1$,$D(Y)=1$,$\rho_{XY}=-\frac{1}{2}$.求:(1) $E(X+Y)$;(2) $D(X+Y)$.

9. 设二维随机变量(X,Y)概率密度为 $f(x,y)=\begin{cases}1 & |y|<x<1\\ 0 & \text{其他}\end{cases}$,求:(1) $f_X(x)$;

(2) $E(X^2)$、$E(Y)$；(3) 相关系数 ρ_{XY}.

10. 对球的直径进行近似测量，设其值均匀分布在区间$[a,b]$内，求球体积的数学期望.

11. 设国际市场每年对我国某种出口商品的需求量 X(单位：t)服从区间[2000，4000]上的均匀分布. 若售出这种商品 1 t，可挣得外汇 3 万元，但如果销售不出而囤积于仓库，则每吨需保管费 1 万元. 问应预备多少吨这种商品，才能使国家的收益最大？

12. 设活塞的直径(单位：cm)$X\sim N(22.40,0.032)$，气缸的直径(单位：cm)$Y\sim N(22.50,0.042)$，X、Y 相互独立，任取一只活塞，任取一只气缸，求活塞能装入气缸的概率.

13. 设二维随机变量(X,Y)在以点(0,1)、(1,0)、(1,1)为顶点的三角形区域上服从均匀分布，试求随机变量 $U=X+Y$ 的方差.

(二) 综合提高练习题

1. 选择题.

(1) 设随机变量 X、Y 不相关，且 $E(X)=2$，$E(Y)=1$，$D(X)=3$，则 $E[X(X+Y-2)]$为(　　).

A. -3　　B. 3　　C. -5　　D. 5

(2) 设随机变量 X 的密度函数为 $f(x)$，其数学期望 $E(X)=a$ 成立，则有(　　).

A. $\int_{-\infty}^{+\infty} xf(x-a)\mathrm{d}x=0$　　B. $\int_{-\infty}^{+\infty} xf(x+a)\mathrm{d}x=0$

C. $\int_{-\infty}^{a} f(x)\mathrm{d}x=\frac{1}{2}$　　D. $\int_{-\infty}^{a} xf(x)\mathrm{d}x=\frac{1}{2}$

(3) 设随机变量 X 服从标准正态分布 $N(0,1)$，则 $E[(X-2)^2\mathrm{e}^{2X}]$等于(　　).

A. 1　　B. 2　　C. e^2　　D. $2\mathrm{e}^2$

(4) 设随机变量 X 与 Y 相互独立，都服从正态分布 $N(1,2)$，则 $D(XY)$等于(　　).

A. 4　　B. 6　　C. 8　　D. 10

(5) 已知随机变量 X 与 Y 的相关系数为 ρ_{XY}，且 $\rho_{XY}\neq 0$，设 $Z=aX+b$，其中 a、b 为常数，则 Y 与 Z 的相关系数 $\rho_{YZ}=\rho_{XY}$的充要条件为(　　).

A. $a=1$　　B. $a>0$　　C. $a<0$　　D. $a\neq 0$

(6) 设随机变量(X_1,X_2)中 X_1 与 X_2 的相关系数为 ρ，记 $\sigma_{ij}=\mathrm{Cov}(X_i,X_j)$ $(i,j=1,2)$，则行列式$\begin{vmatrix}\sigma_{11} & \sigma_{12}\\ \sigma_{21} & \sigma_{22}\end{vmatrix}=0$ 的充要条件为(　　).

A. $\rho=0$　　B. $|\rho|=\frac{1}{3}$　　C. $|\rho|=\frac{1}{2}$　　D. $|\rho|=1$

(7)已知随机变量 X 与 Y 有相同的不为零的方差，则 X 与 Y 相关系数等于 1 的充分必要条件是(　　).

A. $\mathrm{Cov}(X+Y,X)=0$　　B. $\mathrm{Cov}(X+Y,Y)=0$

C. $\mathrm{Cov}(X+Y,X-Y)=0$　　D. $\mathrm{Cov}(X-Y,X)=0$

(8) 设随机变量 X 的分布函数为 $F(x)=\begin{cases} a-\mathrm{e}^{-bx} & x>0 \\ 0 & x\leqslant 0 \end{cases}$，其中 a、b 均为常数，已知 $D(X)=4$，则(　　).

A. $\begin{cases} a=1 \\ b=2 \end{cases}$　　B. $\begin{cases} a=1 \\ b=\dfrac{1}{2} \end{cases}$　　C. $\begin{cases} a=2 \\ b=4 \end{cases}$　　D. $\begin{cases} a=2 \\ b=\dfrac{1}{4} \end{cases}$

(9) 已知随机变量 X 与 Y 均服从 $B\left(1,\dfrac{3}{4}\right)$分布，$E(XY)=\dfrac{5}{8}$，则 $P(X+Y\leqslant 1)$ 等于(　　).

A. $\dfrac{1}{8}$　　B. $\dfrac{1}{4}$　　C. $\dfrac{3}{8}$　　D. $\dfrac{1}{2}$

(10) 将一枚硬币重复投掷 2 次，以 X 与 Y 分别表示正面向上和反面向上的次数，则 X 与 Y 的相关系数等于(　　).

A. -1　　B. 0　　C. $\dfrac{1}{2}$　　D. 1

(11) 将长度为 1 米的木棒任意截成 3 段，前 2 段的长度分别为 X 和 Y，则 X 和 Y 的相关系数为(　　)

A. -1　　B. $-\dfrac{1}{3}$　　C. $\dfrac{1}{4}$　　D. $-\dfrac{1}{2}$

(12) 设二维随机变量$(X,Y)\sim N\left(1,2;1,4;\dfrac{1}{2}\right)$，且 $P(aX+bY<1)=\dfrac{1}{2}$，$\mathrm{Cov}(X,aX+bY)=0$，则(　　).

A. $a=-1,b=1$　B. $a=1,b=1$　C. $a=0,b=\dfrac{1}{2}$　D. $a=3,b=-1$

2. 填空题.

(1) 设随机变量 X 的密度函数 $f(x)=\begin{cases} x & a<x<b \\ 0 & \text{其他} \end{cases}$，$a>0$，其中 a、b 为待定常数，且 $E(X^2)=2$，则 $P(|X|<\sqrt{2})=$______.

(2) 设随机变量 X_1 与 X_2 相互独立且分别服从参数为 λ_1、λ_2 的泊松分布，已知 $P(X_1+X_2>0)=1-\mathrm{e}^{-1}$，则 $E(X_1+X_2)^2=$______.

(3) 已知(X,Y)在以点$(0,0)$、$(1,0)$、$(1,1)$为顶点的三角形区域上服从均匀分布，对(X,Y)做 4 次独立重复观测，观测值 $X+Y$ 不超过 1 的出现次数为 Z，则$E(Z^2)$

$=$______.

(4) 相互独立的随机变量 X_1 与 X_2 都服从正态分布 $N\left(0,\frac{1}{2}\right)$,则 $D(|X_1-X_2|)$ $=$______.

(5) 设随机变量 $X_1,X_2,\cdots,X_n(n>1)$独立同分布,且方差 $\sigma^2>0$,记 $Y_1=\sum\limits_{i=2}^{n}X_i$ 和 $Y_n=\sum\limits_{j=1}^{n-1}X_j$,则 Y_1 与 Y_n 的协方差 $\mathrm{Cov}(Y_1,Y_n)=$______.

3. 两台同样的自动记录仪,每台无故障工作的时间 $T_i(i=1,2)$服从参数为 5 的指数分布,首先开动其中一台,当其发生故障时停用,另一台自动开启. 试求两台记录仪无故障工作的总时间 $T=T_1+T_2$ 的概率密度 $f_T(t)$、数学期望 $E(T)$及方差 $D(T)$.

4.(2014.3) 设随机变量 X、Y 的概率分布相同,X 的概率分布为 $P(X=0)=\frac{1}{3}$,$P(X=1)=\frac{2}{3}$,且 X、Y 的相关系数 $\rho_{XY}=\frac{1}{2}$. 求:(1) 二维随机变量(X,Y)的联合概率分布;(2) 求概率 $P(X+Y\leqslant 1)$.

5. 设(X,Y)是二维随机变量,X 的边缘概率密度为 $f_X(x)=\begin{cases}2x & 0<x<1\\ 0 & \text{其他}\end{cases}$,在给定 $X=x(0<x<1)$的条件下,Y 的条件概率密度为 $f_{Y|X}(y|x)=\begin{cases}\frac{1}{2x} & 0<y<2x\\ 0 & \text{其他}\end{cases}$.
试求:(1) Y 的边缘概率密度 $f_Y(y)$;(2) $Z=2X\text{-}Y$ 的概率密度 $f_Z(z)$;(3) X 与 Z 是否相关?

6.(2010.3) 箱内有 6 个球,其中红、白、黑球的个数分别为 1、2、3,现在从箱中随机取出 2 个球,设 X 为取出的红球个数,Y 为取出的白球个数. 试求:(1) 随机变量(X,Y)的概率分布;(2) $\mathrm{Cov}(X,Y)$

7. 设 $X\sim N(2\mu,\sigma^2)$,$Y\sim N(\mu,\sigma^2)$,且 X 与 Y 独立,$U=X+Y$,$V=X-Y$,则:

(1) 分别求 U 和 V 的密度函数 $f_U(u)$、$f_V(v)$;

(2) 求 U 和 V 的相关系数 ρ_{UV};

(3) 求(U,V) 的联合密度函数 $f_{U,V}(u,v)$.

8. 设随机变量 $X\sim U(0,2)$,$Y=[X]+X$,$[\cdot]$表示取整函数. 求:(1) 随机变量 Y 的概率密度函数 $f_Y(y)$;(2) $\mathrm{Cov}(X,Y)$.

9.(2014.3) 设随机变量 X 的分布为 $P(X=1)=P(X=2)=\frac{1}{2}$,在给定 $X=i$ 的条件下,随机变量 Y 服从均匀分布 $U(0,i)$,$i=1,2$. 试求:(1) Y 的分布函数;(2) 期

望 $E(Y)$.

10.(2004.3) 设 A、B 为两随机事件,且 $P(A)=\frac{1}{4}$,$P(B|A)=\frac{1}{3}$,$P(A|B)=\frac{1}{2}$,令 $X=\begin{cases}1 & A\text{发生}\\0 & A\text{不发生}\end{cases}$,$Y=\begin{cases}1 & B\text{发生}\\0 & B\text{不发生}\end{cases}$.求:(1) 二维随机变量 (X,Y) 的概率分布;(2) X 与 Y 的相关系数 ρ_{XY};(3) $Z=X^2+Y^2$ 的概率分布.

11. 设 $X\sim N(0,1)$,试证:$E(X^k)=\begin{cases}(k-1)(k-3)\cdots3\cdot1=(k-1)!! & k\text{为正偶数}\\0 & k\text{为正奇数}\end{cases}$.

12. 设连续型随机变量 (X,Y) 的概率密度为 $f(x,y)=\begin{cases}x+y & 0\leqslant x\leqslant1,0\leqslant y\leqslant1\\0 & \text{其他}\end{cases}$,设 $U=\max(X,Y)$,$V=\min(X,Y)$.试求:(1) 期望 $E(U)$;(2) 期望 $E(UV)$.

13. 设 $X_1,X_2,\cdots,X_n(n>2)$ 为来自总体 $N(0,1)$ 的简单随机样本,$\overline{X}$ 为样本均值,记 $Y_i=X_i-\overline{X}$,$i=1,2,\cdots,n$.求:(1) Y_i 的方差 $D(Y_i)$,$i=1,2,\cdots,n$;(2) Y_1 与 Y_n 的协方差 $\mathrm{Cov}(Y_1,Y_n)$.

科学家传记(四)

参考答案(四)

第 5 章　大数定律与中心极限定理

随机变量序列的收敛性有多种，其中常用的是两种：依概率收敛和按分布收敛．本章讨论的大数定律涉及的是依概率收敛，中心极限定理涉及按分布收敛．极限定理不仅是概率论研究的中心议题，而且在数理统计中有着广泛的应用．

【思政目标】

（1）体会偶然性中蕴含着必然性的道理．

（2）激发学生对概率论的学习兴趣以及对数学家的敬佩之情，提高学生的思想觉悟、道德品质以及培养他们的科学素养，激发他们的创新精神．

（3）培养学生能够自觉地从极限定理的视角观察生活，将统计方法用于分析和探讨生活中的实际问题，提高认知能力和水平．

（4）启发引导学生利用“离散-连续”相互转化的技巧解决实际问题；让学生领悟量变与质变的辩证关系．

5.1　切比雪夫不等式与大数定律

人们在长期的实践中发现，事件发生的频率具有稳定性，也就是说随着试验次数的增多，事件发生的频率将稳定于一个确定的常数．另外，对某个随机变量 X 进行大量的重复观测，所得到的大量观测数据的算术平均值也具有稳定性，而对这些稳定性如何从理论上给予证明就是本节介绍的大数定律所要回答的问题．

在引入大数定律之前，我们先证一个重要的不等式——切比雪夫(Chebyshev)不等式．

5.1.1　切比雪夫不等式

定理 5.1　设随机变量 X 的均值 $E(X)$ 及方差 $D(X)$ 存在，若对于任意正数 ε，有不等式

$$P(|X-E(X)|\geqslant\varepsilon)\leqslant\frac{D(X)}{\varepsilon^2} \tag{5.1}$$

或

$$P(|X-E(X)|<\varepsilon)\geqslant 1-\frac{D(X)}{\varepsilon^2} \tag{5.2}$$

成立，则称该不等式为切比雪夫(Chebyshev)不等式.

证明　(仅对连续性的随机变量进行证明)设 $f(x)$ 为 X 的概率密度，记

$$E(X)=\mu,\quad D(X)=\sigma^2$$

则

$$P(|X-E(X)|\geqslant\varepsilon)=\int_{|x-\mu|\geqslant\varepsilon}f(x)\mathrm{d}x\leqslant\int_{|x-\mu|\geqslant\varepsilon}\frac{(x-\mu)^2}{\varepsilon^2}f(x)\mathrm{d}x$$

$$\leqslant\frac{1}{\varepsilon^2}\int_{-\infty}^{+\infty}(x-\mu)^2f(x)\mathrm{d}x=\frac{1}{\varepsilon^2}\times\sigma^2=\frac{D(X)}{\varepsilon^2}$$

从定理看出，$D(X)$越小，随机变量 X 取值于开区间$(E(X)-\varepsilon,E(X)+\varepsilon)$的概率就越大. 这就说明方差是一个反映随机变量的概率分布对其分布中心(distribution center)($E(X)$)的集中程度的数量指标.

利用切比雪夫不等式，我们可以在随机变量 X 的分布未知的情况下估算事件$\{|X-E(X)|<\varepsilon\}$的概率.

例 5.1.1　已知某班某门课的平均成绩为 80 分，标准差为 5 分，试估计及格率.

解　设 X 表示任一学生的成绩，则

$$P(60\leqslant X\leqslant100)=P(|X-80|\leqslant20)\geqslant P(|X-80|<20)\geqslant1-\frac{25}{20^2}=93.75\%$$

***例 5.1.2**　试证明：若随机变量 X 的方差存在，则 $D(X)=0$ 的充要条件是 X 几乎处处为某个常数 a，即 $P(X=a)=1$.

证明　充分性. 因为 $P(X=a)=1$，所以

$$E(X)=a,\quad D(X)=E[(X-E(X))^2]=E[(X-a)^2]=(a-a)^2=0$$

下面证必要性. 设 $D(X)=0$，这时 $E(X)$存在. 因为

$$P\{|X-E(X)|>0\}=\bigcup_{n=1}^{\infty}\left\{|X-E(X)|\geqslant\frac{1}{n}\right\}$$

所以有

$$P(|X-E(X)|>0)=P\left(\bigcup_{n=1}^{\infty}\left\{|X-E(X)|\geqslant\frac{1}{n}\right\}\right)$$

$$\leqslant\sum_{n=1}^{\infty}P\left(|X-E(X)|\geqslant\frac{1}{n}\right)\leqslant\sum_{n=1}^{\infty}\frac{D(X)}{\left(\frac{1}{n}\right)^2}=0$$

其中最后一个不等式用到了切比雪夫不等式，由此可知

$$P(|X-E(X)|>0)=0$$

因而有

$$P(|X-E(X)|=0)=1$$

即

$$P(X=E(X))=1$$

这就证明了结论，且其中的常数 a 就是 $E(X)$.

5.1.2　大数定律

定义 5.1　设 $Y_1,Y_2,\cdots,Y_n,\cdots$是一个随机变量序列，$a$ 是一个常数，若对于任意

正数 ε，有

$$\lim_{n\to\infty}P(|Y_n-a|<\varepsilon)=1$$

则称序列 $Y_1,Y_2,\cdots,Y_n,\cdots$ 依概率收敛于 a，记为 $Y_n\xrightarrow{P}a$.

依概率收敛的序列有以下性质：

设 $X_n\xrightarrow{P}a$，$Y_n\xrightarrow{P}b$，又设函数 $g(x,y)$ 在点 (a,b) 连续，则

$$g(X_n,Y_n)\xrightarrow{P}g(a,b)$$

定义 5.2 设有随机序列 $\{X_n\}$，如果对任意的 $\varepsilon>0$，有

$$\lim_{n\to\infty}P\left(\left|\frac{1}{n}\sum_{i=1}^{n}X_i-\frac{1}{n}\sum_{i=1}^{n}E(X_i)\right|<\varepsilon\right)=1$$

则称随机序列 $\{X_n\}$ 服从大数定律[23].

下面的问题是：随机序列 $\{X_n\}$ 在什么条件下服从大数定律？以下给出的大数定律，它们之间的差别表现在条件上，需要特别注意.

定理 5.2（切比雪夫（Chebyshev）大数定律） 设 $X_1,X_2,\cdots$ 是相互独立的随机变量序列，各有数学期望 $E(X_1),E(X_2),\cdots$ 及方差 $D(X_1),D(X_2),\cdots$，并且对于所有 $i=1,2,\cdots$，都有 $D(X_i)<l$，其中 l 是与 i 无关的常数，则对任意给定的 $\varepsilon>0$，有

$$\lim_{n\to\infty}P\left(\left|\frac{1}{n}\sum_{i=1}^{n}X_i-\frac{1}{n}\sum_{i=1}^{n}E(X_i)\right|<\varepsilon\right)=1 \tag{5.3}$$

证明 因为 $X_1,X_2,\cdots$ 相互独立，所以

$$D\left(\frac{1}{n}\sum_{i=1}^{n}X_i\right)=\frac{1}{n^2}\sum_{i=1}^{n}D(X_i)<\frac{1}{n^2}\cdot nl=\frac{l}{n}$$

又因

$$E\left(\frac{1}{n}\sum_{i=1}^{n}X_i\right)=\frac{1}{n}\sum_{i=1}^{n}E(X_i)$$

由式(5.2)，对于任意 $\varepsilon>0$，有

$$P\left(\left|\frac{1}{n}\sum_{i=1}^{n}X_i-\frac{1}{n}\sum_{i=1}^{n}E(X_i)\right|<\varepsilon\right)\geqslant 1-\frac{l}{n\varepsilon^2}$$

由于任何事件的概率都不超过 1，即

$$1-\frac{l}{n\varepsilon^2}\leqslant P\left(\left|\frac{1}{n}\sum_{i=1}^{n}X_i-\frac{1}{n}\sum_{i=1}^{n}E(X_i)\right|<\varepsilon\right)\leqslant 1$$

因此

$$\lim_{n\to\infty}P\left(\left|\frac{1}{n}\sum_{i=1}^{n}X_i-\frac{1}{n}\sum_{i=1}^{n}E(X_i)\right|<\varepsilon\right)=1$$

---

[23] 大数定律不仅架起了概率论与数理统计之间的桥梁，还用数学的语言严格诠释了当样本数量增加时频率逐渐稳定于概率值、样本均值也逐渐接近于数学期望的规律. 这个规律揭示了随机事件的频率在长期内的稳定性，体现了偶然性中蕴含的必然性.

切比雪夫大数定律说明：在定律的条件下，当 n 充分大时，n 个独立随机变量的平均数的离散程度是很小的. 这意味，经过算术平均以后得到的随机变量 $\frac{\sum_{i=1}^{n} X_i}{n}$ 将比较密地聚集在它的数学期望 $\frac{\sum_{i=1}^{n} E(X_i)}{n}$ 的附近，它与数学期望之差依概率收敛到 0.

例 5.1.3　设 $\{X_n\}$ 是独立同分布的随机变量序列，$E(X_n^4)<\infty$. 若令 $E(X_n)=\mu, D(X_n)=\sigma^2, Y_n=(X_n-\mu)^2, n=1,2,\cdots$，试证随机变量序列 $\{Y_n\}$ 服从大数定律，即对任意的 $\varepsilon>0$，有

$$\lim_{n\to\infty} P\left(\left|\frac{1}{n}\sum_{i=1}^{n}(X_i-\mu)^2-\sigma^2\right|<\varepsilon\right)=1$$

证明　因为 $\{X_n\}$ 是独立同分布的随机变量序列，$Y_n=(X_n-\mu)^2$，所以 $\{Y_n\}$ 也是独立同分布的随机变量序列，其方差

$$D(Y_n)=D(X_n-\mu)^2=E(X_n-\mu)^4-\sigma^4$$

由于 $E(X_n^4)<\infty$（即 $E(X_n^4)$ 存在），故 $E(X_n^3)$、$E(X_n^2)$、$E(X_n-\mu)^4$ 也都存在，即 $\{Y_n\}$ 有公共的方差上界，从而可知 $\{Y_n\}$ 服从大数定律.

或直接利用切比雪夫不等进行证明，即又由于

$$\frac{1}{n}\sum_{i=1}^{n}Y_i=\frac{1}{n}\sum_{i=1}^{n}(X_i-\mu)^2, \frac{1}{n}\sum_{i=1}^{n}E(Y_i)=\frac{1}{n}\sum_{i=1}^{n}E[(X_i-\mu)^2]=\frac{1}{n}\sum_{i=1}^{n}\sigma^2=\sigma^2$$

$$D\left(\frac{1}{n}\sum_{i=1}^{n}Y_i\right)=\frac{1}{n^2}D\left(\sum_{i=1}^{n}Y_i\right)=\frac{1}{n^2}n(E(X_n-\mu)^4-\sigma^4)=\frac{1}{n}(E(X_n-\mu)^4-\sigma^4)$$

从而由切比雪夫不等式可知

$$\lim_{n\to\infty} P\left(\left|\frac{1}{n}\sum_{i=1}^{n}(X_i-\mu)^2-\sigma^2\right|<\varepsilon\right)=1$$

一般地，我们称概率接近于 1 的事件为大概率事件(large probability event)，而称概率接近于 0 的事件为小概率事件(small probability event). 在一次试验中大概率事件几乎肯定要发生，而小概率事件几乎不可能发生，这一规律我们称为实际推断原理(fact infer principle).

注　切比雪夫大数定律只要求 $\{X_n\}$ 相互独立（或两两互不相关），有共同的方差上界，不要求同分布. 如果加上这个更严格的条件，就可得伯努利大数定律.

定理 5.3（伯努利大数定律，Bernoulli law of large number）　设 f_A 是 n 次独立重复试验中事件 A 发生的次数，p 是事件 A 在每次试验中发生的概率，则对于任意正数 ε，有 $\lim_{n\to\infty} P\left(\left|\frac{f_A}{n}-p\right|<\varepsilon\right)=1$.

证明 令 $X_k=\begin{cases}1 & \text{第 } k \text{ 次试验 } A \text{ 发生} \\ 0 & \text{第 } k \text{ 次试验 } A \text{ 不发生}\end{cases}$ $(k=1,2,\cdots)$，$X_1,X_2,\cdots,X_k$ 是 n 个相互独立的随机变量，且

$$E(X_i)=p,\quad D(X_i)=p(1-p)$$

又 $f_A=X_1+X_2+\cdots+X_k$，因而由定理 5.2 有

$$\lim_{n\to\infty}P\left(\left|\frac{f_A}{n}-p\right|<\varepsilon\right)=1$$

定理 5.3 我们称之为伯努利大数定律(Bernoulli law of large number)，它表明事件 A 发生的频率 f_A/n 依概率收敛于事件 A 的概率 p. 也就是说，当 n 很大时事件发生的频率与概率有较大偏差的可能性很小. 根据实际推断原理，当试验次数很多时，就可以利用事件发生的频率来近似地代替事件的概率，这也是频率稳定性的真正含义.

定理 5.2 中要求随机变量 $X_k(k=1,2,\cdots,n)$ 的方差存在. 但在随机变量服从同一分布的场合，并不需要达到这一要求，有以下定理.

定理 5.4(辛钦大数定律) 设随机变量 $X_1,X_2,\cdots,X_n,\cdots$ 相互独立同分布，且 $E(X_k)=\mu\ (k=1,2,\cdots)$ 存在，则对于任意正整数 ε，有 $\lim\limits_{n\to\infty}P\left(\left|\frac{1}{n}\sum\limits_{k=1}^{n}X_k-\mu\right|<\varepsilon\right)=1$(证明略).

显然，伯努利大数定律既可以看成切比雪夫大数定理的特殊情况，也可以看成辛钦大数定律的特殊情况，辛钦大数定律在实际中的应用很广泛.

辛钦大数定律表明，在 n 很大时，n 个独立同分布的随机变量的算术平均值与它们共同的均值很接近，$\left|\frac{1}{n}\sum\limits_{k=1}^{n}X_k-\mu\right|<\varepsilon$ 几乎必然发生(不管正数 ε 有多小). 这一定律使算术平均值的法则有了理论根据. 如要测定某一物理量 X，在不变的条件下重复测量 n 次，得观测值 $X_1,X_2,\cdots,X_n$，求得实测值的算术平均值 $\frac{1}{n}\sum\limits_{i=1}^{n}X_i$，显然随机序列 $\{X_n\}$ 独立同分布，在 $E(X)$ 存在的条件下，根据此定律，当 n 足够大时，取 $\frac{1}{n}\sum\limits_{i=1}^{n}X_i$ 作为 $E(X)$ 的近似值，可以认为所发生的误差是很小的，所以实用上往往用某物体某一指标值的一系列实测值的算术平均值来作为该指标值(严格地说是该指标值的期望值)的近似值. 这样做的好处是可以不必去管具体分布是如何的，我们的目标只是寻求数学期望的近似值.

由辛钦大数定律很容易得知：如果 $\{X_n\}$ 为一独立同分布的随机变量序列，且 $E(|X_i|^k)$ 存在，其中 k 为正整数，则 $\{X_n^k\}$ 服从大数定律. 这个结论在数理统计中非常有用，也就是可以将 $\frac{1}{n}\sum\limits_{i=1}^{n}X_i^k$ 作为 $E(X_i^k)$ 的近似值.

* **定理 5.5***（马尔可夫大数定律，Markov's law of large number）　对随机变量序列$\{X_n\}$，若

$$\frac{1}{n^2}D(\sum_{i=1}^{n}X_i) \to 0$$

成立，则随机变量序列$\{X_n\}$服从大数定律，即对任意的$\varepsilon>0$，有

$$\lim_{n\to\infty}P(\left|\frac{1}{n}\sum_{i=1}^{n}X_i-\frac{1}{n}\sum_{i=1}^{n}E(X_i)\right|<\varepsilon)=1$$

证明　利用切比雪夫不等式即可证明.

注　马尔可夫大数定律的重要性在于：对随机变量序列$\{X_n\}$已经没有任何同分布、独立性、不相关的假定. 切比雪夫大数定律显然可由马尔可夫大数定律推出.

* **例 5.1.4**　设$\{X_n\}$为一同分布、方差存在的随机变量序列，且X_n仅与相邻的X_{n-1}和X_{n+1}相关，而与其他的X_i不相关，试问该随机变量序列$\{X_n\}$是否服从大数定律？

解　随机变量序列$\{X_n\}$为相依随机变量序列，考虑其马尔可夫条件

$$\frac{1}{n^2}D(\sum_{i=1}^{n}X_i)=\frac{1}{n^2}\left[\sum_{i=1}^{n}D(X_i)+2\sum_{i=1}^{n-1}\mathrm{Cov}(X_i,X_{i+1})\right]$$

记$D(X_i)=\sigma^2$，由于

$$1\geqslant|\rho_{X_iX_j}|=\frac{|\mathrm{Cov}(X_i,X_j)|}{\sqrt{D(X_i)}\sqrt{D(X_j)}}=\frac{|\mathrm{Cov}(X_i,X_j)|}{\sigma^2}$$

所以，$|\mathrm{Cov}(X_i,X_j)|\leqslant\sigma^2$，于是有

$$\frac{1}{n^2}D(\sum_{i=1}^{n}X_i)\leqslant\frac{1}{n^2}[n\sigma^2+2(n-1)\sigma^2]\to 0\quad(n\to\infty)$$

即马尔可夫条件成立，故随机变量序列$\{X_n\}$服从大数定律.

在当下，大数定律与社会主义核心价值观之间有着紧密的联系. 例如，利用大数定律进行民意调查，可以随机抽取足够数量的人群，获得具有代表性的样本，以此揭示人民群众的意愿和利益. 同样，在投票选举中，大数定律可以帮助我们确定投票人数的分布. 在政策制定过程中，我们可以运用大数定律进行政策模拟，预测其执行效果，从而更好地了解人民群众的利益需求. 此外，通过分析过去几十年的经济发展数据，我们可以运用大数定律预测未来的社会发展趋势，探讨如何借助大数定律促进社会公平和正义等问题[24].

习　题　5.1

（一）基础练习题

1. 设X是随机变量，且$E(X)=5$，$D(X)=0.04$，则$P(|X-5|\geqslant 0.4)\leqslant$______.

---

[24] 大数定律不仅仅是一种数学工具，更是一种思想方法和价值观念.

2. 设随机变量 X 的标准化随机变量为 $X^{*}=\dfrac{X-E(X)}{\sqrt{D(X)}}$,试根据切比雪夫不等式估计概率 $P(|X^{*}|<2)$.

3. 设 X 是掷一枚骰子所出现的点数,若给定 $\varepsilon=1,2$,试计算 $P(|X-E(X)|\geqslant\varepsilon)$,并验证切比雪夫不等式.

4. 设电站供电网 10000 盏电灯,夜晚每一盏灯开灯的概率都是 0.7,而假定开、关时间彼此独立,估计夜晚同时开着的灯数在 6800 与 7200 之间的概率(用切比雪夫不等式估计).

(二) 提高练习题

1.(2001.4) 设随机变量 X、Y 的数学期望都是 2,方差分别为 1 和 4,而相关系数为 0.5. 根据切比雪夫不等式得 $P(|X-Y|\geqslant 6)\leqslant$______.

2. 一颗骰子连续掷 4 次,点数总和记为 X. 估计 $P(10<X<18)$.

3. 将一枚骰子独立重复地投掷 n 次,则当 $n\to+\infty$时,n 次投掷点数的算术平均值依概率收敛于______.

4.(2003.3) 设总体 X 服从参数为 2 的指数分布,$X_1,X_2,\cdots,X_n$ 为来自总体 X 的简单随机样本,则当 $n\to\infty$时,$Y_n=\dfrac{1}{n}\sum\limits_{i=1}^{n}X_i^2$ 依概率收敛于______.

5.2 独立同分布的中心极限定理

大数定律研究的是在什么条件下,随机变量序列的算术平均依概率收敛到其期望(均值)的算术平均;本节将讨论在什么条件下独立随机变量和的分布函数会收敛到什么分布.

在客观实际中有许多随机变量,它们是由大量相互独立的偶然因素的综合影响所形成的,而每一个因素在总的影响中所起的作用是很小的,但总起来就有显著影响,这种随机变量往往近似地服从正态分布,这种现象就是中心极限定理的客观背景. 概率论中有关论证独立随机变量的和的极限分布是正态分布的一系列定理称为中心极限定理[25](Central limit theorem),即中心极限定理是研究在适当的条件下独立随机变量的部分和 $\sum\limits_{k=1}^{n}X_k$ 的分布收敛于正态分布的问题[26].

定理 5.6(独立同分布中心极限定理) 设相互独立的随机变量 $X_1,X_2,\cdots,X_n$

[25] 中心极限定理的内容包含极限,因而称它为极限定理是很自然的. 又由于它在统计中的重要性,称它为中心极限定理,这是波利亚(Polya)在 1920 年取的名字.

[26] 黑格尔在《逻辑学》的"存在论"中阐述了质量互变思想,中心极限定理反映了从量变到质变的思想.

服从同一分布，且 $E(X_k)=\mu,D(X_k)=\sigma^2\neq 0\ (k=1,2,\cdots)$，则对于任意 x，随机变量

$$Y_n=\frac{\sum_{k=1}^{n}X_k-E\left(\sum_{k=1}^{n}X_k\right)}{\sqrt{D\left(\sum_{k=1}^{n}X_k\right)}}=\frac{\sum_{k=1}^{n}X_k-n\mu}{\sqrt{n}\sigma}$$

的分布函数 $F_n(x)$ 趋于标准正态分布函数，即有

$$\lim_{n\to\infty}F_n(x)=\lim_{n\to\infty}P\left(\frac{\sum_{k=1}^{n}X_k-n\mu}{\sqrt{n}\sigma}\leqslant x\right)=\int_{-\infty}^{x}\frac{1}{\sqrt{2\pi}}e^{-\frac{t^2}{2}}dt \tag{5.4}$$

定理的证明从略.

该定理通常称为林德贝格-勒维(Lindeberg-Levy)定理.

推论 1　设相互独立的随机变量 $X_1,X_2,\cdots,X_n$ 服从同一分布，已知均值为 μ，方差为 $\sigma^2>0$. 单分布函数未知，当 n 充分大时，$X=\sum_{k=1}^{n}X_k$ 近似服从正态分布 $N(n\mu,(\sigma\sqrt{n})^2)$.

推论 2　设相互独立的随机变量 $X_1,X_2,\cdots,X_n$ 服从同一分布，已知均值为 μ，方差为 $\sigma^2>0$. 单分布函数未知，当 n 充分大时，$\overline{X}=\frac{1}{n}\sum_{k=1}^{n}X_k$ 近似服从正态分布 $N\left(\mu,\left(\frac{\sigma}{\sqrt{n}}\right)^2\right)$.

由推论 2 知，无论 $X_1,X_2,\cdots,X_n$ 是什么样的分布函数，它的平均数 $\overline{X}$ 当 n 充分大时总是近似地服从正态分布.

例 5.2.1　用机器包装白糖，每袋净重(单位:g)为随机变量，期望值为 100，标准差为 10，一箱内装 200 袋白糖，求一箱白糖净重大于 20200 的概率.

解　设一箱白糖净重为 X，箱中第 k 袋白糖的净重为 $X_k,k=1,2,\cdots,200$.

$X_1,X_2,\cdots,X_{200}$ 是 200 个相互独立的随机变量，且 $E(X_k)=100,D(X_k)=100$，则

$$E(X)=E(X_1+X_2+\cdots+X_{200})=20000$$

$$D(X)=20000,\quad \sqrt{D(X)}=100\sqrt{2}$$

因而有

$$P(X>20200)=1-P(X\leqslant 20200)=1-P\left(\frac{X-20000}{100\sqrt{2}}\leqslant\frac{200}{100\sqrt{2}}\right)$$

$$\approx 1-\Phi(1.41)=0.0793$$

***例 5.2.2(正态随机数的产生)**　在随机模拟(蒙特卡罗方法)中经常需要产生正态分布 $N(\mu,\sigma^2)$ 的随机数，一般统计软件都有产生正态随机数的功能，那么它是如

何产生的呢？下面介绍一种用中心极限定理通过服从(0,1)区间上的均匀分布的随机数来产生正态分布的随机数的方法.

设随机变量 X 服从(0,1)区间上的均匀分布，则其期望和方差分别为 1/2、1/12，由此可得 12 个相互独立的(0,1)区间上的均匀分布随机变量和的数学期望和方差分别为 6 和 1，因此我们可以按如下步骤产生正态分布 $N(\mu,\sigma^2)$的随机数.

(1) 从计算机中产生 12 个(0,1)区间上的均匀分布随机数，记为 $x_1,x_2,\cdots,x_{12}$.

(2) 计算 $y=x_1+x_2+\cdots+x_{12}-6$，则由林德贝格-勒维(Lindeberg-Levy)中心极限定理可知，可将 y 看成来自标准正态分布 $N(0,1)$的一个随机数.

(3) 计算 $z=\mu+\sigma y$，则可以将 z 看成来自正态分布 $N(\mu,\sigma^2)$的一个随机数.

(4) 重复(1)～(3)n 次，就可以得到 $N(\mu,\sigma^2)$分布的 n 个随机数.

从这个例子可以看出，由 12 个均匀分布的随机数得到 1 个正态分布的随机数正是利用了林德贝格-勒维中心极限定理.

由林德贝格-勒维中心极限定理，可以得到下面的德莫佛-拉普拉斯(DeMovire-Laplace)中心极限定理.

定理 5.7(德莫佛-拉普拉斯(DeMovire-Laplace)中心极限定理) 设 m_n 表示 n 次独立重复试验中事件 A 发生的次数，p 是事件 A 在每次试验中发生的概率，则对于任意区间$(a,b]$，恒有

$$\lim_{n\to\infty}P\left(a<\frac{m_n-np}{\sqrt{np(1-p)}}\leqslant b\right)=\int_a^b\frac{1}{\sqrt{2\pi}}\mathrm{e}^{-\frac{t^2}{2}}\mathrm{d}t \tag{5.5}$$

这个定理表明二项分布的极限分布是正态分布. 一般来说，当 n 较大时，二项分布的概率计算起来非常复杂，这时我们就可以用正态分布来近似地计算二项分布[27].

$$\begin{aligned}\sum_{k=n_1}^{n_2}\mathrm{C}_n^k p^k(1-p)^{n-k}&=P(n_1\leqslant m_n\leqslant n_2)\\&=P\left(\frac{n_1-np}{\sqrt{np(1-p)}}\leqslant\frac{m_n-np}{\sqrt{np(1-p)}}\leqslant\frac{n_2-np}{\sqrt{np(1-p)}}\right)\\&\approx\Phi\left(\frac{n_2-np}{\sqrt{np(1-p)}}\right)-\Phi\left(\frac{n_1-np}{\sqrt{np(1-p)}}\right)\end{aligned}$$

注 德莫佛-拉普拉斯中心极限定理是概率论历史上的第一个中心极限定理，它是专门针对二项分布的，因此称为“二项分布的正态近似”. 第二章的泊松定理给出了“二项分布的泊松近似”. 两者比较，一般在 p 较小时，用泊松分布较好，而在 $np>5$ 和 $n(1-p)>5$ 时，用正态分布近似较好.

例 5.2.3 设随机变量 X 服从 $B(100,0.8)$，试用正态分布来近似计算 $P(75\leqslant X\leqslant 90)$.

---

[27] “二项分布的正态近似”计算方法利用了“离散-连续”相互转化的技巧来巧妙地解决实际问题.

解　由德莫佛-拉普拉斯定理得

$$P(75\leqslant X\leqslant 90)\approx\Phi\left(\frac{90-80}{\sqrt{100\times 0.8\times 0.2}}\right)-\Phi\left(\frac{75-80}{\sqrt{100\times 0.8\times 0.2}}\right)$$

$$=\Phi(2.5)-\Phi(-1.25)=0.9938+0.8944-1=0.8882$$

前面在独立同分布的条件下,解决了随机变量和的极限分布问题.在实际问题中,说诸 X_i 具有独立性是常见的,但很难说诸 X_i 是同分布的随机变量.如测量误差 Y_n 的产生是由大量"微小的"相互独立的随机因素叠加而成的,即 $Y_n=\sum\limits_{i=1}^{n}X_i$,则诸 X_i 间相互独立,但不一定同分布.因此,研究独立不同分布随机变量和的极限分布问题就是一个新的课题.有关独立不同分布下的中心极限定理可参看下面定理.

***定理 5.8(李雅普诺夫(lyapunov)中心极限定理)**　设随机变量 $X_1,X_2,\cdots,X_n$ 相互独立,它们具有数学期望和方差

$$E(X_k)=u_k,D(X_k)=\sigma_k^2>0,\quad k=1,2,\cdots$$

记

$$B_n^2=\sum_{k=1}^{n}\sigma_k^2,B_n=\sqrt{\sum_{k=1}^{n}\sigma_k^2}$$

若存在正数 δ,使得当 $n\to\infty$ 时,有

$$\frac{1}{B_n^{2+\delta}}\sum_{k=1}^{n}E(|X_k-u_k|^{2+\delta})\to 0$$

则随机变量之和 $\sum\limits_{k=1}^{n}X_k$ 的标准化变量

$$Z_n=\frac{\sum\limits_{k=1}^{n}X_k-E\left(\sum\limits_{k=1}^{n}X_k\right)}{\sqrt{D\left(\sum\limits_{k=1}^{n}X_k\right)}}=\frac{\sum\limits_{k=1}^{n}X_k-\sum\limits_{k=1}^{n}u_k}{B_n}$$

的分布函数 $F_n(x)$ 对于任意 x 满足

$$\lim_{n\to\infty}F_n(x)=\lim_{n\to\infty}P\left\{\frac{\sum\limits_{k=1}^{n}X_k-\sum\limits_{k=1}^{n}u_k}{B_n}\leqslant x\right\}=\int_{-\infty}^{x}\frac{1}{\sqrt{2\pi}}\mathrm{e}^{-t^2/2}\mathrm{d}t=\Phi(x)$$

该定理表明,在定理的条件下,随机变量

$$Z_n=\frac{\sum\limits_{k=1}^{n}X_k-\sum\limits_{k=1}^{n}u_k}{B_n}$$

当 n 很大时,它近似地服从正态分布 $N(0,1)$.由此即知,当 n 很大时,$\sum\limits_{k=1}^{n}X_k=B_nZ_n+\sum\limits_{k=1}^{n}u_k$ 近似服从正态分布 $N\left(\sum\limits_{k=1}^{n}u_k,B_n^2\right)$.这就是说,无论各个随机变量 X_k(k

$=1,2,\cdots$）服从什么分布，只要满足定理的条件，那么它们的和 $\sum_{k=1}^{n} X_k$ 当 n 很大时，近似地服从正态分布.这就是为什么正态随机变量在概率论中占有重要地位的一个基本原因.在很多问题中，所考虑的随机变量可以表示成很多个独立的随机变量的和，此时，它们往往近似服从正态分布.

习 题 5.2

（一）基础练习题

1. 掷一枚均匀硬币时，需投掷多少次才能保证正面出现的频率在 0.4 到 0.6 之间的概率不小于 90%？

2. 某大型商场每天接待顾客 10000 人，设每位顾客的消费额（元）服从（100，1000）上的均匀分布，且顾客的消费额是相互独立的.试求该商场的消费额（元）在平均销售额上下浮动不超过 20000（元）的概率？

3. 某工厂生产二极管，在正常情况下，废品率为 0.01，现取 500 个装成一盒，问每盒中废品不超过 5 个的概率为多少？

4. 一家保险公司有 10000 人参加保险，每人每年付 120 元保险费.设 1 年内每一个人死亡的概率为 0.003，死亡时其家属可在保险公司领得 20000 元的赔款.问保险公司亏本的概率以及保险公司 1 年利润不少于 40 万元的概率各为多少？

5. 一个螺丝钉的重量（单位：g）是一个随机变量，期望值是 100，标准差是 10.求一盒（100 个）同型号螺丝钉的重量超过 5.1 kg 的概率.

6. 对敌人的防御地进行 100 次轰炸，每次轰炸命中目标的炸弹数目是一个随机变量，其期望值是 2，方差是 1.69.求在 100 次轰炸中有 180 颗到 220 颗炸弹命中目标的概率（用正态分布近似计算）.

7. 产品为废品的概率为 $p=0.005$，求 10000 件产品中废品数不大于 70 的概率.

（二）提高练习题

1. 选择题.

(1)（2005.4）设 $X_1, X_2, \cdots, X_n, \cdots$ 为独立同分布的随机变量列，且均服从参数为 $\lambda(\lambda>1)$ 的指数分布，记 $\Phi(x)$ 为标准正态分布函数，则（　　）.

A. $\lim\limits_{n\to\infty} P\left(\dfrac{\sum_{i=1}^{n} X_i - n\lambda}{\lambda\sqrt{n}} \leqslant x\right) = \Phi(x)$　　B. $\lim\limits_{n\to\infty} P\left(\dfrac{\sum_{i=1}^{n} X_i - n\lambda}{\sqrt{n\lambda}} \leqslant x\right) = \Phi(x)$

C. $\lim\limits_{n\to\infty} P\left(\dfrac{\lambda\sum_{i=1}^{n} X_i - n}{\sqrt{n}} \leqslant x\right) = \Phi(x)$　　D. $\lim\limits_{n\to\infty} P\left(\dfrac{\sum_{i=1}^{n} X_i - \lambda}{\sqrt{n\lambda}} \leqslant x\right) = \Phi(x)$

(2) (2020.1) 设 $x_1, x_2, \cdots, x_n$ 为来自总体 X 的简单随机样本，其 $P(X=0)=P(X=1)=\dfrac{1}{2}$，$\Phi(x)$ 表示标准正态分布函数，则利用中心极限定理可得 $P\left(\sum\limits_{i=1}^{100} X_i \leqslant 55\right)$ 的近似值为(　　).

A. $1-\Phi(1)$　　B. $\Phi(1)$　　C. $1-\Phi(0,2)$　　D. $\Phi(0,2)$

2. 某药厂断言，该厂生产的某种药品对于医治一种疑难血液病的治愈率为 0.8. 医院检验员任意抽查 100 个服用此药品的病人，如果有多于 75 人治愈，就接受这一断言，否则就拒绝这一断言.

(1) 若实际上此药品对这种疾病的治愈率是 0.8，问接受这一断言的概率是多少?

(2) 若实际上此药品对这种疾病的治愈率是 0.7，问接受这一断言的概率是多少?

3. 设有 1000 个人独立行动，每个人能够按时进入掩蔽体的概率为 0.9. 以 95% 概率估计，求一次行动中：

(1) 至少有多少个人能够进入? (2) 至多有多少人能够进入?

综合练习 5

(一) 综合基础练习题

1. 选择题.

(1) 设 $X \sim P(2)$，则根据切比雪夫不等式有(　　).

A. $P(|X-2|<2) \leqslant \dfrac{1}{2}, P(|X-2| \geqslant 2) \leqslant \dfrac{1}{2}$

B. $P(|X-2|<2) \geqslant \dfrac{1}{2}, P(|X-2| \geqslant 2) \geqslant \dfrac{1}{2}$

C. $P(|X-2|<2) \leqslant \dfrac{1}{2}, P(|X-2| \geqslant 2) \geqslant \dfrac{1}{2}$

D. $P(|X-2|<2) \geqslant \dfrac{1}{2}, P(|X-2| \geqslant 2) \leqslant \dfrac{1}{2}$

(2) 设随机变量 $X_i \sim B(i, 0.1)$，$i=1,2,\cdots,15$，且 $X_1, X_2, \cdots, X_{15}$ 相互独立，则由切比雪夫不等式可得 $P\left(8<\sum\limits_{i=1}^{15} X_i<16\right)$(　　).

A. $\geqslant 0.325$　　B. $\leqslant 0.325$　　C. $\geqslant 0.675$　　D. $\leqslant 0.675$

(3) 设随机变量 $X_1, X_2, \cdots, X_{32}$ 独立同分布，且 $X_i \sim E(2)$，$i=1,2,\cdots,32$，记 $X=\sum\limits_{i=1}^{32} X_i$，$p_1=P(X<16)$，$p_2=P(X>12)$，则有(　　).

A. $p_1=p_2$　　B. $p_1<p_2$　　C. $p_1>p_2$　　D. p_1、p_2 的大小不能确定

2. 填空题.

(1) 设随机变量序列$\{X_n\}$相互独立,且都服从参数为1的泊松分布,则当$n\to\infty$时,$\frac{1}{n}\sum_{i=1}^{n}X_i(X_i-1)$依概率收敛于______.

(2) 设随机变量X的概率密度为偶函数,$D(X)=1$,若已知用切比雪夫不等式估计得$P(|X|<\varepsilon)\geqslant 0.96$,则常数$\varepsilon=$______.

(3) 设随机变量$X\sim B(n,p)$,已知由切比雪夫不等式估计概率$P(8<X<16)\geqslant 0.5$,则$n=$______.

(4) 设$E(X)=-2,E(Y)=2,D(X)=1,D(Y)=4,\rho_{XY}=-0.5$,用切比雪夫不等式估计$P(|X+Y|\geqslant 6)\leqslant$______.

3. 某复杂系统由100个独立工作的同型号电子元件组成,在系统运行期间,每个电子元件损坏的概率为0.10.若要使系统正常运行,至少需要有84个电子元件工作,则利用中心极限定理计算系统正常的概率为多少(其中:$\Phi(2)=0.9772$)?

4. 设一批产品的次品率为2%,现从中任意抽取n件产品进行检验,试利用中心极限定理确定n至少要取多少时,才能使得次品数占总数比例不大于4%的概率不小于97.7%(其中:$\Phi(2)=0.9772$)?

5. 某单位内部有260部电话分机,每个分机有4%的时间要与外线通话,可以认为每个电话分机用不同的外线是相互独立的,问总机需备多少条外线才能95%满足每个分机在用外线时不用等候?

(二) 综合提高练习题

1. 选择题.

(1) 随机变量序列$X_1,X_2,\cdots,X_n$相互独立,则根据辛钦大数定律,当$n\to\infty$时,$\frac{1}{n}\sum_{i=1}^{n}X_i$依概率收敛到数学期望,只要随机变量序列$X_1,X_2,\cdots,X_n$(　　)

A. 有相同的数学期望　　B. 服从同一离散型分布

C. 服从同一泊松分布　　D. 服从同一连续型分布

(2) 设X_n表示将一硬币随意投掷n次"正面"出现的次数,则(　　).

A. $\lim\limits_{n\to\infty}P(\frac{X_n-n}{\sqrt{n}}\leqslant x)=\Phi(x)$　　B. $\lim\limits_{n\to\infty}P(\frac{X_n-2n}{\sqrt{n}}\leqslant x)=\Phi(x)$

C. $\lim\limits_{n\to\infty}P(\frac{2X_n-n}{\sqrt{n}}\leqslant x)=\Phi(x)$　　D. $\lim\limits_{n\to\infty}P(\frac{2X_n-2n}{\sqrt{n}}\leqslant x)=\Phi(x)$

(3) 设随机变量序列$X_1,X_2,\cdots,X_n$相互独立,记$Y_n=X_{2n}-X_{2n-1}(n\geqslant 1)$,根据大数定律,当$n\to\infty$时,$\frac{1}{n}\sum_{i=1}^{n}Y_i$依概率收敛到零,只要随机变量序列$X_1,X_2,\cdots,X_n$满足(　　).

A. 数学期望存在　　B. 有相同的数学期望与方差

C. 服从同一离散型分布　　D. 服从同一连续型分布

2. 填空题.

(1) 设总体 X 分布律为 $\begin{bmatrix} X & 0 & 1 & 2 \\ P & 1-\theta & \theta-\theta^2 & \theta^2 \end{bmatrix}$, θ 未知 $(0<\theta<1)$, $X_1, X_2, \cdots, X_n$ 是来自总体 X 的简单随机样本,其中取值为 2 的随机变量个数为 N,则切比雪夫不等式 $P(|N-n\theta^2|<\sqrt{n}\theta)\geqslant$______.

(2) 设随机变量 $X_1, X_2, \cdots, X_{2n}$ 独立,均服从指数分布 $E(\lambda)$,记 $Z_i=X_{2i}-X_{2i-1}$, $i=1,2,3\cdots$,则 $\sum_{i=1}^{n} Z_i$ 近似服从正态分布______.

科学家传记(五)

参考答案(五)

第 6 章　样本及抽样分布

前面几章讲述了概率论的基本内容，我们已经看到，随机变量及其概率分布全面地描述了随机现象的统计性质．概率论中的许多问题，概率分布通常被假定是已知的，而一切计算和推导都是基于这个已知分布来进行的．然而在实际问题中，情况往往并非如此，而此时亟待解决的问题正是本章及以后章节将介绍的统计学的研究范畴．统计学是以概率论为理论基础的一个数学分支，它是从实际观测的数据出发研究随机现象的规律性的一门科学，是多种试验数据处理的理论基础．统计学的历史已经有 300 多年，即使从皮尔逊(K. Pearson，1857—1936)和费希尔(R. A. Fisher，1890—1962)的工作算起，统计学的发展也有近 200 年的历史，并取得了较好的社会和经济效益．随着统计学的发展和完善，其研究内容已经十分丰富，且形成了多个学科分支，如抽样调查、试验设计、回归分析、多元统计分析、时间序列分析、非参数估计、贝叶斯方法等．

本书主要介绍数理统计的基本概念、参数估计、假设检验、方差分析以及回归分析等内容．

【思政目标】

(1) 理解矛盾的特殊性与普遍性的辩证统一．

(2) 鼓励学生在学习、工作中不断钻研、不断进取，有工匠精神，精益求精，勇于创新，敢于挑战，追求突破．

6.1　数理统计的基本概念

6.1.1　数理统计与描述性统计的区别

数理统计中的“统计”与一般新闻媒体中所说的“统计”有很大的区别，后者主要是指对数据进行描述性的统计，即简单地计算均值、百分比等，而数理统计则强调先对收集的数据用概率的思想进行分析，并借助这些数据构造一个数学模型，然后根据构造的模型进行理论上的分析，得出必要的结论．

6.1.2 总体和样本

在研究某一个问题时，通常把研究对象的全体称为总体，而组成总体的每个元素称为个体. 例如，把全校的学生看成总体，则每个学生就是个体. 在数理统计中，我们总是对总体的某个或某几个数量指标进行研究，如学生的身高、体重、学习成绩、消费支出等，因此，有时也把被研究对象的某项数量指标值的全体称为总体. 显然，学生的身高随着学生的不同以偶然的方式变化着，从概率论的角度看，这就是随机变量，通常称为总体变量. 这样，一个总体对应着一个随机变量 X，今后将不区分总体与相应的随机变量，而是笼统地称为总体 X，总体变量的概率分布称为总体分布.

例 6.1.1 考察常见的测量问题. 一个测量者对一个物理量 μ 进行重复测量，此时每次测量的可能结果是$(-\infty,+\infty)$内的一个实数，因此总体是一个取值于$(-\infty,+\infty)$内的一个随机变量，关于该总体的分布我们可以知道些什么呢？

有一点是可以确定的，测量结果 X 可以看成物理量 μ 与测量误差 ε 的叠加，即

$$X=\mu+\varepsilon$$

这里 μ 是一个确定的但未知的量，称为参数，ε 是随机变量. 于是关于总体分布的假定主要就是关于 ε 的分布的假定. 在实际研究中，以下几种假定是合理的.

(1) 由中心极限定理，最常见的是假定随机误差 $\varepsilon\sim N(0,\sigma^2)$，从而测量值 X 服从正态分布，即 $X\sim N(\mu,\sigma^2)$. 在这里，总体中有两个未知参数 μ 和 σ^2. 如何推断 μ 和 σ^2 是统计学研究的范畴.

(2) 假定我们不仅知道误差服从正态分布，还知道分布的方差(这通常可由测量系统本身的精度来决定)，于是可以假定 $\varepsilon\sim N(0,\sigma_0^2)$，其中 σ_0 是一个已知的常数，这样，总体 X 仍服从正态分布族 $N(\mu,\sigma_0^2)$. 但此时总体只有一个未知参数 μ，如何推断 μ 是统计学研究的范畴.

(3) 假定我们并没有理由认定误差服从正态分布，但可以认为误差分布是关于 0 对称的，则总体分布就变为一个分布类型未知但带有某种限制的分布，通常它不能被有限个参数所描述，而这常被称为非参数分布. 有关非参数分布，本书不作专门介绍，可参看参考文献[2].

对一个研究对象可能要观测两个甚至更多的指标，此时自然可以用多维随机变量及其联合分布来描述总体，这种总体称为多维总体. 本书主要研究一维和二维总体.

对总体变量进行研究，常用的方法有两种：一是对总体的每一个个体逐一进行调查，即全面调查，或称普查；二是对总体的部分个体进行调查，即抽样调查. 在经济社会中，对某些重要的基础性资料进行普查是非常必要的，如国家定期进行的人口普查、工业普查等；但是，一般来说，普查费时费工，另外，当调查手段对调查对象具有破

坏性时，普查更是不可能进行.如研究一批炮弹的质量，当所有的炮弹都试射了一遍之后，这批炮弹也就报废了.当去检查一批食品罐头时，如果打开所有的罐头，这批罐头也就不能出厂销售了.因此，抽样调查对总体的研究就有着重要特殊的意义.

为使抽取的部分能够很好地反映总体的特性，抽样方法必须满足以下基本要求：

(1) 随机性，即对每一次抽样，总体中的每一个个体都有相同的机会被抽取；

(2) 独立性，即每次抽取的结果既不影响到其他各次抽取的结果，也不受其他各次抽取结果的影响.

满足以上两个条件的抽样称为简单随机抽样，简称随机抽样或抽样.本章所提到的抽样都是指简单随机抽样.

一次抽样试验的结果称为总体的一个观测值，随机抽样 n 次就得到总体的 n 个观测值 $x_1, x_2, \cdots, x_n$，其中 x_i 就是第 i 次抽样观测的结果.由于抽样的随机性和独立性，如果再抽取 n 次，则会得到另外一组观测值；如果不断重复这一做法，则会得到许多组不同的观测值.可见，就一次抽样观测而言，$x_1, x_2, \cdots, x_n$ 是一组确定的数，但它又随着每一次的抽样观测而变化.因而 n 次抽样就与 n 个随机变量 $X_1, X_2, \cdots, X_n$ 相对应，n 次抽样所得的结果实际上就是这 n 个随机变量的观测值.综上所述，可作如下定义：

定义 6.1 若 $X_1, X_2, \cdots, X_n$ 是相互独立且与总体 X 同分布的随机变量，则称 $X_1, X_2, \cdots, X_n$ 是总体 X 的容量为 n 的简单随机样本(又称为 i. i. d. 样本(independent and identically distributed sample))，简称样本；当 $X_1, X_2, \cdots, X_n$ 取定某组常数值 $x_1, x_2, \cdots, x_n$ 时，称这组常数值 $x_1, x_2, \cdots, x_n$ 为样本 $X_1, X_2, \cdots, X_n$ 的一组样本观测值.

对于样本需要强调以下两点.

(1) 样本并非一堆杂乱无章、无规律可循的数据，它是受随机性影响的一组数据，因此，用概率论的话说，就是每个样本既可以视为一组数据，又可视为一组随机变量，这就是“样本的二重性”.

当通过一次具体的试验，得到一组观测值时，样本表现为一组数据；但这组数据的出现并非是必然的，它只能以一定的概率(或概率密度)出现，这就是说，当考察一个统计方法是否具有某种普遍意义下的效果时，又需要将其样本视为随机变量，而一次具体试验得到的数据，则可视为随机变量的一个观测值.今后为行文方便，常交替使用上述两种观点来看待样本，而不去每次声明此处样本是指随机变量还是其实现值.

(2) 样本 $X_1, X_2, \cdots, X_n$ 也不是任意一组随机变量，要求它是一组独立同分布的随机变量.同分布就是要求样本具有代表性，独立是要求样本中各数据的出现互不影响，就是说，抽取样本时应该是在相同条件下独立重复地进行.

对于无限总体，独立性和随机性很容易实现，只要排除有意或无意的人为干扰就可以得到简单随机样本. 对于有限总体，采用放回抽样就能得到简单样本，若采用不放回抽样，只有当总体中个体的总数 N 比要得到的样本的容量 n 大得多时$\left(一般当\frac{N}{n}\geqslant 10 时\right)$，在实际中才可将不放回抽样近似地当做放回抽样来处理.

若 $X_1,X_2,\cdots,X_n$ 为总体 X 的一个样本，X 的分布函数为 $F(x)$，则 $X_1,X_2,\cdots,X_n$ 的联合分布函数为

$$F^*(x_1,x_2,\cdots,x_n)=\prod_{i=1}^{n}F(x_i) \tag{6.1}$$

又若 X 具有概率密度 $f(x)$，则 $X_1,X_2,\cdots,X_n$ 的联合概率密度为

$$f^*(x_1,x_2,\cdots,x_n)=\prod_{i=1}^{n}f(x_i) \tag{6.2}$$

(3) 从抽样的数据来对总体下结论，不仅依赖进行局部观测的样本是否具有总体的代表性，也依赖对这些样本得到的数据是否进行了合理的加工、分析以及推断. 如果这一切都建立在可靠的科学基础之上，那么对总体的推断是可能的也是可靠的. 因为个体的个性和总体的共性之间是一种内在的、对立统一的辩证关系. 每一事物内部不仅仅包含了矛盾的特殊性，而且还包含了矛盾的普遍性，普遍性存在于特殊性之中. 对于抽取的样本具有两重性：一方面，它具有特殊性，它是个体的观测值，不能反映总体的全面性质，有片面性；另一方面，也要看到普遍性存在于特殊性之中，即每个个体的情况又必然反映总体的一些普遍性. 当样本达到一定容量时，总体的普遍性是可以从中得到比较真实、准确的反映的. 但是，毕竟是由局部推断整体，因而仍然可能犯错误，所有对于总体的结论往往是在某个可靠性水平之下得到的. 这种矛盾的特殊性与普遍性的辩证统一在统计推断中贯穿始终[28].

6.1.3　统计量

为了达到通过样本对总体进行推断的目的，必须对样本进行数学上的“加工处理”，使样本所含的信息更加集中，这个过程往往通过构造一个合适的依赖于样本的函数——统计量来实现.

定义 6.2　设 $X_1,X_2,\cdots,X_n$ 为总体的一个样本，$g(X_1,X_2,\cdots,X_n)$ 为样本 $X_1,X_2,\cdots,X_n$ 的连续函数，且 $g(X_1,X_2,\cdots,X_n)$ 中不含任何未知参数，则称 $g(X_1,X_2,\cdots,X_n)$ 为统计量.

---

[28] 作为大学生将会遇到许许多多的矛盾：理想与现实的矛盾、理论知识与实践经验的矛盾、自我认识与他人认识的矛盾、社会要求与个人愿望的矛盾等. 这些矛盾是从实践中产生的，它具有普遍性. 但是对于个人来说，这些矛盾又具有特殊性. 当面对人生矛盾时，我们如果能够以奋发向上、积极进取的乐观主义精神对待人生道路上的各种各样的困难和曲折，就能在处理矛盾中归纳、总结、概括出正确的人生理论，树立正确的人生观、价值观.

显然,由定义可知,统计量为随机变量.必须指出,尽管统计量不依赖于未知参数,但是它的分布是依赖于未知参数的.

常用的统计量如下.

(1) $\overline{X}=\frac{1}{n}\sum_{i=1}^{n}X_i$,$\overline{X}$ 称为样本均值(sample average).

(2) $S^2=\frac{1}{n-1}\sum_{i=1}^{n}(X_i-\overline{X})^2=\frac{1}{n-1}\left(\sum_{i=1}^{n}X_i^2-n\overline{X}^2\right)$,式中:$S^2$ 称为样本方差(sample variance).

(3) $S=\sqrt{S^2}$,S 称为样本标准差(sample standard variance).

(4) $A_k=\frac{1}{n}\sum_{i=1}^{n}X_i^k$,$A_k$ 称为样本 k 阶原点矩(sample k order origin moment).

(5) $B_k=\frac{1}{n}\sum_{i=1}^{n}(X_i-\overline{X})^k$,$B_k$ 称为样本 k 阶中心矩(sample k order central moment).

它们的观测值分别如下.

(1) $\overline{x}=\frac{1}{n}\sum_{i=1}^{n}x_i$.

注 样本均值有如下两个性质:① $\sum_{i=1}^{n}(x_i-\overline{x})=0$;② 数据观测值与样本均值的偏差平方和最小,即在形如 $\sum_{i=1}^{n}(x_i-c)^2$ 的函数中,$\sum_{i=1}^{n}(x_i-\overline{x})^2$ 最小,其中 c 为任意给定的常数.

(2) $s^2=\frac{1}{n-1}\sum_{i=1}^{n}(x_i-\overline{x})^2=\frac{1}{n-1}\left(\sum_{i=1}^{n}x_i^2-n\overline{x}^2\right)$.

注 样本方差是度量样本离散大小的统计量,使用广泛.n 为样本量,$\sum_{i=1}^{n}(x_i-\overline{x})^2$ 称为偏差平方和,$n-1$ 称为偏差平方和的自由度.其含义是:在 $\overline{x}$ 确定后,n 个偏差 $x_1-\overline{x},x_2-\overline{x},\cdots,x_n-\overline{x}$ 中只有 $n-1$ 个偏差可以自由变动,而第 n 个则不能自由取值,因为 $\sum_{i=1}^{n}(x_i-\overline{x})=0$.

(3) $s=\sqrt{\frac{1}{n-1}\sum_{i=1}^{n}(x_i-\overline{x})^2}$.

(4) $a_k=\frac{1}{n}\sum_{i=1}^{n}x_i^k,k=1,2,\cdots$.

(5) $b_k=\frac{1}{n}\sum_{i=1}^{n}(x_i-\overline{x})^k,k=1,2,\cdots$.

这些观测值仍分别称为样本均值、样本方差、样本标准差、样本 k 阶矩、样本 k 阶中心矩.

另外,有时为了简单起见,在有些场合,无论是样本统计量还是其观测值,都用小写字母来表示,读者应能从上下文中加以区别.

若总体 X 的 k 阶矩 $\boldsymbol{E}(X^k)\xlongequal{\text{def}}u_k$ 存在,则当 $n\to\infty$ 时,$A_k\xrightarrow{p}u_k$,$k=1,2,\cdots$. 这是因为 $X_1,X_2,\cdots,X_n$ 独立且与 X 同分布,所以 $X_1^k,X_2^k,\cdots,X_n^k$ 独立且与 X^k 同分布. 故有

$$\boldsymbol{E}(X_1^k)=\boldsymbol{E}(X_2^k)=\cdots\boldsymbol{E}(X_n^k)=u_k$$

从而由第 5 章的辛钦大数定理可知

$$A_k=\frac{1}{n}\sum_{i=1}^{n}X_i^k\xrightarrow{p}u_k\quad(k=1,2,\cdots)$$

进而由第 5 章中关于依概率收敛的序列的性质知道

$$g(A_1,A_2,\cdots,A_k)\xrightarrow{p}g(u_1,u_2,\cdots,u_k)$$

其中 g 为连续函数. 这就是下一章所要介绍的矩估计法的理论根据.

当总体关于分布中心对称时,我们用 $\bar{x}$ 和 s 刻画样本特征很有代表性,而当其不对称时,只用 $\bar{x}$ 和 s 就显得不够,为此需要一些刻画分布形状的统计量. 这里我们介绍样本偏度和样本峰度,它们都是样本中心矩的函数.

***定义 6.3(样本偏度)** 设 $X_1,X_2,\cdots,X_n$ 是简单样本,则称统计量

$$\beta_s=B_3/B_2^{3/2}$$

为样本偏度.

样本偏度 β_s 反映了样本数据与对称性的偏离程度和偏离方向. 如果数据完全对称,则不难看出 $B_3=0$,不对称数据 $B_3\neq 0$. 这里 B_3 除以 $B_2^{3/2}$ 是为了消除量纲的影响. 样本偏度 β_s 是个相对数,它很好地刻画了数据分布的偏斜方向和程度. 如果样本偏度 $\beta_s=0$,表示样本对称,如果 β_s 明显大于 0,表示样本的右尾长,即样本中有几个较大的数,这反映总体分布是正偏的或右偏的;如果 β_s 明显小于 0,表示样本的左尾长,即样本中有几个特小的数,这反映总体分布是负偏的或左偏的.

***定义 6.4(样本峰度)** 设 $X_1,X_2,\cdots,X_n$ 是简单样本,则称统计量

$$\beta_k=\frac{B_4}{B_2^2}-3$$

为样本峰度.

样本峰度 β_k 是反映总体分布密度曲线在其峰值附近的陡峭程度和尾部粗细的统计量. 当 β_k 明显大于 0 时,分布密度曲线在其峰值附近比正态分布来得陡峭,尾部更细,称为尖顶型;当 β_k 明显小于 0 时,分布密度曲线在其峰值附近比正态分布来得

平坦,尾部更粗,称为平顶型.

例 6.1.2 设 $X_1,X_2,\cdots,X_n$ 是出自总体 $N(\mu,\sigma^2)$ 的样本,其中 μ、σ^2 都为未知参数,则 X_1 是统计量,但诸如 $\frac{1}{n}\sum_{i=1}^{n}(X_i-\mu)^2$、$\frac{X_1}{\sigma}$ 等均不是统计量,因它含有未知参数 μ 或 σ.

例 6.1.3 将 $X_1,X_2,\cdots,X_n$ 的观测值按式 $X_{(1)}\leqslant X_{(2)}\leqslant\cdots\leqslant X_{(n)}$ 排列,则 $\{X_{(1)},X_{(2)},\cdots,X_{(n)}\}$ 为一组统计量,它们称为一组顺序统计量(order statistic),$X_{(k)}$ 称为第 k 个顺序统计量(No. k order statistic),其中特别地称

(1) $X_{(1)}=\min\limits_{1\leqslant i\leqslant n}X_i$ 为最小顺序统计量(minimum order statistic);

(2) $X_{(n)}=\max\limits_{1\leqslant i\leqslant n}X_i$ 为最大顺序统计量(maximum order statistic);

(3) $M^*=\begin{cases} X_{\left(\frac{n+1}{2}\right)} & n\text{ 为奇数} \\ \frac{1}{2}\left[X_{\left(\frac{n}{2}\right)}+X_{\left(\frac{n}{2}+1\right)}\right] & n\text{ 为偶数}\end{cases}$ 为样本中位数(sample median).

例 6.1.4 设总体 X 具有二阶矩,即 $E(X)=\mu,D(X)=\sigma^2<+\infty,X_1,X_2,\cdots,X_n$是该总体的简单随机样本,记 $\overline{X}=\frac{1}{n}\sum_{i=1}^{n}X_i,S^2=\frac{1}{n-1}\sum_{i=1}^{n}(X_i-\overline{X})^2$. 证明:

(1) $E(\overline{X})=\mu,D(\overline{X})=\frac{\sigma^2}{n}$;(2) $S^2=\frac{1}{n-1}(\sum_{i=1}^{n}X_i^2-n\overline{X}^2)$;(3) $E(S^2)=\sigma^2$.

证明 (1) $E(\overline{X})=E\left(\frac{1}{n}\sum_{i=1}^{n}X_i\right)=\frac{1}{n}E(\sum_{i=1}^{n}X_i)=\frac{1}{n}\sum_{i=1}^{n}E(X_i)=\frac{1}{n}\cdot n\mu=\mu$

$$D(\overline{X})=D\left(\frac{1}{n}\sum_{i=1}^{n}X_i\right)=\frac{1}{n^2}D(\sum_{i=1}^{n}X_i)\xlongequal{X_i\text{ 之间相互独立}}\frac{1}{n^2}\cdot\sum_{i=1}^{n}D(X_i)$$
$$=\frac{1}{n^2}\cdot n\sigma^2=\frac{\sigma^2}{n}$$

(2) 因 $\sum_{i=1}^{n}(X_i-\overline{X})^2=\sum_{i=1}^{n}(X_i^2+\overline{X}^2-2\overline{X}X_i)=\sum_{i=1}^{n}X_i^2+n\overline{X}^2-2\overline{X}\sum_{i=1}^{n}X_i$

$$=\sum_{i=1}^{n}X_i^2+n\overline{X}^2-2\overline{X}\cdot n\overline{X}=\sum_{i=1}^{n}X_i^2-n\overline{X}^2$$

故

$$S^2=\frac{1}{n-1}(\sum_{i=1}^{n}X_i^2-n\overline{X}^2)$$

(3) 因 $E(X_i)=\mu,D(X_i)=\sigma^2$,故 $E(X_i^2)=D(X_i)+(E(X_i))^2=\sigma^2+\mu^2$.

同理,因 $E(\overline{X})=\mu,D(\overline{X})=\frac{\sigma^2}{n}$,故 $E(\overline{X}^2)=\frac{\sigma^2}{n}+\mu^2$. 从而

$$E(S^2)=E\left[\frac{1}{n-1}\left(\sum_{i=1}^{n}X_i^2-n\overline{X}^2\right)\right]=\frac{1}{n-1}\left[E\left(\sum_{i=1}^{n}X_i^2\right)-nE(\overline{X}^2)\right]$$

$$=\frac{1}{n-1}\left[\sum_{i=1}^{n}E(X_i^2)-nE(\overline{X}^2)\right]=\frac{1}{n-1}\cdot\left[n\cdot(\sigma^2+\mu^2)-n\left(\frac{\sigma^2}{n}+\mu^2\right)\right]=\sigma^2$$

注　该结论对总体分布类型没有任何限制.

*6.1.4　直方图

设 $X_1,X_2,\cdots,X_n$ 是总体 X 的一个样本，又设总体具有概率密度 $f(x)$，如何用样本来推断 $f(x)$？注意到现在的样本是一组实数，因此，一个直观的办法是将实轴划分为若干小区间，记下诸观测值 X_i 落在每个小区间中的个数，根据大数定律中频率近似概率的原理，从这些个数来推断总体在每一小区间上的密度.具体做法如下：

(1) 找出 $X_{(1)}=\min\limits_{1\leqslant i\leqslant n}X_i$，$X_{(n)}=\max\limits_{1\leqslant i\leqslant n}X_i$. 取 a 略小于 $X_{(1)}$，b 略大于 $X_{(n)}$.

(2) 将 $[a,b]$ 分成 m 个小区间，$m<n$，小区间长度可以不等，设分点为

$$a=t_0<t_1<\cdots<t_m<b$$

在分小区间时，注意每个小区间中都要有若干观测值，而且观测值不落在分点上.

(3) 记 $n_j=$ 落在小区间 $[t_{j-1},t_j)$ 中观测值的个数（频数），计算频率 $f_j=\dfrac{n_j}{n}$，列表分别记下各小区间的频数、频率.

(4) 在直角坐标系的横轴上，标出 $t_0,t_1,\cdots,t_m$ 各点，分别以 $[t_{j-1},t_j)$ 为底边，作高为 $f_j/\Delta t_j$ 的矩形，$\Delta t_j=t_j-t_{j-1}$，$j=1,2,\cdots,m$，即得直方图（见图 6-1).

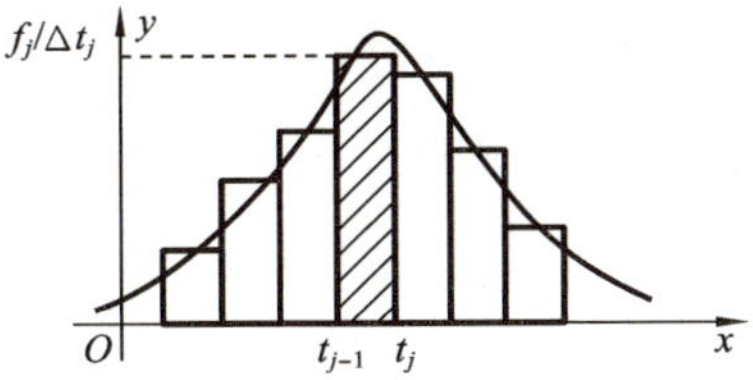

图 6-1

实际上，我们就是用直方图对应的分段函数

$$\varphi_n(x)=\frac{f_j}{\Delta t_j},\quad x\in[t_{j-1},t_j),\quad j=1,2,\cdots,m$$

来近似总体的概率密度 $f(x)$. 这样做为什么合理？我们引进“唱票随机变量”，对每个小区间 $[t_{j-1},t_j)$，定义

$$\xi_i=\begin{cases}1 & 若\ X_i\in[t_{j-1},t_j)\\0 & 若\ X_i\notin[t_{j-1},t_j)\end{cases},\quad i=1,2,\cdots,n$$

则 ξ_i 独立同分布于两点分布：

$$P(\xi_i=x)=p^x(1-p)^{1-x},\quad x=0\ 或\ 1$$

式中：$p=P(X\in[t_{j-1},t_j))$.

由柯尔莫哥洛夫强大数定律，我们有

$$f_j=\frac{n_j}{n}=\frac{1}{n}\sum_{i=1}^{n}\xi_i \to E\xi_i=p=P(X\in[t_{j-1},t_j))=\int_{t_{j-1}}^{t_j}f(x)\mathrm{d}x\ (n\to\infty)$$

以概率为 1 成立，于是当 n 充分大时，就可用 f_j 来近似代替上式右边以 $f(x)$ $(x\in[t_{j-1},t_j))$为曲边的曲边梯形的面积，而且若 m 充分大，Δt_j 较小，就可用小矩形的高度 $\varphi_n(x)=f_j/\Delta t_j$ 来近似取代 $f(x)$，$x\in[t_{j-1},t_j)$.

*6.1.5 经验分布函数

对于总体 X 的分布函数 F(未知)，设有它的样本 $X_1,X_2,\cdots,X_n$，我们同样可以从样本出发，找到一个已知量来近似它，这就是经验分布函数(empirical distribution function)$F_n(x)$. 它的构造方法是这样的，设 $X_1,X_2,\cdots,X_n$ 诸观测值按从小到大可排成

$$X_{(1)}\leqslant X_{(2)}\leqslant\cdots\leqslant X_{(n)}$$

定义

$$F_n(x)=\begin{cases}0 & x<X_{(1)}\\ \dfrac{k}{n} & X_{(k)}\leqslant x<X_{(k+1)},\quad k=1,2,\cdots,n-1\\ 1 & x\geqslant X_{(n)}\end{cases}$$

$F_n(x)$只在 $x=X_{(k)}$，$k=1,2,\cdots,n$ 处有跃度为 $1/n$ 的间断点，若有 l 个观测值相同，则 $F_n(x)$在此观测值处的跃度为 l/n. 对于固定的 x，$F_n(x)$即表示事件$\{X\leqslant x\}$在 n 次试验中出现的频率，即 $F_n(x)=\dfrac{1}{n}$\{落在$(-\infty,x]$中 X_i 的个数\}. 用与直方图分析相同的方法可以论证$F_n(x)\to F(x)$，$n\to\infty$，以概率为 1 成立. 经验分布函数的图形如图 6-2 所示.

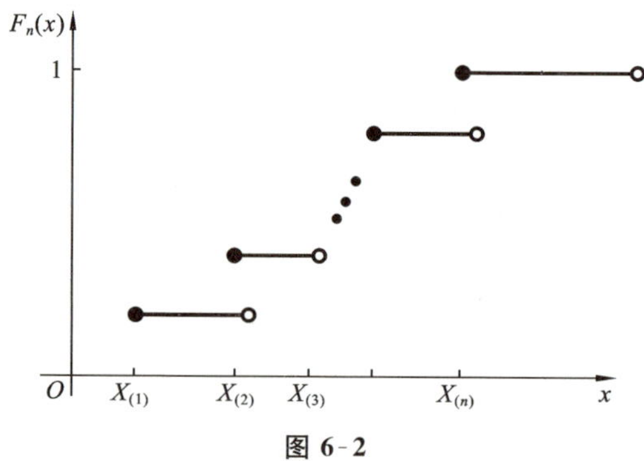

图 6-2

实际上，$F_n(x)$还一致地收敛于 $F(x)$，格里文科定理指出了这一更深刻的结论，即

$$P(\lim_{n\to\infty}D_n=0)=1$$

式中：$D_n=\sup\limits_{-\infty<x<+\infty}|F_n(x)-F(x)|$.

格里文科定理表明，当 n 很大时，经验分布函数是总体分布函数的一个良好的近似. 经典统计学中的一切统计推断都以样本为依据，其理由就在于此.

习　题　6.1

(一) 基础练习题

1. 填空题.

(1) 在数理统计中，______是指被研究对象的某项数量指标值的全体.

(2) 满足① ______和② ______两个条件的抽样，就称为简单随机抽样.

(3) 若 n 个随机变量 $X_1,X_2,\cdots,X_n$ 满足① ______，② ______，就称其为来自总体 X 的一个样本.

(4) 设 $f(X_1,X_2,\cdots,X_n)$ 为总体 X 的一个样本的函数，当 f 满足① ______，② ______时，$f(X_1,X_2,\cdots,X_n)$ 就是一个统计量.

(5) 对于容量为 5 的样本观测值 1,0,0,1,1，其样本均值为______，样本方差为______.

2. 计算题.

为了了解 5～6 岁儿童的身高，现从某幼儿园随机选择了 10 名适龄儿童，测得身高(单位：cm)如下：115、114、116、117、120、122、119、118、117、122. 试计算样本均值 $\overline{X}$ 和样本方差 S^2.

(二) 提高练习题

1. 设 $X_1,X_2,\cdots,X_n$ 为来自正态总体 $N(\mu,\sigma^2)$ 的样本，其中 μ 和 σ^2 都未知，则下列是统计量的是(　　).

A. $\sum\limits_{i=1}^{n}X_i-\mu$　　B. $2X_1-\overline{X}$　　C. $\sum\limits_{i=1}^{n}(X_i/\sigma)^2$　　D. $\sum\limits_{i=1}^{n}\left(\dfrac{X_i-\mu}{\sigma}\right)^2$

2.(2015.3) 设总体 $X\sim B(m,\theta)$，$X_1,X_2,\cdots,X_n$ 为来自该总体的简单随机样本，$\overline{X}$ 为样本均值，则 $E\left[\sum\limits_{i=1}^{n}(X_i-\overline{X})^2\right]=$(　　).

A. $(m-1)n\theta(1-\theta)$　　B. $m(n-1)\theta(1-\theta)$

C. $(m-1)(n-1)\theta(1-\theta)$　　D. $mn\theta(1-\theta)$

6.2　抽 样 分 布

统计量是样本的函数，它是一个随机变量，统计量的分布称为抽样分布. 在使用统计量进行统计推断时，常需要知道统计量的分布，然而要求出统计量的精确分布，一般来说是困难的. 下面将介绍来自正态总体的几个常用的统计量的分布.

6.2.1 三大抽样分布和分位数

1. χ^2 分布

定义 6.5 设 $X_1, X_2, \cdots, X_n$ 为相互独立的随机变量,它们都服从标准正态分布,即$X_i \sim N(0,1)$,$i=1,2,\cdots,n$,则称随机变量

$$\chi^2 = X_1^2 + X_2^2 + \cdots + X_n^2$$

服从自由度为 n 的 χ^2 分布(χ^2 distribution),记为 $\chi^2 \sim \chi^2(n)$,读作:卡方分布.

在第 3 章已经指出,若随机变量 $X \sim N(0,1)$,则 $X^2 \sim Ga(1/2,1/2)$. 根据伽马分布的可加性立即有 $\chi^2 \sim Ga(n/2,1/2) = \chi^2(n)$,由此可见,$\chi^2(n)$分布是伽马分布的特例,故 $\chi^2(n)$分布的密度函数为

$$f(y) = \begin{cases} \dfrac{1}{2^{n/2}\Gamma(n/2)} y^{n/2-1} \mathrm{e}^{-y/2} & y>0 \\ 0 & \text{其他} \end{cases} \tag{6.3}$$

式中:$\Gamma(\alpha)$ 称为伽马函数,定义为 $\Gamma(\alpha) = \int_0^{+\infty} x^{\alpha-1} \mathrm{e}^{-x} \mathrm{d}x, \alpha > 0$. 该密度函数的图像是一个只取非负值的偏态分布.

$f(y)$的图形如图 6-3 所示.

χ^2 分布具有以下性质.

性质 1 如果 $\chi_1^2 \sim \chi^2(n_1)$,$\chi_2^2 \sim \chi^2(n_2)$,且它们相互独立,则有

$$\chi_1^2 + \chi_2^2 \sim \chi^2(n_1 + n_2)$$

这一性质称为 χ^2 分布的可加性.

性质 2 如果 $\chi^2 \sim \chi^2(n)$,则有

$$E(\chi^2) = n, \quad D(\chi^2) = 2n$$

证明 因为 $X_i \sim N(0,1)$,所以有

$$E(X_i^2) = D(X_i) = 1$$

$$D(X_i^2) = E(X_i^4) - [E(X_i^2)]^2 = 3 - 1 = 2, \quad i=1,2,\cdots,n$$

于是

$$E(\chi^2) = E\left(\sum_{i=1}^n X_i^2\right) = \sum_{i=1}^n E(X_i^2) = n$$

$$D(\chi^2) = D\left(\sum_{i=1}^n X_i^2\right) = \sum_{i=1}^n D(X_i^2) = 2n$$

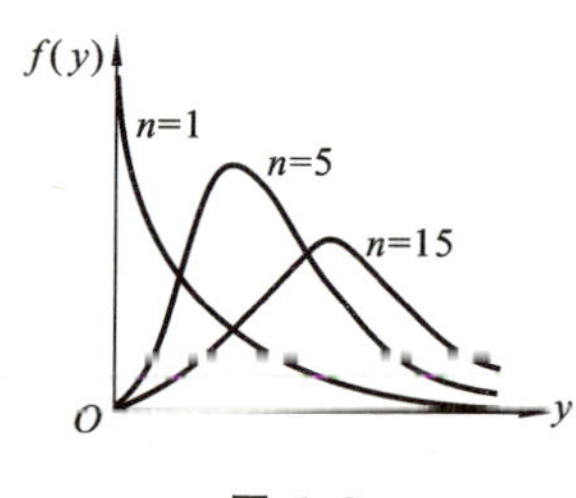

图 6-3

图 6-3 描绘了 χ^2 分布概率密度在 $n=1,5,15$ 时的图形. 可以看出,随着 n 的增大,$f(x)$的图形趋于平缓,其图形下面积的重心亦逐步往右下移动.

例 6.2.1　设 $X_1, X_2, \cdots, X_n$ 是来自正态总体 $N(\mu, \sigma^2)$ 的一个样本，其中 μ 是已知常数，求统计量 $T = \sum_{i=1}^{n}(X_i - \mu)^2$ 的分布.

解　令 $Y_i = (X_i - \mu)/\sigma, i = 1, 2, \cdots, n$，则 $Y_1, Y_2, \cdots, Y_n$ 是独立同分布的随机变量，其共同分布为 $N(0,1)$，于是由 $\chi^2(n)$ 分布定义可知

$$\frac{T}{\sigma^2} = \sum_{i=1}^{n}\left(\frac{X_i - \mu}{\sigma}\right)^2 = \sum_{i=1}^{n} Y_i^2 \sim \chi^2(n)$$

再利用已知随机变量密度函数求随机函数的密度函数的方法可以求出 T 的密度函数为

$$f(t) = \frac{1}{(2\sigma^2)^{\frac{n}{2}}\Gamma(n/2)} \mathrm{e}^{-\frac{t}{2\sigma^2}} t^{\frac{n}{2}-1}, \quad t > 0$$

而这正是伽马分布 $Ga\left(\frac{n}{2}, \frac{1}{2\sigma^2}\right)$，即 $T \sim Ga\left(\frac{n}{2}, \frac{1}{2\sigma^2}\right)$.

对于给定的正数 $\alpha, 0 < \alpha < 1$，称满足条件

$$P(\chi^2 > \chi_\alpha^2(n)) = \int_{\chi_\alpha^2(n)}^{\infty} f(y)\mathrm{d}y = \alpha$$

的点 $\chi_\alpha^2(n)$ 为 χ^2 分布的上 α 分位点(percentile of α)，如图 6-4 所示. 对于不同的 α、n，上 α 分位点的值已制成表格，可以查用(见附表 C). 例如，对于 $\alpha = 0.05$，$n = 15$，查附表 C 得 $\chi_{0.05}^2(15) = 24.996$. 但该表只详列到 $n = 45$ 为止.

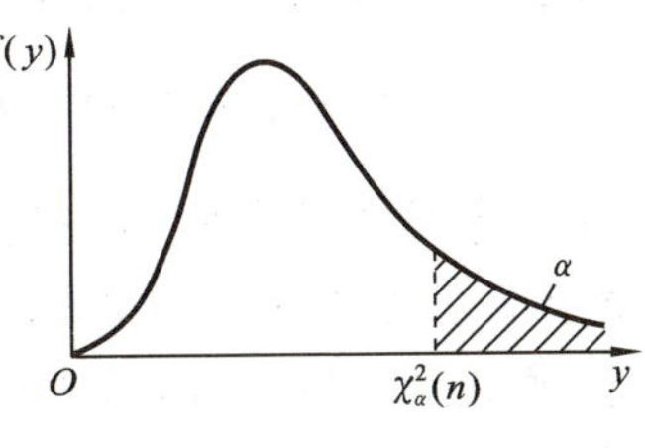

图 6-4

另外，费歇(R. A. Fisher)曾证明，当 n 较大时，$\sqrt{2\chi^2(n)}$ 近似服从分布 $N(\sqrt{2n-1}, 1)$. 一般情况下，当 $n > 45$ 时，近似地有 $\chi_\alpha^2(n) \approx \frac{1}{2}(z_\alpha + \sqrt{2n-1})^2$，其中 z_α 是标准正态分布的上 α 分位点. 例如

$$\chi_{0.05}^2(50) \approx \frac{1}{2}(1.645 + \sqrt{99})^2 = 67.221$$

2. t 分布

定义 6.6　设 $X \sim N(0,1)$，$Y \sim \chi^2(n)$，X 与 Y 独立，则称随机变量

$$T = \frac{X}{\sqrt{Y/n}}$$

服从自由度为 n 的 t 分布(t distribution)，又称学生氏(student)分布，记作 $T \sim t(n)$.

利用独立随机变量商的密度公式，不难由已知的 $N(0,1)$、$\chi^2(n)$ 的概率密度公式得到 $t(n)$ 的概率密度为

$$f(x) = \frac{\Gamma\left(\frac{n+1}{2}\right)}{\sqrt{n\pi}\,\Gamma\left(\frac{n}{2}\right)}\left(1 + \frac{x^2}{n}\right)^{-\frac{n+1}{2}}, \quad -\infty < x < +\infty \tag{6.4}$$

显然它是 x 的偶函数，图 6-5 描绘了 $n=1,10$ 时 $t(n)$ 的概率密度曲线，作为比较，还描绘了 $N(0,1)$ 的概率密度曲线.

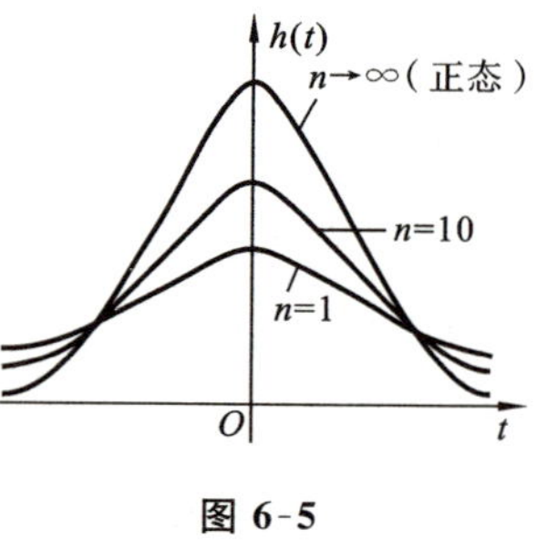

图 6-5

利用伽马函数的斯特林(Stirling)公式可以证明

$$f(x) \to \frac{1}{\sqrt{2\pi}} e^{-\frac{x^2}{2}}, \quad n \to \infty$$

从图形也可看出，随着 n 的增大，$t(n)$ 的概率密度曲线与 $N(0,1)$ 的概率密度曲线越来越接近. 一般若 $n>30$，就可认为它基本与 $N(0,1)$ 相差无几了.

注 (1) 自由度为 1 的 t 分布就是标准柯西分布，其密度函数为 $f(x)=\frac{1}{\pi(1+x^2)}, x\in \mathbf{R}$，它的均值(数学期望)不存在.

(2) $n>1$ 时，t 分布的数学期望存在且为 0.

(3) $n>2$ 时，t 分布的方差存在且为 $\frac{n}{n-2}$.

t 分布是统计学中的一类重要分布，它与标准正态分布的细微差别是由英国统计学家戈塞特(Gosset)发现的. 在 1908 年以前，统计学的主要用武之地开始是社会统计，尤其是人口统计，后来出现了生物统计问题. 这些问题的特点是，数据一般都是大量的、自然采集的，所用的方法多以中心极限定理为依据，最后总是归结到正态分布. K. 皮尔逊就是当时统计界的权威，他认为正态分布是上帝赐给人们的唯一正确的分布. 但到了 20 世纪，受人工控制的试验条件下所得数据的统计分析问题逐渐引起人们的注意，此时的数据量一般都不大，故那种仅依赖于中心极限定理的传统方法开始受到人们的质疑. 发现这个问题的先驱就是戈塞特和费希尔.

戈塞特年轻时在牛津大学学习数学和化学，1899 年开始在一家酿酒厂担任酿酒化学技师，从事试验和数据分析工作. 由于戈塞特接触的样本容量都比较小，通常只有 4～5 个，通过大量试验数据的积累，戈塞特发现 $t=\sqrt{n}(\bar{x}-\mu)/s$ 的分布与传统认为的 $N(0,1)$ 分布并不同，特别是尾部概率相差较大. 由此，戈塞特怀疑是否有另一个分布族存在. 于是，戈塞特从 1906 年到 1907 年到 K. 皮尔逊那里学习统计学，并着重研究少量数据的统计分析问题. 1908 年他在老师 K · 皮尔逊的建议下在 Biometrika 杂志上以笔名 Student(工厂害怕商业机密外泄，不允许其发表论文)发表了让他名垂统计史册的论文：均值的或然误差. t 分布的发现在统计学史上具有划时代的意义，打破了正态分布一统天下的局面，开创了小样本统计推断的新纪元. 小样本统计分析由此引起了广大统计科研工作者的重视[29]. 不过，戈塞特的证明存在漏洞，费希尔注意到该问题并于 1922 年给出了该问题的完整证明，并编制了 t 分布的分位表.

[29] 在学习、工作中应不断钻研，不断进取，精益求精，执着追求，勇于创新，敢于挑战，追求突破.

对于给定的 α，$0<\alpha<1$，称满足条件

$$P(t>t_\alpha(n))=\alpha$$

的点 $t_\alpha(n)$ 为 t 分布的上 α 分位点(见图 6-6).

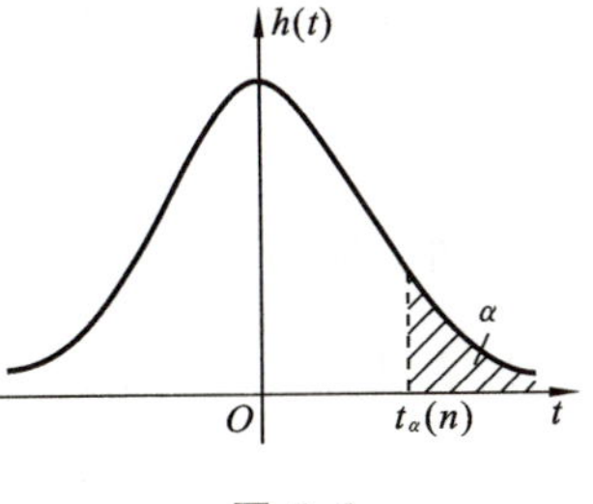

图 6-6

由 t 分布的上 α 分位点的定义及 $t(n)$ 图形的对称性知

$$t_{1-\alpha}(n)=-t_\alpha(n)$$

t 分布的上 α 分位点可从附表 D 查得. 在 $n>45$ 时，就用正态分布近似：

$$t_\alpha(n)\approx z_\alpha$$

3. F 分布

定义 6.7　设 $X\sim\chi^2(n_1)$，$Y\sim\chi^2(n_2)$，X 与 Y 独立，则称随机变量

$$F=\frac{X/n_1}{Y/n_2}$$

服从自由度为(n_1,n_2)的 F 分布(F distribution)，记作 $F\sim F(n_1,n_2)$.

类似地，可得 $F(n_1,n_2)$的概率密度为

$$f(x)=\begin{cases}\dfrac{\Gamma\left(\dfrac{n_1+n_2}{2}\right)}{\Gamma\left(\dfrac{n_1}{2}\right)\Gamma\left(\dfrac{n_2}{2}\right)}n_1^{\frac{n_1}{2}}n_2^{\frac{n_2}{2}}\dfrac{x^{\frac{n_1}{2}-1}}{(n_1x+n_2)^{\frac{n_1+n_2}{2}}} & x>0\\ 0 & x\leqslant 0\end{cases}\tag{6.5}$$

图 6-7 描绘了几种 F 分布的密度曲线. 由 F 分布的定义容易看出，若 $F\sim F(n_1,n_2)$，则 $1/F\sim F(n_2,n_1)$.

F 分布经常被用来对两个样本方差进行比较. 它是方差分析的一个基本分布，也被用于回归分析中的显著性检验.

对于给定的 α，$0<\alpha<1$，称满足条件

$$P(F>F_\alpha(n_1,n_2))=\int_{F_\alpha(n_1,n_2)}^{\infty}\psi(y)\mathrm{d}y=\alpha$$

的点 $F_\alpha(n_1,n_2)$为 F 分布的上 α 分位点(见图 6-8). F 分布的上 α 分位点有表格可查(见附表 E).

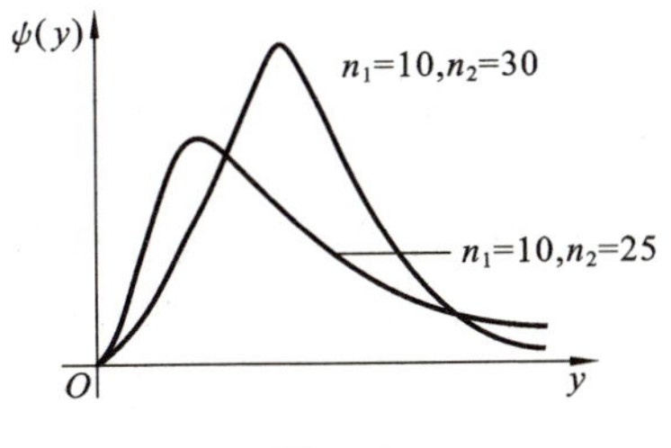

图 6-7

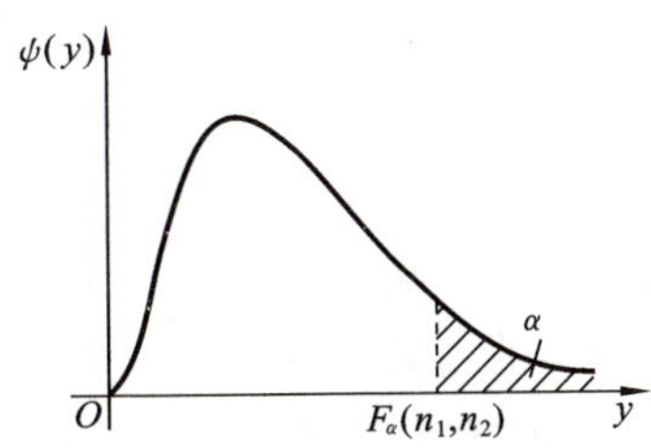

图 6-8

F 分布的上 α 分位点有如下的性质：

$$F_{1-\alpha}(n_1,n_2)=\frac{1}{F_\alpha(n_2,n_1)}$$

证明 因为 $F\sim F(n_2,n_1)$，则 $\frac{1}{F}\sim F(n_1,n_2)$.

若 $P(F>F_\alpha(n_2,n_1))=\alpha$，则

$$P\left(\frac{1}{F}<F_{1-\alpha}(n_1,n_2)\right)=\alpha \Leftrightarrow P\left(F>\frac{1}{F_{1-\alpha}(n_1,n_2)}\right)=\alpha$$

比较后可得

$$F_\alpha(n_2,n_1)=\frac{1}{F_{1-\alpha}(n_1,n_2)} \quad \text{或} \quad F_{1-\alpha}(n_1,n_2)=\frac{1}{F_\alpha(n_2,n_1)}$$

这个性质常用来求 F 分布表中没有包括的数值. 例如，由附表查得 $F_{0.05}(8,12)=2.83$，则可利用上述性质求得

$$F_{0.95}(12,8)=1/F_{0.05}(8,12)=\frac{1}{2.83}\approx 0.3534$$

例 6.2.2 求下列分位数.

(1) $z_{0.1}$. 其中 z_α 为 $N(0,1)$ 的上 α 分位点，即满足 $P(Z>z_\alpha)=\alpha$ 的点 z_α 为标准正态分布的上 α 分位点，因此标准正态分布有时也简称为 Z 分布，另外 z_α 有时也用 u_α 表示.

(2) $t_{0.25}(4)$，$t_{0.75}(4)$.

(3) $\chi^2_{0.025}(40)$.

(4) $F_{0.9}(12,10)$.

解 (1) 从 $\Phi(x)$ 表中查不到 $1-\alpha=0.9000$ 所对应的点，取表中接近的数应在 0.8997 与 0.9015 之间，从表头查出相应的 z_α 为 1.28 与 1.29，故取 $z_{0.1}\approx 1.285$.

(2) t 分布表中选择 $\alpha=0.25$，自由度为 4，可查出 $t_{0.25}(4)=0.7407$；再根据 t 分布的对称性可知，$t_{0.75}(4)=-t_{0.25}(4)=-0.7407$.

(3) 从 χ^2 分布表中选择 $\alpha=0.025$，自由度为 40，可查出 $\chi^2_{0.025}(40)=59.342$.

(4) 从 F 分布表中查不到 $F_{0.9}(12,10)$，可查出 $F_{0.1}(10,12)=2.19$，故 $F_{0.9}(12,10)=\frac{1}{2.19}\approx 0.4566$.

6.2.2 正态总体的样本均值与样本方差的抽样分布

在概率统计问题中，正态分布占据着十分重要的位置，这是因为在应用中，许多量的概率分布或者是正态分布，或者接近于正态分布；另外，正态分布有许多优良性质，便于进行较深入的理论研究. 因此，下面将着重讨论一下正态总体下的抽样分布，其中最重要的统计量自然是样本均值 $\overline{X}$ 和样本方差 S^2.

定理 6.1　设总体 $X\sim N(\mu,\sigma^2)$，$X_1,X_2,\cdots,X_n$ 为总体的样本，则

(1) $\overline{X}\sim N\left(\mu,\dfrac{\sigma^2}{n}\right)$，其中 $\overline{X}$ 为样本均值.

(2) $\dfrac{(n-1)S^2}{\sigma^2}\sim\chi^2(n-1)$，其中 S^2 为样本方差.

(3) $\overline{X}$ 与 S^2 相互独立.

证明　只证(1).

因为 $X_1,X_2,\cdots,X_n$ 是相互独立且正态同分布的随机变量，所以

$$E(\overline{X})=E\left(\frac{1}{n}\sum_{i=1}^{n}X_i\right)=\frac{1}{n}E\left(\sum_{i=1}^{n}X_i\right)=\frac{1}{n}\sum_{i=1}^{n}E(X_i)=\frac{1}{n}\cdot n\mu=\mu$$

$$D(\overline{X})=D\left(\frac{1}{n}\sum_{i=1}^{n}X_i\right)=\frac{1}{n^2}D\left(\sum_{i=1}^{n}X_i\right)=\frac{1}{n^2}\sum_{i=1}^{n}D(X_i)=\frac{1}{n^2}\cdot n\sigma^2=\frac{\sigma^2}{n}$$

从而由相互独立的正态随机变量的线性组合仍服从正态分布这一性质可知，$\overline{X}\sim N\left(\mu,\dfrac{\sigma^2}{n}\right)$.

例 6.2.3　已知某批圆环的直径 X(单位：cm)服从正态分布 $N(20,0.05^2)$，今从中任取 16 个，问这 16 个圆环的平均直径 $\overline{X}$ 落在区间(19.98,20.02)内的概率为多少？

解　由定理 6.1 可知，$\overline{X}\sim N\left(20,\dfrac{0.05^2}{16}\right)$，所以

$$\begin{aligned}P(19.98<\overline{X}<20.02)&=\Phi\left(\frac{20.02-20}{0.05/4}\right)-\Phi\left(\frac{19.98-20}{0.05/4}\right)=\Phi(1.6)-\Phi(-1.6)\\&=2\Phi(1.6)-1=2\times0.9452-1=0.8904\end{aligned}$$

即圆环的平均直径 $\overline{X}$ 落在区间(19.98,20.02)内的概率为 0.8904.

利用抽样分布定理 6.1，还可以得出一些常用统计量的分布，如下面的结果以后经常要用到.

定理 6.2　设 $X_1,X_2,\cdots,X_n$ 为出自 $N(\mu,\sigma^2)$的样本，则

$$T=\frac{\overline{X}-\mu}{S/\sqrt{n}}\sim t(n-1) \tag{6.6}$$

这是因为由定理 6.1 可知，$\overline{X}\sim N(\mu,\sigma^2/n)$，则 $\dfrac{\overline{X}-\mu}{\sigma/\sqrt{n}}\sim N(0,1)$；又由 $\dfrac{(n-1)S^2}{\sigma^2}\sim\chi^2(n-1)$ 及 $\overline{X}$ 与 S^2 独立知

$$\frac{\dfrac{\overline{X}-\mu}{\sigma/\sqrt{n}}}{\dfrac{\sqrt{n-1}S}{\sigma\ \sqrt{n-1}}}=\frac{\overline{X}-\mu}{S/\sqrt{n}}=T\sim t(n-1)$$

定理 6.3　设 $\overline{X}$ 与 S_1^2 分别为正态总体 $N(\mu_1,\sigma^2)$的样本均值和样本方差，容量

为 n_1，$\overline{Y}$ 与 S_2^2 分别为正态总体 $N(\mu_2,\sigma^2)$ 的样本均值和样本方差，容量为 n_2，两样本相互独立，则

$$T=\frac{(\overline{X}-\overline{Y})-(\mu_1-\mu_2)}{\sqrt{(n_1-1)S_1^2+(n_2-1)S_2^2}}\sqrt{\frac{n_1n_2(n_1+n_2-2)}{n_1+n_2}}\sim t(n_1+n_2-2) \tag{6.7}$$

证明 由抽样定理 6.1 可知，$\overline{X}\sim N\left(\mu_1,\frac{\sigma^2}{n_1}\right)$，$\overline{Y}\sim N\left(\mu_2,\frac{\sigma^2}{n_2}\right)$，且两者相互独立，由相互独立的正态随机变量的线性组合仍服从正态分布这一性质可知

$$\overline{X}-\overline{Y}\sim N\left(\mu_1-\mu_2,\frac{\sigma^2}{n_1}+\frac{\sigma^2}{n_2}\right)$$

从而

$$Z=\frac{(\overline{X}-\overline{Y})-(\mu_1-\mu_2)}{\sqrt{\left(\frac{n_1+n_2}{n_1n_2}\right)\sigma^2}}\sim N(0,1)$$

同时，由于 $\frac{(n_1-1)S_1^2}{\sigma^2}\sim\chi^2(n_1-1)$，$\frac{(n_2-1)S_2^2}{\sigma^2}\sim\chi^2(n_2-1)$，且两者相互独立，由 χ^2 分布的可加性可知

$$V=\frac{(n_1-1)S_1^2}{\sigma^2}+\frac{(n_2-1)S_2^2}{\sigma^2}\sim\chi^2(n_1+n_2-2)$$

于是

$$T=\frac{U}{\sqrt{V/(n_1+n_2-2)}}=\frac{(\overline{X}-\overline{Y})-(\mu_1-\mu_2)}{\sqrt{(n_1-1)S_1^2+(n_2-1)S_2^2}}\sqrt{\frac{n_1n_2(n_1+n_2-2)}{n_1+n_2}}\sim t(n_1+n_2-2)$$

定理 6.4 设 S_1^2 为总体 $N(\mu_1,\sigma_1^2)$ 的样本方差，样本容量为 n_1；S_2^2 为总体 $N(\mu_2,\sigma_2^2)$ 的样本方差，样本容量为 n_2，试证明：

$$F=\frac{\sigma_2^2S_1^2}{\sigma_1^2S_2^2}\sim F(n_1-1,n_2-1) \tag{6.8}$$

证明 因为 $\frac{n_1-1}{\sigma_1^2}S_1^2\sim\chi^2(n_1-1)$，$\frac{n_2-1}{\sigma_2^2}S_2^2\sim\chi^2(n_2-1)$，且两者相互独立，由 F 分布函数的定义可知

$$\frac{\frac{n_1-1}{\sigma_1^2}S_1^2/(n_1-1)}{\frac{n_2-1}{\sigma_2^2}S_2^2/(n_2-1)}=\frac{\sigma_2^2S_1^2}{\sigma_1^2S_2^2}\sim F(n_1-1,n_2-1)$$

习 题 6.2

(一) 基础练习题

1. 设总体 $X\sim N(\mu,\sigma^2)$，样本为 $X_1,X_2,\cdots,X_n$，样本均值为 $\overline{X}$，样本方差为 S^2，则 $\frac{\overline{X}-\mu}{\sigma/\sqrt{n}}\sim$ ______，$\frac{\overline{X}-\mu}{S/\sqrt{n}}\sim$ ______，$\frac{1}{\sigma^2}\sum_{i=1}^{n}(X_i-\overline{X})^2\sim$ ______，$\frac{1}{\sigma^2}\sum_{i=1}^{n}(X_i-\mu)^2\sim$

______.

2. 10名学生对一直流电压(单位:V)进行独立的测量,以往资料表明测量误差(单位:V)服从正态分布 $N(0,0.3^2)$,问10名学生的测量值的平均误差绝对值小于0.1 V的概率是多少?

3. 在总体 $N(52,6.3^2)$ 中随机抽取一容量为36的样本,求样本均值 $\overline{X}$ 落在50.8到53.8之间的概率.

4. 设样本 X_1,X_2,X_3,X_4 来自总体 $N(0,1)$, $Y=(X_1+X_2)^2+(X_3+X_4)^2$,试确定常数 k,使 kY 服从 χ^2 分布.

5. 设总体 $X\sim N(0,0.2^2)$, $X_1,X_2,\cdots,X_n$ 为来自 X 的一个样本,求 $P\left(\sum\limits_{i=1}^{15}X_i^2>1\right)$.

6. 已知 $X\sim t(n)$,求证 $X^2\sim F(1,n)$.

7. 查表求下列各式中的 k 值:

(1) 设 $X\sim\chi^2(25)$, $P(X>k)=0.99$.

(2) 设 $X\sim\chi^2(20)$, $P(X<k)=0.90$.

(3) 设 $X\sim t(15)$, $P(X<k)=0.95$.

(4) 设 $X\sim t(20)$, $P(X>k)=0.95$.

8. 设总体 X 服从正态分布 $N(62,100)$,为使样本均值大于60的概率不小于0.95,问样本容量 n 至少应取多大?

(二) 提高练习题

1. 选择题.

(1) (2012.3) 设 X_1,X_2,X_3,X_4 为来自总体 $N(1,\sigma^2)(\sigma>0)$ 的简单随机样本,则统计量 $\dfrac{X_1-X_2}{|X_3+X_4-2|}$ 的分布为( ).

A. $N(0,1)$　　B. $t(1)$　　C. $\chi^2(1)$　　D. $F(1,1)$

(2) (2013.1) 设随机变量 $X\sim t(n)$, $Y\sim F(1,n)$,给定 $a(0<a<0.5)$,常数 c 满足 $P(X>c)=a$,则 $P(Y>c^2)=$( ).

A. α　　B. $1-\alpha$　　C. 2α　　D. $1-2\alpha$

(3) 设随机变量 $X\sim t(n)(n>1)$, $Y=\dfrac{1}{X^2}$,则

A. $Y\sim\chi^2(n)$　　B. $Y\sim\chi^2(n-1)$　　C. $Y\sim F(n,1)$　　D. $Y\sim F(1,n)$

(4) (2014.3) 设 X_1,X_2,X_3 为来自正态总体 $N(0,\sigma^2)$ 的简单随机样本,则统计量 $S=\dfrac{X_1-X_2}{\sqrt{2}|X_3|}$ 服从的分布是( ).

A. $F(1,1)$　　B. $F(2,1)$　　C. $t(1)$　　D. $t(2)$

(5) (2023.1) 设 $X_1,X_2,\cdots X_n$ 为来自总体 $N(\mu,\sigma^2)$ 的简单随机样本, $Y_1,Y_2,\cdots$

Y_m 为来自总体 $N(\mu,2\sigma^2)$的简单随机样本，两样本之间相互独立，记 $\overline{X}=\frac{1}{n}\sum_{i=1}^{n}X_i$，$\overline{Y}=\frac{1}{n}\sum_{i=1}^{m}Y_i$，$S_1^2=\frac{1}{n-1}\sum_{i=1}^{n}(X_i-\overline{X})^2$，$S_2^2=\frac{1}{m-1}\sum_{i=1}^{m}(Y_i-\overline{Y})^2$，则(　　).

A. $\frac{S_1^2}{S_2^2}\sim F(n,m)$　　B. $\frac{S_1^2}{S_2^2}\sim F(n-1,m-1)$

C. $\frac{2S_1^2}{S_2^2}\sim F(n,m)$　　D. $\frac{2S_1^2}{S_2^2}\sim F(n-1,m-1)$

(6) 设总体 $X\sim N(1,3^2)$，$X_1,X_2,\cdots,X_n$ 是来自总体 X 的样本，且 $a\overline{X}-2\sim N(0,1)$，则(　　).

A. $a=2,n=9$　B. $a=2,n=36$　C. $a=-2,n=9$　D. $a=-2,n=36$

(7) (2005.1) 设 $X_1,X_2,\cdots,X_n(n\geqslant 2)$为来自总体 $N(0,1)$的简单随机样本，$\overline{X}$ 为样本均值，S^2 为样本方差，则(　　).

A. $n\overline{X}\sim N(0,1)$　　B. $nS^2\sim\chi^2(n)$

C. $\frac{(n-1)\overline{X}}{S}\sim t(n-1)$　　D. $\frac{(n-1)X_1^2}{\sum_{i=2}^{n}X_i^2}\sim F(1,n-1)$

(8) 设 $X_1,X_2,\cdots,X_n$ 与 $Y_1,Y_2,\cdots,Y_n$ 是分别来自总体均为正态分布 $N(\mu,\sigma^2)$的两个相互独立的简单随机样本，记它们的样本方差分别为 S_X^2 和 S_Y^2，则统计量 $T=(n-1)(S_X^2+S_Y^2)$的方差 $D(T)$是(　　).

A. $2n\sigma^4$　B. $2(n-1)\sigma^4$　C. $4n\sigma^4$　D. $4(n-1)\sigma^4$

2. 填空题.

(1) 设总体 X 服从标准正态分布，$X_1,X_2,\cdots,X_n$ 是来自总体 X 的一个简单随机样本，试问统计量 $Y=\frac{\left(\frac{n}{5}-1\right)\sum_{i=1}^{5}X_i^2}{\sum_{i=6}^{n}X_i^2}$，$n>5$ 服从______分布.

(2) 设总体 $X\sim N(0,1)$，X_1、X_2、X_3、X_4 为来自总体的简单随机样本，则 $\frac{X_1+X_2}{|X_3+X_4|}$服从的分布为______.

(3) (2004.3) 设总体 X 服从正态分布 $N(\mu_1,\sigma^2)$，总体 Y 服从正态分布 $N(\mu_2,\sigma^2)$，$X_1,X_2,\cdots,X_{n_1}$ 和 $Y_1,Y_2,\cdots,Y_{n_2}$ 分别是来自总体 X 和 Y 的简单随机样本，则

$$E\left[\frac{\sum_{i=1}^{n_1}(X_i-\overline{X})^2+\sum_{j=1}^{n_2}(Y_j-\overline{Y})^2}{n_1+n_2-2}\right]=\_\_\_\_\_\_.$$

3. 设 $X=a(X_1-2X_2)^2+b(3X_3-4X_4)^2$，其中 X_1,X_2,X_3,X_4 是来自总体 $N(0,2^2)$

的简单随机样本. 试问当 a、b 各为何值时,统计量 X 服从 χ^2 分布,并指出其自由度.

4. 设(X_1,X_2,X_3,X_4)为来自总体 $X\sim N(0,\sigma^2)$的一个简单随机样本,(1) $U=2(X_1^2+X_2^2)+X_3^2+X_4^2$,求 $E(U)$、$D(U)$;(2) $V=\dfrac{X_1-X_2}{\sqrt{X_3^2+X_4^2}}$服从什么分布?

5. 设$(X_1,X_2,\cdots X_5)$为来自总体 $X\sim N(0,\sigma^2)$ 的一个简单随机样本,求:

(1) 常数 a 的值,使得 $Z=a\dfrac{X_1^2+X_2^2}{X_3^2+X_4^2+X_5^2}$ 服从 F 分布,并指出其自由度.

(2) 常数 b 的值,使得 $P\left(\dfrac{X_1^2+X_2^2+\cdots+X_5^2}{X_1^2+X_2^2}>b\right)=0.05$.

(附:设 $F\sim F(m,n)$,$P\{F>F_\alpha(m,n)\}=\alpha$,$F_{0.05}(2,3)=9.55$,$F_{0.05}(3,2)=19.16$,$F_{0.025}(2,3)=16.04$,$F_{0.025}(3,2)=39.17$)

6. 设总体 $X\sim N(0,\sigma^2)$,$X_1,X_2,\cdots,X_n(n>1)$为来自总体 X 的一个简单随机样本,$\overline{X}$、S^2 分别为其样本均值和样本方差.

(1) 证明:对任意的常数 $c(0<c<1)$,$\hat{\sigma}^2=cn\overline{X}^2+(1-c)S^2$ 的期望为 σ^2.

(2) 求常数 c 的值,使得 $D\hat{\sigma}^2$ 达到最小.

综合练习 6

(一) 综合基础练习题

1. 填空题.

(1) 设 C. R. V. $X\sim N(\mu,\sigma^2)$,X_i 为总体样本,$i=1,2,\cdots,n$,则 $D\left(\dfrac{1}{n}\sum_{i=1}^{n}X_i\right)=$ ______.

(2) 设总体 $X\sim N(0,1)$,则 $X^2\sim$______.

(3) 设 $X_1,X_2,\cdots,X_n$ 为来自总体 $\chi^2(5)$的样本,则统计量 $Y=\sum_{i=1}^{n}X_i$ 服从______分布.

(4) 若一个样本的观测值为 0,0,1,1,0,1,则总体均值的矩估计值为______,总体方差的矩估计值为______.

(5) 设 X_1,X_2,X_3 为来自总体的一个样本,若 $\hat{\mu}=\dfrac{1}{5}X_1+aX_2+\dfrac{1}{2}X_3$ 为总体均值 μ 的无偏估计,则 $a=$______.

(6) 设总体 $X\sim N(0,\sigma^2)$,$X_1,\cdots,X_{10},\cdots,X_{15}$ 为总体的一个样本,则 $Y=\dfrac{X_1^2+X_2^2+\cdots+X_{10}^2}{2(X_{11}^2+X_{12}^2+\cdots+X_{15}^2)}$服从______分布,参数为______.

2. 选择题.

(1) 设 $X_1,X_2,\cdots,X_n$ 为来自总体 $N(0,\sigma^2)$的样本,$\overline{X}$ 和 S^2 分别为样本均值和

样本方差，则统计量$\sqrt{n}\dfrac{\overline{X}}{S}$服从(　　)分布.

A. $N(0,1)$　　B. $\chi^2(n-1)$　　C. $t(n-1)$　　D. $F(n,n-1)$

(2) 设总体 $X\sim(\mu,\sigma^2)$，$\overline{X}$ 为该总体的样本均值，则 $P(\overline{X}<\mu)$(　　).

A. <0.25　　B. $=0.25$　　C. >0.5　　D. $=0.5$

3. 设总体 $X\sim N(150,25^2)$，$\overline{X}$ 为容量为 25 的样本均值，求 $P(140<\overline{X}<147.5)$.

4. 设某厂生产的灯泡的使用寿命 $X\sim N(1000,\sigma^2)$(单位:h)，随机抽取一容量为 9 的样本，并测得样本均值及样本方差. 但是由于工作上的失误，事后失去了此试验的结果，只记得样本方差为 $S^2=100^2$，试求 $P(\overline{X}>1062)$.

5. 设 $X_1,X_2,\cdots,X_n$ 为来自二项分布总体 $B(10,p)$的样本，$\overline{X}$ 和 S^2 分别为样本均值和样本方差，试求 $D(\overline{X})$和 $E(S^2)$.

6. 求总体 $X\sim N(20,3)$的容量分别为 10、15 的两个独立随机样本平均值差的绝对值大于 0.3 的概率.

(二) 综合提高练习题

1. 选择题.

(1) 设$(X_1,X_2,\cdots,X_n)$ 为来自总体 $X\sim B(1,p)$的简单随机样本，p 为未知参数，$\overline{X}$ 为样本均值，则 $P\left(\overline{X}=\dfrac{2}{n}\right)=$(　　).

A. p　　B. $1-p$

C. $C_n^2p^2(1-p)^{n-2}$　　D. $C_n^2p^{n-2}(1-p)^2$

(2) (2011.3) 设总体 X 服从参数$\lambda(\lambda>0)$的泊松分布，$X_1,X_1,\cdots X_n(n\geqslant2)$为来自总体的简单随机样本，则对应的统计量 $T_1=\dfrac{1}{n}\sum\limits_{i=1}^{n}X_i$，$T_2=\dfrac{1}{n-1}\sum\limits_{i=1}^{n-1}X_i+\dfrac{1}{n}X_n$ 有(　　).

A. $E(T_1)>E(T_2),D(T_1)>D(T_2)$　　B. $E(T_1)>E(T_2),D(T_1)<D(T_2)$

C. $E(T_1)<E(T_2),D(T_1)>D(T_2)$　　D. $E(T_1)<E(T_2),D(T_1)<D(T_2)$

(3) 设 $X_1,X_2,\cdots,X_9$ 为来自正态总体 $N(\mu,\sigma^2)$的简单随机样本，$\overline{X}$ 为样本均值，S^2 为样本方差，则以下正确的是(　　).

A. $9\overline{X}\sim N(9\mu,\sigma^2)$　　B. $\dfrac{9S^2}{\sigma^2}\sim\chi^2(8)$

C. $\dfrac{3(\overline{X}-\mu)}{S}\sim t(9)$　　D. $\dfrac{9(\overline{X}-\mu)^2}{S^2}\sim F(1,8)$

(4) 设总体 $X\sim N(0,1)$，$X_1,X_2,\cdots,X_n$ 是来自总体 X 的简单随机样本，则(　　).

A. $nS^2\sim\chi^2(n)$　　B. $n\overline{X}\sim N(0,1)$

C. $\dfrac{(n-1)\overline{X}}{S}\sim t(n-1)$　　D. $\dfrac{(n-1)X_1^2}{\sum\limits_{i=2}^{n}X_i}\sim F(1,n-1)$

(5) 设 $X_1,X_2,\cdots,X_n(n\geqslant 2)$ 为来自正态总体 $N(\mu,1)$ 的简单随机样本，假设 $\overline{X}=\frac{1}{n}\sum_{i=1}^{n}X_i$，则以下结论中不正确的选项是(　　).

A. $\sum_{i=1}^{n}(X_i-\mu)^2$ 服从 χ^2 分布　　B. $2(X_n-X_1)^2$ 服从 χ^2 分布

C. $\sum_{i=1}^{n}(X_i-\overline{X})^2$ 服从 χ^2 分布　　D. $n(\overline{X}-\mu)^2$ 服从 χ^2 分布

(6) 设随机变量 $X_1,X_2,\cdots,X_n(n>1)$ 独立同分布，且 $D(X_1)=\sigma^2$，令 $\overline{X}=\frac{1}{n}\sum_{i=1}^{n}X_i$，则(　　).

A. $\mathrm{Cov}(X_1,\overline{X})=\frac{(n-1)\sigma^2}{n^2}$　　B. $\mathrm{Cov}(X_1,\overline{X})=\sigma^2$

C. $D(X_1+\overline{X})=\frac{(n+3)\sigma^2}{n}$　　D. $D(X_1+\overline{X})=\frac{(n+1)\sigma^2}{n}$

(7) 设 $X_1,X_2,\cdots,X_n(n\geqslant 2)$ 为来自总体 $N(\mu,1)$ 的简单随机样本，记 $\overline{X}=\frac{1}{n}\sum_{i=1}^{n}X_i$，则不能得出结论的是(　　).

A. $\sum_{i=1}^{n}(X_i-\mu)^2$ 服从 χ^2 分布　　B. $2(X_n-X_1)^2$ 服从 χ^2 分布

C. $\sum_{i=1}^{n}(X_i-\overline{X})^2$ 服从 χ^2 分布　　D. $n(\overline{X}-\mu)^2$ 服从 χ^2 分布

(8) 设总体 X 服从正态分布 $N(0,\sigma^2)$，$\overline{X}$ 和 S^2 分别为容量是 n 的样本均值和方差，则可以作出服从自由度为 $n-1$ 的 t 分布的随机变量为(　　).

A. $\frac{\sqrt{n}\overline{X}}{S}$　　B. $\frac{\sqrt{n}\overline{X}}{S^2}$　　C. $\frac{n\overline{X}}{S}$　　D. $\frac{n\overline{X}}{S^2}$

(9) 设 $X_1,X_2,\cdots,X_{11}$ 是来自正态总体 $N(0,\sigma^2)$ 的简单随机样本，$Y^2=\frac{1}{10}\sum_{i=2}^{11}X_i^2$，则(　　).

A. $X_1^2\sim\chi^2(1)$　　B. $Y^2\sim\chi^2(10)$　　C. $\frac{X_1}{Y}\sim t(10)$　　D. $\frac{X_1^2}{Y^2}\sim F(10,1)$

(10) 设总体 X 服从正态分布 $N(0,\sigma^2)$，$X_1,X_2,\cdots,X_n$ 是取自总体 X 的简单随机样本，其均值和方差分别为 $\overline{X}$ 和 S^2，则(　　).

A. $\frac{\overline{X}^2}{S^2}\sim F(1,n-1)$　　B. $\frac{(n-1)\overline{X}^2}{S^2}\sim F(1,n-1)$

C. $\frac{n\overline{X}^2}{S^2}\sim F(1,n-1)$　　D. $\frac{(n+1)\overline{X}^2}{S^2}\sim F(1,n-1)$

(11) 设总体 X 服从正态分布 $N(0,\sigma^2)$，$X_1,X_2,\cdots,X_{10}$ 是取自总体 X 的简单随

机样本，统计量 $Y=\dfrac{4(X_1^2+\cdots+X_i^2)}{X_{i+1}^2+\cdots+X_{10}^2}(1<i<10)$ 服从 F 分布，则 i 等于(　　).

A. 5　　B. 4　　C. 3　　D. 2

(12) 设总体 X 与 Y 都服从正态分布 $N(0,\sigma^2)$，已知 $X_1,X_2,\cdots,X_m$ 与 $Y_1,Y_2,\cdots,Y_n$ 是分别来自总体 X 与 Y 两个相互独立的简单随机样本，统计量 $Y=\dfrac{2(X_1+\cdots+X_m)}{\sqrt{Y_1^2+\cdots+Y_n^2}}$ 服从 $t(n)$ 分布，则 $\dfrac{m}{n}$ 等于(　　).

A. 1　　B. $\dfrac{1}{2}$　　C. $\dfrac{1}{3}$　　D. $\dfrac{1}{4}$

(13) 设随机变量 $X\sim F(n,n)$，$p_1=P(X\geqslant 1)$，$p_2=P(X\leqslant 1)$，则(　　).

A. $p_1<p_2$　　B. $p_1=p_2$

C. $p_1>p_2$　　D. p_1,p_2 的值与 n 有关，因此无法比较

(14) 设总体 X 服从正态分布 $N(\mu,\sigma^2)$，$X_1,X_2,\cdots,X_n$ 是取自总体 X 的简单随机样本$(n>1)$，其均值为 $\overline{X}$，如果 $P(|X-\mu|<a)=P(|\overline{X}-\mu|<b)$，则比值 $\dfrac{a}{b}$(　　).

A. 与 σ 及 n 都有关　　B. 与 σ 及 n 都无关

C. 与 σ 无关，与 n 有关　　D. 与 σ 有关，与 n 无关

(15) 已知总体 X 的期望 $E(X)=0$，方差 $D(X)=\sigma^2$，从总体中抽取容量为 n 的简单随机样本，其样本均值为 $\overline{X}$，样本方差为 S^2. 记统计量 $T_k=\dfrac{n}{k}\overline{X}^2+\dfrac{1}{k}S^2(k=1,2,3,4)$，已知 $E(T_k)=\sigma^2$，则 $k=$(　　).

A. 1　　B. 2　　C. 3　　D. 4

(16) 设 $X_1,X_2,\cdots,X_n$ 为来自正态总体 $N(\mu,\sigma^2)$ 的简单随机样本，则数学期望 $E\left(\left(\sum\limits_{i=1}^{n}X_i\right)\left[\sum\limits_{j=1}^{n}\left(nX_j-\sum\limits_{k=1}^{n}X_k\right)^2\right]\right)$ 等于(　　).

A. $n^3(n-1)\mu\sigma^2$　　B. $n(n-1)\mu\sigma^2$　　C. $n^2(n-1)\mu\sigma^2$　　D. $n^3(n-1)\mu\sigma$

2. 填空题.

(1) 设随机变量 X 在 $[-1,b]$ 上服从均匀分布，其中 b 是未知常数，根据切比雪夫不等式有 $P(|X-1|\geqslant\varepsilon)\leqslant\dfrac{1}{3}$，则 $\varepsilon=$______.

(2) 设随机变量 $X\sim\chi^2(2)$，则 $P\{X\geqslant EX^2\}=$______.

(3) 设随机变量 $X\sim t(n)$，$Y\sim F(1,n)$，常数 C 满足 $P(X>C)=0.6$，则 $P(Y>C^2)=$______.

(4) (2006.3) 设总体 X 的概率密度为 $f(x)=\dfrac{1}{2}\mathrm{e}^{-|x|}(-\infty<x<+\infty)$，$X_1,X_2,\cdots,X_n$ 为总体 X 的简单随机样本，其样本方差为 S^2，则 $E(S^2)=$______.

3.(2016.3) 设总体 X 的概率密度为 $f(x,\theta)=\begin{cases}\dfrac{3x^2}{\theta^3} & 0<x<\theta \\ 0 & 其他\end{cases}$,其中 $\theta\in(0,+\infty)$为未知参数,X_1,X_2,X_3 为来自总体 X 的简单随机样本,令 $T=\max(X_1,X_2,X_3)$.

(1) 求 T 的概率密度.

(2) 当 a 为何值时,aT 的数学期望为 θ.

4. 设总体 $X\sim N(\mu,\sigma^2)$,$X_1,X_2,\cdots,X_{2n}(n\geqslant 2)$是总体 X 的一个样本,$\overline{X}=\dfrac{1}{2n}\sum\limits_{i=1}^{2n}X_i$,令 $Y=\sum\limits_{i=1}^{n}(X_i+X_{n+i}-2\overline{X})^2$,求 $E(Y)$.

5. 设 $X_1,X_2,\cdots X_n(n>2)$相互独立且都服从 $N(0,1)$,$Y_i=X_i-\overline{X}(i=1,2,\cdots,n)$.求(1) $D(Y_i)(i=1,2,\cdots,n)$;(2) $\mathrm{Cov}(Y_1,Y_n)$;(3) $P(Y_1+Y_n\leqslant 0)$.

6. 设 $X_1,X_2,\cdots,X_n(n>2)$ 为来自总体 $N(0,\sigma^2)$ 的简单随机样本,$\overline{X}$ 为样本均值,记 $Y_i=X_i-\overline{X},i=1,2,\cdots,n$.求

(1) Y_i 的方差 $D(Y_i),i=1,2,\cdots,n$;

(2) Y_1 与 Y_n 的协方差 $\mathrm{Cov}(Y_1,Y_n)$.

(3) 若 $c(Y_1+Y_n)^2$ 是 σ^2 的无偏估计量,求常数 c.

7. 设总体 $X\sim N(\mu,\sigma^2)$,$X_1,X_2,\cdots,X_n$ 是来自总体 X 的样本,记 $Y=\dfrac{1}{n}\sum\limits_{i=1}^{n}|X_i-\mu|$,试证:(1) $E(Y)=\sqrt{\dfrac{2}{\pi}}\sigma$;(2) $D(Y)=\left(1-\dfrac{2}{\pi}\right)\dfrac{\sigma^2}{n}$.

科学家传记(六)

参考答案(六)

第7章　参数估计

统计推断的基本内容可以分为两大类，一类是估计问题，另一类是假设检验问题. 如果已知总体的分布类型，需要由样本来估计总体中的某些参数的问题就是参数估计问题.

这里的参数是指如下三类未知参数.

- 分布中所含的未知参数 θ. 如指数分布 $E(\lambda)$ 中的 λ、正态分布 $N(\mu,\sigma^2)$ 中的 μ 和 σ^2.
- 分布中所含未知参数 θ 的函数. 如服从正态分布 $N(\mu,\sigma^2)$ 的变量 X 不超过某个给定值 α 的概率 $P(X\leqslant\alpha)=\Phi\left(\frac{\alpha-\mu}{\sigma}\right)$ 是未知参数 μ 和 σ 的函数.
- 分布的各种特征数. 如均值 $E(X)$、方差 $\mathrm{Var}(X)$ 等.

一般场合，常用 θ 表示参数，参数 θ 的所有可能取值组成的集合称为参数空间，常用 Θ 表示. 参数估计问题就是根据样本构造适当的统计量对各种未知参数作出估计. 参数估计分为点估计(point estimation)和区间估计(interval estimation)，本章将主要讨论总体参数的点估计和区间估计.

【思政目标】

(1) 培养学生对待任何问题时都能实事求是、理性思考.

(2) 引导学生不盲从、不偏听，科学合理地使用统计方法，避免主观臆断，对待判定标准也应灵活应用.

(3) 引导学生在考虑实际复杂问题时不盲目下结论，在偶然性中寻找必然性.

7.1　点　估　计

借助总体 X 的一个样本来估计总体未知参数的值的问题称为参数点估计问题. 设总体 X 的分布函数类型已知，θ 是未知参数，用样本 $X_1,X_2,\cdots,X_n$ 的一个统计量 $\hat{\theta}=\hat{\theta}(X_1,X_2,\cdots,X_n)$ 来估计 θ，则称 $\hat{\theta}$ 为 θ 的估计量. 对应于样本的一次观测值 $x_1,x_2,\cdots,x_n$，估计量 $\hat{\theta}$ 的值 $\hat{\theta}=\hat{\theta}(x_1,x_2,\cdots,x_n)$ 称为 θ 的估计值，并仍记为 $\hat{\theta}$. 由于估计量是样本的函数，因此对于不同的样本值，θ 的估计值往往是不同的. 下面将介绍两种常用的点估计法.

7.1.1 矩估计

例 7.1.1 设某地区市民的收入服从正态分布,现从该地区随机抽取 30 名市民,调查其月收入情况,得到如表 7-1 所示数据(单位:元).

表 7-1

2924	1800	2916	3704	2870	4040	3824	2690	4574	3490
2972	2988	5266	3684	4764	3940	4408	2804	3610	3852
6002	3754	4788	2962	4704	5712	3854	2888	3768	3848

试估计该地区市民的平均收入.

解 若记各市民的月收入数为 $X_1, X_2, \cdots, X_{30}$,则由于

$$E(\overline{X}) = E\left(\frac{1}{n}\sum_{i=1}^{n} X_i\right) = E(X) = \mu$$

因此样本均值可以较好地反映总体的均值,所以采用 $\overline{X}$ 来估计总体的均值很具有代表性,而

$$\overline{X} = \frac{1}{30}\sum_{i=1}^{30} X_i = 3780$$

所以可以从 $\overline{X}$ 得出该地区市民人均收入水平为 3780 元.

从计算方法上看,总体均值 $E(X)$是对随机变量 X 的取值求概率上的加权平均,样本均值 $\overline{X}$ 是对抽取的样本求平均. 从理论上讲,大数定律指出:

$$\lim_{n\to\infty} P(|\overline{X} - E(X)| < \varepsilon) = 1$$

即当 n 很大时,样本均值 $\overline{X}$ 就会很接近总体均值 $E(X)$,因此用 $\overline{X}$ 来估计总体的均值很有说服力. 不仅如此,若 X 的 k 阶矩存在,$E(X^k) = a_k$,则同样由大数定律得出

$$\lim_{n\to\infty} \frac{1}{n}\sum_{i=1}^{n} X_i^k = a_k$$

以概率为 1 成立. 于是,同样可用样本 k 阶原点矩 $A_k = \frac{1}{n}\sum_{i=1}^{n} X_i^k$ 来近似 a_k,这种用样本原点矩去估计总体相应原点矩的方法,即是矩估计法. 一般地,若总体的分布有 m 个参数$\theta_1, \theta_2, \cdots, \theta_m$,则显然,总体的 k 阶矩($k \leqslant m$)a_k 如果存在,就必依赖这些参数,即

$$a_k = a_k(\theta_1, \theta_2, \cdots, \theta_m), \quad k = 1, 2, \cdots, m$$

按照用样本矩近似总体矩的原则,可得方程

$$\begin{cases} A_1 = a_1(\theta_1, \theta_2, \cdots, \theta_m) \\ \quad\vdots \\ A_m = a_m(\theta_1, \theta_2, \cdots, \theta_m) \end{cases} \tag{7.1}$$

若上述关于 $\theta_1,\theta_2,\cdots,\theta_m$ 的方程组有唯一的解

$$\hat{\theta}=(\hat{\theta}_1,\hat{\theta}_2,\cdots,\hat{\theta}_m)$$

则称 $\hat{\theta}_i$ 是 θ_i 的矩估计量(moment estimator)或矩估计.进一步,如果要估计 $\theta_1,\theta_2,\cdots,\theta_m$ 的函数 $\eta=g(\theta_1,\theta_2,\cdots,\theta_m)$,则可以直接得到 η 的矩估计

$$\hat{\eta}=g(\hat{\theta}_1,\hat{\theta}_2,\cdots\cdots,\hat{\theta}_m)$$

当 $m=1$ 时,通常可以从样本均值出发对未知参数进行估计;如果 $m=2$,则可以从一阶、二阶原点矩(或二阶中心矩)出发对未知参数进行估计.

例 7.1.2 求总体数学期望 μ 和方差 σ^2 的矩估计.

解 因为

$$a_1=E(X)=\mu$$

$$a_2=E(X^2)=D(X)+[E(X)]^2=\sigma^2+\mu^2$$

所以

$$\mu=a_1,\quad \sigma^2=a_2-a_1^2$$

令 $A_1=a_1,A_2=a_2$,则得 μ 和 σ^2 的矩估计为

$$\hat{\mu}=A_1=\overline{X},\quad \hat{\sigma}_2=A_2-A_1^2=\frac{1}{n}\sum_{i=1}^{n}X_i^2-\overline{X}^2=\frac{1}{n}\sum_{i=1}^{n}(X_i-\overline{X})^2=B_2$$

注意到这一结果对总体的分布类型并没有任何限制,所以它对任何总体(只要数学期望和方差存在)都适用,即样本均值 $\overline{X}$ 是总体期望 μ 的矩估计,样本二阶中心矩 B_2 是总体方差 σ^2 的矩估计.

例 7.1.3 设总体服从参数为 λ 的指数分布,求未知参数 λ 的矩估计.

解 指数分布的概率密度为

$$f(x)=\begin{cases}\lambda e^{-\lambda x} & x>0\\ 0 & 其他\end{cases}$$

由

$$\alpha_1=E(x)=\int_0^{+\infty}\lambda x e^{-\lambda x}\,dx=\frac{1}{\lambda}$$

解得 $\lambda=\dfrac{1}{\alpha_1}$,令 $A_1=\alpha_1$,故得 λ 的矩估计为

$$\hat{\lambda}=\frac{1}{A_1}=\frac{1}{\overline{X}}$$

另外,由于 $D(X)=\dfrac{1}{\lambda^2}$,其反函数为 $\lambda=1/\sqrt{D(X)}$,因此从替换原理来看,λ 的估计也可取

$$\hat{\lambda}_1=\frac{1}{\sqrt{B_2}}$$

B_2 为样本二阶中心矩,这说明矩估计可能不唯一,此时通常应该尽量采用低阶矩给出未知参数的估计.

例 7.1.4 设总体服从 $[\theta_1,\theta_2]$ 区间上的均匀分布,试求未知参数 θ_1、θ_2 的矩估计.

解 均匀分布的概率密度为

$$f(x)=\begin{cases}\dfrac{1}{\theta_2-\theta_1} & \theta_1<x<\theta_2\\ 0 & \text{其他}\end{cases}$$

由于要估计两个未知参数,需先求出总体的前两个矩:

$$\alpha_1=E(X)=\int_{\theta_1}^{\theta_2}\frac{x}{\theta_2-\theta_1}\mathrm{d}x=\frac{\theta_1+\theta_2}{2}$$

$$\alpha_2=E(X^2)=\int_{\theta_1}^{\theta_2}\frac{x^2}{\theta_2-\theta_1}\mathrm{d}x=\frac{\theta_1^2+\theta_1\theta_2+\theta_2^2}{2}$$

解上述方程得

$$\theta_1=\alpha_1-\sqrt{3(\alpha_2-\alpha_1^2)},\quad \theta_2=\alpha_1+\sqrt{3(\alpha_2-\alpha_1^2)}$$

令 $A_1=\alpha_1,A_2=\alpha_2$,故可得未知参数 θ_1、θ_2 的矩估计为

$$\hat{\theta}_1=A_1-\sqrt{3(A_2-A_1^2)}=\overline{X}-\sqrt{3B_2}$$

$$\hat{\theta}_2=A_1+\sqrt{3(A_2-A_1^2)}=\overline{X}+\sqrt{3B_2}$$

式中:$B_2=A_2-A_1^2$.

7.1.2 极大似然估计

参数的点估计方法中另一个常用方法就是极大似然估计,简记为 MLE(maximum likelihood estimation).极大似然估计(MLE)最早是由德国数学家高斯(Gauss)在 1821 年针对正态分布提出的,但一般将之归功于费希尔,因为费希尔在 1922 年再次提出了这种想法并证明了它的一些性质,使得极大似然估计法得到了广泛的应用.从字面上来理解,就是通过对样本的考察,认为待估参数最像取什么值来作为对参数的估计,事实上,极大似然估计原理也大致如此.我们通过一个具体例子来说明这一估计的思想.

例 7.1.5 已知甲、乙两射手命中靶心的概率分别为 0.95 及 0.45,今有一张靶纸上面的弹着点表明为 10 枪有 6 枪中靶,已知这张靶纸肯定是甲、乙之中一射手所射,问究竟是谁所射?

解 从直观上看,甲的枪法属上乘,命中靶心的概率为 0.95,看来这次射击成绩不至于这么差;而乙的枪法又似乎尚不足以打出这么好的成绩,但二者取一,还是更像乙所射.

我们来计算一下可能性.为此,建立一个统计模型:设甲、乙射中与否分别服从参数为 $p_1=0.95$,$p_2=0.45$ 的两点分布,今有样本 $X_1,X_2,\cdots,X_{10}$,其中有 6 个观察值为 1、4 个为 0,由此估计总体的参数 p 是 0.95 还是 0.45.这里因为参数空间只有两个点:$\Theta=\{0.95,0.45\}$,不妨分别计算一下参数为什么值时的可能性最大.

若是甲所射,即参数 $p=0.95$,则此事发生的概率为

$$L(p_1)=p_1^{\sum_{i=1}^{10}X_i}(1-p_1)^{10-\sum_{i=1}^{10}X_i}=(0.95)^6(0.05)^4\approx 4.59432\times 10^{-6}$$

若是乙所射，即参数 $p=0.45$，则此事发生的概率为

$$L(p_2)=p_2^{\sum_{i=1}^{10}X_i}(1-p_2)^{10-\sum_{i=1}^{10}X_i}=(0.45)^6(0.55)^4\approx 0.000759846$$

尽管是乙所射的可能也不大，但毕竟比是甲所射的概率大了160多倍，因此，在参数空间只有两点的情况下，概率 $L(p)$ 的最大值在 $p=0.45$ 处发生，故更愿意认为是乙所射，即用0.45作为 p 的估计：$\hat{p}=p_2=0.45$.

总之，极大似然估计的出发点是基于这样一个统计原理：在一次随机试验中，某一事件已经发生，比如已经得到某个具体的样本 $X_1,X_2,\cdots,X_n$，则必然认为发生该事件的概率最大.

从例中我们可以看出，进行极大似然估计的关键有两步.

第一步：写出某样本 $X_1,X_2,\cdots,X_n$ 出现概率的表达式 $L(\theta)$，对于离散型总体 X，设它的分布律为 $p(x_i;\theta)$，$i=1,2,\cdots$，则上述样本出现的概率为

$$L(\theta)=\prod_{i=1}^{n}p(x_i;\theta) \tag{7.2}$$

对于固定的样本，$L(\theta)$ 是参数 θ 的函数，称为似然函数(likelihood function).

第二步：求 $\hat{\theta}\in\Theta$(Θ 是参数空间)，使得 $L(\theta)$ 达到最大，此 $\hat{\theta}$ 即为所求参数 θ 的极大似然估计. 这里还需要着重强调以下几点.

(1) 当总体 X 是连续型随机变量时，谈所谓样本 $X_1,X_2,\cdots,X_n$ 出现的概率是没有什么意义的，因为任何一个具体样本的出现都是零概率事件. 这时就考虑样本在它任意小的邻域中出现的概率，这个概率越大，就等价于此样本处的概率密度越大. 因此在连续型总体的情况下，用样本的概率密度作为似然函数.

$$L(\theta)=\prod_{i=1}^{n}f(x_i;\theta) \tag{7.3}$$

(2) 为了计算方便，常对似然函数 $L(\theta)$ 取对数，并称 $\ln L(\theta)$ 为对数似然函数(logarithm likelihood function). 易知，$L(\theta)$ 与 $\ln L(\theta)$ 在同一 $\hat{\theta}$ 处达到极大，因此，这样做不会改变极大点.

(3) 在例7.1.5中参数空间只有两点，可以用穷举法求出在哪一点上达到最大，但在大多数情形中，Θ 包含 m 维欧氏空间的一个区域，因此，必须采用求极值的办法，即对对数似然函数关于 θ_i 求导，再令之为0，即得

$$\frac{\partial \ln L(\theta)}{\partial \theta_i}=0,\quad \theta=(\theta_1,\theta_2,\cdots,\theta_m),\quad i=1,2,\cdots,m \tag{7.4}$$

我们称式(7.4)为似然方程(组)(likelihood equation (group)). 解上述方程，即得到 $\theta_i(i=1,2,\cdots,m)$ 的MLE(极大似然估计).

(4) 从极大似然估计的定义可以看出，若 $L(\theta)$ 与联合概率函数相差一个与 θ 无

关的比例因子，则不会影响极大似然估计，因此，可以在 $L(\theta)$ 中剔除与 θ 无关的因子.

例 7.1.6　设一个试验有三种结果，其发生的概率分别为

$$p_1=\theta^2,\quad p_2=2\theta(1-\theta),\quad p_3=(1-\theta)^2$$

现做了 n 次试验，观测到 3 种结果发生的次数分别为 n_1、n_2、n_3，试着给出 θ 的极大似然估计.

解　似然函数为

$$L(\theta)=(\theta^2)^{n_1}[2\theta(1-\theta)]^{n_2}[(1-\theta)^2]^{n_3}=2^{n_2}\theta^{2n_1+n_2}(1-\theta)^{2n_3+n_2}$$

其对数似然函数为

$$\ln L(\theta)=(2n_1+n_2)\ln\theta+(2n_3+n_2)\ln(1-\theta)+n_2\ln 2$$

关于 θ 求导并令其为 0 得到似然方程

$$\frac{2n_1+n_2}{\theta}-\frac{2n_3+n_2}{1-\theta}=0$$

解之，得

$$\hat{\theta}=\frac{2n_1+n_2}{2(n_1+n_2+n_3)}=\frac{2n_1+n_2}{2n}$$

由于

$$\frac{\partial^2\ln L(\theta)}{\partial\theta^2}=-\frac{2n_1+n_2}{\theta^2}-\frac{2n_3+n_2}{(1-\theta)^2}<0$$

所以 $\hat{\theta}$ 是极大值点，θ 的极大似然估计为 $\hat{\theta}=\dfrac{2n_1+n_2}{2(n_1+n_2+n_3)}=\dfrac{2n_1+n_2}{2n}$.

例 7.1.7　设总体的概率密度为 $f(x)=\begin{cases}\theta c^{\theta}x^{-(\theta+1)} & x>c\\ 0 & \text{其他}\end{cases}$，其中 $c>0$ 为已知，$\theta>1$，θ 为未知参数，试求该总体未知参数 θ 的极大似然估计量.

解　设 $X_1,X_2,\cdots,X_n$ 为该总体的一组样本，则似然函数为

$$L(\theta)=\prod_{i=1}^{n}f(X_i;\theta)=\prod_{i=1}^{n}\theta c^{\theta}X_i^{-(\theta+1)}=(\theta c^{\theta})^n\prod_{i=1}^{n}X_i^{-(\theta+1)}=(\theta c^{\theta})^n\left(\prod_{i=1}^{n}X_i\right)^{-(\theta+1)}$$

取对数

$$\ln L=n(\ln\theta+\theta\ln c)-(\theta+1)\ln\prod_{i=1}^{n}X_i$$

令 $\dfrac{\mathrm{d}}{\mathrm{d}\theta}\ln L=n\left(\dfrac{1}{\theta}+\ln c\right)-\sum\limits_{i=1}^{n}\ln X_i=0$，得 θ 的极大似然估计量为

$$\hat{\theta}=1/\left(\frac{1}{n}\sum_{i=1}^{n}\ln X_i-\ln c\right)$$

例 7.1.8　设 $X_1,X_2,\cdots,X_n$ 是 $N(\mu,\sigma^2)$ 的样本，求 μ 与 σ^2 的 MLE(极大似然估计).

解　有

$$L(\mu,\sigma^2)=\frac{1}{(2\pi)^{\frac{n}{2}}(\sigma^2)^{\frac{n}{2}}}\exp\left[-\frac{\sum\limits_{i=1}^{n}(X_i-\mu)}{2\sigma^2}\right]$$

$$\ln L(\mu,\sigma^2) = -\frac{n}{2}\ln 2\pi - \frac{n}{2}\ln\sigma^2 - \frac{\sum_{i=1}^{n}(X_i-\mu)^2}{2\sigma^2}$$

$$\begin{cases} \dfrac{\partial \ln L(\mu,\sigma^2)}{\partial \mu} = \dfrac{1}{\sigma^2}\sum_{i=1}^{n}(X_i-\mu) = 0 \\ \dfrac{\partial \ln L(\mu,\sigma^2)}{\partial \sigma^2} = -\dfrac{n}{2\sigma^2} + \dfrac{1}{2\sigma^4}\sum_{i=1}^{n}(X_i-\mu)^2 = 0 \end{cases}$$

解似然方程组，即得

$$\hat{\mu} = \frac{1}{n}\sum_{i=1}^{n}X_i = \overline{X}$$

$$\hat{\sigma}^2 = \frac{1}{n}\sum_{i=1}^{n}(\hat{X}_i - \overline{X})^2 = B_2$$

看来，对于正态分布总体来说，μ、σ^2 的矩估计与 MLE 是相同的. 那么其他参数的矩估计与极大似然估计是否也一样呢？下面的例子给出了否定的回答.

例 7.1.9 求均匀分布 $U[\theta_1,\theta_2]$中参数 θ_1、θ_2 的极大似然估计量.

解 先写出似然函数

$$L(\theta_1,\theta_2)=\begin{cases}\left[\dfrac{1}{\theta_2-\theta_1}\right]^n & 若\ \theta_1\leqslant X_{(1)}\leqslant X_{(n)}\leqslant\theta_2 \\ 0 & 其他\end{cases} \tag{7.5}$$

本例似然函数不连续，不能用似然方程求解的方法，只有回到极大似然估计的原始定义，由式(7.5)，注意到最大值只能发生在

$$\theta_1\leqslant X_{(1)}\leqslant X_{(n)}\leqslant\theta_2 \tag{7.6}$$

时；而欲让 $L(X;\theta_1,\theta_2)$最大，只有使 $\theta_2-\theta_1$ 最小，即使 $\hat{\theta}_2$ 尽可能小，$\hat{\theta}_1$ 尽可能大，但在式(7.6)的约束下，只能取 $\hat{\theta}_1=X_{(1)}$，$\hat{\theta}_2=X_{(n)}$，即参数 θ_1、θ_2 的极大似然估计量分别为

$$\hat{\theta}_1=X_{(1)}=\min_{1\leqslant i\leqslant n}X_i,\quad \hat{\theta}_2=X_{(n)}=\max_{1\leqslant i\leqslant n}X_i$$

显然，对均匀分布来说，两种不同的方法得出的估计量是不同的.

7.1.3 估计量的评选标准

对于同一参数，用不同方法来估计，结果是不一样的. 如例 7.1.4 与例 7.1.9 就表明了对于均匀分布 $U[\theta_1,\theta_2]$，参数 θ_1、θ_2 的矩估计与极大似然估计是不一样的，甚至用同一方法也可能得到不同的统计量.

例 7.1.10 设总体 X 服从参数为 λ 的泊松分布，即

$$P(X=k)=\mathrm{e}^{-\lambda}\frac{\lambda^k}{k!},\quad k=0,1,2,\cdots$$

则易知 $E(X)=\lambda$，$D(X)=\lambda$，分别用样本均值和样本二阶中心矩取代 $E(X)$ 和 $D(X)$，于是得到 λ 的两个矩估计量 $\hat{\lambda}_1=\overline{X}$，$\hat{\lambda}_2=B_2$.

既然估计的结果往往不是唯一的，那么究竟孰优孰劣？这里首先就有一个标准的问题.

1. 无偏性

定义 7.1　设 $\hat{\theta}=\hat{\theta}(X_1,X_2,\cdots,X_n)$ 是 θ 的一个估计量，若对任意的 $\theta\in\Theta$，都有 $E_\theta(\hat{\theta})=\theta$，则称 $\hat{\theta}$ 是 θ 的无偏估计量(unbiased estimator).

无偏性反映了估计量的取值在真值 θ 周围摆动，显然，希望一个量具有无偏性.

例 7.1.11　$\overline{X}$ 是总体期望值 $E(X)=\mu$ 的无偏估计量，因为

$$E(\overline{X})=E\left(\frac{1}{n}\sum_{i=1}^{n}X_i\right)=\frac{1}{n}\sum_{i=1}^{n}E(X_i)=\frac{1}{n}n\mu=\mu$$

事实上，对任一总体而言，样本均值是总体均值的无偏估计量. 当总体 k 阶矩存在时，样本 k 阶原点矩 $\boldsymbol{A}_k$ 是总体 k 阶原点矩 $\boldsymbol{a}_k$ 的无偏估计. 但对于 k 阶中心矩则不一样，这个由下例可以看出.

例 7.1.12　试证 B_2 不是总体方差 $D(X)=\sigma^2$ 的无偏估计量.

证明　记总体的期望为 μ，总体的方差为 σ^2，则对于来自总体的样本 $X_1,X_2,\cdots,X_n$，有

$$E(X_i)=\mu,\quad D(X_i)=\sigma^2,\quad i=1,2,\cdots,n$$

且

$$E(\overline{X})=\mu,\quad D(\overline{X})=D\left(\frac{1}{n}\sum_{i=1}^{n}X_i\right)=\frac{1}{n^2}\sum_{i=1}^{n}D(X_i)=\frac{1}{n^2}n\sigma^2=\frac{\sigma^2}{n}$$

又

$$\frac{1}{n}\sum_{i=1}^{n}(X_i-\overline{X})^2=\frac{1}{n}\sum_{i=1}^{n}(X_i^2-2X_i\overline{X}+\overline{X}^2)=\frac{1}{n}\left(\sum_{i=1}^{n}X_i^2-2\overline{X}\sum_{i=1}^{n}X_i+n\overline{X}^2\right)$$
$$=\frac{1}{n}\sum_{i=1}^{n}X_i^2-\overline{X}^2$$

同时，由数学期望性质及 $E(X^2)=D(X)+[E(X)]^2$，得

$$E(B_2)=E\left[\frac{1}{n}\sum_{i=1}^{n}(X_i-\overline{X})^2\right]=\frac{1}{n}\sum_{i=1}^{n}E(X_i^2)-E(\overline{X}^2)$$
$$=\frac{1}{n}\sum_{i=1}^{n}(\sigma^2+\mu^2)-\left(\frac{\sigma^2}{n}+\mu^2\right)=\frac{n-1}{n}\sigma^2$$

在 B_2 的基础上，我们适当加以修正可以得到一个 σ^2 的无偏估计量，这个估计量也就是我们常见的样本方差.

$$S^2=\frac{n}{n-1}B_2=\frac{1}{n-1}\sum_{i=1}^{n}(X_i-\overline{X})^2$$

即很显然有

$$E(S^2)=\sigma^2$$

由此例也可以看出，例 7.1.10 中关于 λ 的两个矩估计量中，$\hat{\lambda}_1$ 是无偏的，$E(\hat{\lambda}_1)$

$=\lambda$，而 $\hat{\lambda}_2$ 是有偏的，$E(\hat{\lambda}_2)=\frac{n-1}{n}\lambda$.

对估计量优劣的评价一般是站在概率论的基点上，在实际应用问题中，含有多次反复使用此方法效果到底如何的问题. 对于无偏性，也同样有这样的问题，即在实际应用问题中若使用这一估计量算出多个估计值，则它们的平均值可以接近于被估参数的真值. 这一点有时是有实际意义的，如某一厂商长期向某一销售商提供一种产品，在对产品的检验方法上，双方同意采用抽样以后对次品进行估计的办法. 如果这种估计是无偏的，那么双方都理应能够接受. 比如这一次估计次品率偏高，厂商吃亏了，但下一次估计可能偏低，厂商的损失可以补回来，由于双方的交往是长期多次的，采用无偏估计，总的来说是互不吃亏. 然而不幸的是，无偏性有时并无多大的实际意义[30]. 这里有两种情况：一种情况是在一类实际问题中没有多次抽样，比如前面的例子中，厂商和销售商没有长期合作关系，纯属一次性的商业行为，双方谁也吃亏不起，这就没有什么“平均”可言. 另一种情况是被估计的量实际上是不能相互补偿的，因此“平均”没有实际意义. 例如，通过试验对某型号几批导弹的系统误差分别作出估计，即使这一估计是无偏的，但如果这一批导弹的系统误差实际估计偏左，下一批导弹则估计偏右，结果两批导弹在使用时都不能命中预定目标，这里不存在“偏左”与“偏右”相互抵消或“平均命中”的问题.

还可以举出数理统计本身的例子来说明无偏性的局限.

例 7.1.13 设 X 服从参数为 λ 的泊松分布，$X_1,X_2,\cdots,X_n$ 为 X 的样本，用 $(-2)^{X_1}$ 作为 $\mathrm{e}^{-3\lambda}$ 的估计，则此估计是无偏的. 因为

$$E[(-2)^{X_1}]=\mathrm{e}^{-\lambda}\sum_{k=0}^{+\infty}(-2)^k\frac{\lambda^k}{k!}=\mathrm{e}^{-\lambda}\mathrm{e}^{-2\lambda}=\mathrm{e}^{-3\lambda}$$

但当 X_1 取奇数时，$(-2)^{X_1}<0$，显然用它作为 $\mathrm{e}^{-3\lambda}>0$ 的估计是不能令人接受的. 为此我们还需要有别的标准.

还需指出：无偏性不具有不变性，即若 $\hat{\theta}$ 是 θ 的无偏估计，一般说来其函数 $g(\hat{\theta})$ 并不是 $g(\theta)$ 的无偏估计量，除非 $g(\theta)$ 是 θ 的线性函数. 例如，当 $X\sim N(\mu,\sigma^2)$ 时，$\overline{X}$ 是 μ 的无偏估计量，但 $\overline{X}^2$ 不是 μ^2 的无偏估计量，事实上：

$$E(\overline{X})^2=D(\overline{X})+[E(\overline{X})]^2=\frac{\sigma^2}{n}+\mu^2\neq\mu^2$$

样本方差 S^2 是总体方差 σ^2 的无偏估计，但 S 不是 σ 的无偏估计.

另外，我们不加证明地指出，并不是所有的参数都存在无偏估计，当参数存在无偏估计时，我们称该参数是可估的，否则称它是不可估的.

2. 最小方差性和有效性

前面已经说过，无偏估计量只说明估计量的取值在真值周围摆动，但这个“周围”

[30] 不盲从，不偏听，科学合理地使用统计方法，避免主观臆断，对待判定标准也应灵活应用.

究竟有多大？自然希望摆动范围越小越好，即估计量取值的集中程度要尽可能高，这在统计上就引出最小方差无偏估计的概念.

定义 7.2　对于固定的样本容量 n，设 $T=T(X_1,X_2,\cdots,X_n)$ 是参数函数 $g(\theta)$ 的无偏估计量，若对 $g(\theta)$ 的任一个无偏估计量 $T'=T'(X_1,X_2,\cdots,X_n)$ 有

$$D_\theta(T)\leqslant D_\theta(T'),\quad \text{对一切 } \theta\in\Theta$$

则称 $T(X_1,X_2,\cdots,X_n)$ 为 $g(\theta)$ 的(一致)最小方差无偏估计量，简记为 UMVUE(uniformly minimum variance unbiased estimation)或者称为最优无偏估计量.

从定义上看，要直接验证某个估计量是参数函数 $g(\theta)$ 的最优无偏估计量是有困难的. 下面将给出一个相对比较简单的定义.

定义 7.3　设 $\hat\theta_1=\hat\theta(X_1,X_2,\cdots,X_n)$ 与 $\hat\theta_2=\hat\theta(X_1,X_2,\cdots,X_n)$ 都是待估计参数 θ 的无偏估计量，若有

$$D(\hat\theta_1)<D(\hat\theta_2)$$

则称 $\hat\theta_1$ 较 $\hat\theta_2$ 有效.

例 7.1.14　设 X_1,X_2,X_3,X_4 是来自均值为 θ 的指数分布总体的样本，其中 θ 未知. 设有估计量

$$T_1=\frac{1}{6}(X_1+X_2)+\frac{1}{3}(X_3+X_4)$$

$$T_2=\frac{1}{5}(X_1+2X_2+3X_3+4X_4)$$

$$T_3=\frac{1}{4}(X_1+X_2+X_3+X_4)$$

(1) 指出 T_1、T_2、T_3 中哪几个是 θ 的无偏估计量？

(2) 在上述 θ 的无偏估计量中哪一个更为有效？

解　已知对于均值为 θ 的指数分布，有 $E(X)=\theta,D(X)=\theta^2$，于是

$$E(X_i)=\theta,\quad D(X_i)=\theta^2,\quad i=1,2,3,4$$

所以

$$E(T_1)=\frac{1}{6}[E(X_1)+E(X_2)]+\frac{1}{3}[E(X_3)+E(X_4)]=\theta$$

$$E(T_2)=\frac{1}{5}[E(X_1)+2E(X_2)+3E(X_3)+4E(X_4)]=2\theta$$

$$E(T_3)=\frac{1}{4}[E(X_1)+E(X_2)+E(X_3)+E(X_4)]=\theta$$

以上结果表明，T_1、T_3 都是 θ 的无偏估计量，但 T_2 不是 θ 的无偏估计量. 又

$$D(T_1)=\frac{1}{36}[D(X_1)+D(X_2)]+\frac{1}{9}[D(X_3)+D(X_4)]=\frac{5}{18}\theta^2$$

而

$$D(T_3)=\frac{1}{16}[D(X_1)+D(X_2)+D(X_3)+D(X_4)]=\frac{1}{4}\theta^2<\frac{5}{18}\theta^2=D(T_1)$$

故统计量 T_3 较 T_1 有效.

例 7.1.15 设 $x_1,x_2,\cdots,x_n$ 是取自某总体的样本，记总体均值为 μ，总体方差为 σ^2，则 $\hat{\mu}_1=x_1$，$\hat{\mu}_2=\bar{x}$ 都是 μ 的无偏估计，但

$$\mathrm{Var}(\hat{\mu}_1)=\sigma^2,\mathrm{Var}(\hat{\mu}_2)=\sigma^2/n$$

显然，只要 $n>1$，$\hat{\mu}_2$ 比 $\hat{\mu}_1$ 有效. 这表明，用全部数据的平均估计总体均值要比只使用部分数据更有效.

3. 一致性(相合性)

无偏性、有效性都是在样本容量 n 一定的条件下进行讨论的，然而$(X_1,X_2,\cdots,X_n)$不仅与样本值有关，而且与样本容量 n 有关，不妨记为 $\hat{\theta}_n$. 很自然，我们希望 n 越大，$\hat{\theta}_n$ 对 θ 的估计应该越精确.

定义 7.4 如果 $\hat{\theta}_n$ 依概率收敛于 θ，即 $\forall\,\varepsilon>0$，有

$$\lim_{n\to\infty}P(|\hat{\theta}_n-\theta|<\varepsilon)=1 \tag{7.7}$$

则称 $\hat{\theta}_n$ 是 θ 的一致估计量(uniform estimator)或称相合估计(consistent estimator).

相合性被认为是对估计的一个最基本要求，如果一个估计量在样本量不断增大时，它都不能把被估参数估计到任意指定的精度，那么这个估计是很值得怀疑的. 通常，不满足相合性要求的估计不予考虑.

若把依赖于样本容量 n 的估计量 $\hat{\theta}_n$ 看作一个随机变量序列，相合性就是 $\hat{\theta}_n$ 依概率收敛于 θ，所以证明估计的相合性可应用依概率收敛的性质及各种大数定律.

由辛钦大数定律可以证明：样本平均数 $\overline{X}$ 是总体均值 μ 的一致估计量，样本的方差 S^2 及二阶样本中心矩 B_2 都是总体方差 σ^2 的一致估计量.

在判断估计的相合性时，下述两个定理很有用.

定理 7.1 设 $\hat{\theta}_n=\hat{\theta}_n(X_1,X_2,\cdots,X_n)$是 θ 的一个估计量，若

$$\lim_{n\to\infty}E(\hat{\theta}_n)=\theta,\lim_{n\to\infty}D(\hat{\theta}_n)=0$$

则 $\hat{\theta}_n$ 是 θ 的相合估计.

***证明** 对任意的 $\varepsilon>0$，由切比雪夫不等式有

$$P\left(|\hat{\theta}_n-E(\hat{\theta}_n)|\geqslant\frac{\varepsilon}{2}\right)\leqslant\frac{4}{\varepsilon^2}D(\hat{\theta}_n)$$

另一方面，由 $\lim\limits_{n\to\infty}E(\hat{\theta}_n)=\theta$ 可知，当 n 充分大时有

$$|E(\hat{\theta}_n)-\theta|<\frac{\varepsilon}{2}$$

注意到此时如果 $|\hat{\theta}_n-E(\hat{\theta}_n)|<\frac{\varepsilon}{2}$，就有

$$|\hat{\theta}_n-\theta|\leqslant|\hat{\theta}_n-E(\hat{\theta}_n)|+|E(\hat{\theta}_n)-\theta|<\varepsilon$$

故

$$\left\{|\hat{\theta}_n-E(\hat{\theta}_n)|<\frac{\varepsilon}{2}\right\}\subset\{|\hat{\theta}_n-\theta|<\varepsilon\}$$

等价于

$$\left\{|\hat{\theta}_n-E(\hat{\theta}_n)|\geqslant\frac{\varepsilon}{2}\right\}\supset\{|\hat{\theta}_n-\theta|\geqslant\varepsilon\}$$

由此即有

$$P(|\hat{\theta}_n-\theta|\geqslant\varepsilon)\leqslant P\left(|\hat{\theta}_n-E(\hat{\theta}_n)|\geqslant\frac{\varepsilon}{2}\right)\leqslant\frac{4}{\varepsilon^2}D(\hat{\theta}_n)\to 0\ (n\to\infty)$$

定理得证.

定理 7.2　若 $\hat{\theta}_{n1},\hat{\theta}_{n2},\cdots,\hat{\theta}_{nk}$ 分别是 $\theta_1,\theta_2,\cdots,\theta_k$ 的相合估计，$\eta=g(\theta_1,\theta_2,\cdots,\theta_k)$ 是 $\theta_1,\theta_2,\cdots,\theta_n$ 的连续函数，则 $\hat{\eta}_n=g(\hat{\theta}_{n1},\hat{\theta}_{n2},\cdots,\hat{\theta}_{nk})$ 是 η 的相合估计.

* **证明**　由函数 g 的连续性，对任意给定的 $\varepsilon>0$，存在一个 $\delta>0$，当 $|\hat{\theta}_{nj}-\theta_j|<\delta$，$j=1,2,\cdots,k$ 时，有

$$|g(\hat{\theta}_{n1},\hat{\theta}_{n2},\cdots,\hat{\theta}_{nk})-g(\theta_1,\theta_2,\cdots,\theta_k)|<\varepsilon$$

又由于 $\hat{\theta}_{n1},\hat{\theta}_{n2},\cdots,\hat{\theta}_{nk}$ 的相合性，对任意给定的 $\delta>0$，对任意给定的 $v>0$，存在正整数 N，使得 $n\geqslant N$ 时，

$$P(|\hat{\theta}_{nj}-\theta_j|\geqslant\delta)<\frac{v}{k}\quad(j=1,2,\cdots,k)$$

从而有

$$P\left(\bigcap_{j=1}^{k}\{|\hat{\theta}_{nj}-\theta_j|<\delta\}\right)=1-P\left(\bigcup_{j=1}^{k}\{|\hat{\theta}_{nj}-\theta_j|\geqslant\delta\}\right)$$

$$\geqslant 1-\sum_{j=1}^{k}P(|\hat{\theta}_{nj}-\theta_j|\geqslant\delta)>1-k\cdot\frac{v}{k}=1-v$$

根据

$$|g(\hat{\theta}_{n1},\hat{\theta}_{n2},\cdots,\hat{\theta}_{nk})-g(\theta_1,\theta_2,\cdots,\theta_k)|<\varepsilon$$

故有

$$\bigcap_{j=1}^{k}\{|\hat{\theta}_{nj}-\theta_j|<\delta\}\subset\{|\hat{\eta}_n-\eta|<\varepsilon\}$$

$$P(|\hat{\eta}_n-\eta|<\varepsilon)>1-v$$

由 v 的任意性，定理得证.

* **例 7.16**　设一个试验有 3 种结果，其发生的概率分别为

$$p_1=\theta^2,\quad p_2=2\theta(1-\theta),\quad p_3=(1-\theta)^2$$

现做了 n 次试验，观测到 3 种结果发生的次数分别为 n_1、n_2、n_3，由于 θ 可以有 3 个不同的表达式

$$\theta_1=\sqrt{p_1},\quad \theta_2=1-\sqrt{p_3},\quad \theta_3=p_1+p_2/2$$

利用频率替换法，有

$$\hat{p}_1=\frac{n_1}{n},\quad \hat{p}_2=\frac{n_2}{n},\hat{p}_3=\frac{n_3}{n}$$

从而可以给出 θ 的 3 个不同估计表示法

$$\hat{\theta}_1=\sqrt{\hat{p}_1},\quad \hat{\theta}_2=1-\sqrt{\hat{p}_3},\quad \hat{\theta}_3=\hat{p}_1+\hat{p}_2/2$$

由大数定律可知，$\hat{p}_1=\frac{n_1}{n}$，$\hat{p}_2=\frac{n_2}{n}$，$\hat{p}_3=\frac{n_3}{n}$分别为 p_1、p_2、p_3 的相合估计. 由定理可知，$\hat{\theta}_1=\sqrt{\hat{p}_1}$为 θ_1 的相合估计，$\hat{\theta}_2=1-\sqrt{\hat{p}_3}$为 θ_2 的相合估计，$\hat{\theta}_3=\hat{p}_1+\hat{p}_2/2$ 为 θ_3 的相合估计，即 $\hat{\theta}_1,\hat{\theta}_2,\hat{\theta}_3$ 都为 θ 的相合估计.

习　题　7.1

(一) 基础练习题

1. 随机取 8 个圆环，测得它们的直径(单位:mm)如下：

74.001　74.005　74.003　74.001　74.000　73.998　74.006　74.002

试计算总体均值 μ 和方差 σ^2 的矩估计量，并求样本方差 S^2.

2. 设 $X_1,X_2,\cdots,X_n$ 为来自均匀分布总体 $U(0,\theta)$ 的样本，试求未知参数 θ 的矩估计量.

3. 设总体的概率密度为 $f(x)=\begin{cases}\theta c^{\theta}x^{-(\theta+1)} & x>c\\ 0 & \text{其他}\end{cases}$，其中 $c>0$ 为已知，$\theta>1$，θ 为未知参数，试求该总体未知参数 θ 的矩估计量.

4. 设总体的概率密度为 $f(x)=\begin{cases}\dfrac{1}{\theta}\mathrm{e}^{-\frac{x}{\theta}} & x>0\\ 0 & \text{其他}\end{cases}$，其中 $\theta>0$，试求该总体未知参数 θ 的矩估计量和极大似然估计量.

5. 设总体 $X\sim N(\mu,1)$，求 μ 的矩估计量和极大似然估计量.

6. 设总体的均值 μ 和方差 σ^2 都存在，X_1,X_2,X_3 为来自该总体的一个样本，试计算指出哪些估计量为 μ 的无偏估计量，并指出无偏估计量中哪个更为有效.

$$\hat{u}_1=\frac{1}{5}X_1+\frac{3}{10}X_2+\frac{1}{2}X_3,\quad \hat{u}_2=\frac{1}{3}X_1+\frac{1}{4}X_2+\frac{5}{12}X_3,\quad \hat{u}_3=\frac{1}{3}X_1+\frac{1}{6}X_2+\frac{1}{2}X_3$$

7. 设一批产品含有次品，今从中随机抽出 100 件，发现其中有 8 件次品，试求次品率 θ 的极大似然估计量.

(二) 提高练习题

1. 设总体 $X\sim f(x)=\begin{cases}\dfrac{6x}{\theta^3}(\theta-x) & 0<x<\theta\\ 0 & \text{其他}\end{cases}$，$X_1,X_2,\cdots,X_n$ 为总体 X 的一个样本.(1) 求 θ 的矩估计量；(2) 求 $D(\hat{\theta})$.

2. (2015.1)设总体 X 的概率密度为 $f(x,\theta)=\begin{cases}\dfrac{1}{1-\theta} & \theta\leqslant x\leqslant 1\\ 0 & \text{其他}\end{cases}$，其中 θ 为未知参数，$x_1,x_2,\cdots,x_n$ 为来自该总体的简单随机样本.(1) 求 θ 的矩估计量；(2) 求 θ 的最大似然估计量.

3. (2024 年数学一)设总体 X 服从 $[0,\theta]$ 上的均匀分布，θ 为 $(0,+\infty)$ 上的未知实数，$X_1,X_2,\cdots,X_n$ 为总体 X 的简单随机样本，记 $X_{(n)}=\max(X_1,X_2,\cdots,X_n)$，$T_c=$

$cX_{(n)}$. (1) 求出 c 使 T_c 是 θ 的无偏估计;(2) 记 $h(c)=E(T_c-\theta)^2$,求出 c 使 $h(c)$ 最小.

4. 从一批股民的一年收益率数据中随机抽取 10 人的收益率数据,结果如下:

序号	1	2	3	4	5	6	7	8	9	10
收益率	0.01	−0.11	−0.12	−0.09	−0.13	−0.3	0.1	−0.09	−0.1	−0.11

求这批股民的平均收益率及标准差的矩估计值.

5. 设总体 X 的密度函数为 $f(x,\theta)=\begin{cases}\theta x^{\theta-1} & 0<x<1\\ 0 & \text{其他}\end{cases}$, $X_1,X_2,\cdots,X_n$ 为其样本. 求 θ 的极大似然估计.

6. 设总体 X 的概率密度为 $f(x,\theta)=\begin{cases}\dfrac{\theta^2}{x^3}\mathrm{e}^{-\frac{\theta}{x}} & x>0\\ 0 & \text{其他}\end{cases}$,其中 θ 为未知参数且大于零,$X_1,X_2,\cdots,X_n$ 为来自总体 X 的简单随机样本.

(1) 求 θ 的矩估计量;(2) 求 θ 的最大似然估计量.

7. 设某种电子元件的使用寿命 X 的概率密度函数为 $f(x,\theta)=\begin{cases}2\mathrm{e}^{-2(x-\theta)} & x>\theta\\ 0 & x\leqslant\theta\end{cases}$,其中 $\theta(\theta>0)$ 为未知参数,又设 $x_1,x_2,\cdots,x_n$ 是总体 X 的一组样本观察值,求 θ 的极大似然估计量.

8. 设总体 X 的概率分布为 $\begin{pmatrix}X & 0 & 1 & 2 & 3\\ P & \theta^2 & 2\theta(1-\theta) & \theta^2 & 1-2\theta\end{pmatrix}$,其中 $\theta\left(0<\theta<\dfrac{1}{2}\right)$ 是未知参数,利用总体 X 的样本值 3、1、3、0、3、1、2、3,求 θ 的矩估计量和最大似然估计量.

9. 设 $X_1,X_2,\cdots,X_n$ 是来自 $[a,b]$ 的均匀分布的简单随机变量,其中 a、b 是满足 $b>a>0$ 的两未知参数,则 a、b 的最大似然估计量分别为(　　).

A. $\hat{a}=\min\limits_{1\leqslant i\leqslant n}\{X_i\},\hat{b}=\min\limits_{1\leqslant i\leqslant n}\{X_i\}+\dfrac{1}{n}\sum\limits_{i}^{n}X_i$

B. $\hat{a}=\min\limits_{1\leqslant i\leqslant n}\{X_i\},\hat{b}=\max\limits_{1\leqslant i\leqslant n}\{X_i\}$

C. $\hat{a}=\dfrac{1}{n}\sum\limits_{i}^{n}X_i,\hat{b}=\max\limits_{1\leqslant i\leqslant n}\{X_i\}-\dfrac{1}{n}\sum\limits_{i}^{n}X_i$

D. $\hat{a}=\min\limits_{1\leqslant i\leqslant n}\{X_i\},\hat{b}=\dfrac{1}{n}\sum\limits_{i}^{n}X_i-\min\limits_{1\leqslant i\leqslant n}\{X_i\}$

10. 设 $(X_1,X_2,\cdots,X_n)$ 为总体 X 的简单随机样本,X 的概率密度为 $f(x,\theta,\mu)=\begin{cases}\dfrac{1}{\theta}\mathrm{e}^{-\frac{(x-\mu)}{\theta}} & x\geqslant\mu\\ 0 & \text{其他}\end{cases}$,$\theta>0$. 求未知参数 θ 和 μ 的最大似然估计量.

11. 设总体 X 的分布函数为 $F(x)=\begin{cases}0 & x<0\\ \theta & 0\leqslant x<1\\ 3\theta & 1\leqslant x<3\\ 1 & x\geqslant 3\end{cases}$，$X_1,X_2,\cdots X_{10}$ 为来自总体 X 的简单随机样本，其观察值分别为 1、1、3、1、0、0、3、1、0、1.

(1) 求总体 X 的分布律；(2) 求参数 θ 的矩估计量；(3) 求参数 θ 的极大似然估计量.

12. 设总体 X 的概率密度为 $f(x,\theta)=\begin{cases}\dfrac{1}{|\theta|} & \theta\leqslant x\leqslant\theta+|\theta|\\ 0 & \text{其他}\end{cases}$，$X_1,X_2,\cdots,X_n$ 为来自总体 X 的简单随机样本.求(1) 当 $\theta<0$ 时，未知参数 θ 的极大似然估计量 $\hat{\theta}$，(2) 当 $\theta>0$ 时，未知参数 θ 的极大似然估计量 $\hat{\theta}$.

13. 设总体 X 的密度函数为 $f(x)=\begin{cases}\dfrac{1}{\theta}\mathrm{e}^{-\frac{x-\mu}{\theta}} & x\geqslant\mu\\ 0 & x<\mu\end{cases}$，其中 $\theta>0$，θ、μ 为参数，$(X_1,X_2,\cdots,X_n)$为取自总体 X 的简单随机样本.

(1) 如果参数 μ 已知，求未知参数 θ 的极大似然估计量 $\hat{\theta}$；

(2) 如果参数 θ 已知，求未知参数 μ 的极大似然估计量 $\hat{\mu}$.

14. 设总体 X 服从参数为 λ 的泊松分布，$X_1,X_2,\cdots,X_n$ 为取值总体 X 的简单随机样本，其均值为 $\overline{X}$，方差为 S^2.已知 $\hat{\lambda}=a\overline{X}+(2-3a)S^2$ 为 λ 的无偏估计，则 a 等于多少？

15. (2009.1)设 $X_1,X_2,\cdots X_m$ 为来自二项分布总体 $B(n,p)$的简单随机样本，$\overline{X}$ 和 S^2 分别为样本均值和样本方差，若 $\overline{X}+kS^2$ 为 np^2 的无偏估计量，则 k 为多少？

16. 设 $X_1,X_2,\cdots,X_n$ 是来自正态总体 $X\sim N(0,\sigma^2)$的一个简单随机样本.

(1) 求 σ^2 的极大似然估计量 $\hat{\sigma}^2$，并求出 $E(\hat{\sigma}^2)$、$D(\hat{\sigma}^2)$.

(2) 比较 $D(\hat{\sigma}^2)$与 $D(S^2)$的大小.(3) 问 $\hat{\sigma}^2$ 是否为 σ^2 的一致估计量.

17. (2010.1)设总体 X 的概率分布为$\begin{pmatrix}X & 1 & 2 & 3\\ P & 1-\theta & \theta-\theta^2 & \theta^2\end{pmatrix}$，其中参数 $\theta\in(0,1)$ 未知，以 N_i 表示来自总体 X 的简单随机样本(样本容量为 n)中等于 i 的个数($i=1,2,3$).试求常数 a_1、a_2、a_3，使 $T=\sum\limits_{i=1}^{3}a_iN_i$ 为 θ 的无偏估计量，并求 T 的方差.

18. 设 $X_1,X_2,\cdots,X_n(n>1)$为来自总体 $X\sim N(\mu,\sigma^2)$的简单随机样本，$\overline{X}$ 为样本均值，$\hat{\sigma}=k\sum\limits_{i=1}^{n}|X_i-\overline{X}|$ 为 σ 的无偏估计量，则常数 k 为多少？

7.2 单正态总体参数的区间估计

7.2.1 区间估计的基本概念

前一节我们介绍了点估计,那为什么还要引入区间估计呢? 这是因为在使用点估计时,对估计量 $\hat{\theta}$ 是否能"接近"真正的参数 θ 的考察是通过先建立种种评价标准,然后依照这些标准进行评价的. 这些标准一般都是由数学特征来描绘大量重复试验时的平均效果,而对于估值的可靠度与精度没有回答,也就是说,对于类似"估计量 $\hat{\theta}$ 在参数 θ 的 δ 邻域的概率是多大"这样的问题,点估计并没有给出明确结论,但在某些应用问题中,这恰恰是人们所感兴趣的.

例 7.2.1 某工厂欲对出厂的一批灯泡的平均寿命进行估计,随机地抽取 n 件产品进行试验,试图通过对试验的数据进行加工而得出该批产品是否合格的结论,并要求此结论的可信程度为 95%,应该如何来加工这些数据?

从常识可以知道,灯泡的寿命指标往往是一个范围,而不必是一个很准确的数. 因此,在估计这批灯泡的平均寿命时,寿命的准确值并不是最重要的,重要的是所估计的寿命是否能以很高的可信程度处在合格产品的指标范围内. 这里可信程度是很重要的,它涉及使用这些灯泡的可靠性. 因此,若采用点估计,不一定能达到应用的目的,这就需要引入区间估计.

定义 7.5 对于参数 θ,如果有两个统计量

$$\hat{\theta}_1=\hat{\theta}_1(X_1,X_2,\cdots,X_n),\quad \hat{\theta}_2=\hat{\theta}_2(X_1,X_2,\cdots,X_n)$$

满足对给定的 $\alpha\in(0,1)$,有

$$P(\hat{\theta}_1<\theta<\hat{\theta}_2)=1-\alpha \tag{7.8}$$

则称区间 $(\hat{\theta}_1,\hat{\theta}_2)$[31] 是 θ 的一个区间估计或置信区间(confidence interval),$\hat{\theta}_1$、$\hat{\theta}_2$ 分别称为置信下限(confidence lower limit)、置信上限(confidence upper limit),$1-\alpha$ 称为置信水平(confidence level).

这里的置信水平,就是对可信程度的度量. 置信水平为 $1-\alpha$,在实际上可以这样来理解:如取 $1-\alpha=95\%$,就是说若对某一参数 θ 取 100 个容量为 n 的样本,用相同方法做 100 个置信区间 $(\hat{\theta}_1^{(k)},\hat{\theta}_2^{(k)})$,$k=1,2,\cdots,100$,那么其中有 95 个区间包含了参数真值 θ. 因此,当实际上只做一次区间估计时,我们有理由认为它包含了参数真值. 这样判断当然也可能犯错误,但犯错误的概率只有 5%. 至于具体的这一次所得的区

---

[31] 参数估计中的区间估计意味着统计结论的不确定性,要给结论留有余地. 利用区间估计的思想在研究社会经济问题时,应考虑到问题复杂性,不应盲目下结论,在偶然性中寻找必然性.

间是否包含真值暂时是不知道的，该区间要么包含真值，要么不包含真值，只是寄希望于它是 95 个包含真值的区间中的一个.

构造未知参数 θ 的置信区间的最常用的方法为枢轴量法，其步骤可以概括如下.

(1) 设法构造一个样本和 θ 的函数 $G(X_1,X_2,\cdots,X_n,\theta)$，使得 G 的分布不依赖于未知参数. 一般称具有这种性质的 G 为枢轴量.

(2) 适当地选择两个常数 c、d，使得对给定的 $\alpha(0<\alpha<1)$，有

$$P(c\leqslant G\leqslant d)=1-\alpha$$

(3) 假如能将 $c\leqslant G\leqslant d$ 进行不等式等价变形为 $\hat{\theta}_1\leqslant\theta\leqslant\hat{\theta}_2$，则有

$$P_\theta(\hat{\theta}_1\leqslant\theta\leqslant\hat{\theta}_2)=1-\alpha$$

这表明$[\hat{\theta}_1,\hat{\theta}_2]$是 θ 的 $1-\alpha$ 置信区间.

上述构造置信区间的关键在于构造枢轴量 G，故把这种方法称为枢轴量法. 枢轴量的寻找一般从 θ 的点估计出发，而满足 $P(c\leqslant G\leqslant d)=1-\alpha$ 的 c、d 可以有很多，选择的原则是让 $P_\theta(\hat{\theta}_1\leqslant\theta\leqslant\hat{\theta}_2)=1-\alpha$ 中的平均长度 $E(\hat{\theta}_2-\hat{\theta}_1)$尽可能短.

假如可以找到这样的 c、d，使 $E(\hat{\theta}_2-\hat{\theta}_1)$达到最短当然是最好的，但是在很多场合很难做到这一点. 故常这样选择 c、d，使得两个尾部概率各为 $\alpha/2$，即

$$P_\theta(G<c)=P_\theta(G>d)=\alpha/2$$

这样得到的置信区间称为等尾置信区间. 实用的置信区间大都是等尾置信区间.

对于一般分布的总体，其抽样分布的计算通常有些困难，因此，我们将主要研究正态总体参数的区间估计问题.

7.2.2 单个正态总体均值的区间估计

设 $X_1,X_2,\cdots,X_n$ 为 $N(\mu,\sigma^2)$的样本，对给定的置信水平 $1-\alpha$，$0<\alpha<1$，分两种情况来研究参数 μ 的区间估计.

1. σ^2 已知

由于 $\overline{X}=\frac{1}{n}\sum\limits_{i=1}^{n}X_i$ 是 μ 的无偏估计，且 $\overline{X}\sim N\left(\mu,\frac{\sigma^2}{n}\right)$，因此随机变量

$$Z=\frac{\overline{X}-\mu}{\sigma/\sqrt{n}}\sim N(0,1)$$

对于给定的 α，由图 7-1 可知，查附表 B 可得上分位点 $z_{\alpha/2}$(标准正态分布的上分位点有时也用 $u_{\alpha/2}$ 表示)，使

$$P(-z_{\alpha/2}<Z<z_{\alpha/2})=1-\alpha$$

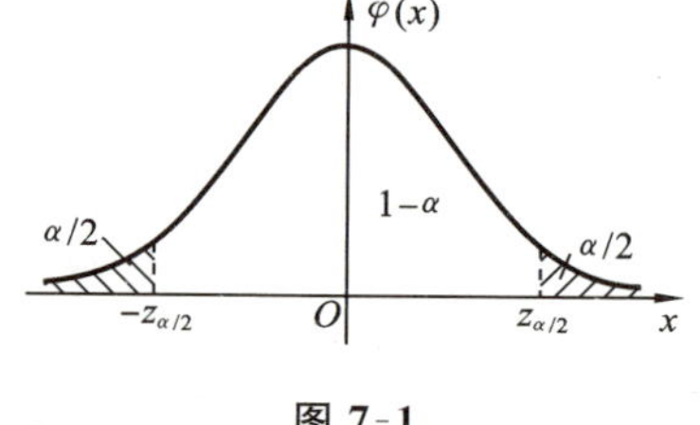

图 7-1

将上式代入并整理可得

$$P(\overline{X}-z_{\frac{\alpha}{2}}\sigma/\sqrt{n}<\mu<\overline{X}+z_{\frac{\alpha}{2}}\sigma/\sqrt{n})=1-\alpha$$

所以，μ 的置信水平为 $1-\alpha$ 的置信区间为

$$(\overline{X}-z_{\frac{\alpha}{2}}\sigma/\sqrt{n},\overline{X}+z_{\frac{\alpha}{2}}\sigma/\sqrt{n}) \tag{7.9}$$

例 7.2.2　已知某厂生产的圆环直径 $X\sim N(\mu,0.04)$，从某天生产的圆环中随机抽取了 9 个，测得直径(单位:mm)为

15.1　15.2　15.02　14.98　14.99　15.03　15.3　15.1　15.11

求 μ 的置信水平为 0.95 的置信区间.

解　由于总体为正态总体，方差已知，且 $\sigma=0.2, n=9$，经计算得 $\overline{X}=\frac{1}{n}\sum_{i=1}^{n}X_i=15.0922$. 又查表得 $z_{\frac{\alpha}{2}}=z_{0.025}=1.96$，将以上数据代入式(7.9)，即得 μ 的置信水平为 0.95 的置信区间为(14.9615，15.2229).

2. σ^2 未知

此时不能采用式(7.9)，因为其中含有未知参数 σ，由于

$$S^2=\frac{1}{n-1}\sum_{i=1}^{n}(X_i-\overline{X})^2$$

为 σ^2 的无偏估计，另外

$$T(\mu)=\frac{\overline{X}-\mu}{S/\sqrt{n}}\sim t(n-1)$$

对给定的 $\alpha(0<\alpha<1)$，查 t 分布表，可得满足条件

$$P(|T|>t_{\frac{\alpha}{2}})=P\left(\left|\frac{\overline{X}-\mu}{S/\sqrt{n}}\right|>t_{\frac{\alpha}{2}}(n-1)\right)=\alpha$$

的双侧分位点 $t_{\frac{\alpha}{2}}(n-1)$，上式等价于

$$P\left(\overline{X}-\frac{S}{\sqrt{n}}t_{\frac{\alpha}{2}}(n-1)<\mu<\overline{X}+\frac{S}{\sqrt{n}}t_{\frac{\alpha}{2}}(n-1)\right)=1-\alpha$$

从而得到 μ 的置信水平为 $1-\alpha$ 的置信区间为

$$(\overline{X}-t_{\frac{\alpha}{2}}(n-1)S/\sqrt{n},\overline{X}+t_{\frac{\alpha}{2}}(n-1)S/\sqrt{n}) \tag{7.10}$$

例 7.2.3　假定初生婴儿(男孩)的体重服从正态分布，随机抽取 12 名新生婴儿，测得其体重(单位:g)为

3100　2520　3000　3000　3600　3160　3560　3320　2880　2600　3400　2540

试以 95%的置信水平估计新生男婴儿的平均体重.

解　设新生男婴儿的体重为 X，由于体重 X 服从正态分布，即 $X\sim N(\mu,\sigma^2)$，其中方差未知，故用式(7.10)计算 μ 的置信区间.

由于给定的 $1-\alpha=0.95$，查表可得 $t_{\alpha/2}(n-1)=t_{0.025}(11)=2.201$，又由样本值可得 $\overline{X}=3056.7, S=375.314$，因此 μ 的置信水平为 95%的置信区间为

$$\left(3056.7-\frac{375.314}{\sqrt{12}}\times 2.201, 3056.7+\frac{375.314}{\sqrt{12}}\times 2.201\right)$$

即为(2818.345,3295.165).

在有些问题中并不知道总体 X 服从什么分布,要对 $E(X)=\mu$ 作区间估计,在这种情况下只要 X 的方差 σ^2 已知,并且样本容量 n 很大($n\geqslant 30$),由中心极限定理,$\dfrac{\overline{X}-\mu}{\sigma/\sqrt{n}}$ 近似地服从标准正态分布 $N(0,1)$,因而 μ 的置信水平为 $1-\alpha$ 的近似置信区间为

$$\left(\overline{X}-z_{\frac{\alpha}{2}}\sigma/\sqrt{n},\overline{X}+z_{\frac{\alpha}{2}}\sigma/\sqrt{n}\right) \tag{7.11}$$

注 如果不知道总体 X 服从什么分布,方差 σ^2 也未知,此时只要样本容量 n 很大($n\geqslant 30$),也可用样本标准差 S 代替总体标准差 σ,从而得到 μ 的置信水平为 $1-\alpha$ 的近似置信区间为

$$\left(\overline{X}-z_{\frac{\alpha}{2}}S/\sqrt{n},\overline{X}+z_{\frac{\alpha}{2}}S/\sqrt{n}\right) \tag{7.12}$$

7.2.3 单个正态总体方差的区间估计

设 $X_1,X_2,\cdots,X_n$ 为 $N(\mu,\sigma^2)$ 的样本,对给定的置信水平 $1-\alpha$,$0<\alpha<1$,现在来研究参数 σ^2 的区间估计.

由于随机变量

$$\chi^2=\frac{(n-1)S^2}{\sigma^2}\sim\chi^2(n-1)$$

对给定的 $\alpha(0<\alpha<1)$,依 χ^2 分布的上 α 分位点的定义(见图 7-2),可得

$$P\left(\chi^2_{1-\frac{\alpha}{2}}(n-1)<\frac{(n-1)S^2}{\sigma^2}<\chi^2_{\frac{\alpha}{2}}(n-1)\right)=1-\alpha$$

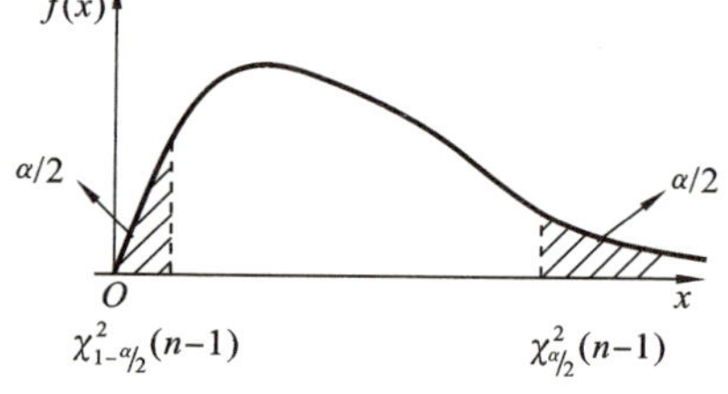

图 7-2

查 χ^2 分布表,可得 $\chi^2_{1-\frac{\alpha}{2}}(n-1)$ 和 $\chi^2_{\frac{\alpha}{2}}(n-1)$ 的值,于是

$$P\left(\frac{(n-1)S^2}{\chi^2_{\frac{\alpha}{2}}(n-1)}<\sigma^2<\frac{(n-1)S^2}{x^2_{1-\frac{\alpha}{2}}(n-1)}\right)=1-\alpha$$

于是,可得方差 σ^2 的置信水平为 $1-\alpha$ 的置信区间为

$$\left(\frac{(n-1)S^2}{\chi^2_{\frac{\alpha}{2}}(n-1)},\frac{(n-1)S^2}{\chi^2_{1-\frac{\alpha}{2}}(n-1)}\right) \tag{7.13}$$

从而,也可得标准差 σ 的置信水平为 $1-\alpha$ 的置信区间为

$$\left(\frac{\sqrt{(n-1)}S}{\sqrt{\chi^2_{\frac{\alpha}{2}}(n-1)}},\frac{\sqrt{(n-1)}S}{\sqrt{\chi^2_{1-\frac{\alpha}{2}}(n-1)}}\right) \tag{7.14}$$

例 7.2.4 为了评估可口可乐自动灌装生产线的工作情况,从生产线上随机抽取 16 瓶饮料进行检测,经计算这 16 瓶可口可乐的方差为 15,请在 95% 的置信水平下对总体方差作区间估计.

解 已知 $n=16, S^2=15, 1-\alpha=0.95$，查表得

$$\chi^2_{\frac{\alpha}{2}}(n-1)=\chi^2_{0.025}(15)=27.488,\quad \chi^2_{1-\frac{\alpha}{2}}(n-1)=\chi^2_{0.975}(15)=6.262$$

代入式(7.13)，有

$$\left(\frac{(16-1)\times 15}{27.488},\frac{(16-1)\times 15}{6.262}\right)$$

即(8.185,35.931).

所以，在95%的置信水平下该总体方差的置信区间为(8.185,35.931).

习　题　7.2

(一) 基础练习题

1. 一家食品生产企业以生产袋装食品为主，按规定每袋的标准重量应为100 g. 为检查每袋重量是否符合要求，企业质检部门从某天生产的一批食品中随机抽取了25袋，测得样本均值为 $\overline{X}=105.36$. 假定食品重量服从正态分布，且总体标准差为10 g. 试估计该天生产的食品平均重量的置信区间，置信水平为95%.

2. 已知某种灯泡的使用寿命服从正态分布，现从该批灯泡中随机抽取16只，测得其使用寿命(单位:h)如下：

1510　1450　1480　1460　1520　1480　1490　1460
1480　1510　1530　1470　1500　1520　1510　1470

试建立95%置信水平下该批灯泡平均使用寿命的置信区间.

3. 随机从一批钉子中抽取16枚，测得其长度(单位:cm)分别如下：

2.14　2.13　2.10　2.15　2.13　2.12　2.13　2.10
2.15　2.12　2.14　2.10　2.13　2.11　2.14　2.11

假定钉长服从正态分布，试对已知 $\sigma=0.01$ 和 σ 未知两种情况分别求出总体期望 μ 的置信水平为0.9的置信区间.

4. 从自动机床加工的同类零件中抽取16件，测得长度(单位:mm)如下：

12.15　12.12　12.01　12.28　12.09　12.16　12.03　12.03
12.06　12.01　12.13　12.13　12.07　12.11　12.08　12.01

假定该零件的长度值服从正态分布，试分别求总体方差 σ^2 和标准差 σ 的置信水平为0.99的置信区间.

5. 设某地区110 kV电网电压在正常情况下服从正态分布，某日内测得10个电压数据(单位:kV)如下：

108.1　108.9　109.8　109.2　109.9　110.1　110.2　110.5　110.8　111.2

试以95%的置信水平估计电压均值和标准差的范围.

6. 设某种砖头的抗压强度 $X\sim N(\mu,\sigma^2)$，今随机抽取20块砖头，测得数据($\mathrm{kg/cm^2}$)如下：

64　69　49　92　55　97　41　84　88　99

84　66　100　98　72　74　87　84　48　81

(1) 求 μ 的置信水平为 0.95 的置信区间.

(2) 求 σ^2 的置信水平为 0.95 的置信区间.

(二) 提高练习题

1. (2003.1)已知一批零件的长度 X (单位:cm)服从正态分布 $N(\mu,1)$,从中随机地抽取 16 个零件,得到长度的平均值为 40,则 μ 的置信度为 0.95 的置信区间是______.(注:标准正态分布函数值 $\Phi(1.96)=0.975,\Phi(1.645)=0.95.$)

2. (2016.1)设 $x_1,x_2,\cdots,x_n$ 为来自总体 $N(\mu,\sigma^2)$的简单随机样本,样本均值 $\bar{x}=9.5$,参数 μ 的置信度为 0.95 的双侧置信区间的置信上限为 10.8,则 μ 的置信度为 0.95 的双侧置信区间为______.

3. (2005.3) 设一批零件的长度服从正态分布 $N(\mu,\sigma^2)$,其中 μ、σ^2 均未知. 现从中随机抽取 16 个零件,测得样本均值 $\bar{x}=20$ cm,样本标准差 $s=1$ cm,则 μ 的置信度为 0.90 的置信区间是(　　).

A. $\left(20-\frac{1}{4}t_{0.05}(16),20+\frac{1}{4}t_{0.05}(16)\right)$　　B. $\left(20-\frac{1}{4}t_{0.1}(16),20+\frac{1}{4}t_{0.1}(16)\right)$

C. $\left(20-\frac{1}{4}t_{0.05}(15),20+\frac{1}{4}t_{0.05}(15)\right)$　　D. $\left(20-\frac{1}{4}t_{0.1}(15),20+\frac{1}{4}t_{0.1}(15)\right)$

4. 设一批零件的长度服从正态分布 $N(\mu,4)$,其中 μ 未知,现从中随机抽取 9 个零件,测得样本均值 $\bar{x}=10$ cm,则 μ 的置信度为 0.90 的置信区间为(　　).

A. $\left(10-\frac{1}{3}u_{0.05},10+\frac{1}{3}u_{0.05}\right)$　　B. $\left(10-\frac{1}{3}u_{0.1},10+\frac{1}{3}u_{0.1}\right)$

C. $\left(10-\frac{2}{3}u_{0.05},10+\frac{2}{3}u_{0.05}\right)$　　D. $\left(10-\frac{2}{3}u_{0.1},10+\frac{2}{3}u_{0.1}\right)$

5. 假设总体 X 服从正态分布 $N(\mu,\sigma^2)$,其中 σ^2 为已知,记参数 μ 的置信区间长度为 L,则当置信度 $1-a$ 减少时(　　).

A. L 减少　　B. L 增大　　C. L 不变　　D. L 的增减不定

6. 假设 0.50、1.25、0.80、2.00 是来自总体 X 的简单随机样本值. 已知 $Y=\ln X$ 服从正态分布 $N(\mu,1)$. (1) 求 X 的数学期望 $E(X)$(记 $E(X)$为 b);(2) 求 μ 的置信度为 0.95 的置信区间;(3)利用上述结果求 b 的置信度为 0.95 的置信区间.

7.3　双正态总体参数的区间估计

以下将讨论双正态总体的参数估计,不失一般性,假设 $\bar{X}$ 与 S_1^2 分别为正态总体 $N(\mu_1,\sigma_1^2)$的样本均值和样本方差,样本容量为 n_1,$\bar{Y}$ 与 S_2^2 分别为正态总体 $N(\mu_2,\sigma_2^2)$

的样本均值和样本方差,样本容量为 n_2.

7.3.1 双正态总体均值差的区间估计

1. σ_1^2、σ_2^2 都已知

由定理 6.1 可知:$\overline{X}\sim N\left(\mu_1,\frac{\sigma_1^2}{n_1}\right)$,$\overline{Y}\sim N\left(\mu_2,\frac{\sigma_2^2}{n_2}\right)$,且两者相互独立,由相互独立的正态随机变量的线性组合仍服从正态分布这一理论可知

$$\overline{X}-\overline{Y}\sim N\left(\mu_1-\mu_2,\frac{\sigma_1^2}{n_1}+\frac{\sigma_2^2}{n_2}\right)$$

从而

$$Z=\frac{(\overline{X}-\overline{Y})-(\mu_1-\mu_2)}{\sqrt{\frac{\sigma_1^2}{n_1}+\frac{\sigma_2^2}{n_2}}}\sim N(0,1)$$

对给定的 α,查标准正态分布表,可得分位点 $z_{\frac{\alpha}{2}}$,使

$$P(|Z|<z_{\alpha/2})=1-\alpha$$

整理可得

$$P\left(\overline{X}-\overline{Y}-z_{\alpha/2}\sqrt{\frac{\sigma_1^2}{n_1}+\frac{\sigma_2^2}{n_2}}<\mu_1-\mu_2<\overline{X}-\overline{Y}+z_{\alpha/2}\sqrt{\frac{\sigma_1^2}{n_1}+\frac{\sigma_2^2}{n^2}}\right)=1-\alpha$$

所以,$\mu_1-\mu_2$ 的置信水平为 $1-\alpha$ 的置信区间为

$$\left(\overline{X}-\overline{Y}-z_{\alpha/2}\sqrt{\frac{\sigma_1^2}{n_1}+\frac{\sigma_2^2}{n_2}},\overline{X}-\overline{Y}+z_{\alpha/2}\sqrt{\frac{\sigma_1^2}{n_1}+\frac{\sigma_2^2}{n_2}}\right)\tag{7.15}$$

2. σ_1^2、σ_2^2 都未知

在 σ_1^2、σ_2^2 都未知的条件下,仅考虑 $\sigma_1^2=\sigma_2^2$ 时 $\mu_1-\mu_2$ 的置信区间的问题.

由假设及第 6 章的抽样分布理论可知

$$T=\frac{(\overline{X}-\overline{Y})-(\mu_1-\mu_2)}{\sqrt{(n_1-1)S_1^2+(n_2-1)S_2^2}}\sqrt{\frac{n_1n_2(n_1+n_2-2)}{n_1+n_2}}\sim t(n_1+n_2-2)$$

对给定的 α,查 t 分布表,可得分位点 $t_{\alpha/2}(n_1+n_2-2)$,使

$$P(|T|<t_{\alpha/2}(n_1+n_2-2))=1-\alpha$$

整理可得

$$P(\overline{X}-\overline{Y}-t_{\alpha/2}(n_1+n_2-2)S_w<\mu_1-\mu_2<\overline{X}-\overline{Y}+t_{\alpha/2}(n_1+n_2-2)S_w)=1-\alpha$$

式中:

$$S_w=\sqrt{\frac{(n_1-1)S_1^2+(n_2-1)S_2^2}{n_1+n_2-2}\left(\frac{1}{n_1}+\frac{1}{n_2}\right)}$$

所以,$\mu_1-\mu_2$ 的置信水平为 $1-\alpha$ 的置信区间为

$$(\overline{X}-\overline{Y}-t_{\alpha/2}(n_1+n_2-2)S_w, \overline{X}-\overline{Y}+t_{\alpha/2}(n_1+n_2-2)S_w) \tag{7.16}$$

例 7.3.1 已知 X、Y 两种类型的材料，现对其强度(单位:N/cm^2)做对比试验，结果如下：

X 型:138,123,134,125.

Y 型:134,137,135,140,130,134.

X 型和 Y 型材料的强度分别服从正态分布，两方差相等但未知，求 $\mu_1-\mu_2$ 的置信区间($\alpha=0.05$).

解 记 $n_1=4, n_2=6$，同时经计算可知

$$\bar{x}=130, \quad \bar{y}=135, \quad S_1^2=51.3, \quad S_2^2=11.2$$

查 t 分布表可知 $t_{0.025}(8)=2.306$，代入公式

$$(\overline{X}-\overline{Y}-t_{\alpha/2}(n_1+n_2-2)S_w, \overline{X}-\overline{Y}+t_{\alpha/2}(n_1+n_2-2)S_w)$$

可得所求 $\mu_1-\mu_2$ 的置信水平为 95%的置信区间为(−12.62,2.62).

由于所得的置信区间包含零，在实际中可认为这两种材料的强度没有显著区别.

7.3.2 双正态总体方差比的区间估计

由假设及第 6 章的抽样分布理论可知

$$\frac{\frac{n_1-1}{\sigma_1^2}S_1^2/(n_1-1)}{\frac{n_2-1}{\sigma_2^2}S_2^2/(n_2-1)}=\frac{\sigma_2^2 S_1^2}{\sigma_1^2 S_2^2}\sim F(n_1-1, n_2-1)$$

对给定的 α，查 F 分布表，可得分位点 $F_{1-\alpha/2}(n_1-1, n_2-1)$ 和 $F_{\alpha/2}(n_1-1, n_2-1)$，使

$$P(F_{1-\alpha/2}(n_1-1, n_2-1)<F<F_{\alpha/2}(n_1-1, n_2-1))=1-\alpha$$

从而得到$\frac{\sigma_1^2}{\sigma_2^2}$的置信区间

$$\left(\frac{S_1^2/S_2^2}{F_{\alpha/2}(n_1-1, n_2-1)}, \frac{S_1^2/S_2^2}{F_{1-\alpha/2}(n_1-1, n_2-1)}\right) \tag{7.17}$$

例 7.3.2 某自动机床加工同类型螺帽，假设螺帽的直径服从正态分布，现从两个班次的产品中分别抽验 5 个螺帽，测定它们的直径(单位:cm)如下：

A 班:2.066,2.063,2.068,2.060,2.067.

B 班:2.058,2.057,2.063,2.059,2.060.

试求两班所加工的螺帽直径的方差比 σ_1^2/σ_2^2 的置信水平为 0.90 的置信区间.

解 由数据可得

$$n_1=n_2=5, \quad S_1^2=0.0000107, \quad S_2^2=0.000053$$

查 F 分布表可得

$$F_{0.05}(4,4)=6.39,\quad F_{0.95}(4,4)=\frac{1}{F_{0.05}(4,4)}=0.1565$$

所以方差比 σ_1^2/σ_2^2 的置信水平为 0.90 的置信区间为

$$\left(\frac{S_1^2/S_2^2}{F_{\alpha/2}(n_1-1,n_2-1)},\frac{S_1^2/S_2^2}{F_{1-\alpha/2}(n_1-1,n_2-1)}\right)=(0.0316,1.29)$$

由于所得的置信区间包含 1，在实际中可认为这两种螺帽的方差没有显著区别.

*7.3.3 单侧置信区间

在上述讨论中，对于未知参数 θ，给出了两个统计量 $\hat{\theta}_1$、$\hat{\theta}_2(\hat{\theta}_1\leqslant\hat{\theta}_2)$，并得到了 θ 的双侧置信区间 $(\hat{\theta}_1,\hat{\theta}_2)$. 但在某些实际问题中，例如对于电子元件的寿命来说，平均寿命长是人们所希望的，人们更关心的是平均寿命 θ 的下限. 与此相反，在考虑产品中杂质含量的均值 μ 时，人们希望的是越少越好，此时更关心参数 μ 的上限. 这就引出了单侧置信区间的概念.

对于给定值 $\alpha(0<\alpha<1)$，若由样本 $X_1,X_2,\cdots,X_n$ 确定的统计量

$$\underline{\theta}=\underline{\theta}(X_1,X_2,\cdots,X_n)$$

对于任意 $\theta\in\Theta$ 满足

$$P(\theta>\underline{\theta})\geqslant 1-\alpha \tag{7.18}$$

称随机区间 $(\underline{\theta},+\infty)$ 是 θ 的置信水平为 $1-\alpha$ 的单侧置信区间，$\underline{\theta}$ 称为 θ 的置信水平为 $1-\alpha$ 的单侧置信下限.

又若统计量 $\bar{\theta}=\bar{\theta}(X_1,X_2,\cdots,X_n)$，对于任意 $\theta\in\Theta$ 满足

$$P(\theta<\bar{\theta})\geqslant 1-\alpha \tag{7.19}$$

则称随机区间 $(-\infty,\bar{\theta})$ 是 θ 的置信水平为 $1-\alpha$ 的单侧置信区间，$\bar{\theta}$ 称为 θ 的置信水平为 $1-\alpha$ 的单侧置信上限. 以下仅讨论单个正态总体均值和方差的单侧区间估计.

1. 单个正态总体均值的单侧区间估计

已知正态总体 X，其中均值 μ 和方差 σ^2 均未知，设 $X_1,X_2,\cdots,X_n$ 为其一个样本，则由

$$\frac{\overline{X}-\mu}{S/\sqrt{n}}\sim t(n-1)$$

有

$$P\left(\frac{\overline{X}-\mu}{S/\sqrt{n}}<t_\alpha(n-1)\right)=1-\alpha$$

即

$$P\left(\mu>\overline{X}-\frac{S}{\sqrt{n}}t_\alpha(n-1)\right)=1-\alpha$$

于是得到 μ 的置信水平为 $1-\alpha$ 的单侧置信区间

$$\left(\overline{X}-\frac{S}{\sqrt{n}}t_\alpha(n-1),+\infty\right) \tag{7.20}$$

所以 μ 的置信水平为 $1-\alpha$ 的单侧置信下限为

$$\underline{\mu}=\overline{X}-\frac{S}{\sqrt{n}}t_{\alpha}(n-1) \tag{7.21}$$

2. 单个正态总体方差的单侧区间估计

由于随机变量

$$\chi^2=\frac{(n-1)S^2}{\sigma^2}\sim\chi^2(n-1)$$

有

$$P\left(\frac{(n-1)S^2}{\sigma^2}>\chi^2_{1-\alpha}(n-1)\right)=1-\alpha$$

即

$$P\left(\sigma^2<\frac{(n-1)S^2}{\chi^2_{1-\alpha}(n-1)}\right)=1-\alpha$$

于是得到 σ^2 的置信水平为 $1-\alpha$ 的单侧置信区间

$$\left(0,\frac{(n-1)S^2}{\chi^2_{1-\alpha}(n-1)}\right) \tag{7.22}$$

从而 σ^2 的置信水平为 $1-\alpha$ 的单侧置信上限为

$$\overline{\sigma}^2=\frac{(n-1)S^2}{\chi^2_{1-\alpha}(n-1)} \tag{7.23}$$

注 从以上分析可以看出，将双侧置信限的分位点下标 $\frac{\alpha}{2}$ 换成 α 就是单侧置信限.

例 7.3.3 从一批电子元件中随机抽取 6 个做寿命试验，其寿命(单位：h)如下：

1500 1505 1650 1600 1550 1525

设该电子元件寿命服从正态分布 $N(\mu,\sigma^2)$，求 μ 的置信水平为 95%的单侧置信下限.

解 已知 $n=6$，经计算得 $\bar{x}=1555$，$S=59.1608$，由于 $\alpha=0.05$，查表得 $t_{0.05}(5)=2.015$，则得 μ 的置信水平为 95%的单侧置信下限

$$\underline{\mu}=\overline{X}-\frac{S}{\sqrt{n}}t_{\alpha}(n-1)=1555-2.015\times\frac{59.1608}{\sqrt{6}}=1506.333$$

习 题 7.3

1. 随机地从甲批导线中抽取 4 根，并从乙批导线中抽取 5 根，测得其电阻(单位：Ω)如下：

甲批：0.143，0.142，0.143，0.137.

乙批：0.140，0.142，0.136，0.138，0.140.

设测试数据分别服从正态分布 $N(\mu_1,\sigma^2)$ 和 $N(\mu_2,\sigma^2)$，并且它们相互独立. 试求参数 $\mu_1-\mu_2$ 的置信水平为 0.95 的置信区间.

2. 有两位化验员 A、B 独立地对某种化合物的含氮量用同样的方法分别作 10 次和 11 次测定，测定的方差分别为：$S_1^2=0.5419$，$S_2^2=0.6065$. 设 A、B 两化验员测定值服从正态分布，其总体方差分别为 σ_1^2、σ_2^2，求方差比 σ_1^2/σ_2^2 的置信水平为 0.90 的置信区间.

3. 从汽车轮胎厂生产的某种轮胎中抽取 10 个样品进行磨损试验，直到轮胎磨坏为止，测得它们的行驶路程(单位：km)如下：

41250　41010　42650　38970　40200　42550　43500　40400　41870　39800

设汽车轮胎行驶路程服从正态分布 $N(\mu,\sigma^2)$，求：

(1) μ 的置信水平为 0.95 的单侧置信下限；

(2) σ 的置信水平为 0.95 的单侧置信上限.

综合练习 7

(一) 综合基础练习题

1. 填空题.

(1) 设总体 $X\sim N(\mu,\sigma^2)$，$X_1,X_2,\cdots,X_n$ 为来自总体 X 的样本.

① 如果 σ^2 已知、μ 未知，则 μ 的矩估计量 $\hat{\mu}=$______________.

② 如果 μ 已知、σ^2 未知，则 σ^2 的矩估计量 $\hat{\sigma}^2=$______________.

③ 如果 μ、σ^2 都未知，则 μ 的矩估计量 $\hat{\mu}=$______，σ^2 的矩估计量 $\hat{\sigma}^2=$______.

(2) 设总体 $X\sim B(1,p)$，1，1，1，0 为来自总体 X 的一个样本观察值，则 $D(X^2)$ 的矩估计值为______.

(3) 设轴承内环锻压零件的长度(单位：mm) $X\sim N(\mu,0.4^2)$，现抽了 20 只环，测得其长度的算术平均值 $\overline{X}=32.3$，则内环长度的置信水平为 95% 的置信区间为______.

2. 选择题.

(1) 无论 σ^2 是否已知，正态总体均值 μ 的置信区间的中心都是(　　).

A. μ　　B. σ^2　　C. $\overline{X}$　　D. S^2

(2) 当 σ^2 未知时，正态总体均值 μ 的置信水平为 $1-\alpha$ 的置信区间的长度是 S 的(　　)倍.

A. $2t_\alpha(n)$　　B. $\dfrac{2}{\sqrt{n}}t_{\alpha/2}(n-1)$　　C. $\dfrac{S}{\sqrt{n}}t_{\alpha/2}(n-1)$　　D. $\dfrac{S}{\sqrt{n-1}}$

(3) 设总体 $X\sim N(\mu,\sigma^2)$，其中 σ^2 已知，则对于给定的样本，总体平均值的置信区间的长度 L 与置信水平 $1-\alpha$ 的关系是(　　).

A. 当 $1-\alpha$ 变小时，L 变长　　B. 当 $1-\alpha$ 变小时，L 变短

C. 当 $1-\alpha$ 变小时，L 不长　　D. 以上说法都不对

(4) 设总体 X 的数学期望为 μ，方差为 σ^2，其中 $\mu\neq0$，$\sigma>0$. X_1,X_2,X_3 为样本，

则下列统计量中，(　　)为 μ 的无偏估计，且方差最小.

A. $\frac{1}{2}X_1+\frac{1}{3}X_2+\frac{1}{6}X_3$　　B. $\frac{1}{3}X_1+\frac{1}{3}X_2+\frac{1}{3}X_3$

C. $\frac{1}{5}X_1+\frac{2}{5}X_2+\frac{2}{5}X_3$　　D. $\frac{1}{7}X_1+\frac{2}{7}X_2+\frac{3}{7}X_3$

3. 设总体 X 服从二项分布 $B(n,p)$，n 已知，$X_1,X_2,\cdots,X_n$ 为来自 X 的样本，求参数 p 的矩估计量.

4. 设总体 X 的概率密度

$$f(x,\theta)=\begin{cases}\frac{2}{\theta^2}(\theta-x) & 0<x<\theta\\ 0 & \text{其他}\end{cases}$$

$X_1,X_2,\cdots,X_n$ 为其样本，试求参数 θ 的矩估计量.

5. 设总体 X 的概率密度为 $f(x,\theta)=\begin{cases}(\theta+1)x^{\theta} & 0<x<1\\ 0 & \text{其他}\end{cases}$ $(\theta>-1)$，试由样本 $X_1,X_2,\cdots,X_n$ 来求 θ 的矩估计量和极大似然估计量.

6. 设 X_1、X_2 是从正态总体 $N(\mu,\sigma^2)$ 中抽取的样本

$$\hat{\mu}_1=\frac{2}{3}X_1+\frac{1}{3}X_2,\quad \hat{\mu}_2=\frac{1}{4}X_1+\frac{3}{4}X_2,\quad \hat{\mu}_3=\frac{1}{2}X_1+\frac{1}{2}X_2$$

试证 $\hat{\mu}_1$、$\hat{\mu}_2$、$\hat{\mu}_3$ 都是 μ 的无偏估计量，并求出每一估计量的方差.

7. 为了得到某种新型材料的抗压力的资料，对 10 个实验品做压力试验，得到数据(单位：1000 N/cm^2)如下：

49.3　48.6　47.5　48.0　51.2　45.6　47.7　49.5　46.0　50.6

若试验数据服从正态分布，试以 95%的置信水平估计：(1) 该材料平均抗压力的区间；(2) 该材料抗压力方差的区间.

8. 某车间生产滚珠，已知其直径(单位：mm) $X\sim N(\mu,\sigma^2)$，现从某一天生产的产品中随机地抽出 6 个，测得直径如下：

14.6　15.1　14.9　14.8　15.2　15.1

试求滚珠直径 X 的均值 μ 的置信水平为 95%的置信区间.

9. 某种钢丝的折断力服从正态分布，今从一批钢丝中任取 10 根，试验其折断力，得数据如下：

572　570　578　568　596

576　584　572　580　566

试求方差 σ^2 的置信水平为 0.9 的置信区间.

10. 总体 $X\sim N(\mu,\sigma^2)$，σ^2 已知，问需抽取容量(n)多大的样本，才能使 μ 的置信水平为 $1-\alpha$，且置信区间的长度不大于 L?

(二) 综合提高练习题

1. 选择题.

(1) 某电子元件的寿命服从参数 λ 的指数分布(单位:h),λ 未知,从中任取 12 只进行检测,结果有 4 只电子元件的寿命不超过 1 h,则 λ 的极大似然估计值 $\hat{\lambda}$ =(　　).

A. $\ln 3$　　B. $\ln 2$　　C. $\ln\frac{3}{2}$　　D. $\frac{1}{2}\ln\frac{3}{2}$

(2) 设 $X_1, X_2, \cdots, X_n$ 是来自总体 X 的简单随机样本,X 的分布律为 $\begin{pmatrix} X & -1 & 0 & 1 \\ P & \theta & 1-2\theta & \theta \end{pmatrix}$,$0<\theta<\frac{1}{2}$,则未知参数 θ 的矩估计量 $\hat{\theta}$ 为(　　).

A. $\frac{1}{n}\sum_{i=1}^{n} X_i$　　B. $\frac{1}{n}\sum_{i=1}^{n} X_i^2$　　C. $\frac{1}{2n}\sum_{i=1}^{n} X_i$　　D. $\frac{1}{2n}\sum_{i=1}^{n} X_i^2$

(3) 设总体的概率密度为 $f(x,\sigma)=\frac{1}{2\sigma}e^{-\frac{|x|}{\sigma}}$,$-\infty<x<+\infty$,其中 $\sigma\in(0,+\infty)$ 为未知参数,$X_1, X_2, \cdots, X_n$ 是来自总体 X 的简单随机样本,则 σ 的极大似然估计量 $\hat{\sigma}$ 为(　　).

A. $\overline{X}$　　B. $\frac{1}{n}\sum_{i=1}^{n}|X_i|$　　C. S　　D. $\frac{1}{n}\sum_{i=1}^{n}(X_i-\overline{X})^2$

(4) 假设总体 X 的方差 $D(X)$ 存在,$X_1, X_2, \cdots, X_n$ 是来自总体 X 的简单随机样本,其均值为 $\overline{X}$,方差为 S^2,则 $E(X^2)$ 的矩估计量为(　　).

A. $S^2+\overline{X}^2$　B. $(n-1)S^2+\overline{X}^2$　C. $nS^2+\overline{X}^2$　D. $\frac{n-1}{n}S^2+\overline{X}^2$

(5) 总体均值 μ 置信度为 95% 的置信区间为 $(\hat{\theta}_1, \hat{\theta}_2)$,其含意是(　　).

A. 总体均值 μ 的真值以 95% 的概率落入区间 $(\hat{\theta}_1, \hat{\theta}_2)$

B. 样本均值 $\overline{X}$ 以 95% 的概率落入区间 $(\hat{\theta}_1, \hat{\theta}_2)$

C. 区间 $(\hat{\theta}_1, \hat{\theta}_2)$ 含总体均值 μ 的真值的概率为 95%

D. 区间 $(\hat{\theta}_1, \hat{\theta}_2)$ 含样本均值 $\overline{X}$ 的概率为 95%

2. 填空题.

(1) 设 $X_1, X_2, \cdots, X_n$ 是来自区间 $[-a, a]$ 上均匀分布的总体 X 的简单随机样本,则参数 a 的矩估计量为________________.

(2) 设 $X_1, X_2, \cdots, X_n$ 是来自总体 X 的简单随机样本,X 的概率密度为 $f(x)=\frac{1}{2\lambda}e^{-\frac{|x|}{\lambda}}$,$x\in\mathbf{R}$,$\lambda>0$,则 λ 的最大似然估计量 $\hat{\lambda}=$________________.

3. 设 $X_1, X_2, \cdots, X_n$ 是取自总体 X 的样本,$E(X)=\mu$,$D(X)=\sigma^2$,$\hat{\sigma}^2=k\sum_{i=1}^{n-1}(X_{i+1}-X_i)^2$,问 k 为何值时 $\hat{\sigma}^2$ 为 σ^2 的无偏估计.

4. 设总体 X 的概率密度为 $f(x;\theta)=\begin{cases}\theta & 0<x<1\\ 1-\theta & 1\leqslant x<2\\ 0 & 其他\end{cases}$,其中 θ 是未知参数($0<\theta<1$),$X_1,X_2,\cdots,X_n$ 为来自总体 X 的简单随机样本,记 N 为样本值 $x_1,x_2,\cdots,x_n$ 中小于 1 的个数,求 θ 的最大似然估计.

5. 设 $X_1,X_2,\cdots,X_n$ 是来自总体 $N(\mu,\sigma^2)$的简单随机样本,记 $\overline{X}=\frac{1}{n}\sum\limits_{i=1}^{n}X_i$,$S^2=\frac{1}{n-1}\sum\limits_{i=1}^{n}(X_i,\overline{X})^2$,$T=\overline{X}^2-\frac{1}{n}S^2$.

(1) 证明 T 是 μ^2 的无偏估计量;(2) 当 $\mu=0,\sigma=1$ 时,求 $D(T)$.

6. (2014.1)设总体 X 的分布函数为 $F(x,\theta)=\begin{cases}1-\mathrm{e}^{-\frac{x^2}{\theta}} & x\geqslant 0\\ 0 & x<0\end{cases}$,其中 θ 为未知的大于零的参数,$X_1,X_2,\cdots,X_n$ 是来自总体的简单随机样本.

(1) 求 $E(X),E(X^2)$;(2) 求 θ 的极大似然估计量;(3) 是否存在常数 a,使得对任意的 $\varepsilon>0$ 都有 $\lim\limits_{n\to\infty}P(|\hat{\theta}_n-a|\geqslant\varepsilon\}=0$.

7. (2007.3)设总体 X 的概率密度为 $f(x;\theta)=\begin{cases}\frac{1}{2\theta} & 0<x<\theta\\ \frac{1}{2(1-\theta)} & \theta\leqslant x<1\\ 0 & 其他\end{cases}$,$\theta\leqslant x<1$,其中参数 $\theta(0<\theta<1)$未知,$X_1,X_2,\cdots,X_n$ 是来自总体 X 的简单随机样本,$\overline{X}$ 是样本均值.

(1) 求参数 θ 的矩估计量 $\hat{\theta}$;(2) 判断 $4\overline{X}^2$ 是否为 θ^2 的无偏估计量,并说明理由.

8. (2004.3)设随机变量 X 的分布函数为 $F(x,\alpha,\beta)=\begin{cases}1-\left(\frac{\alpha}{x}\right)^{\beta} & x>\alpha\\ 0 & x\leqslant\alpha\end{cases}$,其中参数 $\alpha>0,\beta>1$. 设 $X_1,X_2,\cdots,X_n$ 为来自总体 X 的简单随机样本.

(1) 当 $\alpha=1$ 时,求未知参数 β 的矩估计量;(2) 当 $\alpha=1$ 时,求未知参数 β 的最大似然估计量;(3) 当 $\beta=2$ 时,求未知参数 α 的最大似然估计量.

9. (2003.1) 设总体 X 的概率密度为 $f(x)=\begin{cases}2\mathrm{e}^{-2(x-\theta)} & x>\theta\\ 0 & x\leqslant\theta\end{cases}$,其中 $\theta>0$ 是未知参数. 从总体 X 中抽取简单随机样本 $X_1,X_2,\cdots,X_n$,记 $\hat{\theta}=\min(X_1,X_2,\cdots,X_n)$.

(1) 求总体 X 的分布函数 $F(x)$;(2) 求统计量 $\hat{\theta}$ 的分布函数 $F_{\hat{\theta}}(x)$;(3) 如果用 $\hat{\theta}$ 作为 θ 的估计量,讨论它是否具有无偏性.

10. 设袋中有编号为 $1\sim N$ 的 N 张卡片,其中 N 未知,现从中每次任取一张,有

放回地取 n 次,所取号码依次为 $X_1,X_2,\cdots,X_n$.

(1) 求 N 的矩估计量 $\hat{N}_M$,并计算概率 $P(\hat{N}_M=1)$;

(2) 求 N 的极大似然估计量 $\hat{N}_L$,并求 $\hat{N}_L$ 的分布律.

11. 设随机变量(某产品指标 X 的密度为 $f(x)=\dfrac{1}{2}\mathrm{e}^{-|x-\mu|}$, $x\in\mathbf{R}$,其中 μ 为未知参数,现从该产品中随机抽取 3 个,测得其该项指标值为 1028,968,1007.

(1) 用矩估计法求 μ 的估计;(2) 用极大似然估计法求 μ 的估计.

科学家传记(七)

参考答案(七)

第 8 章　假设检验

统计推断中的另一类重要问题是假设检验(hypothesis testing). 当总体的分布函数未知,或只知其形式而不知道它的参数的情况时,常需要判断总体是否具有我们所感兴趣的某些特性. 这样,就先提出某些关于总体分布或关于总体参数的假设,然后根据样本对所提出的假设作出判断:是接受还是拒绝. 这就是本章所要讨论的假设检验问题.

假设检验是由 K. 皮尔逊(K. Pearson)于 20 世纪初提出的,之后由费希尔进行了细化,最终由奈曼(Neyman)和 E. 皮尔逊(E. Pearson)提出了较完善的假设检验理论.

【思政目标】

(1) 精通科学原理,塑造正确价值观念.

(2) 在科学研究上要做到对实验结果进行合理、公正、无选择性地分析,并作出客观判断,养成用数据说话的习惯和实事求是的科学态度.

8.1　假设检验的概念

8.1.1　假设检验的基本思想

假设检验的基本思想是先假设总体具有某种特征(例如总体的参数为多少),然后再通过对样本的加工,即构造统计量,推断出假设的结论是否合理. 从纯粹逻辑上考虑,似乎对参数的估计与对参数的检验不应有实质性的差别,犹如“求某方程的根”与“验证某数是否是某方程的根”这两个问题不会得出矛盾的结论一样. 但从统计的角度看估计和检验,这两种统计推断是不同的,它们不是简单的“计算”和“验算”的关系. 假设检验有它独特的统计思想,也就是说引入假设检验是完全必要的. 现在考虑下面的例子.

例 8.1.1　某厂家向一百货商店长期供应某种货物,双方根据厂家的传统生产水平,定出质量标准,即若次品率超过 1%,则百货商店拒收该批货物. 今有一批货物 200 件,随机抽 5 件检验,发现其中有次品,问应如何处理这批货物?

分析　如果 $p\leqslant 0.01$ 成立,看看会推出什么结果,再从概率的角度考察与抽样的结果是否一致，如果不一致，则拒绝这个假设，否则不能拒绝这个假设.

现在，先假设 $p \leqslant 0.01$ 成立，则 200 件货物中最多有 2 件次品，在此情况下再计算任取 5 件中有次品的概率.

（1）当 200 件货物中有 2 件次品时

$$P(\text{有次品}) = 1 - P(\text{无次品}) = 1 - \frac{C_{198}^{5}}{C_{200}^{5}} = 0.0495$$

（2）当 200 件货物中有 1 件次品时

$$P(\text{有次品}) = 1 - P(\text{无次品}) = 1 - \frac{C_{199}^{5}}{C_{200}^{5}} = 0.025$$

（3）当 200 件货物中有 0 件次品时

$$P(\text{有次品}) = 1 - P(\text{无次品}) = 1 - \frac{C_{200}^{5}}{C_{200}^{5}} = 0$$

计算结果表明，在假设 $p \leqslant 0.01$ 的情况下，任取 5 件货物有次品的概率不超过 5%，即平均在 100 次这样的试验中，最多有 5 次会出现次品. 因此在一次试验中一般不会出现这种情况，而这种比较罕见或者不合理的情况发生的根源就在于假设“$p \leqslant 0.01$”是令人难以接受的，从而可以作出这批货物不合格，即百货商店应该拒收该批货物.

上面的推理有以下两个特点.

第一是用了反证法. 为了判断一个“断言”是否成立，先假设该“断言”成立，然后分析由此会产生什么后果，如果导致了一个不合理的现象出现，就表明该“断言”不成立. 我们称假设“断言”成立为原假设(null hypothesis)，记为 H_0；与之对应的“断言”称为备选假设(alternative hypothesis)或对立假设(opposite hypothesis)，记为 H_1.

值得注意的是，在原假设为真的前提下没有导致不合理的现象出现，并不说明原假设是正确的. 尽管有时在结论中说“接受”原假设，但其实这是因为没有足够理由拒绝而无可奈何地接受原假设，因此，更恰当的说法应该是：认为原假设与实际情况没有显著的差异.

第二是用了小概率事件原理[32]. 前面所说的“不合理”现象并非逻辑上的错误，而是违背了称之为小概率事件原理，即小概率事件在一次试验中几乎是不会发生的.

这一原则虽然在逻辑上不严谨，但人们在实践中常常不自觉地应用. 比如，在一个晴朗的早上，人们出门都不会带雨伞，这说明人们认为今天不会下雨，而这种“认为”并不是说绝对不可能下雨，而是说下雨的可能性很小. 这里要说明一点的是，究竟

---

[32] 小概率事件原理是概率论中的一个基本而又有实际意义的原理. 该原理的产生、发展及应用都体现了数学思想与数学教育思想，一些微不足道的小事，只要坚持下去就会产生不可思议的结果. 在平时的学习、生活中要善于把握住每一次机遇，以积极主动的心态去应对每一件事情. 同时，在面对负面小概率事件时，要有清醒的认识，要防微杜渐，发现潜在危险就一定要及时处理，防止小概率事件转化为大概率事件.

多大概率为小概率事件？在一个问题中，通常是指定一个正数 α $(0<\alpha<1)$，认为概率不超过 α 的事件是在一次试验中不会发生的事件，这个 α 称为显著性水平(level of significance)，也就是衡量原假设与实际情况的差异是否显著的标准. 对于实际问题应根据不同的需要和侧重，指定不同的显著性水平. 但为了制表方便，通常可选取 $\alpha=0.01,0.05,0.10$ 等.

假设检验也可分为参数检验(parametric test)和非参数检验(nonparametric test). 当总体分布形式已知时，只对某些参数作出假设，进而作出的检验称为参数检验，那么，对其他假设作出的检验就称为非参数检验，本章主要讨论参数假设检验.

8.1.2 假设检验的基本步骤

无论是参数检验还是非参数检验，其原理和步骤都有共同的地方，将通过下面的例子来阐述假设检验的一般原理和步骤.

例 8.1.2 据报载，某商店为搞促销，对购买一定数额商品的顾客给予一次摸球中奖的机会，规定从装有红、绿两色球各 10 个的暗箱中连续摸 10 次(摸后放回)，若 10 次都是摸得绿球，则中大奖. 某人按规则去摸 10 次，皆为绿球，商店认定此人作弊，拒付大奖，此人不服，最后引出官司.

在此并不关心此人是否真正作弊，也不关心官司的最后结果，但从统计的观点看，商店的怀疑是有道理的. 因为，如果此人摸球完全是随机的，则要正好在 10 次摸球中均摸到绿球的概率为 $\left(\frac{1}{2}\right)^{10}=\frac{1}{1024}$，这是一个很小的数，一个统计的基本原理是在一次试验中所发生的事件不应该是小概率事件. 现在既然这样小概率的事件发生了，就应当推测出此人摸球不是随机的，换句话说有作弊之嫌.

上述的这一推断，实际上就是假设检验的全部过程. 它一般包含了这么几步：① 提出假设；② 抽样，并对样本进行加工(构造统计量)；③ 定出一个合理性界限；④ 得出假设是否合理的结论. 为了便于操作，将结合该例，把这一过程表述得更加形式化一点.

下面用假设检验的语言来模拟商店的推断.

(1) 提出假设.

H_0：此人未作弊.

H_1：此人作弊.

(2) 构造统计量，并由样本算出其具体值.

统计量取为 10 次摸球中摸中绿球的个数 N. 由抽样结果算出 $N=10$.

(3) 求出在 H_0 下统计量 N 的分布，构造对 H_0 不利的小概率事件.

易知，在 H_0 下，如果此人是完全随机地摸球，统计量 N 服从二项分布 $B(10,$

1/2)，其分布律为 $p_k=C_{10}^k\left(\frac{1}{2}\right)^{10}$，$k=0,1,2,\cdots,10$，那么此人摸到的绿球数应该在平均数 5 个附近，所以对 H_0 不利的小概率事件是{绿球数 N 大于某个较大的数，或小于某个较小的数}. 在此问题中，若此 H_0 不成立，即此人作弊，就不可能故意少摸绿球，因此只需考虑事件{N 大于某个较大的数}，这个数常称为临界值，即某个分位数.

(4) 给定显著性水平 α ($\alpha=0.01$)，确定临界值.

取一数 $n(\alpha)$ 使得 $P(N>n(\alpha))=\alpha$. 由于 $\alpha=0.01$，由分布律算出：

$$p_{10}=1/1024\approx 0.001,\quad p_9=10/1024\approx 0.01,\quad p_9+p_{10}\approx 0.011$$

对于这种离散型概率分布，不一定能取到 $n(\alpha)$. 取最接近的 n，使 H_0 成立时的 $P(N>n)\leqslant\alpha$，因此 $n=9$，即该小概率事件是{$N>9$}.

(5) 得出结论.

由于抽中绿球数 $N=10$，即{$N>9$}发生了，而{$N>9$}被视为对 H_0 不利的小概率事件，它在一次试验中是不应该发生的，现在{$N>9$}居然发生了，那么只能认为 H_0 是不成立的，即此人作弊成立.

这一推断过程也是假设检验的一般步骤. 在这些步骤中，关键的技术问题是确定一个适当的用以检验假设的统计量. 这个统计量至少应该满足在 H_0 成立的情况下，其抽样分布易于计算(查到). 当然还应该尽量满足一些优良性条件，特别是在参数检验中.

结合例 8.1.2，根据前面所述的反证法及小概率原则，将假设检验的一般步骤归纳如下.

(1) 根据实际问题提出原假设 H_0 和备择假设 H_1.

(2) 根据检验对象，构造检验统计量 $T(X_1,X_2,\cdots,X_n)$，使 H_0 为真时，检验统计量 $T(X_1,X_2,\cdots,X_n)$ 有确定的分布.

(3) 由给定的显著性水平 α，确定 H_0 的拒绝域 W，使

$$P(T\in W)=\alpha$$

(4) 由样本观测值计算统计量观测值 t.

(5) 作出判断：当 $t\in W$ 时拒绝 H_0，否则不拒绝 H_0，即认为在显著性水平 α 下，H_0 与实际情况的差异不显著.

步骤(3)中的拒绝域常表现为临界值的形式，如：$W=\{T>\lambda\}$，$W=\{T<\lambda\}$，$W=\{|T|>\lambda\}$等.

关于原假设和备择假设的建立，做出如下补充说明.

(1) 原假设和备择假设是一个完备事件组，而且相互对立. 这意味着，在一项假设检验中，原假设和备择假设必有一个成立，且只有一个成立.

(2) 在建立假设时，通常是先确定备择假设，然后确定原假设. 这样做的原因是

备择假设往往是我们所关心的,是想予以支持或证实的,因而比较清楚,容易确定.

(3) 在假设检验中,等号"="总是放在原假设上.

(4) 尽管已经给出了原假设和备择假设的定义,依据这样的定义通常就能确定两个假设的内容,但它们在本质上是带有一定的主观色彩的,因为所谓的"研究者想搜集证据予以支持的假设"和"研究者想搜集证据予以反对的假设"显然最终仍取决于研究者本人的意愿和立场.所以,在面对某一实际问题时,由于不同的研究者有不同的立场和目的,即使对同一问题也可能提出截然相反的原假设和备择假设,这是十分正常的,也不违背关于原假设和备择假设的最初定义.无论怎样确定假设的形式,只要它们符合研究者的最终目的,便是合理的.

(5) 拒绝域的形式是由 H_1 确定的.

8.1.3 假设检验的两类错误[33]

在例 8.1.1 中,当拒绝原假设"$p\leqslant 0.01$"时,并不能保证结论百分之百正确,即存在"犯错误"的可能性.这是由于:一方面,抽样具有随机性;另一方面,小概率事件不是不可能发生,只是犯这类错误的可能性很小,即不超过 α.这类错误称为第一类错误,即原假设为真时,却放弃了原假设,简称"弃真错误".同时,也可能犯另一类错误,即原假设为假,却接受了原假设,简称"存伪错误",有时也称第二类错误,第二类错误的概率通常用 β 表示.

在试验中,当然希望两类错误都尽可能小,但对一定样本容量 n 来说,一般情况下,α 小则 β 大,β 小则 α 大,两者之间的关系就像跷跷板似的,不能同时做到两者都非常小.使 α 和 β 同时减小的唯一办法就是增加样本容量.在实际操作中,通常是控制犯第一类错误的概率不超过某个事先指定的显著性水平 α $(0<\alpha<1)$,而使犯第二类错误的概率也尽可能地小.具体实行这个原则会有许多困难,因而有时把这个原则简化成只要求犯第一类错误的概率等于 α,称这类假设检验问题为显著性检验问题,相应的检验为显著性检验.

8.1.4 参数假设检验与区间估计的关系

参数假设检验的关键是要找一个确定性的区域(拒绝域)$W\subset\mathbf{R}^n$,使得当 H_0 成立时,事件$\{(X_1,X_2,\cdots,X_n)\}\in W$ 是一个小概率事件,一旦抽样结果使小概率事件发生,就否定原假设 H_0.

参数的区间估计则是找一个随机区间 I,使 I 包含待估参数 θ 是一个大概率

---

[33] 两类错误不能完全避免,因此,应正确对待每一次实验,既不能轻信也不能盲从,多用实验数据说话,尽可能降低犯错的概率.

事件.

对这两类问题,都是利用样本对参数作出判断:一个是由小概率事件否定参数 θ 属于某范围,另一个则是依大概率事件确信某区域包含参数 θ 的真值. 两者在本质上是一样的,一类问题的解决将导致另一类问题的解决.

如设总体 $X \sim N(\mu, \sigma^2)$,σ 已知,给定容量为 n 的样本,样本均值为 $\bar{x}$,则参数 μ 的置信水平为 $1-\alpha$ 的置信区间为 $\left(\bar{x} \pm \frac{\sigma}{\sqrt{n}} z_{\frac{\alpha}{2}}\right)$. 假设检验问题 $H_0: \mu = \mu_0, H_1: \mu \neq \mu_0$ 的拒绝域为 $|\bar{x} - \mu_0| \geqslant \frac{\sigma}{\sqrt{n}} z_{\frac{\alpha}{2}}$,接受域为 $|\bar{x} - \mu_0| < \frac{\sigma}{\sqrt{n}} z_{\frac{\alpha}{2}}$,也就是说,当 $\mu_0 \in \left(\bar{x} \pm \frac{\sigma}{\sqrt{n}} z_{\frac{\alpha}{2}}\right)$时,接受 $H_0: \mu = \mu_0$,即 μ 在区间 $\left(\bar{x} \pm \frac{\sigma}{\sqrt{n}} z_{\frac{\alpha}{2}}\right)$内,而此区间正好是参数 μ 的置信水平为 $1-\alpha$ 的置信区间. 从以上的分析可以看出,两者在本质上是殊途同归的.

习　题　8.1

(一) 基础练习题

1. 填空题.

(1) 假设检验所依据的原则是______在一次试验中是不应该发生的.

(2) 任何检验方法都免不了犯错误,显著性水平 α 就是犯______错误的概率(上界).

2. 选择题.

(1) 设 α 和 β 分别为假设检验中犯第一类错误和犯第二类错误的概率,那么增大样本容量 n 可以(　　).

A. 减小 α,但增大 β　　B. 减小 β,但增大 α

C. 同时减小 α 和 β　　D. 同时使 α 和 β 增大

(2) 对显著性水平 α 的检验结果而言,犯第一类错误的概率 P(拒绝 $H_0 | H_0$ 为真)(　　).

A. $\neq \alpha$　　B. $=1-\alpha$　　C. $>\alpha$　　D. $\leqslant \alpha$

(3) 在假设检验中,原假设为 H_0,备择假设为 H_1,则(　　).

A. 检验结果为接受 H_0 时,只可能犯第一类错误

B. 检验结果为接受 H_0 时,既可能犯第一类错误,也可能犯第二类错误

C. 检验结果为拒绝 H_0 时,只可能犯第一类错误

D. 检验结果为拒绝 H_0 时,既可能犯第一类错误,也可能犯第二类错误

(4) 假设检验时,如果在显著性水平 0.05 下接受原假设 H_0,那么在显著性水平 0.01 下,下列结论中正确的是(　　).

A. 必接受 H_0 B. 可能接受,也可能拒绝 H_0

C. 必拒绝 H_0 D. 不接受,也不拒绝 H_0

(5) 在假设检验中,如果待检验的原假设为 H_0,那么犯第二类错误是(　　).

A. H_0 成立,接受 H_0 B. H_0 不成立,接受 H_0

C. H_0 成立,拒绝 H_0 D. H_0 不成立,拒绝 H_0

(二) 提高练习题

1. (2021.1)设 $X_1,X_2,\cdots,X_{16}$ 是来自总体 $N(\mu,4)$ 的简单随机样本,考虑假设检验问题:$H_0:\mu\leqslant 10,H_1:\mu>10$, $\Phi(x)$ 表示标准正态分布函数,若该检验问题的拒绝域为 $W=\{\overline{X}>11\}$,其中 $\overline{X}=\frac{1}{16}\sum_{i=1}^{16}X_i$,则 $\mu=11.5$ 时,该检验犯第二类错误的概率为(　　).

A. $1-\Phi(0.5)$ B. $1-\Phi(1)$ C. $1-\Phi(1.5)$ D. $1-\Phi(2)$

2. (2018.1)设总体 X 服从正态分布 $N(\mu,\sigma^2)$,$X_1,X_2,\cdots,X_n$ 是来自总体 X 的简单随机样本,据此样本检验假设 $H_0:\mu=\mu_0,H_1:\mu\neq\mu_0$,则(　　).

A. 如果在检验水平 $\alpha=0.05$ 下拒绝 H_0,那么在检验水平 $\alpha=0.01$ 下必拒绝 H_0

B. 如果在检验水平 $\alpha=0.05$ 下拒绝 H_0,那么在检验水平 $\alpha=0.01$ 下必接受 H_0

C. 如果在检验水平 $\alpha=0.05$ 下接受 H_0,那么在检验水平 $\alpha=0.01$ 下必拒绝 H_0

D. 如果在检验水平 $\alpha=0.05$ 下接受 H_0,那么在检验水平 $\alpha=0.01$ 下必接受 H_0

3. 设 $X_1,X_2,\cdots,X_{36}$ 是来自正态总体 $N(\mu,0.04)$ 的简单随机样本,其中 μ 未知,记 $\overline{X}=\frac{1}{36}\sum_{i=1}^{36}X_i$,如果对检验问题 $H_0:\mu\leqslant 0.5,H_1:\mu>0.5$,在显著水平 $a=0.05$ 时,取检验拒绝域 $D=\{(x_1,x_2,\cdots,x_{36}):\bar{x}>C\}$,则 $C=$ ______. ($\Phi(1.645)=0.95$)

4. (1995.4)设 $X_1,X_2,\cdots,X_n$ 是来自正态总体 $N(\mu,\sigma^2)$ 的简单随机样本,其中参数 μ 和 σ^2 未知. 记 $\overline{X}=\frac{1}{n}\sum_{i=1}^{n}x_i,Q^2=\sum_{i=1}^{n}(X_i-\overline{X})^2$,则假设 $H_0:\mu=0$ 的 t 检验使用统计量 $t=$ ______.

8.2 正态总体的均值假设检验

本节讨论有关正态总体均值的假设检验问题. 从本节将看到:构造合适的检验统计量并确定其概率分布是解决检验问题的关键. 若检验统计量服从标准正态分布、χ^2 分布、t 分布、F 分布,则所得到的相应检验法称为 Z 检验、t 检验、χ^2 检验,F 检验.

8.2.1　Z 检验

Z 检验(Z test)是在方差已知的情况下,对期望的检验.

1. 单正态总体的均值检验

设 $X_1,X_2,\cdots,X_n$ 为来自正态总体 $N(\mu,\sigma^2)$ 的一个样本,σ^2 已知,现对 μ 提出假设:

$$H_0:\mu=\mu_0,\quad H_1:\mu\neq\mu_0$$

由于样本均值 $\overline{X}$ 是 μ 的优良估计,因此以 $\overline{X}$ 为核心来构造检验统计量. 由抽样分布理论可知,当 H_0 为真时,$Z=\dfrac{\overline{X}-\mu_0}{\sigma/\sqrt{n}}\sim N(0,1)$.

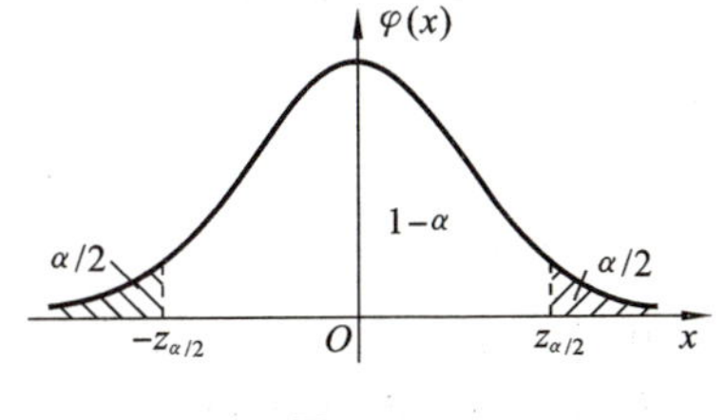

图 8-1

从图 8-1 可以看出,对给定的显著性水平 α,有

$$P(|Z|>z_{\alpha/2})=\alpha$$

所以 H_0 为真时的拒绝域为

$$|Z|=\left|\frac{\overline{X}-\mu_0}{\sigma/\sqrt{n}}\right|>z_{\alpha/2}\qquad(8.1)$$

注　当总体的方差未知,但样本容量 $n\geqslant30$ 时,可将上述检验统计量中的总体标准差 σ 换为样本标准差 S.

例 8.2.1　一台包装机包装白糖,额定标准重量为 500 g,根据以往经验,包装机的实际装袋重量服从正态分布 $N(\mu,\sigma_0^2)$,其中 $\sigma_0=12$,为检验包装机工作是否正常,随机抽取 9 袋,称得白糖净重(单位:g)如下:

498　505　519　514　490　515　505　510　512

若取显著性水平 $\alpha=0.05$,问这台包装机工作是否正常?

分析　所谓包装机工作正常,即包装机包装白糖重量的期望值应为额定标准重量 500 g,多装了厂家要亏损,少装了损害消费者利益. 因此要检验包装机工作是否正常,用参数表示就是 $\mu=500$ 是否成立.

首先,根据以往的经验认为,在没有特殊情况下,包装机工作应该是正常的,由此提出原假设和备选假设:

$$H_0:\mu=500,\quad H_1:\mu\neq500$$

然后,对给定的显著性水平 $\alpha=0.05$,构造统计量和小概率事件来进行检验.

由于总体服从 $N(\mu,\sigma_0^2)$,σ_0^2 已知,则可构造统计量 $Z=\dfrac{\overline{X}-\mu_0}{\sigma_0/\sqrt{n}}$,即用 Z 检验法.

解　(1) 提出假设:

$$H_0:\mu=500,\quad H_1:\mu\neq500$$

(2) 构造统计量.

用统计量

$$Z=\frac{\overline{X}-\mu_0}{\sigma_0/\sqrt{n}}$$

计算其具体值：

$$z=\frac{\frac{1}{9}(498+505+519+514+490+515+505+510+512)-500}{12/\sqrt{9}}=1.8889$$

(3) 确定拒绝域.

当给定显著性水平 $\alpha=0.05$,查出临界值 $-z_{\frac{\alpha}{2}}=-1.96$, $z_{\frac{\alpha}{2}}=1.96$. 即得拒绝域为

$$W=\{|z|>z_{\frac{\alpha}{2}}=1.96\}$$

(4) 得出结论.

由于已算出的 $z=1.8889$,其绝对值小于 1.96,样本点在否定域 W 之外,即小概率事件未发生,故接受 H_0,亦即认为包装机工作正常.

2. 双正态总体的均值检验

设总体 $X\sim N(\mu_1,\sigma_1^2)$, $Y\sim N(\mu_2,\sigma_2^2)$, X 与 Y 相互独立, σ_1^2、σ_2^2 已知,样本容量分别为 n_1、n_2, $\overline{X}$、$\overline{Y}$ 分别表示其样本均值,对 μ_1 和 μ_2 提出假设:

$$H_0:\mu_1=\mu_2,\quad H_1:\mu_1\neq\mu_2$$

原假设等价于 $\mu_1-\mu_2=0$,所以用 $\overline{X}-\overline{Y}$ 作为检验统计量的核心. 由于 $\overline{X}\sim N\left(\mu_1,\frac{\sigma_1^2}{n_1}\right)$, $\overline{Y}\sim N\left(\mu_2,\frac{\sigma_2^2}{n_2}\right)$,且 $\overline{X}$、$\overline{Y}$ 相互独立,由相互独立的正态随机变量的线性函数仍然服从正态分布可知:

$$\overline{X}-\overline{Y}\sim N\left(\mu_1-\mu_2,\frac{\sigma_1^2}{n_1}+\frac{\sigma_2^2}{n_2}\right)$$

于是,当 H_0 为真时

$$Z=\frac{\overline{X}-\overline{Y}}{\sqrt{\frac{\sigma_1^2}{n_1}+\frac{\sigma_2^2}{n_2}}}\sim N(0,1)$$

对给定的显著性水平 α,有

$$P(|Z|>z_{\alpha/2})=\alpha$$

故 H_0 的拒绝域 W 为

$$|Z|=\frac{|\overline{X}-\overline{Y}|}{\sqrt{\frac{\sigma_1^2}{n_1}+\frac{\sigma_2^2}{n_2}}}>z_{\alpha/2}\tag{8.2}$$

例 8.2.2 产品开发者关注油漆干燥时间,假设油漆干燥时间服从正态分布. 现

对该油漆的两种配方进行检验，从经验来看，配方 1 的干燥时间的标准差为 6 min，配方 2 的干燥时间的标准差为 7 min. 现随机产生等容量为 10 的两组检验样本，样本组 1 采用配方 1，样本组 2 采用配方 2；样本组 1 和样本组 2 的平均干燥时间(单位：min)分别为 $\overline{X}=112$，$\overline{Y}=114$，问在 $\alpha=0.05$ 时，两种配方的干燥时间是否有显著的差异？

解　$X\sim N(\mu_1,\sigma_1^2)$，$Y\sim N(\mu_2,\sigma_2^2)$，$\sigma_1^2=36$，$\sigma_2^2=49$，$\overline{X}=112$，$\overline{Y}=114$，$n_1=n_2=10$.

(1) 对 μ_1 和 μ_2 提出假设：

$$H_0:\mu_1=\mu_2,\quad H_1:\mu_1\neq\mu_2$$

(2) 当 H_0 为真时

$$Z=\frac{\overline{X}-\overline{Y}}{\sqrt{\dfrac{\sigma_1^2}{n_1}+\dfrac{\sigma_2^2}{n_2}}}\sim N(0,1)$$

并计算其具体值

$$z=\frac{112-114}{\sqrt{\dfrac{36}{10}+\dfrac{49}{10}}}=-0.6860$$

(3) 当给定显著性水平 $\alpha=0.05$ 时，查出临界值 $-z_{\frac{\alpha}{2}}=-1.96$，$z_{\frac{\alpha}{2}}=1.96$.

(4) 由于已算出的 z 值 $=-0.6860$，其绝对值小于 1.96，样本点在否定域 W 之外，即小概率事件未发生，故接受 H_0，亦即认为两种配方的干燥时间没有显著的差异.

8.2.2　t 检验

t 检验(t test)是正态总体，方差未知，样本容量 $n<30$ 时对期望的检验. 考察如下例子.

1. 单正态总体的均值检验

设 $X_1,X_2,\cdots,X_n$ 为来自正态总体 $N(\mu,\sigma^2)$ 的一个样本，σ^2 未知，$\overline{X}$ 和 S^2 分别为样本均值和样本方差，现对 μ 提出假设：

$$H_0:\mu=\mu_0,\quad H_1:\mu\neq\mu_0$$

由于样本均值 $\overline{X}$ 是 μ 的优良估计，因此以 $\overline{X}$ 为核心来构造检验统计量. 由抽样分布理论可知，当 H_0 为真时，$T=\dfrac{\overline{X}-\mu_0}{S/\sqrt{n}}\sim t(n-1)$.

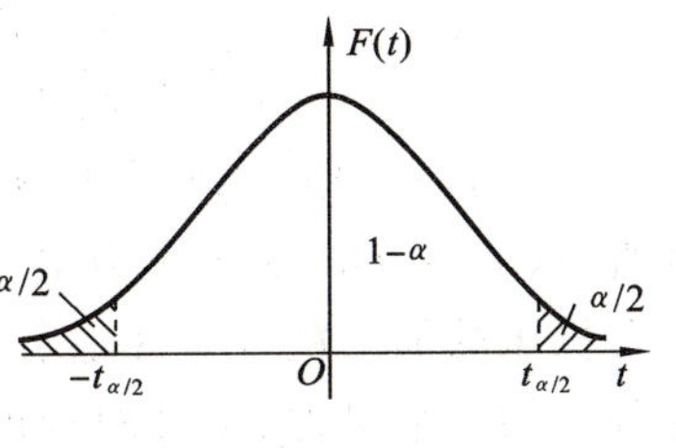

图 8-2

对给定的显著性水平 α，由图 8-2，有

$$P(|T|>t_{\alpha/2}(n-1))=\alpha$$

所以 H_0 为真时的拒绝域为

$$|T|=\left|\frac{\overline{X}-\mu_0}{S/\sqrt{n}}\right|>t_{\alpha/2}(n-1) \tag{8.3}$$

例 8.2.3 对一批新的液体存储罐进行耐压测试，随机抽测了 5 个，得到爆破压力(单位:kg/cm²)如下：

54.5　53.0　54.5　55.0　54.5

根据经验可以认为爆破压力是服从正态分布的，而过去该种存储罐的平均爆破压力为 54.9 kg/cm². 问这批新罐的平均爆破压力与过去的有无显著差异($\alpha=0.05$)?

解 设新罐的平均爆破压力为 μ，则问题可表示为

$$H_0:\mu=54.9,\quad H_1:\mu\neq 54.9$$

经计算可知：$\bar{x}=54.3$，$S^2=0.575$，查表得 $t_{\alpha/2}(n-1)=t_{0.025}(4)=2.7764$，又

$$|T|=\left|\frac{\overline{X}-\mu_0}{S/\sqrt{n}}\right|=\frac{|54.3-54.9|}{\sqrt{0.575/5}}=1.769<2.7764$$

故接受 H_0，即认为新罐的平均爆破压力与过去的无显著差异.

2. 双正态总体的均值检验

设 $\overline{X}$ 与 S_1^2 分别为正态总体 $N(\mu_1,\sigma_1^2)$ 的样本均值和样本方差，容量为 n_1，$\overline{Y}$ 与 S_2^2 分别为正态总体 $N(\mu_2,\sigma_2^2)$ 的样本均值和样本方差，容量为 n_2，假定 $\sigma_1^2=\sigma_2^2$ 但未知，对 μ_1 和 μ_2 提出假设：

$$H_0:\mu_1=\mu_2,\quad H_1:\mu_1\neq\mu_2$$

原假设等价于 $\mu_1-\mu_2=0$，所以用 $\overline{X}-\overline{Y}$ 作为检验统计量的核心，由于

$$T=\frac{(\overline{X}-\overline{Y})-(\mu_1-\mu_2)}{\sqrt{(n_1-1)S_1^2+(n_2-1)S_2^2}}\sqrt{\frac{n_1n_2(n_1+n_2-2)}{n_1+n_2}}\sim t(n_1+n_2-2)$$

所以当 H_0 为真时，有

$$T=\frac{(\overline{X}-\overline{Y})}{\sqrt{(n_1-1)S_1^2+(n_2-1)S_2^2}}\sqrt{\frac{n_1n_2(n_1+n_2-2)}{n_1+n_2}}\sim t(n_1+n_2-2)$$

对给定的显著性水平 α，有

$$P(|T|>t_{\alpha/2}(n_1+n_2-2))=\alpha$$

所以 H_0 为真时的拒绝域为

$$|T|=\frac{|\overline{X}-\overline{Y}|}{\sqrt{(n_1-1)S_1^2+(n_2-1)S_2^2}}\sqrt{\frac{n_1n_2(n_1+n_2-2)}{n_1+n_2}}>t(n_1+n_2-2) \tag{8.4}$$

例 8.2.4 甲、乙两台机床同时加工某种同类型的零件，已知两台机床加工的零件直径(单位:cm)分别服从正态分布 $N(\mu_1,\sigma_1^2)$ 和 $N(\mu_2,\sigma_2^2)$，并且有 $\sigma_1^2=\sigma_2^2$. 为比较两台机床的加工精度有无显著差异，分别独立抽取了甲机床加工的 8 个零件和乙机床加工的 7 个零件，通过测量得到如下数据(单位:cm)：

甲机床零件直径：20.5　19.8　19.7　20.4　20.1　20.0　19.0　19.9

乙机床零件直径：20.7　19.8　19.5　20.8　20.4　19.6　20.2

在 $\alpha=0.05$ 显著性水平下，样本数据是否提供证据支持“两台机床加工零件直径不一致”的看法？

解　根据样本数据计算得

$\overline{x_1}=19.925$，　$\overline{x_2}=20.143$，　$s_1^2=0.2164$，　$s_2^2=0.2729$，　$n_1=8$，　$n_2=7$

(1) 提出假设：

$$H_0:\mu_1=\mu_2,\quad H_1:\mu_1\neq\mu_2$$

(2) 当 H_0 为真时，有

$$T=\frac{(\overline{X}-\overline{Y})}{\sqrt{(n_1-1)S_1^2+(n_2-1)S_2^2}}\sqrt{\frac{n_1n_2(n_1+n_2-2)}{n_1+n_2}}\sim t(n_1+n_2-2)$$

将样本数据代入并计算具体值，得

$$t=-0.8554$$

(3) 在 H_0 成立的条件下，$T\sim t(13)$，给定显著性水平 $\alpha=0.05$，查表可得

$$-t_{0.025}(13)=-2.1604,\quad t_{0.025}(13)=2.1604$$

因此拒绝域为

$$W=\{|T|>2.1604\}$$

(4) 由于 $t=-0.8554\notin W$，故不拒绝原假设 H_0，即在显著性水平 $\alpha=0.05$ 下，没有理由认为甲、乙两台机床加工的零件直径不一致.

8.2.3　单侧检验

刚才介绍的这个例子是双侧检验，在实际中还有这样的情况，检验统计量仅仅太大才意味着 H_0 不真. 比如，H_0 为“平均产量提高了”，那么 $\overline{X}$ 太小就应该拒绝 H_0，而 $\overline{X}$ 太大就不应该拒绝 H_0. 又比如，H_0 是“加工精度没有降低”，那么 S^2 太大就应该拒绝 H_0，而太小就不应该拒绝 H_0. 这些情况下，假设检验可表示为

$H_0:\theta\leqslant\theta_0;H_1:\theta>\theta_0$ 或 $H_0:\theta\geqslant\theta_0;H_1:\theta<\theta_0$

此时，拒绝域就只在一边，这种检验就称为单侧检验. 其中，备择假设符号为“$>$”的为右侧检验，备择假设符号为“$<$”的为左侧检验.

下面来讨论单侧检验的拒绝域.

设总体 $X\sim N(u,\sigma^2)$，u 未知，σ 为已知，$X_1,X_2,\cdots,X_n$ 是来自 X 的样本，给定显著性水平 α，我们来求检验问题

$$H_0:u\leqslant u_0,H_1:u>u_0$$

的拒绝域.

因 H_0 中的全部 u 都比 H_1 中的 u 小，当 H_1 为真时，观察值 $\overline{x}$ 往往偏大，因此，拒绝域的形式为

$$\bar{x} \geqslant k(k\text{ 为某一常数})$$

下面来确定常数 k.

$$P(\text{当}H_0\text{为真拒绝}H_0)=P_{u\in H_0}\{\overline{X}\geqslant k\}=P_{u\leqslant u_0}\left\{\frac{\overline{X}-u_0}{\frac{\sigma}{\sqrt{n}}}\geqslant\frac{k-u_0}{\frac{\sigma}{\sqrt{n}}}\right\}$$

$$\leqslant P_{u\leqslant u_0}\left\{\frac{\overline{X}-u}{\frac{\sigma}{\sqrt{n}}}\geqslant\frac{k-u_0}{\frac{\sigma}{\sqrt{n}}}\right\}$$

(上式不等号成立是由于 $u\leqslant u_0$, $\frac{\overline{X}-u}{\frac{\sigma}{\sqrt{n}}}\geqslant\frac{\overline{X}-u_0}{\frac{\sigma}{\sqrt{n}}}$).

事件$\left\{\frac{\overline{X}-u_0}{\frac{\sigma}{\sqrt{n}}}\geqslant\frac{k-u_0}{\frac{\sigma}{\sqrt{n}}}\right\}\subset\left\{\frac{\overline{X}-u}{\frac{\sigma}{\sqrt{n}}}\geqslant\frac{k-u_0}{\frac{\sigma}{\sqrt{n}}}\right\}$,要控制 P(当H_0为真拒绝H_0)$\leqslant\alpha$,只需令

$$P_{u\leqslant u_0}\left\{\frac{\overline{X}-u}{\frac{\sigma}{\sqrt{n}}}\geqslant\frac{k-u_0}{\frac{\sigma}{\sqrt{n}}}\right\}=\alpha$$

由于$\frac{\overline{X}-u}{\frac{\sigma}{\sqrt{n}}}\sim N(0,1)$,即有 $\frac{k-u_0}{\frac{\sigma}{\sqrt{n}}}=z_\alpha$,如图 8-3 所示. 当 $k=u_0+z_\alpha\frac{\sigma}{\sqrt{n}}$时即得检验问题的拒绝域为

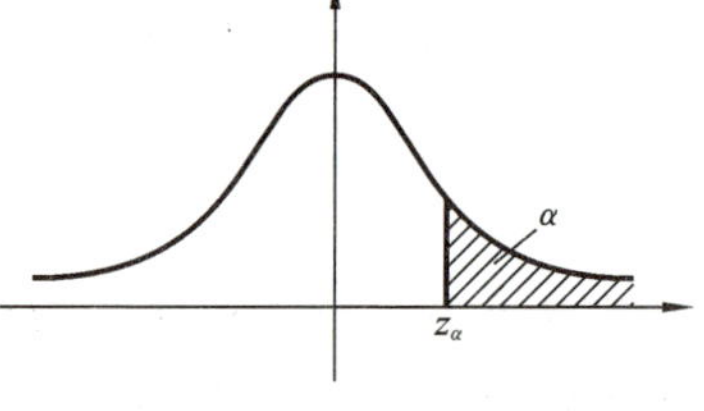

图 8-3

$$\bar{x}\geqslant u_0+z_\alpha\frac{\sigma}{\sqrt{n}}$$

或
$$z=\frac{\bar{x}-u_0}{\frac{\sigma}{\sqrt{n}}}\geqslant z_\alpha$$

类似地,可以得到左边检验问题

$$H_0: u\geqslant u_0,\quad H_1: u<u_0$$

的拒绝域为

$$z=\frac{\bar{x}-u_0}{\frac{\sigma}{\sqrt{n}}}\leqslant -z_\alpha$$

例 8.2.5 某部门对当前市场的价格情况进行调查. 以鸡蛋为例,所抽查的全省 10 个集市上,单价(单位:元/500 g)分别为

3.05　3.31　3.34　3.82　3.30　3.16　3.84　3.10　3.90　3.18

已知往年的平均单价一直稳定在 3.25 元/500 g 左右，且已知全省鸡蛋单价服从正态分布 $N(\mu,\sigma^2)$，在显著性水平 $\alpha=0.05$ 下能否认为全省当前的鸡蛋单价明显高于往年的？

分析 由于检验的目的是了解鸡蛋单价是否明显高于往年的，即想支持 $\mu>3.25$，因此，提出的假设是

$$H_0:\mu\leqslant 3.25,\quad H_1:\mu>3.25$$

另外，$X_1,X_2,\cdots,X_n$ 为出自 $N(\mu,\sigma^2)$ 的样本，σ^2 未知，对这类问题取检验统计量为

$$T=\frac{\overline{X}-\mu_0}{S/\sqrt{n}}$$

在 H_0 成立的条件下，$T\sim t(n-1)$，$\overline{X}$ 越大，则越不利于 H_0，此时 t 有变大的趋势，因此拒绝域在右边，即为

$$W=\{T>t_\alpha(n-1)\}$$

最后根据计算出来的 t 值，看样本是否落在 W 内，若落在 W 内，则拒绝 H_0，否则接受 H_0.

解 (1) 提出假设：

$$H_0:\mu\leqslant 3.25,\quad H_1:\mu>3.25$$

(2) 构造统计量.

用统计量

$$T=\frac{\overline{X}-\mu_0}{S/\sqrt{n}}$$

可算出 $n=10$，$\overline{X}=3.4$，$S=0.3266$，由此计算出 $t=1.4524$.

(3) 确定拒绝域.

易知，在 H_0 成立的条件下，$T\sim t(n-1)$，给定显著性水平 $\alpha=0.05$，查表可得 $t_{0.05}(n-1)=t_{0.05}(9)=1.8331$，因此拒绝域为

$$W=\{T>t_\alpha(n-1)=1.8331\}$$

(4) 得出结论.

由于 $t=1.4524\notin W$，故不拒绝 H_0，即鸡蛋的单价较往年的没有明显上涨.

8.2.4 假设检验问题的 P 值法

以上讨论的假设检验方法称为临界值法. 下面将介绍一种被称为 P 值法的检验方法. 先介绍一例.

例 8.2.6 公司从生产商购买牛奶，怀疑生产商在牛奶中掺水以谋取利益. 通过测定牛奶的冰点，可以检验出牛奶是否掺水. 天然牛奶的冰点温度近似服从正态分布，均值 $u_0=-0.545$ ℃，标准差 $\sigma=0.008$ ℃. 牛奶掺水可使其冰点温度升高而接近

水的冰点温度(0 ℃). 测得生产商提交的 5 批牛奶的冰点温度,其均值为 $\bar{x}=-0.535$ ℃,问是否可以认为生产商在牛奶中掺了水? 取 $\alpha=0.05$.

解 (1) 提出假设:

$$H_0:\mu\leqslant\mu_0=-0.545;\quad H_1:\mu>-0.545$$

(2) 构造统计量.

用统计量

$$z=\frac{\overline{X}-\mu_0}{\sigma/\sqrt{n}}$$

可知 $n=5$, $\bar{x}=-0.535$, $\sigma=0.008$,由此计算出 $z_0=2.795$.

(3) 确定拒绝域.

易知,在 H_0 成立的条件下,给定显著水平 $\alpha=0.05$, $z_{0.05}=1.645$,因此拒绝域为

$$W=\{z\geqslant z_{0.05}=1.645\}$$

(4) 得出结论.

由于 $z_0=2.795>1.645$, z 的值落入了拒绝域,所以我们在显著性水平 $\alpha=0.05$ 下拒绝 H_0,认为牛奶商在牛奶中掺了水.

在上例中取显著性水平 $\alpha=0.05$,给出了临界值 $c=1.645$,而由样本得到的检验统计量的观测值为 $z_0=2.795>1.645$,故拒绝了 H_0. 若取 $\alpha=0.005$,则给出临界值 $c=2.58$, $z_0=2.795>2.58$,因此也能在显著性水平 $\alpha=0.005$ 下拒绝 H_0. 实际上,由

$$P(Z\geqslant z_0=2.7951)=1-\Phi(2.795)=1-0.9974=0.0026$$

知道,若取显著性水平 $\alpha=0.0026$ 就有 $P(Z\geqslant 2.7951)=\alpha$,因而也是要拒绝 H_0,但是如果取显著性水平 $\alpha<0.0026$ 就有 $P(Z\geqslant 2.795)>\alpha$,则接受 H_0. 据此,概率

$$P(Z\geqslant z_0)=0.0026\xlongequal{\text{记作}}P$$

是原假设 H_0 可被拒绝的最小显著性水平. 我们有以下定义.

定义 8.1 假设检验问题的 P 值(probability value)是由检验统计量的样本观测值得出的原假设可被拒绝的最小显著性水平.

常用检验问题的 P 值可由检验统计量的样本观察值以及检验统计量在 H_0 下的一个特定的参数值(一般是 H_0 与 H_1 所规定的参数的分界点)对应的分布求出. 例如,在正态总体 $N(u,\sigma^2)$ 均值的检验中,当 σ 未知时,采用检验统计量 $t=\dfrac{\overline{X}-u_0}{S/\sqrt{n}}$. 在以下 3 个检验问题中,当 $u=u_0$ 时, $t\sim t(n-1)$. 如果由样本求得统计量 t 的观察值为 t_0,那么在检验问题

(1) $H_0:u\leqslant u_0$, $H_1:u>u_0$ 中,有

$$P=P_{u_0}(t\geqslant t_0)=t_0$$

右侧尾部面积如图 8-4 所示;

(2) $H_0:u\geqslant u_0$, $H_1:u<u_0$ 中,有

$$P=P_{u_0}\{t\leqslant t_0\}=t_0$$

左侧尾部面积如图 8-5 所示.

(3) $H_0:u=u_0$, $H_1:u\neq u_0$ 中,有

$$P=P_{u_0}(|t|\geqslant|t_0|)=2\times P_{u_0}\{t\geqslant|t_0|\}=2\times(\text{由}|t_0|\text{界定的尾部面积})$$

双侧尾部面积如图 8-6 所示.

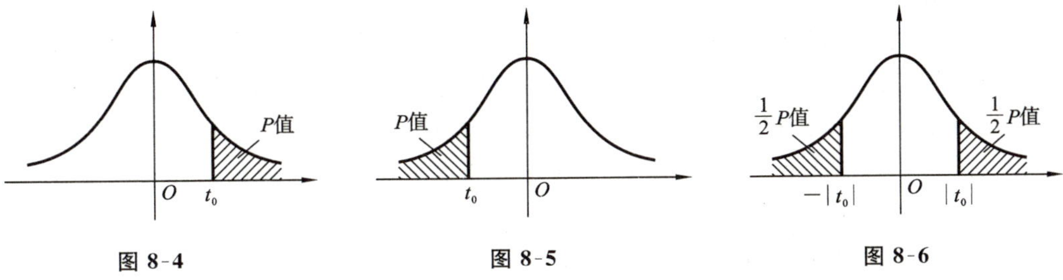

图 8-4　　图 8-5　　图 8-6

对于一个检验问题,我们求出 P 值,对于任意给定的显著性水平 α,按 P 值的定义知道:若 $P\leqslant\alpha$,则拒绝 H_0;若 $P>\alpha$,则接受 H_0.

这种利用 P 值来确定是否拒绝 H_0 的方法,称为假设检验问题的 P 值法.

在例 8.2.1 中,$P=P_{u_0}(|z|\geqslant|z_0|)=2\times P_{u_0}(z\geqslant|z_0|)=2\times P_{u_0}(z\geqslant1.8889)=2\times0.0295=0.059$. 由于 $P>\alpha$,则接受 H_0,亦即认为包装机工作正常,和临界值法结果一致.

在例 8.2.5 中,$P=P_{u_0}(t\geqslant t_0)=P_{u_0}(t\geqslant1.4524)=0.0902$. 由于 $P>\alpha$,故接受 H_0,亦即认为鸡蛋的单价较往年没有明显上涨,和用临界值法的结果一致.

P 值是当 H_0 为真时,检验统计量出现当前观察值的概率. P 值越小,表示 H_0 为真时出现这一观察值的可能性就越小,因而反对 H_0 的依据就越强越充分(例如,$P=0.001$,P 如此小,以致几乎不可能在 H_0 为真时出现这一观察值,这说明反对 H_0 的依据就很充分). 有许多科技工作者使用以下的数量界限将结果分类.

若 $P\leqslant0.01$,推断拒绝 H_0 的依据很强;若 $0.01<P\leqslant0.05$,则推断拒绝 H_0 的依据是强的; 若 $0.05<P\leqslant0.10$,则推断拒绝 H_0 的依据具有中等强度;若 $P>0.10$, 推断拒绝 H_0 的依据是弱的,或是没有根据的. 在杂志或技术报告叙述假设检验的结果时,常不论及显著性水平或临界值,代之以引用检验问题的 P 值,用 P 值或让读者用 P 值去评价反对 H_0 的依据的强度,从而去作出推断.

习　题　8.2

(一) 基础练习题

1. 一种罐装饮料采用自动生产线生产,每罐的容量为 255 mL,标准差为 5 mL. 为检验每罐容量是否符合要求,质检人员在某天生产的饮料中随机抽取了 40 罐进行检验,测得每罐平均容量为 255.8 mL. 取显著性水平 $\alpha=0.05$,检验该天生产的饮料

容量是否符合标准要求.

2. 根据长期经验和资料的分析,某砖厂生产的砖的抗断强度 X 服从正态分布,方差 $\sigma^2=1.21$. 从该厂产品中随机抽取 6 块,测得抗断强度(单位:kg · cm^{-2})如下:

32.56　29.66　31.64　30.00　31.87　31.03

检验这批砖的平均抗断强度为 32.50 kg · cm^{-2}是否成立(取 $\alpha=0.05$,并假设砖的抗断强度的方差不会有什么变化).

3. 某一小麦品种的平均产量为 5200 kg/hm^2,一家研究机构对小麦品种进行了改良以期提高产量. 为检验改良后的新品种产量是否有显著提高,随机抽取了 36 个田地进行了试种,得到的样本平均产量为 5275 kg/hm^2,假设新品种的产量服从正态分布,标准差为120 kg/hm^2. 试以 0.05 的显著性水平检验改良后的新品种产量是否有显著的提高.

4. 一种汽车配件的平均长度要求为 12 cm,高于或低于该标准都被认为是不合格. 汽车生产企业在购进配件时,通常是经过招标,然后对中标的配件提供商提供的样品进行检验,以决定是否购进. 现对一个配件提供商提供的 10 个样本(单位:cm)进行了检验,结果如下:

12.2　10.8　12.0　11.8　11.9　12.4　11.3　12.2　12.0　12.3

假定该供货商生产的配件长度服从正态分布,在 0.05 的显著性水平下,检验该供货商提供的配件是否符合要求.

5. 设甲、乙两厂生产同样的灯泡,其寿命分别服从 $N(\mu_1,80^2)$和 $N(\mu_2,90^2)$. 现从两厂生产的灯泡中各取 50 只,测得平均寿命甲厂的为 1300 h,乙厂的为 1250 h. 问在显著性水平 $\alpha=0.05$下,能否认为两厂的灯泡寿命无显著差异?

6. 为比较新、旧两种肥料对产量的影响,以便决定是否采用新肥料,研究者选择了面积相等、土壤等条件相同的 40 块田地,分别施用新旧两种肥料,得到的产量数据如下:

旧肥料下的产量平均值$\overline{x_1}=100.7$,样本方差 $S_1^2=24.1158$.

新肥料下的产量平均值$\overline{x_2}=109.9$,样本方差 $S_2^2=33.3579$.

假定两种肥料下的产量的总体方差相等但未知,试考虑在 0.05 的显著性水平下,新肥料获得的平均产量是否显著高于旧肥料的.

(二) 提高练习题

1. 已知某炼铁厂的铁水含碳量在正常情况下服从正态分布 $N(4.55,0.108^2)$. 现在测了 5 炉铁水,其含碳量(%)分别为

4.28　4.40　4.42　4.35　4.37

问若标准差不改变,总体平均值有无显著性变化($\alpha=0.05$)?

2. 在正常状态下,某种牌子的香烟一支平均 1.1 g,若从这种香烟堆中任取 16 支作为样本;测得样本均值为 1.008 (g),样本方差 $s^2=0.1$ (g^2). 问这堆香烟是否处

于正常状态？已知香烟(支)的重量(g)近似服从正态分布(取 $\alpha=0.05$).

3. (1998.1)设某次考试的考生成绩服从正态分布,从中随机地抽取 36 位考生的成绩,算得平均成绩为 66.5 分,标准差为 15 分.问在显著性水平 0.05 下,是否可以认为这次考试全体考生的平均成绩为 70 分？并给出检验过程.

4. 设$(X_1,X_2,\cdots,X_n)$为来自总体 $X\sim N(\mu_0,\sigma^2)$的一个简单随机样本,其中 σ^2 未知.对于假设 $H_0:\sigma=\sigma_0$;$H_1:\sigma\neq\sigma_0$,选择检验统计量及其分布为(　　).

A. $\dfrac{\overline{X}-\mu_0}{\sigma_0/\sqrt{n}}\sim N(0,1)$　　B. $\dfrac{n(\overline{X}-\mu_0)^2}{\sigma_0^2}\sim\chi^2(1)$

C. $\dfrac{\sum\limits_{i=1}^{n}(X_i-\mu_0)^2}{\sigma_0^2}\sim\chi^2(n)$　　D. $\dfrac{\sum\limits_{i=1}^{n}(X_i-\overline{X})^2}{\sigma_0^2}\sim\chi^2(n-1)$

8.3　正态总体的方差的假设检验

8.3.1　单个正态总体的方差的假设检验——χ^2 检验

设 $X_1,X_2,\cdots,X_n$ 为出自正态总体 $N(\mu,\sigma^2)$的样本,要对参数 σ^2 进行检验,这里 μ 往往是未知的.按照上述,其假设建立形式通常有以下几种.

(1) $H_0:\sigma^2=\sigma_0^2$,$H_1:\sigma^2\neq\sigma_0^2$　(双侧检验).

(2) $H_0:\sigma^2\leqslant\sigma_0^2$,$H_1:\sigma^2>\sigma_0^2$　(右侧检验).

(3) $H_0:\sigma^2\geqslant\sigma_0^2$,$H_1:\sigma^2<\sigma_0^2$　(左侧检验).

都可选择统计量

$$\chi^2=\frac{(n-1)S^2}{\sigma_0^2}\tag{8.5}$$

对于假设(1),当 H_0 成立时,式(8.5)右边服从 $\chi^2(n-1)$分布.由于 S^2 是 σ^2 的无偏估计,因此,当 H_0 成立时,上述值应趋向于 $n-1$,而它也正好是 $\chi^2(n-1)$的期望值.比值太大或太小都不利于 H_0,自然地,应采用双侧检验,如图 8-7 所示.

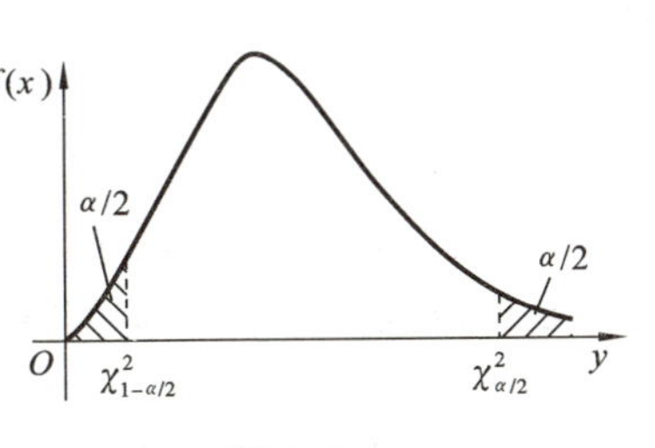

图 8-7

取否定域为

$$W=\{\chi^2<\chi^2_{1-\frac{\alpha}{2}}(n-1)\}\cup\{\chi^2>\chi^2_{\frac{\alpha}{2}}(n-1)\}\tag{8.6}$$

此时
$$P(W\mid H_0)=\frac{\alpha}{2}+\frac{\alpha}{2}=\alpha$$

对于假设(2),当 H_0 成立时,$\sigma^2\leqslant\sigma_0^2$,显然 S 偏大则意味着 σ 偏大,不利于 H_0 的事件是统计量 $\chi^2=\frac{(n-1)S^2}{\sigma_0^2}$ 变大,因此,统计量的值越大就越应该被拒绝,即取否定域为

$$W=\{\chi^2>\chi_\alpha^2(n-1)\} \tag{8.7}$$

对于假设(3)可进行类似假设(2)的讨论,在此不再赘述.

例 8.3.1 某种导线,要求其电阻(单位:Ω)的标准差不得超过 0.006. 今在生产的一批这种导线中任取 10 根,测得其样本标准差 $S=0.008$. 设总体服从正态分布,问在显著性水平 $\alpha=0.05$ 下,能认为这批导线的电阻标准差偏大吗?

解 (1) 提出假设:

$$H_0:\sigma^2\leqslant\sigma_0^2=(0.006)^2,\quad H_1:\sigma^2>\sigma_0^2=(0.006)^2$$

(2) 构造统计量.

用统计量

$$\chi^2=\frac{(n-1)S^2}{\sigma_0^2}\sim\chi^2(n-1)$$

由于 $n=10,S=0.008$,可计算得

$$\chi^2=\frac{(n-1)S^2}{\sigma_0^2}=16$$

(3) 确定拒绝域.

由于显著性水平 $\alpha=0.05$,拒绝域在右边,又查表可得临界值 $\chi_{0.05}^2(9)=16.919$,即可得拒绝域

$$W=\{\chi^2>\chi_\alpha^2(n-1)=16.919\}$$

(4) 得出结论.

由于 $\chi^2=\frac{(n-1)S^2}{\sigma_0^2}=16\notin W$,故不拒绝 H_0,即不能认为这批导线的电阻标准差偏大.

8.3.2 双正态总体的方差的假设检验——F 检验

设 S_1^2 为正态总体 $N(\mu_1,\sigma_1^2)$ 的样本方差,容量为 n_1,S_2^2 为正态总体 $N(\mu_2,\sigma_2^2)$ 的样本方差,容量为 n_2,μ_1、μ_2 均未知,对 σ_1^2、σ_2^2 提出假设:

$$H_0:\sigma_1^2=\sigma_2^2,\quad H_1:\sigma_1^2\neq\sigma_2^2$$

由于 S_1^2 和 S_2^2 分别为 σ_1^2 和 σ_2^2 的无偏估计量,则比值 S_1^2/S_2^2 的大小可以反映 σ_1^2、σ_2^2 的差异,由于

$$\frac{\frac{n_1-1}{\sigma_1^2}S_1^2/(n_1-1)}{\frac{n_2-1}{\sigma_2^2}S_2^2/(n_2-1)}=\frac{\sigma_2^2S_1^2}{\sigma_1^2S_2^2}\sim F(n_1-1,n_2-1)$$

故当 H_0 为真时，有

$$\frac{S_1^2}{S_2^2}\sim F(n_1-1,n_2-1)$$

如图 8-8 所示，对给定的显著性水平 α 有

$$P(F<F_{1-\alpha/2}(n_1-1,n_2-1))$$

$$=P(F>F_{\alpha/2}(n_1-1,n_2-1))=\frac{\alpha}{2}$$

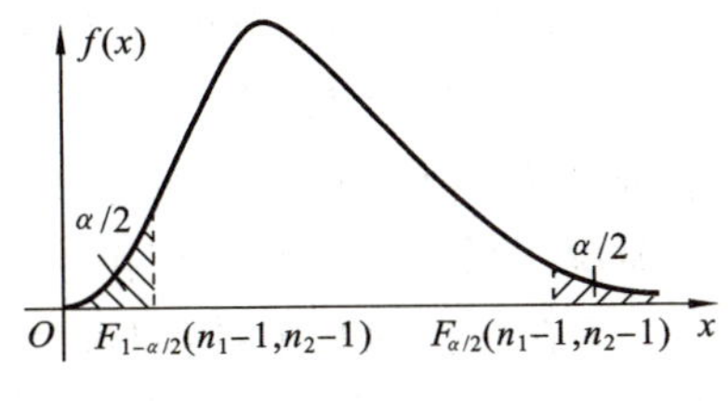

图 8-8

所以 H_0 为真时的拒绝域为

$$F<F_{1-\alpha/2}(n_1-1,n_2-1)\quad 或\quad F>F_{\alpha/2}(n_1-1,n_2-1) \tag{8.8}$$

例 8.3.2 一家房地产开发公司准备购进一批灯泡，公司打算在两家供货商之间选择一家购买，两家供货商生产的灯泡的平均使用寿命（单位：h）差别不大，价格也很相近，考虑的主要因素就是灯泡使用寿命的方差的大小，为此，公司管理人员对两家供货商提供的样品进行了检验，数据如下：

供货商 1 样本容量为 21，样本方差为 3600；

供货商 2 样本容量为 15，样本方差为 2400.

试问在显著性水平 $\alpha=0.01$ 下，两家供货商提供的灯泡使用寿命的方差是否有显著的差异？

解 (1) 对 σ_1^2,σ_2^2 提出假设：

$$H_0:\sigma_1^2=\sigma_2^2,\quad H_1:\sigma_1^2\neq\sigma_2^2$$

(2) H_0 为真时，有

$$F=\frac{S_1^2}{S_2^2}\sim F(n_1-1,n_2-1)$$

将数据代入并计算其具体值为

$$f=1.5$$

(3) 查表可得临界值

$$F_{\alpha/2}(n_1-1,n_2-1)=F_{0.005}(20,14)=4.06$$

$$F_{1-\alpha/2}(n_1-1,n_2-1)=1/F_{\alpha/2}(n_2-1,n_1-1)=1/F_{0.005}(14,20)=1/3.553=0.2815$$

所以拒绝域为

$$W=\{F<0.2815\ 或\ F>4.06\}$$

(4) 由于 $f=1.5\notin W$，因此不拒绝原假设，即认为两家供货商提供的灯泡的使用寿命方差无显著的差异.

最后，补充一点，再谈谈检验的实际意义[34].

虽然前面对参数的假设检验的方法进行了较详尽的讨论，但读者可能还有不少

---

[34] 任何事物都不是一成不变的，我们应该避免主观、片面、孤立、静止地看待问题，要从事物的联系、变化、全面地看问题，统计数据分析更是如此.

疑问，下面将检验的实际意义做以下简单的补充.

(1) 检验的原理是“小概率事件在一次试验中不发生”，以此作为推断的依据，决定是接受 H_0 或拒绝 H_0. 但是这一原理只是在概率意义下成立，并不是严格成立的，即不能说小概率事件在一次试验中绝对不可能发生.

(2) 在假设检验中，原假设 H_0 与备择假设 H_1 的地位是不对等的. 一般来说 α 是较小的，因而检验推断是“偏向”原假设，而“歧视”备择假设的. 因为，通常若要否定原假设，就需要有显著性的事实，即小概率事件发生，否则就认为原假设成立. 因此在检验中接受 H_0，并不等于从逻辑上证明了 H_0 的成立，只是找不到 H_0 不成立的有力证据. 在应用中，对同一问题若提出不同的原假设，就可能有完全不同的结论.

(3) 从另一个角度看，既然 H_0 是受保护的，那么对于 H_0 的肯定相对来说是较缺乏说服力的，充其量不过是原假设与试验结果没有明显矛盾；反之，对于 H_0 的否定则是有力的，且 α 越小，小概率事件越难以发生，一旦发生了，这种否定就越有力，也就越能说明问题. 在应用中，如果要用假设检验说明某个结论成立，那么最好假设 H_0 为该结论不成立. 若通过检验拒绝了 H_0，则说明该结论的成立是很具有说服力的.

习　题　8.3

（一）基础练习题

1. 啤酒生产企业采用自动生产线灌装啤酒，每瓶的装瓶量(单位：mL)为 640，但由于受某些不可控制的因素影响，每瓶的装瓶量会有差异. 此时，不仅每瓶的平均装瓶量很重要，装瓶量的方差 σ^2 同样很重要. 如果 σ^2 很大，会出现装瓶量太多或太少的情况，这样要么生产企业不划算，要么消费者不满意. 假定生产标准规定每瓶装瓶量的标准差不应超过或不应低于 4. 企业质检部门抽取了 10 瓶啤酒进行检验，得到的样本标准差为 3.8. 试以 0.10 的显著性水平检验装瓶量的标准差是否符合要求.

2. 某厂生产的某种型号的电池，其寿命(单位：h)长期以来服从方差 $\sigma^2=5000$ 的正态分布. 现有一批这种电池，从它的生产情况来看，寿命的波动性有所改变，现随机抽取 26 只电池，测得其寿命的样本方差 $S^2=9200$. 问根据这一数据能否推断这批电池的寿命的波动性较以往的有显著的变化(取 $\alpha=0.02$)?

3. 某车间生产铜丝，其折断力服从正态分布，现从产品中随机抽取 10 根检查其折断力(单位：N)如下：

290　288　286　285　286　287　291　286　284　285

试问在 0.05 的显著性水平下，是否可以认为该车间生产的铜丝折断力的方差为 15?

4. 今进行某项工艺革新，从革新后的产品中抽取 25 个零件，测量其直径，计算得样本方差为 $S^2=0.00066$，已知革新前零件直径的方差 $\sigma^2=0.0012$，设零件直径服从正态分布，问革新后生产的零件直径的方差是否显著减小($\alpha=0.05$)?

5. 某卷烟厂生产两种香烟. 现分别对两种烟的尼古丁含量做 6 次测量,结果如下:

甲:25　28　23　26　29　22

乙:28　23　30　35　21　27

假设香烟中的尼古丁含量服从正态分布,试问在 0.05 的显著性水平下,两种香烟中尼古丁含量的方差是否有显著差异?

(二) 提高练习题

1. 两种小麦品种从播种到抽穗所需的天数如下:

x	101	100	99	99	98	100	98	99	99	99
y	100	98	100	99	98	99	98	98	99	100

设两样本依次来自正态总体 $N(\mu_1,\sigma_1^2)$、$N(\mu_2,\sigma_2^2)$,μ_i、σ_i $(i=1,2)$ 都未知,两样本相互独立.

(1) 试检验假设 $H_0:\sigma_1^2=\sigma_2^2$,$H_1:\sigma_1^2\neq\sigma_2^2(\alpha=0.05)$;

(2) 若能够接受 H_0,接着检验假设 $H_0':\mu_1=\mu_2$,$H_1':\mu_1\neq\mu_2(\alpha=0.05)$.

2. 测量某种溶液中的水分,从它的 10 个测定值得出 $\bar{x}=0.452(\%)$,$s=0.037(\%)$. 设测定值总体为正态分布,μ 为总体均值,σ 为总体标准差,试在水平 $\alpha=0.05$ 下检验(1) $H_0:\mu=0.5(\%)$;$H_1:\mu<0.5(\%)$;(2) $H_0':\sigma=0.04(\%)$;$H_1':\sigma<0.04(\%)$.

综合练习 8

(一) 综合基础练习题

1. 填空题.

(1) 对正态总体 $N(\mu,\sigma^2)$(μ 未知)中的 σ^2 进行检验时,检验统计量服从______分布.

(2) 设总体 $X\sim N(\mu,\sigma^2)$,当 σ^2 未知时,$H_0:\mu=0$ 的拒绝域为______.

2. 选择题.

(1) 设 $\overline{X}$ 和 S^2 是来自正态总体 $N(\mu,\sigma^2)$的样本均值和样本方差,样本容量为 n,$|\overline{X}-\mu_0|>t_{0.05}(n-1)\dfrac{S}{\sqrt{n}}$(　　).

A. 为 $H_0:\mu=\mu_0$ 的拒绝域　　　B. 为 $H_0:\mu=\mu_0$ 的接受域

C. 表示 μ 的一个置信区间　　　D. 表示 σ^2 的一个置信区间

(2) 对正态总体 $N(\mu,\sigma^2)$的假设检验问题(σ^2 未知):$H_0:\mu\leqslant1$,$H_1:\mu>1$,若取显著性水平 $\alpha=0.05$,则其拒绝域为(　　).

A. $|\overline{X}-1|>z_{0.05}$　　B. $\overline{X}>1+t_{0.05}(n-1)\frac{S}{\sqrt{n}}$

C. $|\overline{X}-1|>t_{0.05}\frac{S}{\sqrt{n-1}}$　　D. $\overline{X}<1-t_{0.05}(n-1)\frac{S}{\sqrt{n}}$

3. 已知某电子器材厂生产一种云母带的厚度(单位:mm)服从正态分布,其均值$\mu=0.13$,标准差$\sigma=0.015$.某日开工后检查10处厚度,算出其平均值$\bar{x}=0.146$,若厚度的方差不变,试问该日云母带厚度的平均值与0.13有无显著差异(取$\alpha=0.05$)?

4. 从某种煤中取出20个样品测量其发热量,经计算得平均发热量$\bar{x}=2450$ kJ/kg,样本标准差$s=42$ kJ/kg.假设发热量服从正态分布,问在显著性水平$\alpha=0.05$下能否认为发热量的均值是2480 kJ/kg?

5. 有两批棉纱,为比较其断裂强度,从中各取一个样本,测试得到:

第一批棉纱样本:$n_1=200$,$\bar{x}=0.532$(单位:kg),$S_1=0.218$.

第二批棉纱样本:$n_2=200$,$\bar{y}=0.57$(单位:kg),$S_2=0.176$.

设两强度总体服从正态分布,方差未知但相等,两批强度均值有无显著差异($\alpha=0.05$)?

6. 某印刷厂旧机器每台每周的开工成本服从正态分布$N(100,25^2)$,现新安装了一台机器,观测到它在9周里平均每周的开工成本$\overline{X}=75$,假定成本的标准差不变,试问在$\alpha=0.01$的水平下该厂机器的平均开工成本是否有所下降?

7. 从一批保险丝中抽取10根观察其融化时间(单位:ms),结果为

43　65　75　78　71　59　57　69　55　57

若融化时间服从正态分布,问在显著性水平$\alpha=0.05$下,可否认为融化时间的标准差为9?

(二) 综合提高练习题

1. 已知总体$X\sim N(\mu_1,\sigma_1^2)$,$Y\sim N(\mu_2,\sigma_2^2)$,为检验总体$X$的均值是否大于$Y$的均值,则应作检验(　　).

A. $H_0:\mu_1>\mu_2$,$H_1:\mu_1\leqslant\mu_2$　　B. $H_0:\mu_1\geqslant\mu_2$,$H_1:\mu_1<\mu_2$

C. $H_0:\mu_1<\mu_2$,$H_1:\mu_1\geqslant\mu_2$　　D. $H_0:\mu_1\leqslant\mu_2$,$H_1:\mu_1>\mu_2$

2. 设总体$X\sim N(\mu,\sigma^2)$,由来自总体X的容量为10的简单随机样本,测得样本方差$S^2=0.10$,则检验假设$H_0:\sigma^2\leqslant0.06$使用的统计量$\chi^2$的值等于______,在显著性水平$\alpha=0.025$下______ H_0(拒绝或接受).

(附:$\chi^2_{0.05}(9)=16.919$,$\chi^2_{0.05}(10)=18.307$,$\chi^2_{0.025}(9)=19.023$,$\chi^2_{0.025}(10)=20.483$)

3. 用某仪器间接测量温度,重复5次,所得的数据是1250°、1265°、1245°、1260°、1275°,而用别的精确办法测得温度为1277°(可看作温度的真值),试问此仪器间接测量有无系统偏差?

这里假设测量值 X 服从 $N(\mu,\sigma^2)$ 分布.

4. 设总体 $X\sim N(\mu,100)$,假设检验问题为 $H_0:\mu\geqslant 10, H_1:\mu<10$.

(1) 现从总体中抽取容量为 25 的样本,测得 $\overline{x}=9$,问在显著性水平 $\alpha=0.05$ 下可否接收 H_1?

(2) 从总体中抽取样本为$(X_1,X_2,\cdots,X_n)$,若拒绝域 $W:\overline{X}\leqslant 8$,求犯第一类错误概率的最大值;若使该最大值不错过 0.023,问 n 至少应该取多少?($\Phi(2)=0.977$)

5. 两位化验员 A、B 对一种矿砂的含铁量各自独立地用同一方法做了 5 次分析,得到样本方差分别为 0.4322(%^{2})与 0.5006(%^{2}).若 A、B 所得的测定值的总体都是正态分布,其方差分别为 σ_A^2、σ_B^2,试在显著性水平 $\alpha=0.05$ 下检验方差齐性的假设.

$$H_0:\sigma_A^2=\sigma_B^2,\quad H_1:\sigma_A^2\neq\sigma_B^2$$

科学家传记(八)

参考答案(八)

第 9 章 方差分析和回归分析

在生产过程和科学试验中，经常遇到这样的问题：影响产品产量、质量的因素很多，如在农业生产中影响产量的因素有温度、湿度、施肥量、种子、土壤成分等，需要通过观察或试验来判断哪些因素对农产品的产量、质量有显著的影响. 方差分析(analysis of variance)就是用来解决这类问题的一种有效方法. 而回归分析方法则是数理统计中的另一种常用方法，是处理多个变量之间相关关系的一种数学方法. 本章主要讲解单因素的方差分析和一元线性回归分析.

【课程思政】

(1) 培养学生在纷繁复杂的现象(变量)之间寻找联系和规律，看清事物本质.

(2) 了解我国统计学家的故事，激励学生努力学习，增强学生的爱国主义情怀，培养学生的爱国情操.

9.1 单因素试验的方差分析

9.1.1 单因素试验数学模型

例 9.1.1 消费者与产品生产者、销售者或服务的提供者之间经常发生纠纷. 当发生纠纷后，消费者常常会向消费者协会投诉. 为了对几个行业的服务质量进行评价，消费者协会在零售业、旅游业、航空公司、家电制造业分别抽取不同的企业作为样本. 每个行业中所抽取的这些企业，在服务对象、服务内容、企业规模等方面基本上相同，经过统计，得到了 1 年内消费者对总共 26 家企业投诉的次数，结果如表 9-1 所示.

表 9-1

零售业	旅游业	航空公司	家电制造业
53	67	30	45
65	40	48	52
50	30	20	66
41	44	33	78
33	55	39	60

续表

零售业	旅游业	航空公司	家电制造业
54	50	28	55
45	43		

要分析 4 个行业之间的服务质量是否有显著差异，实际上就是要判断“行业”对“投诉次数”是否有显著影响，作出这种判断最终被归结为检验这 4 个行业被投诉次数的均值是否相等.

为表述更加清楚，给出如下定义.

定义 9.1　在方差分析中，所要检验的对象称为因素或因子.

定义 9.2　因素的不同表现称为水平或处理.

定义 9.3　每个因子水平下得到的样本数据称为观测值.

在上例中，要分析行业对投诉次数是否有影响，这里的“行业”是所要检验的对象，把它称为“因素”或“因子”，零售业、旅游业、航空公司、家电制造业是“行业”这一因素的具体表现，称为“水平”或“处理”，在每个行业下得到的样本数据(被投诉次数)称为观测值. 由于这里只涉及“行业”一个因素，因此称为单因素 4 水平的试验. 因素的每一个水平可以看作一个总体，因此零售业、旅游业、航空公司、家电制造业可以看成 4 个总体，上面的数据也就可以看成是从这 4 个总体中抽取的样本数据.

在单因素方差分析中，涉及两个变量：一个是分类型自变量，另一个是数值型因变量. 当研究分类型自变量对数值型因变量的影响时，所用的方法就是方差分析. 上例中，就是研究“行业”对“投诉次数”的影响.

单因素试验的一般数学模型为：因素 A 有 s 个水平 $A_1, A_2, \cdots, A_s$，在水平 $A_j(j=1,2,\cdots,s)$下进行 $n_j(n_j \geqslant 2)$次独立试验，得到如表 9-2 所示结果.

表 9-2

水平	A_1	A_2	$\cdots$	A_s
观测值	x_{11} x_{21} $\vdots$ $x_{n_1 1}$	x_{12} x_{22} $\vdots$ $x_{n_2 2}$	$\cdots$ $\cdots$ $\cdots$	x_{1s} x_{2s} $\vdots$ $x_{n_s s}$
样本总和	$T_{\cdot 1}$	$T_{\cdot 2}$	$\cdots$	$T_{\cdot s}$
样本均值	$\bar{x}_{\cdot 1}$	$\bar{x}_{\cdot 2}$	$\cdots$	$\bar{x}_{\cdot s}$
总体均值	μ_1	μ_2	$\cdots$	μ_s

在讨论该模型时，作两项假设：一是正态性假设，即假定数据服从正态分布；二是等方差性假设，即假定各正态总体方差相等.

在以上假定的前提下，具体到该模型，假定：各水平 $A_j(j=1,2,\cdots,s)$下的样本

$x_{ij} \sim N(\mu_j, \sigma^2), i=1,2,\cdots,n_j, j=1,2,\cdots,s$,且相互独立.

故 $x_{ij}-\mu_j$ 可看成随机误差,它们是试验中无法控制的各种因素所引起的,记作 $x_{ij}-\mu_j=\varepsilon_{ij}$,则

$$\left.\begin{cases} x_{ij}=\mu_j+\varepsilon_{ij} & i=1,2,\cdots,n_j; j=1,2,\cdots,s \\ \varepsilon_{ij} \sim N(0,\sigma^2) & \text{各 } \varepsilon_{ij} \text{ 相互独立} \end{cases}\right\} \tag{9.1}$$

式中:μ_j 与 σ^2 均为未知参数.

式(9.1)称为单因素试验方差分析的数学模型.

方差分析的任务是对于式(9.1)所示模型,检验 s 个总体 $N(\mu_1,\sigma^2),\cdots,N(\mu_s,\sigma^2)$的均值是否相等,即检验假设

$$\begin{cases} H_0: \mu_1=\mu_2=\cdots=\mu_s \\ H_1: \mu_1,\mu_2,\cdots,\mu_s \text{ 不全相等} \end{cases} \tag{9.2}$$

为将式(9.2)写成便于讨论的形式,采用记号

$$\mu = \frac{1}{n}\sum_{j=1}^{s} n_j \mu_j$$

式中:$n=\sum\limits_{j=1}^{s} n_j$;$\mu$ 表示 $\mu_1,\mu_2,\cdots,\mu_s$ 的加权平均,称为总平均.

$$\delta_j=\mu_j-\mu, \quad j=1,2,\cdots,s$$

式中:δ_j 表示水平 A_j 下的总体平均值与总平均的差异.习惯上将 δ_j 称为水平 A_j 的效应.利用这些记号,式(9.1)所示模型可改写成

$$x_{ij}=\mu+\delta_j+\varepsilon_{ij}$$

即 x_{ij} 可分解成总平均、水平 A_j 的效应及随机误差三部分之和,同时还满足

$$\begin{cases} \sum\limits_{j=1}^{s} n_j \delta_j = 0 \\ \varepsilon_{ij} \sim N(0,\sigma^2) \quad \text{各 } \varepsilon_{ij} \text{ 相互独立}; i=1,2,\cdots,n_j; j=1,2,\cdots,s. \end{cases} \tag{9.1$'$}$$

假设式(9.1)等价于假设

$$\begin{cases} H_0: \delta_1=\delta_2=\cdots=\delta_s=0 \\ H_1: \delta_1,\delta_2,\cdots,\delta_s \text{ 不全零} \end{cases} \tag{9.2$'$}$$

9.1.2 平方和分解

寻找适当的统计量,对参数进行假设检验.下面从平方和的分解着手,导出假设检验式(9.2)′的检验统计量.记

$$S_T = \sum_{j=1}^{s}\sum_{i=1}^{n_j}(x_{ij}-\bar{x})^2 \tag{9.3}$$

式中:$\bar{x}=\frac{1}{n}\sum\limits_{j=1}^{s}\sum\limits_{i=1}^{n_j} x_{ij}$;$S_T$ 能反映全部试验数据之间的差异,又称总变差.

A_j 下的样本均值为

$$\bar{x}_{\cdot j} = \frac{1}{n_j}\sum_{i=1}^{n_j} x_{ij} \tag{9.4}$$

注意到

$$\begin{aligned}(x_{ij} - \bar{x})^2 &= (x_{ij} - \bar{x}_{\cdot j} + \bar{x}_{\cdot j} - \bar{x})^2 \\ &= (x_{ij} - \bar{x}_{\cdot j})^2 + (\bar{x}_{\cdot j} - \bar{x})^2 + 2(x_{ij} - \bar{x}_{\cdot j})(\bar{x}_{\cdot j} - \bar{x})\end{aligned}$$

而

$$\begin{aligned}\sum_{j=1}^{s}\sum_{i=1}^{n_j}(x_{ij} - \bar{x}_{\cdot j})(\bar{x}_{\cdot j} - \bar{x}) &= \sum_{j=1}^{s}(\bar{x}_{\cdot j} - \bar{x})\left[\sum_{i=1}^{n_j}(x_{ij} - \bar{x}_{\cdot j})\right] \\ &= \sum_{j=1}^{s}(\bar{x}_{\cdot j} - \bar{x})\left(\sum_{i=1}^{n_j}x_{ij} - n_j\bar{x}_{\cdot j}\right) = 0\end{aligned}$$

记

$$S_{\mathrm{E}} = \sum_{j=1}^{s}\sum_{i=1}^{n_j}(x_{ij} - \bar{x}_{\cdot j})^2 \tag{9.5}$$

S_{E} 称为误差平方和.

记

$$S_A = \sum_{j=1}^{s}\sum_{i=1}^{n_j}(\bar{x}_{\cdot j} - \bar{x})^2 = \sum_{j=1}^{s} n_j(\bar{x}_{\cdot j} - \bar{x})^2 \tag{9.6}$$

S_A 称为因素 A 的效应平方和. 于是

$$S_{\mathrm{T}} = S_{\mathrm{E}} + S_A \tag{9.7}$$

利用 ε_{ij} 可更清楚地看到 S_{E}、S_A 的含义,记

$$\bar{\varepsilon} = \frac{1}{n}\sum_{j=1}^{s}\sum_{i=1}^{n_j}\varepsilon_{ij}$$

为随机误差的总平均.

$$\bar{\varepsilon}_{\cdot j} = \frac{1}{n_j}\sum_{i=1}^{n_j}\varepsilon_{ij}, \quad j = 1,2,\cdots,s$$

于是

$$S_{\mathrm{E}} = \sum_{j=1}^{s}\sum_{i=1}^{n_j}(x_{ij} - \bar{x}_{\cdot j})^2 = \sum_{j=1}^{s}\sum_{i=1}^{n_j}(\varepsilon_{ij} - \bar{\varepsilon}_{\cdot j})^2 \tag{9.8}$$

$$S_A = \sum_{j=1}^{s} n_j(\bar{x}_{\cdot j} - \bar{x})^2 = \sum_{j=1}^{s} n_j(\delta_j + \bar{\varepsilon}_{\cdot j} - \bar{\varepsilon})^2 \tag{9.9}$$

平方和的分解公式(式(9.7))说明:总平方和分解成误差平方和与因素 A 的效应平方和. 式(9.8)说明 S_{E} 完全是由随机波动引起的. 而式(9.9)说明 S_A 除随机误差外还含有各水平的效应 δ_j,当 δ_j 不全为零时,S_A 主要反映这些效应的差异. 若 H_0 成立,各水平的效应为零,S_A 中也只含随机误差,因而 S_A 与 S_{E} 相比较相对于某一显著性水平来说不应太大. 方差分析的目的是研究 S_A 相对于 S_{E} 有多大,若 S_A 比 S_{E} 显著地大,这表明各水平对指标的影响有显著差异. 故需研究与 S_A/S_{E} 有关的统计量.

9.1.3 假设检验问题

当 H_0 成立时，设 $x_{ij}\sim N(\mu,\sigma^2)$ $(i=1,2,\cdots,n_j;j=1,2,\cdots,s)$ 且相互独立，利用抽样分布的有关定理，有

$$\frac{S_A}{\sigma^2}\sim\chi^2(s-1) \tag{9.10}$$

$$\frac{S_E}{\sigma^2}\sim\chi^2(n-s) \tag{9.11}$$

$$F=\frac{(n-s)S_A}{(s-1)S_E}\sim F(s-1,n-s) \tag{9.12}$$

于是，对于给定的显著性水平 $\alpha(0<\alpha<1)$，由于

$$P\{F\geqslant F_\alpha(s-1,n-s)\}=\alpha \tag{9.13}$$

由此得假设检验式(9.2)′的拒绝域为

$$F\geqslant F_\alpha(s-1,n-s) \tag{9.14}$$

由样本值计算 F 的值，若 $F\geqslant F_\alpha$，则拒绝 H_0，即认为水平的改变对指标有显著性的影响；若 $F<F_\alpha$，则接受原假设 H_0，即认为水平的改变对指标无显著影响.

上面的分析结果可排成表 9-3，称为方差分析表.

表 9-3

方差来源	平方和	自由度	均方和	F 比
因素 A	S_A	$s-1$	$\bar{S}_A=\frac{S_A}{s-1}$	$F=\bar{S}_A/\bar{S}_E$
误差	S_E	$n-s$	$\bar{S}_E=\frac{S_E}{n-s}$	
总和	S_T	$n-1$		

当 $F\geqslant F_{0.05}(s-1,n-s)$ 时，称为显著.

当 $F\geqslant F_{0.01}(s-1,n-s)$ 时，称为高度显著.

在实际中，可以按以下较简便的公式来计算 S_T、S_A 和 S_E. 记

$$T_{\cdot j}=\sum_{i=1}^{n_j}x_{ij},\quad j=1,2,\cdots,s$$

$$T_{\cdot\cdot}=\sum_{j=1}^{s}\sum_{i=1}^{n_j}x_{ij}$$

即有

$$\begin{cases} S_T=\sum_{j=1}^{s}\sum_{i=1}^{n_j}x_{ij}^2-n\bar{x}^2=\sum_{j=1}^{s}\sum_{i=1}^{n_j}x_{ij}^2-\frac{T_{\cdot\cdot}^2}{n} \\ S_A=\sum_{j=1}^{s}n_j\bar{x}_{\cdot j}^2-n\bar{x}^2=\sum_{j=1}^{s}\frac{T_{\cdot j}^2}{n_j}-\frac{T_{\cdot\cdot}^2}{n} \\ S_E=S_T-S_A \end{cases} \tag{9.15}$$

9.1.4　例题求解

例 9.1.2　如上所述，在例 9.1.1 中需检验假设

$$H_0: \mu_1 = \mu_2 = \mu_3 = \mu_4 \text{（行业对投诉次数没有显著影响）}$$

$$H_1: \mu_1, \mu_2, \mu_3, \mu_4 \text{ 不全相等（行业对投诉次数有显著影响）}$$

给定 $\alpha = 0.05$，完成这一假设检验.

解　$s = 4,\quad n_1 = 7,\quad n_2 = 7,\quad n_3 = 6,\quad n_4 = 6,\quad n = 26$

$$S_T = \sum_{j=1}^{s}\sum_{i=1}^{n_j} x_{ij}^2 - n\bar{x}^2 = 4713.846$$

$$S_A = \sum_{j=1}^{s} n_j \bar{x}_{\cdot j}^2 - n\bar{x}^2 = 2109.084$$

$$S_E = S_T - S_A = 2604.762$$

得方差分析表 9-4.

表 9-4

方差来源	平方和	自由度	均方和	F 比
因素 A	2109.084	3	703.0281	5.9378
误差	2604.762	22	118.3983	
总和	4713.846	25		

因

$$F(3,22) = 5.9378 > F_{0.05}(3,22) = 3.05$$

故拒绝 H_0，即认为 4 个行业对投诉次数有显著差异.

本节所讨论的试验中只有一个因素在改变，这样的试验称为单因素试验. 如果多于一个因素在改变，就称为多因素试验. 关于多因素的方差分析，读者可参考其他教材.

习　题　9.1

1. 从 4 个总体中各抽取容量不同的样本数据，得到如表 9-1-1 题所示资料. 检验 4 个总体的均值之间是否有显著的差异（$\alpha = 0.05$）.

表 9-1-1 题

样本 1	样本 2	样本 3	样本 4
159	157	170	132
149	143	160	152
160	155	181	142

续表

样本 1	样本 2	样本 3	样本 4
153	150	185	130
169	155	183	134
174	150	165	
170			

2. 某灯泡厂用 4 种不同配料方案制成的灯丝，生产了 4 批灯泡，在每批灯泡中随机抽取若干灯泡测得其使用寿命(单位:h). 数据如表 9-1-2 题所示. 试问用这 4 种灯丝生产的灯泡使用寿命有无显著差异($\alpha=0.05$)?

表 9-1-2 题

方案 1	方案 2	方案 3	方案 4
1615	1580	1460	1510
1610	1650	1555	1520
1649	1640	1600	1535
1680	1710	1660	1570
1710	1760	1660	1605
1715		1730	1675
1800		1820	
		1815	

3. 某家电制造公司准备购进一批 7 号电池，现有 A、B、C 3 个电池生产企业愿意供货，为比较它们生产的电池质量，从每个企业各随机抽取 6 个电池，经试验得其寿命(单位:h). 数据如表 9-1-3 题所示.

表 9-1-3 题

A	B	C
51	33	46
52	29	43
44	31	39
41	35	48
40	25	41
39	26	42

试问这 3 类电池的寿命是否有显著差异($\alpha=0.05$)?

9.2　一元线性回归分析

9.2.1　一元线性回归概述

在客观世界中变量之间的关系有两类:一类是确定性关系,例如,圆的面积 S 与半径 R 的关系为 $S=\pi R^2$,如果已知这两个变量中的任意一个,则另一个就可精确地求出.另一类是非确定性关系,即所谓相关关系.例如,子女身高与父母的身高就有一定的关系,一般来讲,父母身高相对较高的,其子女身高也相对高一些,但是子女身高与父母身高之间的关系不能用一个确定的函数关系表达出来.又如,温度与农作物产量之间的关系、人的血压与年龄之间的关系也是这样.另一方面,即便是具有确定关系的变量,由于试验误差的影响,其表现形式也具有某种程度的不确定性.

具有相关关系的变量之间虽然具有某种不确定性,但通过对它们的不断观测,可以探索出它们之间的统计规律,回归分析就是研究这种统计规律的一种数学方法[35].它主要解决以下几方面问题.

(1) 从一组观测数据出发,确定这些变量之间的回归方程.

(2) 对回归方程进行假设检验.

(3) 利用回归方程进行预测和控制.

本节重点讨论有关一元线性回归的问题.设随机变量 y 与 x 之间存在着某种相关关系,这里 x 是可以控制或可精确观测的变量,如在温度与产量的关系中,温度是能控制的,可以随意指定几个值 $x_1,x_2,\cdots,x_n$,故可将它看成普通变量,称为自变量,而产量 y 是随机变量,无法预先作出产量是多少的准确判断,称为因变量.

由 x 可以在一定程度上决定 y,但由 x 的值不能准确地确定 y 的值.为了研究它们的这种关系,对 (x,y) 进行一系列观测,得到一个容量为 n 的样本(x 取一组不完全相同的值):$(x_1,y_1),(x_2,y_2),\cdots,(x_n,y_n)$,其中 y_i 是 $x=x_i$ 处对随机变量 y 观测的结果.每对 (x_i,y_i) 在直角坐标系中对应一个点,把它们都标在平面直角坐标系中,称所得到的图为散点图,如图 9-1 所示.

由图 9-1(a)可看出散点大致地围绕一条直线散布,而图 9-1(b)中的散点大致围绕一条抛物线散布,这就是变量间统计规律性的一种表现.

如果图中的点像图 9-1(a)中那样呈直线状,则表明 y 与 x 之间有线性相关关

---

[35] 回归分析是根据变量间的关系建模的统计方法.建立模型的实质就是在纷繁复杂的现象(变量)之间寻找联系、寻找规律.习近平总书记关于世界发展态势和国际格局变化有这样论述:"要树立世界眼光、把握时代脉搏,要把当今世界的风云变幻看准、看清、看透,从林林总总的表象中发现本质,尤其要认清长远趋势",这一论述和回归分析的思想是十分契合的.

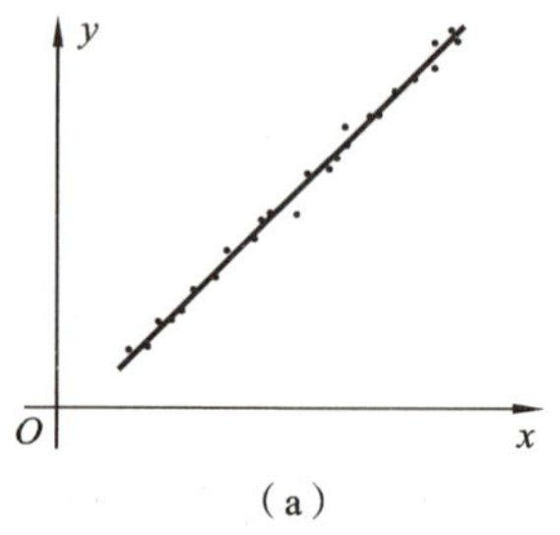

(a)

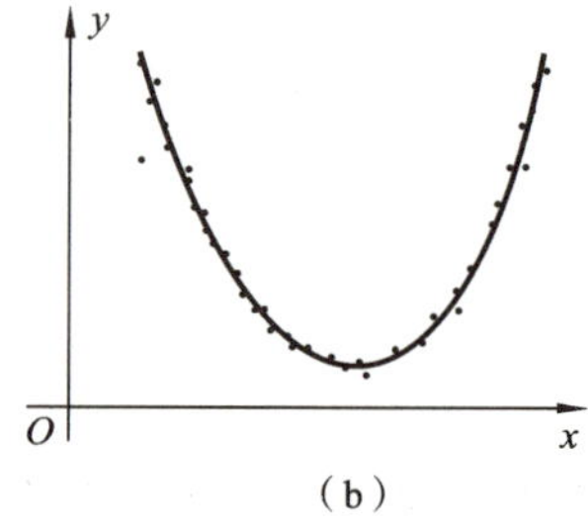

(b)

图 9-1

系,可建立数学模型

$$y=a+bx+\varepsilon \tag{9.16}$$

来描述它们之间的关系.因为 x 不能严格地确定 y,故带有一误差项 ε,假设 $\varepsilon\sim N(0,\sigma^2)$,相当于对 y 作这样的正态假设,对于 x 的每一个值有 $y\sim N(a+bx,\sigma^2)$,其中未知数 a、b、σ^2 不依赖于 x.式(9.16)称为一元线性回归模型(simple linear regression model).

在式(9.16)中,a、b、σ^2 是待估计参数.估计它们的最基本方法是最小二乘法.记 $\hat{a}$ 和 $\hat{b}$ 是用最小二乘法获得的估计,则对于给定的 x,方程

$$\hat{y}=\hat{a}+\hat{b}x \tag{9.17}$$

称为 y 关于 x 的线性回归方程或回归方程,其图形称为回归直线.

9.2.2 一元线性回归的参数估计

最小二乘法是估计未知参数的一种重要方法,现用它来求一元线性回归模型(式(9.16))中 a 和 b 的估计.

最小二乘法的基本思想是:对一组观测值 (x_1,y_1),(x_2,y_2),$\cdots$,(x_n,y_n),使误差 $\varepsilon_i=y_i-(a+bx_i)$ 的平方和

$$Q(a,b)=\sum_{i=1}^{n}\varepsilon_i^2=\sum_{i=1}^{n}[y_i-(a+bx_i)]^2 \tag{9.18}$$

达到最小的 $\hat{a}$ 和 $\hat{b}$ 作为 a 和 b 的估计,称其为最小二乘估计(least squares estimates).直观地说,平面上直线很多,选取哪一条最佳呢?很自然的一个想法是,当点 (x_i,y_i),$i=1,2,\cdots,n$,与某条直线的偏差平方和比它们与任何其他直线的偏差平方和都要小时,这条直线便能最佳地反映这些点的分布状况,并且可以证明,在某些假设下,偏差平方和是所有线性无偏估计中最好的.根据微分学的极值原理,可将 $Q(a,b)$ 分别对 a,b 求偏导数,并令它们等于零,得到方程组

$$\begin{cases}\dfrac{\partial Q}{\partial a}=-2\sum\limits_{i=1}^{n}(y_i-a-bx_i)=0\\[2ex]\dfrac{\partial Q}{\partial b}=-2\sum\limits_{i=1}^{n}(y_i-a-bx_i)x_i=0\end{cases} \tag{9.19}$$

即

$$\begin{cases} na + (\sum_{i=1}^{n} x_i)b = \sum_{i=1}^{n} y_i \\ (\sum_{i=1}^{n} x_i)a + (\sum_{i=1}^{n} x_i^2)b = \sum_{i=1}^{n} x_i y_i \end{cases} \tag{9.20}$$

式(9.20)称为正规方程组.

由于 x_i 不全相同,正规方程组的参数行列式

$$\begin{vmatrix} n & \sum_{i=1}^{n} x_i \\ \sum_{i=1}^{n} x_i & \sum_{i=1}^{n} x_i^2 \end{vmatrix} = n\sum_{i=1}^{n} x_i^2 - \left(\sum_{i=1}^{n} x_i\right)^2 = n\sum_{i=1}^{n}(x_i - \bar{x})^2 \neq 0$$

故式(9.21)有唯一解

$$\begin{cases} \hat{b} = \dfrac{\sum_{i=1}^{n}(x_i - \bar{x})(y_i - \bar{y})}{\sum_{i=1}^{n}(x_i - \bar{x})^2} \\ \hat{a} = \hat{y} - \hat{b}\bar{x} \end{cases} \tag{9.21}$$

于是,所求的线性回归方程为

$$\hat{y} = \hat{a} + \hat{b}x \tag{9.22}$$

若将 $\hat{a} = \hat{y} - \hat{b}\bar{x}$ 代入式(9.22),则线性回归方程亦可表示为

$$\hat{y} = \bar{y} + \hat{b}(x - \bar{x}) \tag{9.23}$$

式(9.23)表明,对于样本观测值(x_1, y_1),(x_2, y_2),…,(x_n, y_n),回归直线通过散点图的几何中心$(\bar{x}, \bar{y})$. 回归直线是一条过点$(\bar{x}, \bar{y})$,斜率为 $\hat{b}$ 的直线.

上述确定回归直线所依据的原则是使所有观测数据的偏差平方和达到最小值. 按照这个原理确定回归直线的方法称为最小二乘法."二乘"是指 Q 是二乘方(平方)的和. 如果 y 是正态变量,也可用极大似然估计法得出相同的结果.

为了计算上的方便,引入下述记号:

$$\begin{cases} S_{xx} = \sum_{i=1}^{n}(x_i - \bar{x})^2 = \sum_{i=1}^{n} x_i^2 - \dfrac{1}{n}\left(\sum_{i=1}^{n} x_i\right)^2 \\ S_{yy} = \sum_{i=1}^{n}(y_i - \bar{y})^2 = \sum_{i=1}^{n} y_i^2 - \dfrac{1}{n}\left(\sum_{i=1}^{n} y_i\right)^2 \\ S_{xy} = \sum_{i=1}^{n}(x_i - \bar{x})(y_i - \bar{y}) = \sum_{i=1}^{n} x_i y_i - \dfrac{1}{n}\left(\sum_{i=1}^{n} x_i\right)\left(\sum_{i=1}^{n} y_i\right) \end{cases} \tag{9.24}$$

这样,a、b 的估计可写成

$$\begin{cases} \hat{b} = \dfrac{S_{xy}}{S_{xx}} \\ \hat{a} = \dfrac{1}{n}\sum_{i=1}^{n} y_i - \left(\dfrac{1}{n}\sum_{i=1}^{n} x_i\right)\hat{b} \end{cases} \tag{9.25}$$

例 9.2.1 随机抽取 7 家超市，得到其广告费支出和销售额数据如表 9-5 所示.

表 9-5

超市	广告费支出 x/ 万元	销售额 y/ 万元
1	1	19
2	2	32
3	4	44
4	6	40
5	10	52
6	14	53
7	20	54

试求销售额对广告费支出的回归方程.

解 为求线性回归方程，将有关计算结果列表 9-6.

表 9-6

超市	广告费支出 x/ 万元	销售额 y/ 万元	x^2	xy	y^2
1	1	19	1	19	361
2	2	32	4	64	1024
3	4	44	16	176	1936
4	6	40	36	240	1600
5	10	52	100	520	2704
6	14	53	196	742	2809
7	20	54	400	1080	2916
求和	57	294	753	2841	13350

$$S_{xx} = 753 - \frac{1}{7}(57)^2 = 288.8571$$

$$S_{xy} = 2841 - \frac{1}{7} \times 294 \times 57 = 447$$

$$\hat{b} = \frac{S_{xy}}{S_{xx}} = 1.5475, \quad \hat{a} = \frac{294}{7} - 1.5475 \times \frac{57}{7} = 29.3989$$

故回归方程为

$$\hat{y} = 29.3989 + 1.5475x$$

9.2.3　一元线性回归的假设检验

从上述求回归直线的过程看，用最小二乘法求回归直线并不需要 y 与 x 一定具有线性相关关系，对任何一组试验数据 $(x_i, y_i)(i=1,2,\cdots,n)$ 都可用最小二乘法求出一条 y 关于 x 的回归直线. 若 y 与 x 间不存在某种线性相关关系，那么这种直线是没有意义的，这就需要对 y 与 x 的线性回归方程进行假设检验，即检验 x 的变化对变量 y 的影响是否显著. 这个问题可利用线性相关的显著性检验来解决.

因为当且仅当 $b \neq 0$ 时，变量 y 与 x 之间存在线性相关关系. 因此需要检验假设：

$$H_0: b = 0, \quad H_1: b \neq 0 \tag{9.26}$$

若拒绝 H_0，则认为 y 与 x 之间存在线性关系，所求得的线性回归方程有意义；若接受 H_0，则认为 y 与 x 的关系不能用一元线性回归模型来表示，所求得的线性回归方程无意义.

关于上述假设的检验，介绍两种常用的检验法.

1. 方差分析法（F 检验法）

当 x 取值 $x_1, x_2, \cdots, x_n$ 时，得 y 的一组观测值 $y_1, y_2, \cdots, y_n$.

$$Q_{总} = S_{yy} = \sum_{i=1}^{n}(y_i - \bar{y})^2$$

称为 $y_1, y_2, \cdots, y_n$ 的总偏差平方和（total sum of squares），它的大小反映了观测值 $y_1, y_2, \cdots, y_n$ 的分散程度. 对 $Q_{总}$ 进行分析：

$$\begin{aligned} Q_{总} &= \sum_{i=1}^{n}(y_i - \bar{y})^2 = \sum_{i=1}^{n}[(y_i - \hat{y}_i) + (\hat{y}_i - \bar{y})]^2 \\ &= \sum_{i=1}^{n}(y_i - \hat{y}_i)^2 + \sum_{i=1}^{n}(y_i - \bar{y})^2 \\ &= Q_{剩} + Q_{回} \end{aligned} \tag{9.27}$$

式中：

$$Q_{剩} = \sum_{i=1}^{n}(y_i - \hat{y}_i)^2$$

$$Q_{回} = \sum_{i=1}^{n}(\hat{y}_i - \bar{y})^2 = \sum_{i=1}^{n}[(\hat{a} + \hat{b}x_i) - (\hat{a} + \hat{b}\bar{x})]^2 = \hat{b}^2 \sum_{i=1}^{n}(x_i - \bar{x})^2$$

$Q_{剩}$ 为剩余平方和（residual sum of squares），它反映了观测值 y_i 偏离回归直线的程度，这种偏离是由试验误差及其他未加控制的因素引起的. 可证明 $\hat{\sigma}^2 = \dfrac{Q_{剩}}{n-2}$ 是 σ^2 的无偏估计.

$Q_{回}$ 为回归平方和（regression sum of squares），它反映了回归值 $\hat{y}_i(i=1,2,\cdots,$

n)的分散程度,它的分散性是因 x 的变化而引起的,并通过 x 对 y 的线性影响反映出来.因此 $\hat{y}_1,\hat{y}_2,\cdots,\hat{y}_n$ 的分散性来源于 $x_1,x_2,\cdots,x_n$ 的分散性.

通过对 $Q_{剩}$、$Q_{回}$ 的分析,$y_1,y_2,\cdots,y_n$ 的分散程度 $Q_{总}$ 的两种影响可以从数量上区分开来.$Q_{剩}$ 较小时,偏离回归直线的程度小.$Q_{剩}$ 较大时,分散程度大.因而 $Q_{回}$ 与 $Q_{剩}$ 的比值反映了这种线性相关关系与随机因素对 y 的影响的大小.比值越大,线性相关性越强.

可证明统计量

$$F=\frac{Q_{回}}{1}\bigg/\frac{Q_{剩}}{n-2}\overset{H_0真}{\sim}F(1,n-2) \tag{9.28}$$

给定显著性水平 α,若 $F\geqslant F_\alpha$,则拒绝假设 H_0,即认为在显著性水平 α 下,y 对 x 的线性相关关系是显著的.反之,则认为 y 对 x 没有线性相关关系,即所求线性回归方程无实际意义.

检验时,可使用方差分析表 9-7.

表 9-7

方差来源	平方和	自由度	均方	F 比
回归 剩余	$Q_{回}$ $Q_{剩}$	1 $n-2$	$Q_{回}/1$ $Q_{剩}/(n-2)$	$F=\dfrac{Q_{回}}{Q_{剩}/(n-2)}$
总计	$Q_{总}$	$n-1$		

其中:

$$\begin{cases}Q_{回}=\sum\limits_{i=1}^{n}(\hat{y}_i-\bar{y})^2=\hat{b}^2S_{xx}^2=S_{xy}^2/S_{xx}\\ Q_{剩}=Q_{总}-Q_{回}=S_{yy}-S_{xy}^2/S_{xx}\end{cases} \tag{9.29}$$

例 9.2.2 在显著性水平 $\alpha=0.05$ 下,检验例 9.2.1 中的回归效果是否显著.

解 由例 9.2.1 知

$$n=7,\quad S_{xx}=288.8571,\quad S_{xy}=447$$

$$S_{yy}=1002,\quad Q_{回}=S_{xy}^2/S_{xx}=691.7227$$

$$Q_{剩}=Q_{总}-Q_{回}=1002-691.7227=310.2773$$

$$F=Q_{回}\bigg/\frac{Q_{剩}}{n-2}=11.14685>F_{0.05}(1,5)=6.61$$

故拒绝 H_0,即两变量的线性相关关系是显著的.

2. 相关系数法(t 检验法)

为了检验线性回归直线是否显著,还可用 x 与 y 之间的相关系数来检验.相关系数的定义是

$$r=\frac{S_{xy}}{\sqrt{S_{xx}\cdot S_{yy}}} \tag{9.30}$$

由于

$$Q_{回}/Q_{总}=\frac{S_{xy}^2}{S_{xx}S_{yy}}=r^2(|r|\leqslant 1),\quad \hat{b}=\frac{S_{xy}}{S_{xx}}$$

则

$$r=\frac{\hat{b}S_{xx}}{\sqrt{S_{xx}S_{yy}}}$$

显然 r 和 $\hat{b}$ 的符号是一致的，它的值反映了 x 和 y 的内在联系.

提出检验假设：

$$H_0: r=0,\quad H_1: r\neq 0 \tag{9.31}$$

可以证明，当 H_0 为真时，有

$$t=\frac{r}{\sqrt{1-r^2}}\sqrt{n-2}\sim t(n-2) \tag{9.32}$$

故 H_0 的拒绝域为

$$t\geqslant t_{\alpha/2}(n-2) \tag{9.33}$$

由上例的数据可算出

$$r=\frac{S_{xy}}{\sqrt{S_{xx}S_{yy}}}=0.8309$$

$$t=\frac{r}{\sqrt{1-r^2}}\sqrt{n-2}=3.3387>t_{0.025}(5)=2.571$$

故拒绝 H_0，即两变量的线性相关性显著.

在一元线性回归预测中，相关系数法、F 检验法等价，在实际中只需作其中一种检验即可.

*9.2.4　一元线性回归的预测与控制

1. 预测

由于 x 与 y 并非确定性关系，因此对于任意给定的 $x=x_0$，无法精确知道相应的 y_0 值，但可由回归方程计算出一个回归值 $\hat{y}_0=\hat{b}+x_0$，可以以一定的置信水平预测对应的 y 的观测值的取值范围，也即对 y_0 做区间估计，即对于给定的置信水平 $1-\alpha$，求出 y_0 的置信区间(称为预测区间(prediction interval))，这就是所谓的预测问题.

对于给定的置信水平 $1-\alpha$，可证明 y_0 的 $1-\alpha$ 预测区间为

$$\left(\hat{y}_0\pm t_{\frac{\alpha}{2}}(n-2)\hat{\sigma}\sqrt{1+\frac{1}{n}+\frac{(x_0-\overline{x})^2}{S_{xx}}}\right) \tag{9.34}$$

给定样本观测值，作出曲线

$$\begin{cases} y_1(x)=\hat{y}(x)-t_{\frac{\alpha}{2}}(n-2)\hat{\sigma}\sqrt{1+\dfrac{1}{n}+\dfrac{(x_0-\overline{x})^2}{S_{xx}}} \\ y_2(x)=\hat{y}(x)+t_{\frac{\alpha}{2}}(n-2)\hat{\sigma}\sqrt{1+\dfrac{1}{n}+\dfrac{(x_0-\overline{x})^2}{S_{xx}}} \end{cases} \tag{9.35}$$

这两条曲线形成包含回归直线 $\hat{y}=\hat{a}+\hat{b}x$ 的带形域，如图 9-2 所示，这一带形域在 $x=\bar{x}$ 处最窄，说明越靠近，预测就越精确. 而当 x_0 远离时，置信区域逐渐加宽，此时精度逐渐下降.

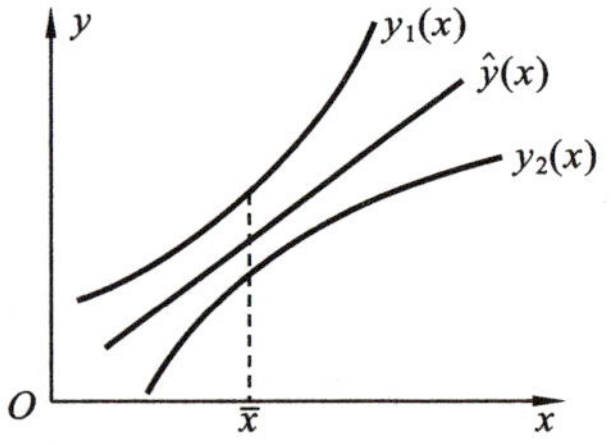

图 9-2

在实际的回归问题中，若样本容量 n 很大，在 $\bar{x}$ 附近的 x 可得到较短的预测区间，又可简化计算

$$\sqrt{1+\frac{1}{n}+\frac{(x_0-\bar{x})^2}{S_{xx}}}\approx 1$$

$$t_{\frac{\alpha}{2}}(n-2)\approx z_{\frac{\alpha}{2}}$$

故 y_0 的置信水平为 $1-\alpha$ 的预测区间近似地等于

$$(\hat{y}-\hat{\sigma}z_{\frac{\alpha}{2}},\hat{y}+\hat{\sigma}z_{\frac{\alpha}{2}}) \tag{9.36}$$

特别地，取 $1-\alpha=0.95$，y_0 的置信水平为 0.95 的预测区间为

$$(\hat{y}_0-1.96\hat{\sigma},\hat{y}_0+1.96\hat{\sigma})$$

取 $1-\alpha=0.997$，y_0 的置信水平为 0.997 的预测区间为

$$(\hat{y}_0-2.97\hat{\sigma},\hat{y}_0+2.97\hat{\sigma})$$

可以预料，在全部可能出现的 y 值中，大约有 99.7% 的观测点落在直线 $L_1: y=\hat{a}-2.97\hat{\sigma}+\hat{b}x$ 与直线 $L_2: y=\hat{a}+2.97\hat{\sigma}+\hat{b}x$ 所夹的带形区域内，如图 9-3 所示.

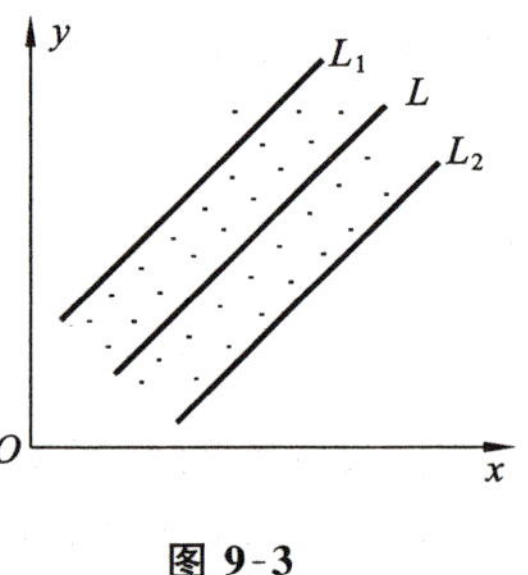

图 9-3

可见，预测区间意义与置信区间的意义相似，只是后者对未知参数而言，前者对随机变量而言.

2. 控制

控制实际上是预测的反问题，即要求观测值 y 在一定范围 $y_1<y<y_2$ 内取值，应考虑把自变量 x 控制在什么范围，即对于给定的置信水平 $1-\alpha$，求出相应的 x_1、x_2，使 $x_1<x<x_2$ 时，x 所对应的观测值 y 落在 (y'_1,y'_2) 之内的概率不小于 $1-\alpha$.

当 n 很大时，从方程

$$\begin{cases} y_1=\hat{y}-\hat{\sigma}z_{\frac{\alpha}{2}}=\hat{a}+\hat{b}x-\hat{\sigma}z_{\frac{\alpha}{2}} \\ y_2=\hat{y}+\hat{\sigma}z_{\frac{\alpha}{2}}=\hat{a}+\hat{b}x+\hat{\sigma}z_{\frac{\alpha}{2}} \end{cases} \tag{9.37}$$

分别求解出 x 来作为控制 x 的上、下限：

$$\begin{cases} x_1=(y_1-\hat{a}+\hat{\sigma}z_{\frac{\alpha}{2}})/\hat{b} \\ x_2=(y_2-\hat{a}-\hat{\sigma}z_{\frac{\alpha}{2}})/\hat{b} \end{cases} \tag{9.38}$$

当 $\hat{b}>0$ 时，控制区间为 (x_1,x_2)，如图 9-4(a) 所示；当 $\hat{b}<0$ 时，控制区间为 (x_2,x_1)，如图 9-4(b) 所示.

注意，为了实现控制，必须使区间 (y_1,y_2) 的长度不小于 $2z_{\frac{\alpha}{2}}\hat{\sigma}$，即

$$y_2-y_1>2\hat{\sigma}z_{\frac{\alpha}{2}}$$

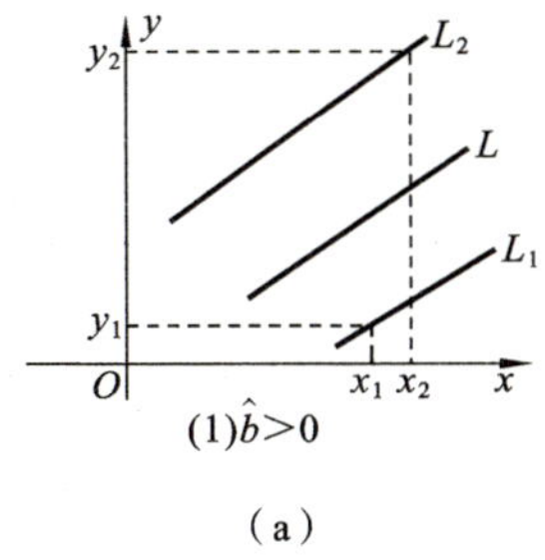

(1)$\hat{b}>0$

(a)

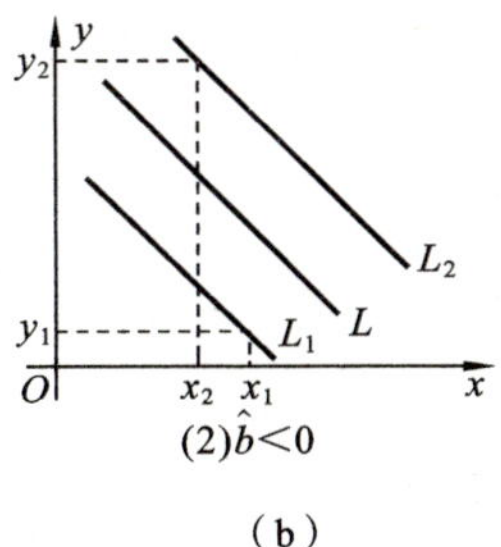

(2)$\hat{b}<0$

(b)

图 9-4

习　题　9.2

1. 从一行业中随机的抽取 14 家企业，所得的产量与生产费用的数据如表 9-2-1 题所示.

表 9-2-1 题

企业编号	产量 x/台	生产费用 y/万元	企业编号	产量 x/台	生产费用 y/万元
1	40	130	8	100	170
2	42	150	9	116	167
3	50	155	10	125	180
4	55	140	11	130	175
5	65	150	12	140	185
6	78	154	13	150	190
7	84	165	14	155	196

(1) 利用最小二乘法计算估计的回归方程.

(2) 检验回归方程线性关系的显著性($\alpha=0.05$).

2. 随机抽取的 12 家航空公司，对其最近一年的航班正点率和顾客投诉次数进行了调查，所得数据如表 9-2-2 题所示.

表 9-2-2 题

航空公司编号	航班正点率/(%)	投诉次数/次
1	81.8	21
2	76.6	58
3	76.6	85

续表

航空公司编号	航班正点率/(%)	投诉次数/次
4	75.7	68
5	73.8	74
6	72.2	93
7	71.2	72
8	70.8	122
9	91.4	18
10	68.5	125
11	90	20
12	70	120

(1) 用航班正点率作自变量,顾客投诉次数作因变量,求估计的回归方程.

(2) 检验回归方程线性关系的显著性($\alpha=0.05$).

3. 在硝酸钠($NaNO_3$)的溶解度试验中,测得在不同温度 x(℃)下,溶解于 100 份水中的硝酸钠份数 y 的数据如表 9-2-3 题所示,试求 y 关于 x 的线性回归方程.

表 9-2-3 题

x	0	3	9	14	20	30	37	50	65
y	65.3	68	72.3	79.2	84.5	93.1	101.4	114.6	120.4

综合练习 9

1. 灯泡厂用 4 种不同的材料制成灯丝,检验灯线材料这一因素对灯泡寿命的影响.若灯泡寿命(单位:h)服从正态分布,用不同材料的灯丝制成的灯泡寿命的方差相同,试根据表综合练习 9-1 中试验结果记录,在显著性水平 0.05 下,检验灯泡寿命是否因灯丝材料不同而有显著差异.

表综合练习 9-1

		试验批号							
		1	2	3	4	5	6	7	8
灯丝材料水平	A_1	1615	1609	1649	1688	1705	1710	1815	1800
	A_2	1570	1650	1648	1705	1745	1700		
	A_3	1455	1545	1605	1615	1645	1665	1750	
	A_4	1515	1522	1533	1574	1602	1678	1600	

2. 一个年级有三个小班，他们进行了一次数学考试，现从各个班级随机地抽取了一些学生，记录其成绩如表 9-2 综合练习-2 所示：

表综合练习 9-2

A 班	75	88	83	42	81	74	65	61	48	94	37	79	
B 班	89	79	50	92	50	86	78	55	76	30	77	65	73
C 班	69	80	57	92	70	72	85	42	60	67	54	80	18

试在显著性水平 0.05 下检验各班级的平均分数有无显著差异. 设各个总体服从正态分布，且方差相等.

3. 测量了 10 对父子的身高(单位：英寸)，所得数据如表综合练习 9-3 所示.

表综合练习 9-3

x	61	62	64	65	67	68	69	71	72	73
y	63.8	65.3	66	66.5	67.2	68.1	69.4	70.2	73.1	74.2

(1) 求儿子身高 y 关于父亲身高 x 的回归方程.

(2) 取 $\alpha=0.05$，检验儿子的身高 y 与父亲身高 x 之间的线性相关关系是否显著.

4. 随机抽取了 12 个家庭，调查了他们的家庭月收入 x(单位：百元)和月支出 y(单位：百元)，记录于表综合练习 9-4 中：

表综合练习 9-4

x	19	16	19	24	14	21	18	20	15	17	22	26
y	18.5	14.5	17.5	19.8	12.1	18.8	16.8	18.8	20.5	14.2	18.9	22.3

(1) 求 y 与 x 的一元线性回归方程.

(2) 对所得的回归方程作显著性检验($\alpha=0.05$).

5. 某种产品在生产时产生的有害物质的质量(单位：g)y 与它的燃烧消耗量(单位：kg)x 之间存在某种相关关系. 由以往的生产记录得到如表综合练习 9-5 所示数据：

表综合练习 9-5

x	288	297	315	325	329	330	332	355	358	360
y	43.2	42.5	41.9	38.9	38.4	38.6	38.5	37.6	38.1	39.2

(1) 求 y 与 x 的一元线性回归方程.

(2) 对所得的回归方程作显著性检验($\alpha=0.05$).

科学家传记(九)

参考答案(九)

第 10 章　Excel 软件在概率统计中的应用

随着近几年计算机技术的飞速发展，各种统计软件的功能越来越强大，这些强有力的计算工具为数学教育改革提供了良好的契机. 在这些统计软件中，最简单易学的莫过于 Excel. 该软件操作简单，界面清晰，是 Office 办公软件的一个重要成员. 本章主要内容为中文 Excel 的基本介绍，Excel 数据计算的基本操作，Excel 在参数估计中的应用，Excel 在假设检验中的应用.

【课程思政】

(1) 通过计算机实操训练，培养学生的实际动手能力，感受科技的力量.

(2) 了解我国统计学家的故事，激励学生努力学习，增强学生的爱国主义情怀.

10.1　中文 Excel 的基本介绍

10.1.1　中文 Excel 的概述

Excel 是一个功能多、技术先进、使用方便的表格式数据综合管理和分析系统，它采用电子表格的形式进行数据处理，工作简单明了，提供了丰富的函数，可以进行数据处理、统计分析和决策，同时，还具有较好的制图功能.

工作表区由单元格组成，每个单元格由列标和行号识别. 工作表区的最上面一行为列标，用 A，B，…，Z，AA，AB，…，AZ，BA，BB，…，BZ，…，IA，…，IV 等表示，工作表区左边一列为行号，用 1，2，3，…表示，Excel 2007 及 Excel 2010 增大了数据容量，列数最多可为 16384，行数最多可为 1048576. 单元格“A1”表示单元格位于 A 列第 1 行. 单元格区域则规定为矩形，例如“A1:E4”表示一矩形区域，如图 10-1 所示，A1 和 E4 分别为该区域的主对角线两端的单元格. 每张工作表有一个标签与之对应，如“sheet 1”“sheet 2”“sheet 3”. 工作表隶属于工作簿，一个工作簿最多可由 255 张不同的工作表组成.

10.1.2　Excel 函数的调用方法

(1) 选择函数值存放的单元格. 若是 Excel 2003，使用“插入”菜单→“函数”选项，如图 10-2 所示，或使用“常用”工具栏中的“粘贴函数”按钮进入“粘贴函数”对话框；若是 Excel 2010，使用公式菜单→“插入函数”选项.

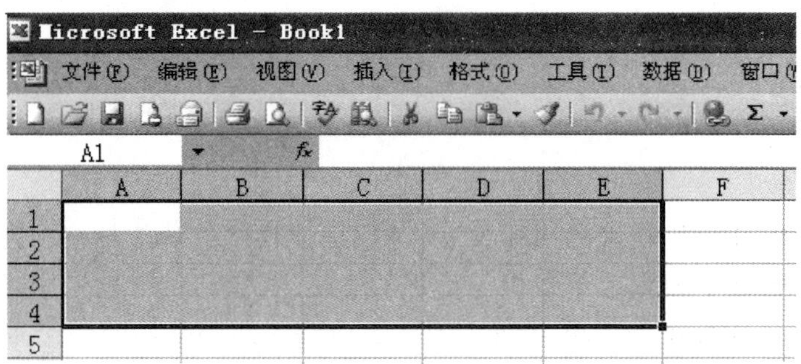

图 10-1

(2) 选择“函数”选项后，将出现如图 10-3 所示的对话框.

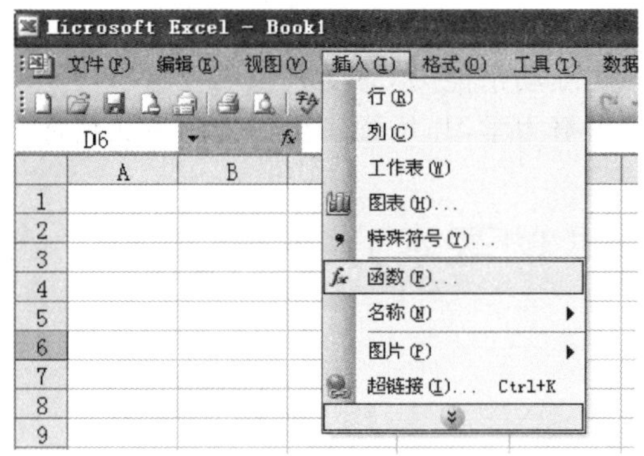

图 10-2

图 10-3

(3) 在“或选择类别”列表中选择“统计”，如图 10-4 所示，然后在“函数名”列表中选择相应的函数，如选中函数“AVERAGE”，单击“确定”按钮，出现输入数据或单元格范围的对话框，如图 10-5 所示.

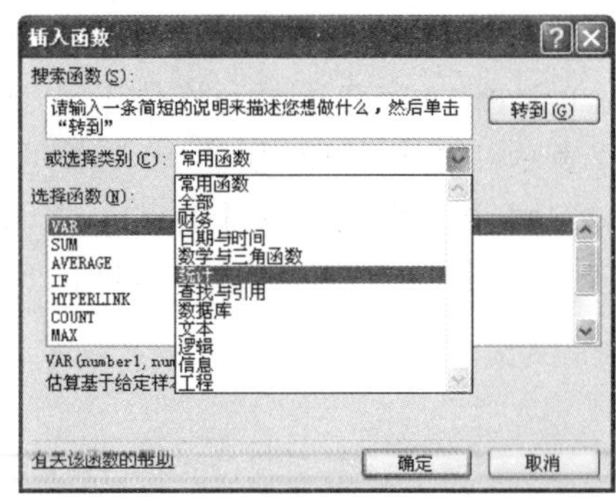

图 10-4

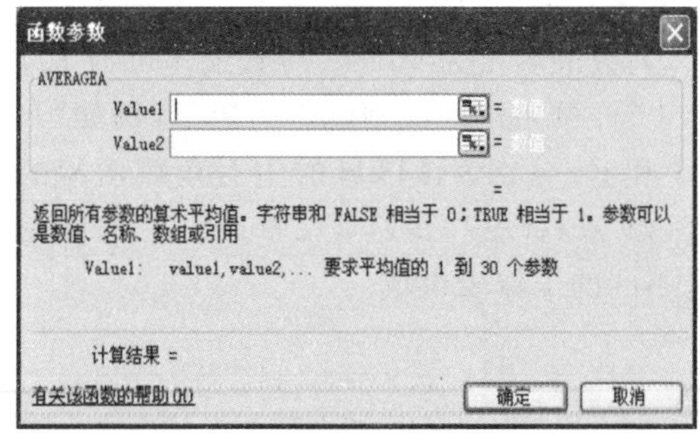

图 10-5

(4) 输入数据或单元格范围，单击“确定”按钮，在函数值存放的单元格即计算出(返回)函数值.

注　若对某函数的使用不太熟悉，可以单击图 10-5 所示左下方的“有关该函数的帮助”，即可获得帮助.

10.1.3　Excel 中加载数据分析的方法

1. Excel 2003

(1) 单击“工具”菜单中“加载宏”选项，出现“加载宏”对话框.

(2) 在对话框中选定“分析工具库”(在前面打“√”)，如图 10-6 所示.

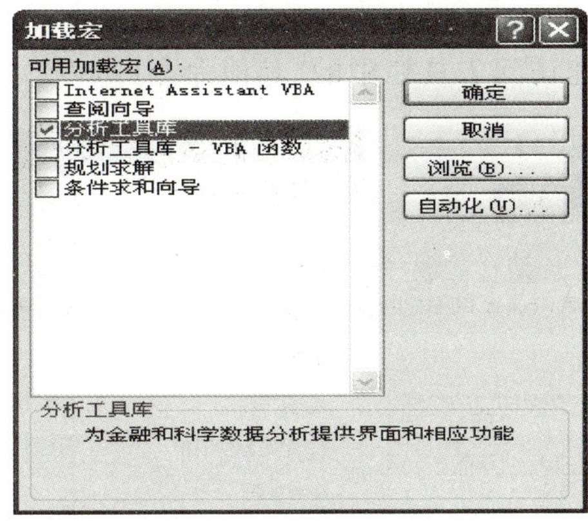

图 10-6

(3) 单击“确定”按钮. 再次打开“工具”菜单，下拉菜单中将出现“数据分析”，如图 10-7 所示，本功能加载成功.

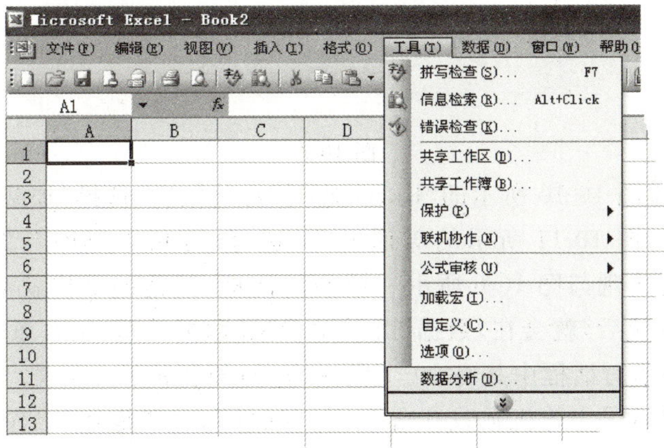

图 10-7

(4) 单击“数据分析”菜单,将出现如图 10-8 所示的对话框.

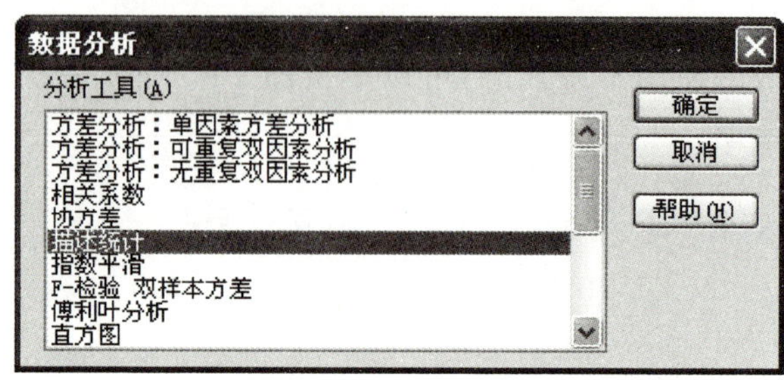

图 10-8

2. Excel 2010

(1) 单击自定义快速访问工具栏中的“其他命令(M)”,如图 10-9 所示.

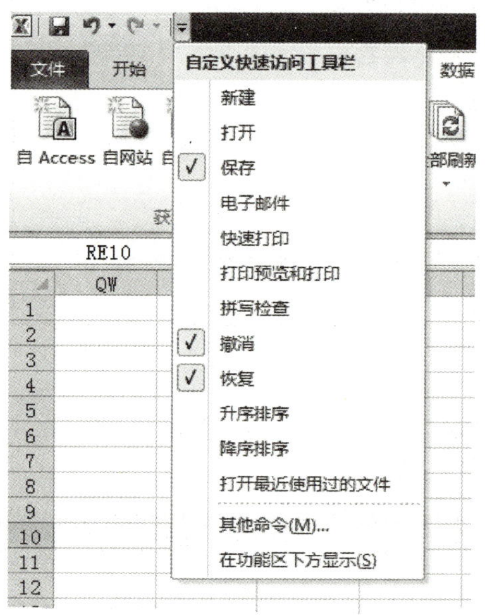

图 10-9

(2) 当出现如图 10-10 所示的“Excel 选项”对话框后,选择“加载项”.

(3) 当出现如图 10-11 所示的对话框后,选择“分析工具库”,然后单击下方的“转到”按钮,则将出现与图 10-6 所示一样的对话框,其他的操作就与 Excel 2003 的一致了. 当加载完成后,就会在“数据”菜单中看见“数据分析”工具条了.

在图 10-8 所示对话框中共有 19 个模块,它们分别属于 5 大类.

(1) 基础分析:① “随机数发生器”;② “抽样”;③ “描述统计”;④ “直方图”;⑤ “排位与百分比排位”.

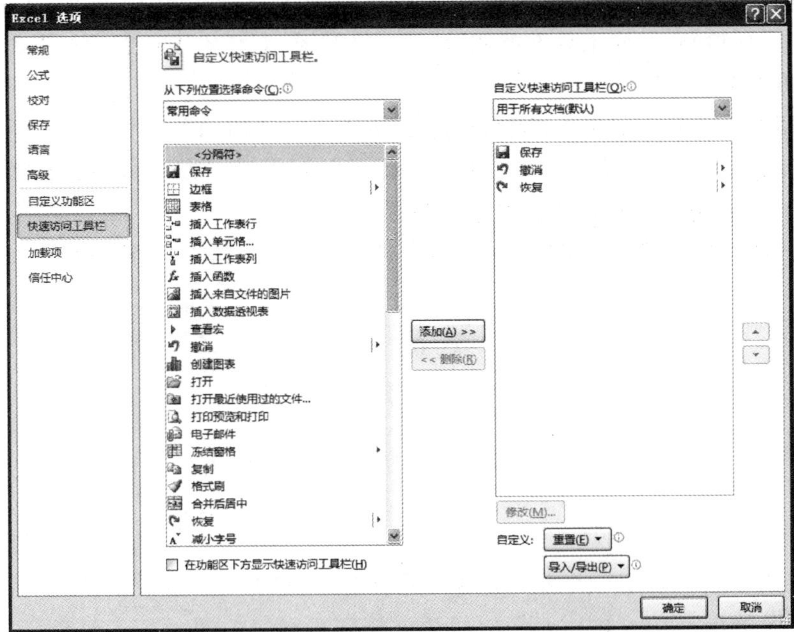
Excel 选项
常规
公式
校对
保存
语言
高级
自定义功能区
快速访问工具栏
加载项
信任中心
自定义快速访问工具栏。
从下列位置选择命令(C):
常用命令
<分隔符>
保存
边框
表格
插入工作表行
插入单元格...
插入工作表列
插入函数
插入来自文件的图片
插入数据透视表
查看宏
撤消
创建图表
打开
打开最近使用过的文件...
打印预览和打印
电子邮件
冻结窗格
复制
格式刷
合并后居中
恢复
减小字号
在功能区下方显示快速访问工具栏(H)
自定义快速访问工具栏(Q):
用于所有文档(默认)
保存
撤消
恢复
添加(A) >>
<< 删除(R)
修改(M)...
自定义:
重置(E)
导入/导出(P)
确定
取消

图 10-10

Excel 选项
常规
公式
校对
保存
语言
高级
自定义功能区
快速访问工具栏
加载项
信任中心
查看和管理 Microsoft Office 加载项。
加载项
名称
位置
类型
活动应用程序加载项
Chinese Conversion Addin
C:\...Office\Office14\ADDINS\TCSCCONV.DLL
COM 加载项
分析工具库
C:\...\Office14\Library\Analysis\ANALYS32.XLL
Excel 加载项
非活动应用程序加载项
Microsoft Actions Pane 3
XML 扩展包
标签打印向导
C:\...fice14\Library\Label Print\labelprint.xlam
Excel 加载项
不可见内容
C:\...s\Microsoft Office\Office14\OFFRHD.DLL
文档检查器
分析工具库 - VBA
C:\...fice14\Library\Analysis\ATPVBAEN.XLAM
Excel 加载项
规划求解加载项
C:\...\Office14\Library\SOLVER\SOLVER.XLAM
Excel 加载项
欧元工具
C:\...ffice\Office14\Library\EUROTOOL.XLAM
Excel 加载项
日期 (XML)
C:\...\Microsoft Shared\Smart Tag\MOFL.DLL
操作
页眉和页脚
C:\...s\Microsoft Office\Office14\OFFRHD.DLL
文档检查器
隐藏工作表
C:\...s\Microsoft Office\Office14\OFFRHD.DLL
文档检查器
隐藏行和列
C:\...s\Microsoft Office\Office14\OFFRHD.DLL
文档检查器
加载项:　分析工具库
发布者:　Microsoft Corporation
兼容性:　没有可用的兼容性信息
位置:　C:\Program Files\Microsoft Office\Office14\Library\Analysis\ANALYS32.XLL
说明:　提供用于统计和工程分析的数据分析工具
管理(A):　Excel 加载项
转到(G)...
确定
取消

图 10-11

(2) 检验分析:①“t 检验:平均值的成对二样本分析”;②“t 检验:双样本等方差假设”;③“t 检验:双样本异方差假设”;④“Z 检验:双样本平均差检验”;⑤“F-检验双样本方差”.

(3) 相关、回归:①“相关系数”;②“协方差”;③“回归”.

(4) 方差分析:①“方差分析:单因素方差分析”;②“方差分析:可重复双因素分析”;③“方差分析:无重复双因素分析”.

(5) 其他分析工具:①“移动平均”;②“指数平滑”;③“傅里叶分析”.

10.2 Excel 数据计算的基本操作

10.2.1 单组数据加减乘除运算

1. 单组数据求和公式:=(A1+B1)

举例:单元格 A1:B1 区域依次输入了数据 20 和 10,计算:在 C1 中输入 =A1+B1 后点击键盘 Enter(确定)键后,该单元格就自动显示 20 与 10 的和 30.

2. 单组数据求差公式:=(A1−B1)

举例:在 C1 中输入 =A1−B1,即求 20 与 10 的差值 10,计算机操作方法同上.

3. 单组数据求乘法公式:=(A1*B1)

举例:在 C1 中输入 =A1*B1,即求 20 与 10 的积值 200,计算机操作方法同上.

4. 单组数据求除法公式:=(A1/B1)

举例:在 C1 中输入 =A1/B1,即求 20 与 10 的商值 2,计算机操作方法同上.

5. 其他应用

在 D1 中输入 =A1^3,即求 20 的立方(三次方).

在 E1 中输入 =B1^(1/3),即求 10 的立方根.

注 (1) 在单元格输入的含等号的运算式,Excel 中称之为公式,公式前一定要加等号,否则将当成文本字符处理了.

(2) 在计算机上有的运算符号发生了改变:“×”与“*”相同、“÷”与“/”相同、“^”与“乘方”相同,开方是乘方的逆运算,只需把乘方中的指数 a 变成其倒数 $1/a$ 就成了数的开方运算.

(3) 如果同一列的其他单元格都需利用刚才的公式计算,只需要先用鼠标左键单击刚才已做好公式的单元格,将光标移至该单元格的右下角,当出现十字符号提示时,按住鼠标左键一直沿着该单元格依次往下拉到需要的某行同一列的单元格下,即可完成公式自动复制、自动计算.

10.2.2　多组数据加减乘除运算

1. 多组数据求和公式(常用)

举例说明：=SUM(A1∶A10)，表示同一列纵向从 A1 到 A10 的所有数据相加；=SUM(A1∶J1)，表示不同列横向从 A1 到 J1 的所有第 1 行数据相加.

2. 多组数据求乘积公式(较常用)

举例说明：=PRODUCT(A1∶J1)表示不同列横向从 A1 到 J1 的所有第 1 行数据相乘；=PRODUCT(A1∶A10)表示同列纵向从 A1 到 A10 的所有数据相乘.

3. 多组数据求相减公式(很少用)

举例说明：=A1－SUM(A2∶A10)表示同列纵向从 A1 到 A10 的所有数据相减；=A1－SUM(B1∶J1)表示不同列横向从 A1 到 J1 的所有第 1 行数据相减.

4. 多组数据求除商公式(极少用)

举例说明：=A1/PRODUCT(B1∶J1)表示不同列横向从 A1 到 J1 的所有第 1 行数据相除；=A1/PRODUCT(A2∶A10)表示同列纵向从 A1 到 A10 的所有数据相除.

10.2.3　绝对地址与相对地址的区别

相对引用：随着公式的位置变化，所引用单元格位置也是在变化的就是相对引用.

绝对引用：随着公式位置的变化所引用单元格位置不变化的就是绝对引用.

下面讲一下“C4”“＄C4”“C＄4”和“＄C＄4”之间的区别.

在一张工作表中，C4、C5 中的数据分别是 60、50. 如果在 D4 单元格中输入“=C4”，那么将 D4 向下拖动到 D5 时，D5 中的内容就变成了 50，里面的公式是“=C5”，将 D4 向右拖动到 E4，E4 中的内容是 60，里面的公式变成了“=D4”，如图 10-12 所示.

D4　　fx　=C4

	A	B	C	D	E
4			60	60	60
5			50	50	
6					

图 10-12

现在在 D4 单元格中输入“=＄C4”，将 D4 向右拖动到 E4，E4 中的公式还是“=＄C4”，而向下拖动到 D5 时，D5 中的公式就成了“=＄C5”，如图 10-13 所示.

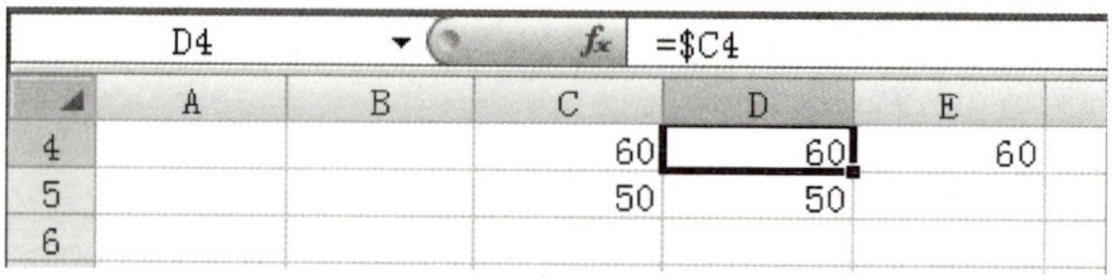

D4 f_x =$C4

	A	B	C	D	E
4			60	60	60
5			50	50	
6					

图 10-13

如果在 D4 单元格中输入"=C＄4",那么将 D4 向右拖动到 E4 时,E4 中的公式变为"=D＄4",而将 D4 向下拖动到 D5 时,D5 中的公式还是"=C＄4",如图 10-14 所示.

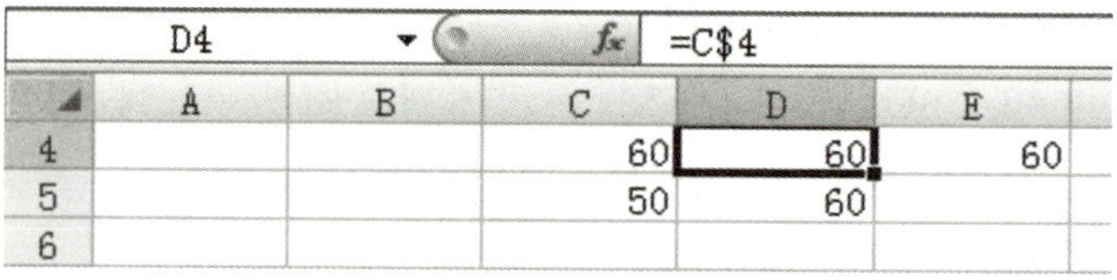

D4 f_x =C$4

	A	B	C	D	E
4			60	60	60
5			50	60	
6					

图 10-14

如果在 D4 单元格中输入"=＄C＄4",那么不论你将 D4 向哪个方向拖动,自动填充的公式都是"=＄C＄4",如图 10-15 所示. 原来谁前面带上了"＄"号,在进行拖动时谁就不变. 如果都带上了"＄",在拖动时两个位置都不能变.

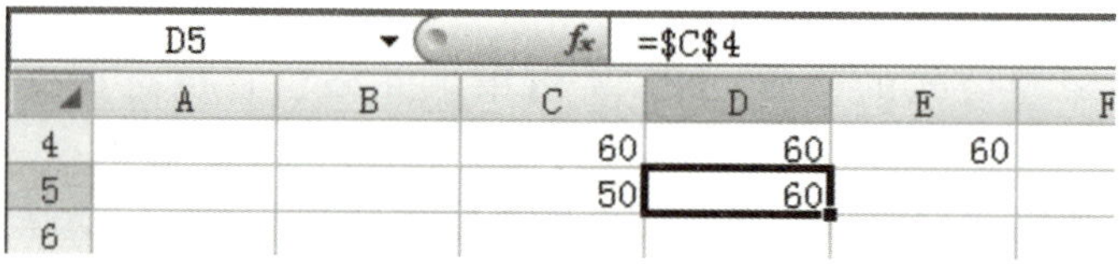

D5 f_x =$C$4

	A	B	C	D	E	F
4			60	60	60	
5			50	60		
6						

图 10-15

10.2.4 基本统计函数介绍

1. AVEDEV

用途:返回一组数据与其平均值的绝对偏差平均值,该函数可以评测数据(例如学生的某科考试成绩)的离散度.

语法:AVEDEV(number1,number2,…).

参数:number1,number2,…是用来计算绝对偏差平均值的一组参数,其个数可以为 1～30. 参数必须是数字,或者是包含数字的名称、数组或引用. 如果数组或引用参数包含文本、逻辑值或空白单元格,则这些值将被忽略,但包含零值的单元格将计算在内.

实例:如果 A1＝80、A2＝60、A3＝50、A4＝90、A5＝30,则公式“＝AVEDEV(A1:A5)”返回 18.4.

2. AVERAGE

用途:计算所有参数的算术平均值.

语法:AVERAGE(number1,number2,…).

参数:number1,number2,…是要计算平均值的 1～30 个参数.

实例:如果 A1:A5 区域中的数值分别为 100、80、95、48 和 85,则公式“＝AVERAGE(A1:A5)”返回 81.6.

3. AVERAGEA

用途:计算参数清单中数值的平均值.它与 AVERAGE 函数的区别在于不仅数字,而且文本和逻辑值(如 TRUE 和 FALSE)也参与计算.

语法:AVERAGEA(value1,value2,…).

参数:value1,value2,…为需要计算平均值的 1～30 个单元格、单元格区域或数值.包含文本的数组或引用参数将作为 0(零)计算.空文本("") 也作为 0(零)计算.如果在平均值的计算中不能包含文本值,请使用函数 AVERAGE.包含 TRUE 的参数作为 1 计算;包含 FALSE 的参数作为 0 计算.

实例:如果 A1＝76、A2＝85、A3＝TRUE,则公式“＝AVERAGEA(A1:A3)”返回 54(即(76＋85＋1)/3＝54).

4. BETA.DIST

用途:返回 beta 分布累积函数的函数值.beta 分布累积函数通常用于研究样本集合中某些事物的发生和变化情况.例如,人们一天中看电视的时间比率.

语法:BETA.DIST(x,alpha,beta,A,B).

参数:x 是用来进行函数计算的值,须居于可选性上下界(A 和 B)之间.alpha、beta 均为分布的参数.A 是数值 x 所属区间的可选下界,B 是数值 x 所属区间的可选上界.如果省略 A 或 B 值,函数 BETA.DIST 使用标准 beta 分布的累积函数,即 $A=0,B=1$.

实例:公式“＝BETA.DIST(3,8,10,1,4)”返回 0.972716.

5. BETA.INV

用途:返回 beta 分布累积函数的逆函数值,即如果 probability＝BETA.DIST(x,… TRUE),则 BETA.INV(probability,…)＝x.beta 分布累积函数可用于项目设计,在给出期望的完成时间和变化参数后,模拟可能的完成时间.

语法:BETAI.NV(probability,alpha,beta,A,B).

参数:probability 为 beta 分布的概率值,alpha、beta 为分布的参数,A 为数值 x

所属区间的可选下界，B 为数值 x 所属区间的可选上界.

实例：公式"=BETA.INV(0.972716,8,10,1,4)"返回 3.

6. BINOM.DIST

用途：返回一元二项式分布的概率值. BINOM.DIST 函数适用于固定次数的独立试验，试验的结果只包含成功或失败两种情况，且成功的概率在试验期间固定不变. 例如，它可以计算掷 10 次硬币时正面朝上 5 次的概率.

语法：BINOM.DIST(number_s,trials,probability_s,cumulative).

参数：number_s 为试验成功的次数，trials 为独立试验的次数，probability_s 为一次试验中成功的概率，cumulative 是一个逻辑值，用于确定函数的形式. 如果 cumulative 为 TRUE，则 BINOM.DIST 函数返回累积分布函数，即至多 number_s 次成功的概率；如果为 FALSE，返回概率密度，即 number_s 次成功的概率.

实例：抛硬币的结果不是正面就是反面，第一次抛硬币为正面的概率是 0.5，则抛硬币 10 次中 5 次正面朝上的计算公式为"=BINOM.DIST(5,10,0.5,FALSE)"，计算的结果等于 0.24609375.

7. CHISQ.DIST

用途：返回 χ^2 分布的左尾概率. χ^2 分布与 χ^2 检验相关. 使用 χ^2 检验可以比较观察值和期望值. 例如，某项遗传学试验假设下一代植物将呈现出某一组颜色. 使用此函数比较观测结果和期望值，可以确定初始假设是否有效.

语法：CHISQ.DIST(x,degrees_freedom,cumulative).

参数：x 是用来计算 χ^2 分布左尾概率的数值，degrees_freedom 是自由度. cumulative 决定函数形式的逻辑值. 如果 cumulative 为 TRUE，则 CHISQ.DIST 返回累积分布函数；如果为 FALSE，则返回概率密度.

实例：公式"=CHISQ.DIST(3,10,1)"的计算结果等于 0.018576.

8. CHISQ.DIST.RT

用途：返回 χ^2 分布的右尾概率.

语法：CHISQ.DIST.RT(x,degrees_freedom).

参数：x 是用来计算 χ^2 分布右尾概率的数值，degrees_freedom 是自由度.

实例：公式"=CHISQ.DIST.RT(18.307,10)"的计算结果等于 0.050001.

9. CHISQ.INV

用途：返回 χ^2 分布左尾概率的逆函数.

语法：CHISQ.INV(probability,degrees_freedom).

参数：probability 为 χ^2 分布的左尾概率，degrees_freedom 为自由度.

实例：公式"=CHISQ.INV(0.05,10)"返回 3.940299.

10. CHISQ. INV. RT

用途:返回 χ^2 分布右尾概率的逆函数.

语法:CHISQ. INV. RT(probability,degrees_freedom).

参数:probability 为 χ^2 分布的右尾概率,degrees_freedom 为自由度.

实例:公式"=CHISQ. INV. RT(0. 05,10)"返回 18. 30704.

11. CHISQ. TEST

用途:返回独立性检验值,即返回 χ^2 分布的统计值和相应的自由度,可使用 χ^2 检验确定假设值是否被试验所证实.

语法:CHISQ. TEST(actual_range,expected_range).

参数:actual_range 是包含观察值的数据区域,expected_range 是包含行列汇总的乘积与总计值之比的数据区域.

实例:如果 A1=58、A2=11、A3=10、B1=35、B2=25、B3=23,A4=45. 35,A5=17. 56,A6=16. 09,B4=47. 65,B5=18. 44,B6=16. 91,则公式"=CHISQ. TEST(A1:B3,A4:B6)"返回 0. 000308.

12. CONFIDENCE. NORM

用途:使用正态分布返回总体平均值的置信区间,它是样本平均值任意一侧的区域. 例如,某班学生参加考试,依照给定的置信水平,可以确定该次考试的最低和最高分数.

语法:CONFIDENCE. NORM(alpha,standard_dev,size).

参数:alpha 是用于计算置信水平(它等于 100×(1-alpha)%,如果 alpha 为 0. 05,则置信水平为 95%)的显著水平参数,standard_dev 是数据区域的总体标准偏差,size 为样本容量.

实例:假设样本取自 50 名学生的考试成绩,他们的平均分为 60,总体标准偏差为 5,则平均分在区域内的置信水平为 95%. 公式"=CONFIDENCE. NORM(0. 05,5,50)"返回1. 385904,即考试成绩为(60±1. 385904)分.

13. CONFIDENCE. T

用途:使用 t 分布返回总体平均值的置信区间.

语法:CONFIDENCE. T(alpha,standard_dev,size).

参数:alpha 是用于计算置信水平(它等于 100×(1-alpha)%,如果 alpha 为 0. 05,则置信水平为 95%)的显著水平参数,standard_dev 是数据区域的样本标准偏差,size 为样本容量.

实例:假设样本取自 16 名学生的考试成绩,他们的平均分为 60,样本标准偏差为 5,则平均分在下列区域内的置信水平为 95%. 公式"=CONFIDENCE. T(0. 05,

5,16)”返回2.664312,即考试成绩为(60±2.664312)分.

14. CORREL

用途:返回单元格区域 array1 和 array2 之间的相关系数.它可以确定两个不同事物之间的关系,例如检测学生的物理与数学学习成绩之间是否关联.

语法:CORREL(array1,array2).

参数:array1 为第 1 组数值单元格区域,array2 为第 2 组数值单元格区域.如果数组或引用参数包含文本、逻辑值或空白单元格,则这些值将被忽略,但包含零值的单元格将计算在内.如果 array1 和 array2 的数据点的个数不同,则函数 CORREL 返回错误值#N/A.

实例:如果 A1=90、A2=86、A3=65、A4=54、A5=36、B1=89、B2=83、B3=60、B4=50、B5=32,则公式“=CORREL(A1:A5,B1:B5)”返回 0.998876229,可以看出 A、B 两列数据具有很高的相关性.

15. COUNT

用途:返回包含数字以及包含参数列表中的数字的单元格的个数.利用函数 COUNT 可以计算单元格区域或数字数组中数字字段的输入项个数.

语法:COUNT(value1,value2,…).

参数:value1,value2,…是包含或引用各种类型数据的参数(1~30 个),其中只有数字类型的数据才能被统计.函数 COUNT 在计数时,将把数字、日期或以文本代表的数字计算在内,但是错误值或其他无法转换成数字的文字将被忽略.如果参数是一个数组或引用,那么只统计数组或引用中的数字;数组或引用中的空白单元格、逻辑值、文字或错误值都将被忽略.如果要统计逻辑值、文字或错误值,请使用函数 COUNTA.

实例:如果 A1=90、A2=人数、A3=""、A4=54、A5=36,则公式“=COUNT(A1:A5)”返回 3.

16. COUNTA

用途:返回参数组中非空值的数目.利用函数 COUNTA 可以计算数组或单元格区域中数据项的个数.

语法:COUNTA(value1,value2,…).

说明:value1,value2,…是所要计数的值,参数个数为 1~30 个.在这种情况下的参数可以是任何类型,它们包括空格但不包括空白单元格.如果参数是数组或单元格引用,则数组或引用中的空白单元格将被忽略.如果不需要统计逻辑值、文字或错误值,则应该使用 COUNT 函数.

实例:如果 A1=26.228、A2=53.714,其余单元格为空,则公式“=COUNTA

(A1:A10)"的计算结果等于 2.

17. COUNTBLANK

用途:计算某个单元格区域中空白单元格的数目.

语法:COUNTBLANK(range).

参数:range 为需要计算其中空白单元格数目的区域.

实例:如果 A1=858、A2=525、A3=""、A4=712、A5="",则公式"=COUNTBLANK(A1:A5)"返回 2.

18. COUNTIF

用途:计算区域中满足给定条件的单元格的个数.若要根据多个条件对单元格进行计数.

语法:COUNTIF(range,criteria).

参数:range 为需要计算其中满足条件的单元格数目的单元格区域. criteria 为确定哪些单元格将被计算在内的条件,其形式可以为数字、表达式或文本.例如,条件可以表示为 32、"32"、">32" 或 "apples".

实例:如果 A1=30、A2=25、A3=15、A4=36、A5=55,则公式"=COUNTIF(A2:A5,">35")"返回 2.

19. COVARIANCE. P

用途:返回总体协方差,即每对数据点的偏差乘积的平均数.利用协方差可以研究两个数据集合之间的关系.若要返回样本协方差,可调用函数 COVARIANCE. S.

语法:COVAR(array1,array2).

参数:array1 是第 1 个所含数据为整数的单元格区域,array2 是第 2 个所含数据为整数的单元格区域.

实例:如果 A1=30、A2=20、A3=10、B1=360、B2=150、B3=80,则公式"=COVAR(A1:A3,B1:B3)"返回 933.3333333.

20. CRITBINOM

用途:返回使累积二项式分布大于或等于临界值的最小值,其结果可以用于质量检验.例如,决定最多允许出现多少个有缺陷的部件,才可以保证当整个产品在离开装配线时检验合格.

语法:CRITBINOM(trials,probability_s,alpha).

参数:trials 是伯努利试验的次数,probability_s 是一次试验中成功的概率,alpha是临界值.

实例:公式"=CRITBINOM(6,0.5,0.75)"返回 4.

21. DEVSQ

用途：返回数据点与各自样本平均值的偏差的平方和.

语法：DEVSQ(number1,number2,…).

参数：number1,number2,…是用于计算偏差平方和的 1～30 个参数. 它们可以是用逗号分隔的数值，也可以是数组引用.

实例：如果 A1＝90、A2＝86、A3＝65、A4＝54、A5＝36，则公式“＝DEVSQ(A1:A5)”返回2020.8.

22. EXPON. DIST

用途：返回指数分布. 该函数可以建立事件之间的时间间隔模型，如估计银行的自动取款机支付一次现金所花费的时间，从而确定此过程最长持续 1 min 的发生概率.

语法：EXPON. DIST(x,lambda,cumulative).

参数：x 是函数的数值，lambda 是参数值，cumulative 为确定指数函数形式的逻辑值. 如果 cumulative 为 TRUE，则 EXPON. DIST 返回累积分布函数；如果 cumulative 为 FALSE，则返回概率密度.

实例：公式“＝EXPON. DIST(0.2,10,TRUE)”返回 0.864665，“＝EXPON. DIST(0.2,10,FALSE)”返回 1.353353.

23. F. DIST

用途：返回 F 概率分布的左尾概率，它可以确定两个数据系列是否存在变化程度上的不同. 例如，通过分析某一班级男、女生的考试分数，确定女生分数的变化程度是否与男生的不同. 若要返回 F 概率分布的右尾概率，可调用函数 F. DIST. RT 的计算公式，即 F. DIST. RT＝P(F＞x)，其中“F”为呈 F 分布且带有 deg_freedom1 和 deg_freedom2 自由度的随机变量.

语法：F. DIST(x,deg_freedom1,deg_freedom2,cumulative).

参数：x 是用来计算概率分布的区间点，deg_freedom1 是分子自由度，deg_freedom2 是分母自由度. cumulative 是决定函数形式的逻辑值. 如果 cumulative 为 TRUE，则 F. DIST 返回累积分布函数；如果为 FALSE，则返回概率密度.

实例：公式“＝F. DIST(2,40,50,1)”返回 0.989707.

24. F. INV

用途：返回 F(左尾)概率分布的逆函数值，即 F 分布的临界值. 如果 p＝F. DIST(x,…)，则 F. INV(p,…)＝x. 在 F 检验中，可以使用 F 分布比较两个数据集的变化程度. 例如，可以分析美国、加拿大的收入分布，判断两个国家/地区是否有相似的收入变化程度. 若要返回(右尾)F 概率分布的反函数，可调用函数 F. INV. RT，即如果

p=F. DIST. RT(x,…),则 F. INV. RT(p,…)=x.

语法:F. INV(probability,degrees_freedom1,degrees_freedom2).

参数:probability 是累积 F 分布的概率值,degrees_freedom1 是分子自由度,degrees_freedom2 是分母自由度.

实例:公式"=F. INV(0.05,10,15)"返回 2.54371855.

25. FISHER

用途:返回点 x 的 Fisher 变换. 该变换生成一个近似正态分布而非偏斜的函数,使用此函数可以完成相关系数的假设性检验.

语法:FISHER(x).

参数:x 为一个数字,在该点进行变换.

实例:公式"=FISHER(0.55)"返回 0.618381314.

26. FISHERINV

用途:返回 Fisher 变换的逆函数值,如果 y=FISHER(x),则 FISHERINV(y)=x. 上述变换可以分析数据区域或数组之间的相关性.

语法:FISHERINV(y).

参数:y 为一个数值,在该点进行反变换.

实例:公式"=FISHERINV(0.765)"返回 0.644012628.

27. FORECAST

用途:根据一条线性回归拟合线返回一个预测值. 使用此函数可以对未来销售额、库存需求或消费趋势进行预测.

语法:FORECAST(x,known_y′s,known_x′s).

参数:x 为需要进行预测的数据点的 x 坐标(自变量值). known_y's 是从满足线性拟合直线 $y=kx+b$ 的点集合中选出的一组已知的 y 值,known_x's 是从满足线性拟合直线 $y=kx+b$ 的点集合中选出的一组已知的 x 值.

实例:公式"=FORECAST(16,{7,8,9,11,15},{21,26,32,36,42})"返回 4.378318584.

28. FREQUENCY

用途:以一列垂直数组返回某个区域中数据的频率分布. 它可以计算出在给定的值域和接收区间内,每个区间包含的数据个数.

语法:FREQUENCY(data_array,bins_array).

参数:data_array 是用来计算频率的一个数组,或对数组单元区域的引用. bins_array是数据接收区间,为一个数组或对数组区域的引用,设定对 data_array 进行频率计算的分段点.

29. F. TEST

用途:返回 F 检验的结果.它返回的是当数组 1 和数组 2 的方差无明显差异时的双尾概率,可以判断两个样本的方差是否不同.例如,给出两个班级同一学科考试成绩,从而检验是否存在差别.

语法:F. TEST(array1,array2).

参数:array1 是第 1 个数组或数据区域,array2 是第 2 个数组或数据区域.

实例:如果 A1=71、A2=83、A3=76、A4=49、A5=92、A6=88、A7=96,B1=59、B2=70、B3=80、B4=90、B5=89、B6=84、B7=92,则公式"=F. TEST(A1:A7,B1:B7)"返回 0.519298931.

30. GAMMA. DIST

用途:返回伽玛分布.可用它研究具有偏态分布的变量,通常用于排队分析.

语法:GAMMA. DIST(x,alpha,beta,cumulative).

参数:x 为用来计算伽玛分布(γ 分布)的数值,alpha 是 γ 分布参数,beta 是 γ 分布的一个参数.如果 beta=1,GAMMA. DIST 函数返回标准伽玛分布.cumulative 为一个逻辑值,决定函数的形式.如果 cumulative 为 TRUE,则 GAMMA. DIST 函数返回累积分布函数;如果为 FALSE,则返回概率密度.

实例:公式"=GAMMA. DIST(10,9,2,FALSE)"的计算结果等于 0.032639,"=GAMMADIST(10,9,2,TRUE)"返回 0.068094.

31. GAMMA. INV

用途:返回具有给定概率的伽玛分布的区间点,用来研究出现分布偏斜的变量.如果P=GAMMADIST(x,…),则 GAMMAINV(p,…)=x.

语法:GAMMA. INV(probability,alpha,beta).

参数:probability 为伽玛分布的概率值,alpha 为 γ 分布参数,beta 为 γ 分布参数.如果 beta=1,则函数 GAMMA. INV 返回标准伽玛分布.

实例:公式"=GAMMA. INV(0.05,8,2)"返回 7.96164386.

32. GAMMALN

用途:返回伽玛函数的自然对数 $\Gamma(x)$,与函数 GAMMALN. PRECISE 类似.

语法:GAMMALN(x).

参数:x 为需要计算 GAMMALN 函数的数值.

实例:公式"=GAMMALN(6)"返回 4.787491743.

33. GEOMEAN

用途:返回正数数组或数据区域的几何平均值.可用于计算可变复利的平均增

长率.

语法:GEOMEAN(number1,number2,…).

参数:number1,number2,…为需要计算其平均值的1～30个参数,除了使用逗号分隔数值的形式外,还可使用数组或对数组的引用.

实例:公式"=GEOMEAN(1.12,1.15,1.18,2.13,2.16,2.18,3.2)"的计算结果是1.742516158.

34. GROWTH

用途:给定数据预测指数增长值.根据已知的 x 值和 y 值,函数GROWTH返回一组新的 x 值对应的 y 值.通常使用GROWTH函数拟合满足给定 x 值和 y 值的指数曲线.

语法:GROWTH(known_y's,known_x's,new_x's,const).

参数:known_y's是满足指数回归拟合曲线 $y=bm^x$ 的一组已知的 y 值;known_x's是满足指数回归拟合曲线 $y=bm^x$ 的一组已知的 x 值的集合(可选参数);new_x's是一组新的 x 值,可通过GROWTH函数返回各自对应的 y 值;const为一个逻辑值,指明是否将系数 b 强制设为1,如果const为TRUE或省略,b 将参与正常计算.如果const为FALSE,b 将被设为1,m 值将被调整使得 $y=m^x$.

35. HARMEAN

用途:返回数据集合的调和平均值.调和平均值与倒数的算术平均值互为倒数.调和平均值总小于几何平均值,而几何平均值总小于算术平均值.

语法:HARMEAN(number1,number2,…).

参数:number1,number2,…是需要计算其平均值的1～30个参数.可以使用逗号分隔参数的形式,还可以使用数组或数组的引用.

实例:公式"=HARMEAN(66,88,92)"返回80.24669604.

36. HYPGEOM.DIST

用途:返回超几何分布.给定样本容量、样本总体容量和样本总体中成功的次数,HYPGEOM.DIST函数返回样本取得给定成功次数的概率.

语法:HYPGEOM.DIST(sample_s,number_sample,population_s,number_population).

参数:sample_s为样本中成功的次数;number_sample为样本容量;population_s为样本总体中成功的次数;number_population为样本总体的容量.

实例:如果某个班级有42名学生,其中22名是男生、20名是女生.如果随机选出6名,则其中恰好有3名女生的概率公式是:"=HYPGEOM.DIST(3,6,20,42)",返回的结果为0.334668627.

37. INTERCEPT

用途:利用已知的 x 值与 y 值计算直线与 y 轴的截距.当已知自变量为零时,利用截距可以求得因变量的值.

语法:INTERCEPT(known_y′s,known_x′s).

参数:known_y′s 是一组因变量数据或数据组,known_x′s 是一组自变量数据或数据组.

实例:如果 A1=71、A2=83、A3=76、A4=49、A5=92、A6=88、A7=96,B1=59、B2=70、B3=80、B4=90、B5=89、B6=84、B7=92,则公式"=INTERCEPT(A1:A7,B1:B7)"返回 87.61058785.

38. KURT

用途:返回数据集的峰值.它反映与正态分布相比时某一分布的尖锐程度或平坦程度,正峰值表示相对尖锐的分布,负峰值表示相对平坦的分布.

语法:KURT(number1,number2,…).

参数:number1,number2,…为需要计算其峰值的 1~30 个参数.它们可以使用逗号分隔参数的形式,也可以使用单一数组,即对数组单元格的引用.

实例:如果某次学生考试的成绩为 A1=71、A2=83、A3=76、A4=49、A5=92、A6=88、A7=96,则公式"=KURT(A1:A7)"返回-1.199009798,说明这次的成绩相对正态分布是比较平坦的分布.

39. LARGE

用途:返回某一数据集中的某个最大值.可以使用 LARGE 函数查询考试分数集中第一、第二、第三等的得分.

语法:LARGE(array,k).

参数:array 为需要从中查询第 k 个最大值的数组或数据区域,k 为返回值在数组或数据单元格区域里的位置(即名次).

实例:如果 B1=59、B2=70、B3=80、B4=90、B5=89、B6=84、B7=92,则公式"=LARGE(B1:B7,2)"返回 90.

40. LINEST

用途:使用最小二乘法对已知数据进行最佳直线拟合,并返回描述此直线的数组.

语法:LINEST(known_y′s,known_x′s,const,stats).

参数:known_y′s 是表达式 $y=mx+b$ 中已知的 y 值集合.known_x′s 是关系表达式 $y=mx+b$ 中已知的可选 x 值集合.const 为一个逻辑值,指明是否强制使常数 b 为 0.如果 const 为 TRUE 或省略,b 将参与正常计算.如果 const 为 FALSE,b 将被设为 0,并同时调整 m 值使得 $y=mx$. stats 为一个逻辑值,指明是否返回附加回归统计值. 如果 stats 为 TRUE,函数 LINEST 返回附加回归统计值. 如果 stats 为 FALSE 或省略,则函数 LINEST 只返回系数 m 和常数项 b.

实例:如果 A1=71、A2=83、A3=76、A4=49、A5=92、A6=88、A7=96,B1=59、B2=70、B3=80、B4=90、B5=89、B6=84、B7=92,则数组公式"{=LINEST(A1:A7,B1:B7)}"返回 −0.174244885、−0.174244885、−0.174244885、−0.174244885、−0.174244885、−0.174244885、−0.174244885.

41. LOGEST

用途:在回归分析中,计算最符合观测数据组的指数回归拟合曲线,并返回描述该曲线的数组.

语法:LOGEST(known_y′s,known_x′s,const,stats).

参数:known_y′s 是一组符合 $y=bm^x$ 函数关系的 y 值的集合,known_x′s 是一组符合 $y=bm^x$ 运算关系的可选 x 值集合,const 是指定是否要设定常数 b 为 1 的逻辑值. 如果 const 设定为 TRUE 或省略,则常数项 b 将通过计算求得.

实例:如果某公司的新产品销售额呈指数增长,依次为 A1=33100、A2=47300、A3=69000、A4=102000、A5=150000 和 A6=220000,同时 B1=11、B2=12、B3=13、B4=14、B5=15、B6=16,则使用数组公式"{=LOGEST(A1:A6,B1:B6,TRUE,TRUE)}",在 C1:D5 单元格内得到的计算结果是:1.463275628、495.3047702、0.002633403、0.035834282、0.99980862、0.011016315、20896.8011、4、2.53601883 和 0.000485437.

42. LOGNORM.INV

用途:返回 x 的对数正态分布累积函数的逆函数,此处的 $\ln(x)$是含有 mean(平均数)与 standard_dev(标准差)参数的正态分布. 如果 p=LOGNORM.DIST(x,…),那么 LOGNORM.INV(p,…)=x.

语法:LOGINORM.INV(probability,mean,standard_dev).

参数:probability 是与对数正态分布相关的概率,mean 为 $\ln(x)$的平均数,standard_dev 为 $\ln(x)$的标准偏差.

实例:公式"=LOGNORM.INV(0.036,2.5,1.5)"返回 0.819815949.

43. LOGNORM.DIST

用途:返回 x 的对数正态分布的累积函数,其中 $\ln(x)$是服从参数为 mean 和 standard_dev 的正态分布. 使用此函数可以分析经过对数变换的数据.

语法:LOGNORM.DIST(x,mean,standard_dev).

参数:x 是用来计算函数的数值,mean 是 $\ln(x)$的平均值,standard_dev 是 $\ln(x)$

的标准偏差.

实例:公式"=LOGNORM.DIST(2,5.5,1.6)"返回 0.001331107.

44. MAX

用途:返回数据集中的最大数值.

语法:MAX(number1,number2,…).

参数:number1,number2,…是需要找出最大数值的 1～30 个数值.

实例:如果 A1=70、A2=85、A3=86、A4=59、A5=97、A6=85、A7=16,则公式"=MAX(A1:A7)"返回 97.

45. MAXA

用途:返回数据集中的最大数值.它与 MAX 的区别在于文本值和逻辑值(如 TRUE 和 FALSE)作为数字参与计算.

语法:MAXA(value1,value2,…).

参数:value1,value2,…为需要从中查找最大数值的 1～30 个参数.

实例:如果 A1:A5 包含 0、0.2、0.5、0.4 和 TRUE,则 MAXA(A1:A5)返回 1.

46. MEDIAN

用途:返回给定数值集合的中位数(它是在一组数据中居于中间的数.换句话说,在这组数据中,有一半的数据比它大,有一半的数据比它小).

语法:MEDIAN(number1,number2,…).

参数:number1,number2,…是需要找出中位数的 1～30 个数字参数.

实例:MEDIAN(1,2, 3, 4, 5)返回 3;MEDIAN(1,2,3,4,5,6,7,8)返回 4.5,即 4 与 5 的平均值.

47. MIN

用途:返回给定参数表中的最小值.

语法:MIN(number1,number2,…).

参数:number1,number2,…是要从中找出最小值的 1～30 个数字参数.

实例:如果 A1=31、A2=43、A3=75、A4=44、A5=52、A6=87、A7=90,则公式"=MIN(A1:A7)"返回 31;而=MIN(A1:A5,0,-5)返回-5.

48. MINA

用途:返回参数清单中的最小数值.它与 MIN 函数的区别在于文本值和逻辑值(如 TRUE 和 FALSE)也作为数字参与计算.

语法:MINA(value1,value2,…).

参数:value1,value2,…为需要从中查找最小数值的 1～30 个参数.

实例:如果 A1=71、A2=83、A3=76、A4=49、A5=92、A6=88、A7=FALSE,则公式"=MINA(A1:A7)"返回 0.

49. MODE. SNGL

用途:返回在某一数组或数据区域中的众数. 若要返回多个众数,可使用函数 MODE. MULT.

语法:MODE. SNGL(number1,number2,…).

参数:number1,number2,…是用于众数计算的 1～30 个参数.

实例:如果 A1=71、A2=83、A3=71、A4=49、A5=92、A6=88,则公式"=MODE. SNGL(A1:A6)"返回 71.

50. NEGBINOM. DIST

用途:返回负二项式分布. 当成功概率为常数 probability_s 时,函数 NEGBINOM. DIST 返回在到达 number_s 次成功之前,出现 number_f 次失败的概率. 此函数与二项式分布相似,只是它的成功次数固定,试验总数为变量. 与二项分布类似的是,试验次数被假设为自变量.

语法:NEGBINOM. DIST(number_f,number_s,probability_s).

参数:number_f 是失败次数,number_s 为成功的临界次数,probability_s 是成功的概率.

实例:如果要找 10 个反应敏捷的人,且已知具有这种特征的候选人的概率为 0. 3. 那么,找到 10 个合格候选人之前,需要对不合格候选人进行面试的概率公式为"=NEGBINOM. DIST(40,10,0. 3)",计算结果是 0. 007723798.

51. NORM. DIST

用途:返回给定平均值和标准偏差的正态分布的累积函数.

语法:NORM. DIST(x,mean,standard_dev,cumulative).

参数:x 为用于计算正态分布函数的区间点;mean 是分布的算术平均值;standard_dev 是分布的标准方差;cumulative 为一逻辑值,指明函数的形式. 如果 cumulative 为 TRUE,则 NORMDIST 函数返回累积分布函数;如果为 FALSE,则返回概率密度.

实例:公式"=NORMDIST(46,35,2. 5,TRUE)"返回 0. 999994583.

52. NORM. INV

用途:返回具有给定概率正态分布的区间点.

语法:NORM. INV(probability,mean,standard_dev).

参数:probability 是正态分布的概率值,mean 为期望,standard_dev 为标准差.

实例:公式"=NORM. INV(0. 6,1,0. 5)"返回 1. 126674.

53. NORM. S. DIST

用途:返回标准正态分布的累积函数,该分布的平均值为 0,标准偏差为 1.

语法:NORM. S. DIST(z).

参数:z 为需要计算其分布的数值.

实例:公式"=NORM. S. DIST(1.96)"的计算结果为 0.975002105.

54. NORM. S. INV

用途:返回标准正态分布的区间点. 该分布的平均值为 0,标准偏差为 1.

语法:NORM. S. INV(probability).

参数:probability 是正态分布的概率值.

实例:公式"=NORM. S. INV(0.975)"返回 1.959963985(即 1.96).

55. PEARSON

用途:返回皮尔生乘积矩相关系数 r,它是一个范围在-1.0 到 1.0 之间(包括-1.0 和 1.0 在内)的无量纲指数,反映了两个数据集合之间的线性相关程度.

语法:PEARSON(array1,array2).

参数:array1 为自变量集合,array2 为因变量集合.

实例:如果 A1=71、A2=83、A3=71、A4=49、A5=92、A6=88,B1=69、B2=80、B3=76、B4=40、B5=90、B6=81,则公式"=PEARSON(A1:A6,B1:B6)"返回 0.96229628.

56. PERCENTILE. EXC

用途:返回数值区域的 k(百分比)数值点,不含 0 与 1. 例如,确定考试排名在 80 个百分点以上的分数. 另外,也可参看函数 PERCENTILE. INC,其区别在于是否包含 0 与 1.

语法:PERCENTILE. EXC(array,k).

参数:array 为定义相对位置的数值数组或数值区域,k 为数组中需要得到其排位的值.

实例:如果某次考试成绩为 A1=71、A2=83、A3=71、A4=49、A5=92、A6=88,则公式"=PERCENTILE. EXC(A1:A6,0.8)"返回 88,即考试排名要想在 80 个百分点以上,则分数至少应当为 88 分.

57. PERCENTRANK. EXC

用途:返回某个数值在一个数据集合中的百分比排位,不含 0 与 1,可用于查看数据在数据集中所处的位置. 例如,计算某个分数在所有考试成绩中所处的位置. 可与函数 PERCENTRANK. INC 比较其区别(区别在于是否包含 0 与 1).

语法:PERCENTRANK. EXC(array,x,significance).

参数:array 为彼此间相对位置确定的数据集合,x 为其中需要得到排位的值,significance 为可选项,表示返回的百分数值的有效位数. 如果省略,则函数 PERCENTRANK. EXC 保留 3 位小数.

实例:如果某次考试成绩为 A1=71、A2=83、A3=71、A4=49、A5=92、A6=88,则公式"=PERCENTRANK. EXC(A1:A6,71)"的计算结果为 0.2,即 71 分在 6 个分数中排 20%.

58. PERMUT

用途:返回从给定数目的元素集合中选取的若干元素的排列数.

语法:PERMUT(number,number_chosen).

参数:number 为元素总数,number_chosen 是每个排列中的元素数目.

实例:如果某种彩票的号码有 9 个数,每个数的范围是从 0 到 9(包括 0 和 9),则所有可能的排列数量用公式"=PERMUT(10,9)"计算,其结果为 3628800.

59. POISSON. DIST

用途:返回泊松分布. 泊松分布通常用于预测一段时间内事件发生的次数,比如,1 min 内通过收费站的轿车的数量.

语法:POISSON. DIST(x,mean,cumulative).

参数:x 是某一事件出现的次数,mean 是期望值,cumulative 为确定返回的概率分布形式的逻辑值.

实例:公式"=POISSON. DIST(6,10,TRUE)"返回 0. 130141421,"=POISSON. DIST(4,12,FALSE)"返回 0. 005308599.

60. PROB

用途:返回概率事件组中落在指定区域内的事件所对应的概率之和.

语法:PROB(x_range,prob_range,lower_limit,upper_limit).

参数:x_range 是具有各自相应概率值的 x 数值区域,prob_range 是与 x_range 中的数值相对应的一组概率值,lower_limit 是用于概率求和计算的数值下界,upper_limit是用于概率求和计算的数值可选上界.

实例:公式"=PROB({0,1,2,3},{0. 2,0. 3,0. 1,0. 4},2)"返回 0. 1,"=PROB({0,1,2,3},{0. 2,0. 3,0. 1,0. 4},1,3)"返回 0. 8.

61. QUARTILE. EXC

用途:返回一组数据的四分位点. 四分位数通常用于在考试成绩之类的数据集中对总体进行分组,如求出一组分数中前 25%的分数. 也可参考函数 QUARTILE. INC. 区别就是 quart 可取 0,1,2,3,4,即包含 0 与 1.

语法:QUARTILE. EXC(array,quart).

参数:array 为需要求得四分位数值的数组或数字引用区域,quart 决定返回哪一个四分位值. 如果 quart 取 1、2、3,则函数 QUARTILE 返回第 1 个四分位数(第 25 个百分排位)、中分位数(第 50 个百分排位)、第三个四分位数(第 75 个百分排位).

实例:如果 A1=78、A2=45、A3=90、A4=12、A5=85,则公式"=QUARTILE. EXC(A1:A5,3)"返回 85.

62. RANK. AVG

用途:返回一个数值在一组数值中的排位,数字的排位是其大小与列表中其他值的比值;如果多个值具有相同的排位,则将返回平均排位(如果数据清单已经排过序了,则数值的排位就是它当前的位置). 如果多个值具有相同的排位,要输出最佳排名,则调用函数 RANK. EQ.

语法:RANK. AVG(number,ref,order).

参数:number 是需要计算其排位的一个数字;ref 是包含一组数字的数组或引用(其中的非数值型参数将被忽略);order 为一个数字,指明排位的方式. 如果 order 为 0 或省略,则按降序排列的数据清单进行排位. 如果 order 不为零,则 ref 当作按升序排列的数据清单进行排位.

注意:函数 RANK. AVG 对重复数值的排位相同. 但重复数的存在将影响后续数值的排位. 如在一列整数中,若整数 60 出现两次,其排位为 5,则 61 的排位为 7(没有排位为 6 的数值).

实例:如果 A1=78、A2=45、A3=90、A4=12、A5=85,则公式"=RANK. AVG(45,A1:A5,1)"返回 2.

63. RSQ

用途:返回给定数据点的 Pearson 乘积矩相关系数的平方.

语法:RSQ(known_y's,known_x's).

参数:known_y's 为一个数组或数据区域,known_x's 也是一个数组或数据区域.

实例:公式"=RSQ({22,23,29,19,38,27,25},{16,15,19,17,15,14,34})"返回 0.013009334.

64. SKEW

用途:返回一个分布的不对称度. 它反映以平均值为中心的分布的不对称程度,正不对称度表示不对称边的分布更趋向正值,负不对称度表示不对称边的分布更趋向负值.

语法:SKEW(number1,number2,…).

参数：number1，number2，…是需要计算不对称度的 1～30 个参数，包括逗号分隔的数值、单一数组和名称等.

实例：公式"＝SKEW({22，23，29，19，38，27，25}，{16，15，19，17，15，14，34})"返回 0.854631382.

65. SLOPE

用途：返回经过给定数据点的线性回归拟合线方程的斜率(它是直线上任意两点的垂直距离与水平距离的比值，也就是回归直线的变化率).

语法：SLOPE(known_y's，known_x's).

参数：known_y's 为数字型因变量数组或单元格区域，known_x's 为自变量数据点集合.

实例：公式"＝SLOPE({22，23，29，19，38，27，25}，{16，15，19，17，15，14，34})"返回－0.100680934.

66. SMALL

用途：返回数据集中第 k 个最小值，从而得到数据集中特定位置上的数值.

语法：SMALL(array，k).

参数：array 是需要找到第 k 个最小值的数组或数字型数据区域，k 为返回的数据在数组或数据区域里的位置(从小到大).

实例：如果 A1＝78、A2＝45、A3＝90、A4＝12、A5＝85，则公式"＝SMALL(A1：A5，3)"返回 78.

67. STANDARDIZE

用途：返回以 mean 为平均值，以 standard_dev 为标准偏差的分布的正态化数值.

语法：STANDARDIZE(x，mean，standard_dev).

参数：x 为需要进行正态化的数值，mean 为分布的算术平均值，standard_dev 为分布的标准偏差.

实例：公式"＝STANDARDIZE(63，60，10)"返回 0.3.

68. STDEV.S

用途：估算基于样本的样本标准偏差.它反映了数据相对于平均值(mean)的离散程度.

语法：STDEV.S(number1，number2，…).

参数：number1，number2，…为对应于总体样本的 1～30 个参数.可以使用逗号分隔的参数形式，也可使用数组，即对数组单元格的引用.

注意：STDEV.S 函数计算的是样本标准差，如果要计算总体标准差，则应该使用 STDEV. P 函数计算标准偏差. 同时,函数忽略参数中的逻辑值(TRUE 或 FALSE)和文本. 如果不能忽略逻辑值和文本,应分别使用 STDEVA 函数和 STDEVPA 函数.

实例:假设某次考试的成绩样本为 A1=78、A2=45、A3=90、A4=12、A5=85,则估算该成绩的样本标准偏差的公式为"=STDEV. S(A1:A5)",其结果等于 33.00757489.

69. STDEVA

用途:计算基于给定样本的标准偏差. 它与 STDEV. S 函数的区别是文本值和逻辑值(TRUE 或 FALSE)也将参与计算.

语法:STDEVA(value1,value2,…).

参数:value1,value2,…是作为总体样本的 1~30 个参数. 可以使用逗号分隔参数的形式,也可以使用单一数组,即对数组单元格的引用.

实例:假设某次考试的部分成绩为 A1=78、A2=45、A3=90、A4=12、A5=85,A6=SHI,则估算所有成绩标准偏差的公式为"=STDEVA(A1:A6)",其结果等于 38.88787.

70. STDEV. P

用途:返回整个样本总体的标准偏差. 它反映了样本总体相对于平均值(mean)的离散程度.

语法:STDEV. P(number1,number2,…).

参数:number1,number2,…为对应于样本总体的 1~30 个参数. 可以使用逗号分隔参数的形式,也可以使用单一数组,即对数组单元格的引用.

注意:STDEV. P 函数在计算过程中忽略逻辑值(TRUE 或 FALSE)和文本. 如果逻辑值和文本不能忽略,应当使用 STDEVPA 函数.

同时 STDEV. P 函数假设其参数为整个样本总体. 如果数据代表样本总体中的样本,应使用函数 STDEV. S 来计算标准偏差. 当样本数较多时,STDEV 和 STDEVP 函数的计算结果相差很小.

实例:如果某次考试只有 5 名学生参加,成绩为 A1=78、A2=45、A3=90、A4=12、A5=85,则计算的所有成绩的标准偏差公式为"=STDEV. P(A1:A5)",返回的结果等于 29.52287249.

71. STDEVPA

用途:计算样本总体的标准偏差. 它与 STDEV. P 函数的区别是文本值和逻辑值(TRUE 或 FALSE)参与计算.

语法:STDEVPA(value1,value2,…).

参数:value1,value2,…作为样本总体的 1～30 个参数.可以使用逗号分隔参数的形式,也可以使用单一数组(即对数组单元格的引用).

注意:STDEVPA 函数假设参数为样本总体.如果数据代表的是总体的部分样本,则必须使用 STDEVA 函数来估算标准偏差.

实例:如果某次考试只有 5 名学生参加,成绩为 A1=78、A2=45、A3=90、A4=12、A5=85,则计算的所有成绩的标准偏差公式为"=STDEVA(A1:A5)",返回的结果等于 29.52287249.

72. STEYX

用途:返回通过线性回归法计算 y 预测值时所产生的标准误差.标准误差用来度量根据单个 x 变量计算出的 y 预测值的误差量.

语法:STEYX(known_y's,known_x's).

参数:known_y's 为因变量数据点数组或区域,known_x's 为自变量数据点数组或区域.

实例:公式"=STEYX({20,14,28,19,18,17,16},{16,23.5,10,16.5,25,14,17})"返回 3.529512681.

73. T.DIST

用途:返回 t 分布的左尾百分点(概率),t 分布中的数值(x)是 t 的计算值(将计算其百分点).t 分布用于小样本数据集合的假设检验,使用此函数可以代替 t 分布的临界值表.

语法:T.DIST(x,deg_freedom, cumulative).

参数:x 为需要计算分布的数字,deg_freedom 为表示自由度的整数,cumulative 决定函数形式的逻辑值.如果 cumulative 为 TRUE,则 T.DIST 返回累积分布函数;如果为 FALSE,则返回概率密度.

实例:公式"=T.DIST(10,2,1)"返回 0.995074.

74. T.DIST.2T

用途:返回 t 分布的双尾百分点(概率).

语法:T.DIST.2T(x,deg_freedom).

参数:x 为需要计算分布的数字,deg_freedom 为表示自由度的整数.

实例:公式"=T.DIST.2T(2.262,9)"返回 0.050013.

75. T.DIST.RT

用途:返回 t 分布的右尾百分点(概率).

语法:T.DIST.RT(x,deg_freedom).

参数:x 为需要计算分布的数字,deg_freedom 为表示自由度的整数.

实例:公式"=T.DIST.RT(2.262,9)"返回 0.025006.

76. T.INV

用途:返回 t 分布的左尾区间点.

语法:T.INV(probability,deg_freedom).

参数:probability 为对应于左尾 t 分布的概率,deg_freedom 为分布的自由度.

实例:公式"=T.INV(0.975,9)"返回 2.262157.

77. T.INV.2T

用途:返回 t 分布的双尾区间点.

语法:T.INV.2T(probability,deg_freedom).

参数:probability 为对应于双尾 t 分布的概率,deg_freedom 为分布的自由度.

实例:公式"=T.INV.2T(0.05,9)"返回 2.262157.

78. TREND

用途:返回一条线性回归拟合线的一组纵坐标值(y 值),即找到适合给定的数组 known_y's 和 known_x's 的直线(用最小二乘法),并返回指定数组 new_x's 值在直线上对应的 y 值.

语法:TREND(known_y's,known_x's,new_x's,const).

参数:known_y's 为已知关系 $y=mx+b$ 中的 y 值集合,known_x's 为已知关系 $y=mx+b$ 中可选的 x 值的集合,new_x's 为需要函数 TREND 返回对应 y 值的新 x 值,const 为逻辑值指明是否强制常数项 b 为 0.

实例:如果 A1=1,A2=2,A3=3,A4=4,A5=5,A6=6,A7=7,A8=8,A9=9,A10=10,A11=11,A12=12,B1=10,B2=14,B3=18,B4=20,B5=25,B6=28,B7=30,B8=40,选择单元格 B9:B12,输入 TREND(B1:B8,A1:A8,A9:A12),再按 Ctrl+Shift+Enter,则得到相应结果 B9=40.53571,B10=44.40476,B11=48.27381,B12=52.14286.

79. TRIMMEAN

用途:返回数据集的内部平均值. TRIMMEAN 函数先从数据集的头部和尾部除去一定百分比的数据点,然后再求平均值. 当希望在分析中剔除一部分数据的计算时,可以使用此函数.

语法:TRIMMEAN(array,percent).

参数:array 为需要进行筛选并求平均值的数组或数据区域,percent 为计算时所要除去的数据点的比例. 如果 percent=0.2,则在 20 个数据中除去 4 个,即头部除去 2 个、尾部除去 2 个. 如果 percent=0.1,则除去 30 个数据点的 10%,等于 3 个数据点. 函数 TRIMMEAN 将对称地在数据集的头部和尾部各除去 1 个数据.

实例：如果 A1＝78、A2＝45、A3＝90、A4＝12、A5＝85，则公式“＝TRIMMEAN(A1:A5,0.1)”返回 62.

80. T. TEST

用途：返回与 t 检验相关的概率. 它可以判断两个样本是否来自两个具有相同均值的总体.

语法：T. TEST(array1,array2,tails,type).

参数：array1 是第 1 个数据集，array2 是第 2 个数据集，tails 指明分布曲线的尾数. 如果 tails＝1，则 T. TEST 函数使用单尾分布. 如果 tails＝2，则 T. TEST 函数使用双尾分布. type 为 t 检验的类型. 如果 type 分别等于 1、2、3，则表示检验方法分别为成对检验、等方差双样本检验、异方差双样本检验.

实例：公式“＝T. TEST({3.5,4.5,5,8,9,1,2,4,5},{5,12,4,2,10,4,5.5,13,1},2,1)”返回 0.352009.

81. VAR. S

用途：估算样本方差.

语法：VAR. S(number1,number2,…).

参数：number1,number2,…对应于与总体样本的 1～30 个参数.

实例：假设抽取某次考试中的 5 个分数，并将其作为随机样本，用 VAR. S 函数估算成绩方差，样本值为 A1＝78、A2＝45、A3＝90、A4＝12、A5＝85，则公式“＝VAR. S(A1:A5)”返回 1089.5.

82. VARA

用途：用来估算给定样本的方差. 它与 VAR. S 函数的区别在于文本和逻辑值(TRUE 和 FALSE)也将参与计算.

语法：VARA(value1,value2,…).

参数：value1,value2,…作为总体的一个样本的 1～30 个参数.

实例：假设抽取某次考试中的 5 个分数，并将其作为随机样本，用 VAR. S 函数估算成绩方差，样本值为 A1＝78、A2＝45、A3＝90、A4＝12、A5＝85，则公式“＝VARA(A1:A5,TRUE)”返回 1491.766667.

83. VAR. P

用途：计算样本总体的方差.

语法：VAR. P(number1,number2,…).

参数：number1,number2,…为对应于样本总体的 1～30 个参数. 其中的逻辑值(TRUE 和 FALSE)和文本将被忽略.

实例：如果某次补考只有 5 名学生参加，成绩为 A1＝88、A2＝55、A3＝90、A4＝72、

A5＝85，用 VAR. P 函数估算成绩方差，则公式“＝VAR. P(A1:A5)”返回 214.5.

84. VARPA

用途：计算样本总体的方差. 它与 VAR. P 函数的区别在于文本和逻辑值(TRUE 和 FALSE)也将参与计算.

语法：VARPA(value1，value2，…).

参数：value1，value2，…作为样本总体的 1～30 个参数.

实例：如果某次补考只有 5 名学生参加，成绩为 A1＝88、A2＝55、A3＝90、A4＝72、A5＝85，用 VARPA 函数估算成绩方差，则公式“＝VARPA(A1：A5)”返回 214.5.

85. WEIBULL. DIST

用途：返回韦伯分布. 使用此函数可以进行可靠性分析，如求设备的平均无故障时间.

语法：WEIBULL. DIST(x，alpha，beta，cumulative).

参数：x 为用来计算函数值的数值，alpha 为分布参数，beta 为分布参数，cumulative 指明函数的形式.

实例：公式“＝WEIBULL. DIST(98，21，100，TRUE)”返回 0.480171231，“＝WEIBULL(58，11，67，FALSE)”返回 0.031622583.

86. Z. TEST

用途：返回 Z 检验的单尾 P 值. Z 检验根据数据集或数组生成 x 的标准得分，并返回正态分布的单尾概率.

语法：Z. TEST(array，x，sigma).

参数：array 为用来检验 x 的数组或数据区域. x 为被检验的值. sigma 为总体(已知)标准偏差，如果省略，则使用样本标准偏差.

不省略 sigma 时，函数 Z. TEST 的计算公式如下：

$$\text{Z. TEST(array}, x) = 1 - \text{normsdist}\left(\frac{\bar{x} - \mu_0}{\sigma/\sqrt{n}}\right)$$

省略 sigma 时，计算公式如下：

$$\text{Z. TEST(array}, x) = 1 - \text{normsdist}\left(\frac{\bar{x} - \mu_0}{s/\sqrt{n}}\right)$$

实例：公式“＝Z. TEST({3，5，7.5，8.5，6，5，4，2，1.5，9.5}，4)”返回 0.079927.

注 在分析工具库中，可以使用“描述统计”选项，快速计算出数据的一些统计值. 单击“分析工具库”，出现如图 10-16 所示对话框，选择输入和输出选项，单击“确定”按钮，得如图 10-17 所示数据. 在该图表中，列出了左边数据列的常用的统计数据，十分方便快捷.

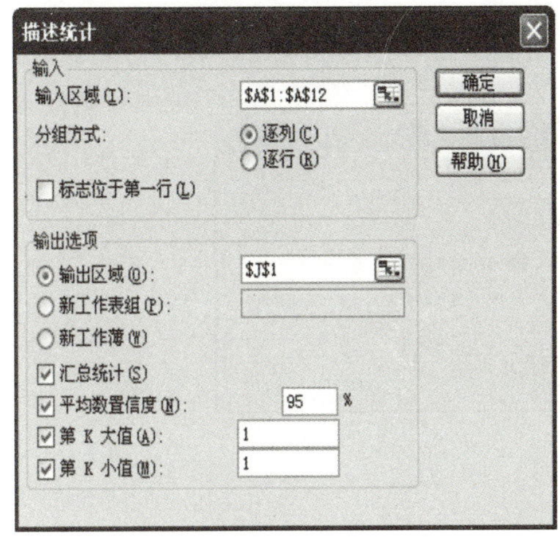

图 10-16

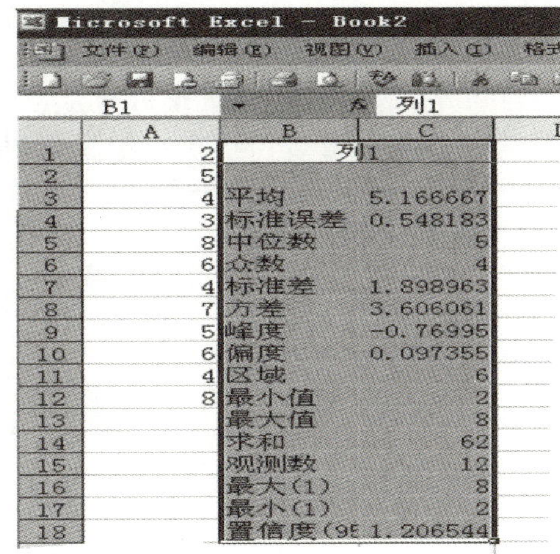

	A	B	C
1	2	列1	
2	5		
3	4	平均	5.166667
4	3	标准误差	0.548183
5	8	中位数	5
6	6	众数	4
7	4	标准差	1.898963
8	7	方差	3.606061
9	5	峰度	-0.76995
10	6	偏度	0.097355
11	4	区域	6
12	8	最小值	2
13		最大值	8
14		求和	62
15		观测数	12
16		最大(1)	8
17		最小(1)	2
18		置信度(95	1.206544

图 10-17

10.3　Excel 在参数估计中的应用

10.3.1　单个正态总体均值的区间估计

设 $X_1, X_2, \cdots, X_n$ 为 $N(\mu, \sigma^2)$ 的样本，对给定的置信水平 $1-\alpha(0<\alpha<1)$，分两种情况来研究参数 μ 的区间估计.

1. σ^2 已知，调用函数 CONFIDENCE. NORM

用途：返回总体平均值的置信区间，它是样本平均值任意一侧的区域. 例如，某班学生参加考试，依照给定的置信水平，可以确定该次考试的最低和最高分数.

语法：CONFIDENCE. NORM(alpha, standard_dev, size).

参数：alpha 是用于计算置信水平(它等于 100×(1－alpha)%，如果 alpha 为 0.05，则置信水平为 95%)的显著水平参数；standard_dev 是数据区域的总体标准偏差；size 为样本容量.

例 10.3.1　已知某厂生产的圆环直径(单位：mm) $X \sim N(\mu, 0.04)$，从某天生产的圆环中随机抽取了 9 个，测得直径为

15.1　15.2　15.02　14.98　14.99　15.03　15.3　15.1　15.11

试用 Excel 求 μ 的置信水平为 0.95 的置信区间.

解　(1) 输入原始数据，调用 AVERAGE 函数，计算样本均值 $\bar{x}$，如图 10-18 所示，得 $\bar{x}=15.0922$.

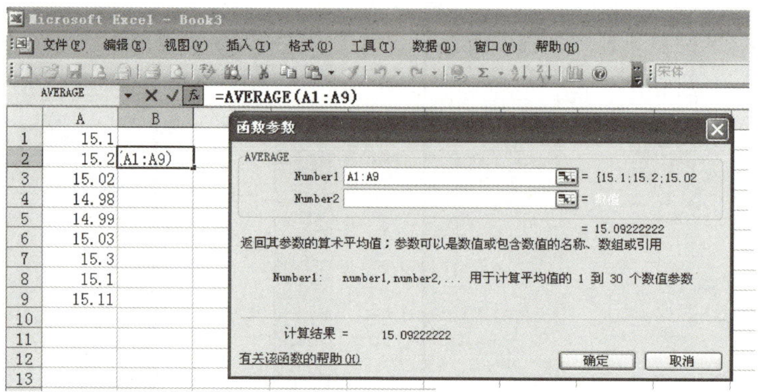

图 10-18

(2) 调用 CONFIDENCE. NORM，计算 $z_{\alpha/2}\frac{\sigma}{\sqrt{n}}$，如图 10-19 所示，得 $z_{\alpha/2}\frac{\sigma}{\sqrt{n}}=0.1307$.

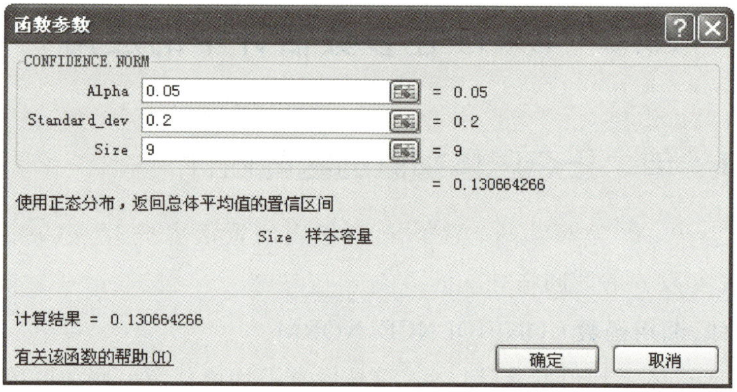

函数参数

CONFIDENCE. NORM

Alpha 0.05 = 0.05

Standard_dev 0.2 = 0.2

Size 9 = 9

= 0.130664266

使用正态分布，返回总体平均值的置信区间

Size 样本容量

计算结果 = 0.130664266

有关该函数的帮助(H) 确定 取消

图 10-19

(3) 所以，μ 的置信水平为 0.95 的置信区间为 15.0922±0.1307.

2. σ^2 未知，调用函数 T. INV. 2T

用途：返回作为概率和自由度函数的 t 分布的双尾区间点.

语法：T. INV. 2T(probability，degrees_freedom).

参数：probability 为对应于双尾 t 分布的概率；degrees_freedom 为分布的自由度. T. INV. 2T 返回 t 值，$P(|X|>t)=$probability，其中 X 为服从 t 分布的随机变量，且$P(|X|>t)=P(X<-t$ 或 $X>t)$. 如果概率为 0.05 而自由度为 10，则双尾值由 T. INV. 2T(0.05，10)计算得到，它返回 2.228139.

例 10.3.2 假定初生婴儿(男孩)的体重(单位：g)服从正态分布，随机抽取 12

名新生婴儿，测得其体重为 3100，2520，3000，3000，3600，3160，3560，3320，2880，2600，3400，2540. 试用 Excel 以 95％的置信水平估计新生男婴儿的平均体重.

解　由于 μ 的置信水平为 $1-\alpha$ 的置信区间为

$$(\overline{X}-t_{\frac{\alpha}{2}}(n-1)S/\sqrt{n},\overline{X}+t_{\frac{\alpha}{2}}(n-1)S/\sqrt{n})$$

因此分以下几步完成：

(1) 将数据输入表格，如输入区域 A1：A12，则调用函数 AVERAGE 和 STDEV. S 分别计算样本均值和样本方差，即选择某一单元格，输入"＝AVERAGE(A1：A12)"，回车可得 $\overline{x}=3056.7$，输入"＝STDEV. S(A1：A12)"，回车可得 $S=375.314$.

(2) 调用函数 T. INV. 2T，计算 $t_{\alpha/2}(n-1)$，任选一单元格，输入"＝T. INV. 2T(0.05，11)"，得 $t_{\alpha/2}(n-1)=2.200985$.

(3) 最后再任选两单元格分别输入"＝3056.7－2.200985 * 375.14/SQRT(12)"及"＝3056.7＋2.200985 * 375.14/SQRT(12)"，则得出新生男婴儿的平均体重的 95％的置信区间为(2818.3474，3295.0526).

当然也可以任选两单元格分别输入：

"＝AVERAGE(A1：A12)－T. INV. 2T(0.05，11) * STDEV. S(A1：A12)/SQRT(12)"及＝AVERAGE(A1：A12)＋T. INV. 2T(0.05，11) * STDEV. S(A1：A12)/SQRT(12)"，这样可一次性得出结果. 结果为(2818.2035，3295.1298).

也可调用函数 CONFIDENCE. T 来计算 $t_{\frac{\alpha}{2}}(n-1)S/\sqrt{n}$，如图 10-20 所示输入参数.

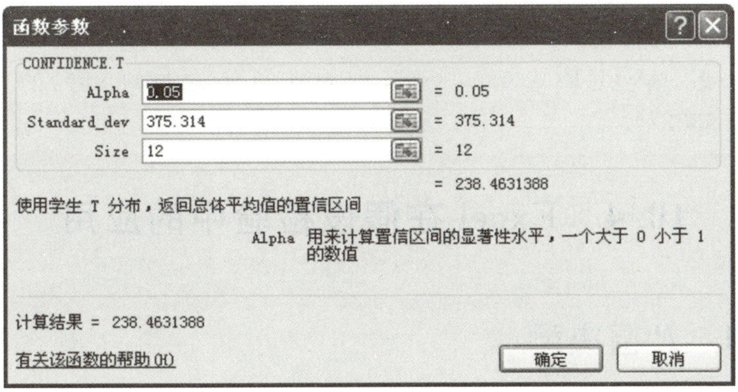

函数参数
CONFIDENCE.T
Alpha　0.05　= 0.05
Standard_dev　375.314　= 375.314
Size　12　= 12
= 238.4631388
使用学生 T 分布，返回总体平均值的置信区间
Alpha 用来计算置信区间的显著性水平，一个大于 0 小于 1 的数值
计算结果 = 238.4631388
有关该函数的帮助(H)　确定　取消

图 10-20

则可得 $t_{\frac{\alpha}{2}}(n-1)S/\sqrt{n}=238.4631$，所以得到置信区间为 $3056.7\pm238.4631=(2818.237，3295.163)$，显然和上面基本一样，差异只是由计算的小数位数保留不一致造成的.

10.3.2 单个正态总体方差的区间估计

设 $X_1,X_2,\cdots,X_n$ 为 $N(\mu,\sigma^2)$的样本,对给定的置信水平 $1-\alpha(0<\alpha<1)$,求参数 σ^2 的区间估计.

(1) 可调用函数 CHISQ. INV.

用途:返回 χ^2 分布左尾概率的逆函数.

语法:CHISQ. INV(probability,degrees_freedom).

参数:probability 为 χ^2 分布的左尾概率;degrees_freedom 为自由度.

实例:公式"=CHISQ. INV(0.05,10)"返回 3.940299.

(2) 还可调用函数 CHISQ. INV. RT.

用途:返回 χ^2 分布右尾概率的逆函数.

语法:CHISQ. INV. RT(probability,degrees_freedom).

参数:probability 为 χ^2 分布的右尾概率;degrees_freedom 为自由度.

例 10.3.3 为了评估可口可乐自动灌装生产线的工作情况,从生产线上随机抽取 16 瓶饮料进行检测,经计算这 16 瓶可口可乐(单位:mL)的方差为 15,请在 95% 的置信水平下用 Excel 对总体方差做区间估计.

解 由于方差 σ^2 的置信水平为 $1-\alpha$ 的置信区间为

$$\left(\frac{(n-1)S^2}{\chi^2_{\frac{\alpha}{2}}(n-1)},\frac{(n-1)S^2}{\chi^2_{1-\frac{\alpha}{2}}(n-1)}\right)$$

因此,可任选两单元格输入:"=(16-1) * 15/CHISQ. INV(0.025,15)"及"=(16-1) * 15/CHISQ. INV. RT(0.025,15)",即得该总体方差的 95% 的置信区间为 (8.18527,35.93022).

10.4 Excel 在假设检验中的应用

10.4.1 P 值决策

在介绍 Excel 的假设检验之前,先介绍下有关 P 值决策的知识.

定义 10.1 在原假设为真的条件下,检验统计量的观察值大于或等于其计算值的概率,称为 P 值(P-value),也称观察到的显著性水平(observed significance level).

P 值是反映实际观测到的数据与原假设 H_0 之间不一致程度的一个概率值. P 值越小,说明实际观测到的数据与 H_0 之间不一致程度就越大,检验结果也就越显著.

P 值也是用于确定是否拒绝原假设的另一个重要工具,它有效补充了 α 提供的关于检验可靠性的有限信息.为便于理解,统一使用符号 z 表示检验统计量,z_c 表示根据样本数据计算得到的检验统计量值,对于假设检验的三种基本形式,P 值的一般表达式如下.

1. 左侧检验:$H_0:\mu\geqslant\mu_0$,$H_1:\mu<\mu_0$

P 值是当 $\mu=\mu_0$ 时,检验统计量小于或等于根据实际观测样本数据计算得到的检验统计量值的概率,即 P 值$=P(z\leqslant z_c|\mu=\mu_0)$.

2. 右侧检验:$H_0:\mu\leqslant\mu_0$,$H_1:\mu>\mu_0$

P 值是当 $\mu=\mu_0$ 时,检验统计量大于或等于根据实际观测样本数据计算得到的检验统计量值的概率,即 P 值$=P(z\geqslant z_c|\mu=\mu_0)$.

3. 双侧检验:$H_0:\mu=\mu_0$,$H_1:\mu\neq\mu_0$

P 值是当 $\mu=\mu_0$ 时,检验统计量大于或等于根据实际观测样本数据计算得到的检验统计量绝对值的概率的两倍,即 P 值$=2P(z\geqslant|z_c||\mu=\mu_0)$.

需要注意的是,P 值与原假设的对或错的概率无关.实际上,P 值是关于数据的概率,它告诉我们,在某个总体的多个样本中,某一类数据出现的经常程度,也就是说,P 值是当原假设正确时,得到所观测数据的概率.

利用 P 值进行决策的规则十分简单:如果 P 值$<\alpha$,拒绝 H_0;如果 P 值$>\alpha$,不拒绝 H_0.

10.4.2　Excel 在假设检验中的具体应用

在 Excel 中进行假设检验可用函数的方法或数据分析工具中的方法.检验用的函数名称最后四个英文字母为"TEST",前面的字母为所用统计量的名称.以下将介绍三种函数的使用方法:① Z.TEST:正态分布检验;② T.TEST:t 分布检验;③ F.TEST:F 分布检验.

1. 函数 Z.TEST

用途:返回 Z 检验的单尾 P 值.Z 检验根据数据集或数组生成 x 的标准得分,并返回正态分布的单尾概率.

语法:Z.TEST(array,x,sigma).

参数:array 为用来检验 x 的数组或数据区域;x 为被检验的值;sigma 为总体(已知)标准偏差,如果省略,则使用样本标准偏差.不省略 sigma 时,函数 Z.TEST 的计算公式如下:Z.TEST(array,x)$=1-\text{normsdist}\left(\frac{\overline{x}-u_0}{\sigma/\sqrt{n}}\right)$,省略 sigma 时,计算公式如下:Z.TEST(array,x)$=1-\text{normsdist}\left(\frac{\overline{x}-u_0}{s/\sqrt{n}}\right)$.

例 10.4.1 一台包装机包装白糖，额定标准重量为 500 g，根据以往经验，包装机的实际装袋重量服从正态 $N(\mu,\sigma_0^2)$，其中 $\sigma_0=12$，为检验包装机工作是否正常，随机抽取 9 袋，称得白糖净重(单位:g)数据如下：

498 505 519 514 490 515 505 510 512

若取显著性水平 $\alpha=0.05$，试用 Excel 分析这台包装机工作是否正常.

解 (1) 先输入原始数据，然后调用 Z.TEST 函数.

(2) 在出现的对话框中输入相应参数，如图 10-21 所示.

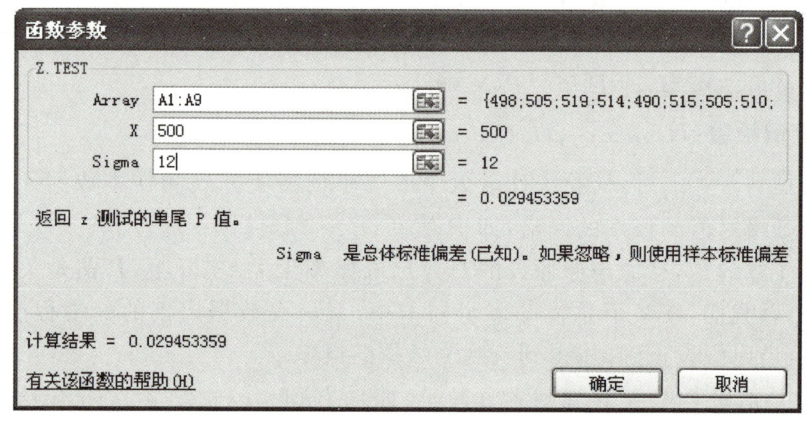

图 10-21

(3) 由于是双侧检验，P 值是当 $\mu=\mu_0$ 时，检验统计量大于或等于根据实际观测样本数据计算得到的检验统计量绝对值的概率的两倍，即 P 值 $=2P(z\geqslant|z_c||\mu=\mu_0)=2\times0.029453359=0.0589067>0.01$，所以不拒绝原假设，即认为包装机工作正常.

2. 函数 T.TEST

用途：返回与 t 检验相关的概率. 它可以判断两个样本是否来自两个具有相同均值的总体.

语法：T.TEST(array1,array2,tails,type)

参数：array1 是第 1 个数据集，array2 是第 2 个数据集，tails 指明分布曲线的尾数. 如果 tails=1，T.TEST 函数使用单尾分布. 如果 tails=2，T.TEST 函数使用双尾分布. type 为 t 检验的类型. type 等于 1、2、3，分别对应检验方法为成对检验、双样本等方差检验、双样本异方差检验.

例 10.4.2 甲、乙两台机床同时加工某种同类型的零件，已知两台机床加工的零件直径(单位:cm)分别服从正态分布 $N(\mu_1,\sigma_1^2)$ 和 $N(\mu_2,\sigma_2^2)$，并且有 $\sigma_1^2=\sigma_2^2$. 为比较两台机床的加工精度有无显著差异，分别独立抽取了甲机床加工的 8 个零件和乙机床加工的 7 个零件，通过测量得到如下数据：

甲机床零件直径：20.5　19.8　19.7　20.4　20.1　20.0　19.0　19.9

乙机床零件直径：20.7　19.8　19.5　20.8　20.4　19.6　20.2

在 $\alpha=0.05$ 显著性水平下，样本数据是否提供证据支持“两台机床加工零件直径不一致”的看法？

解　(1) 输入原始数据，调用函数 T. TEST.

(2) 设置好输入参数，如图 10-22 所示.

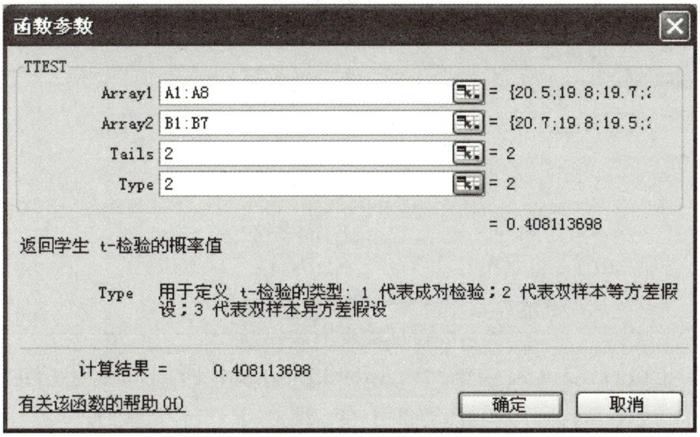

图 10-22

由计算结果可知，P 值 $=0.408113698>0.05$，所以不拒绝原假设，即没有理由认为甲、乙两台机床加工的零件直径不一致.

当然，也可调用分析工具库中的“t 检验：双样本等方差假设”，设置好输入/输出参数，如图 10-23 所示.

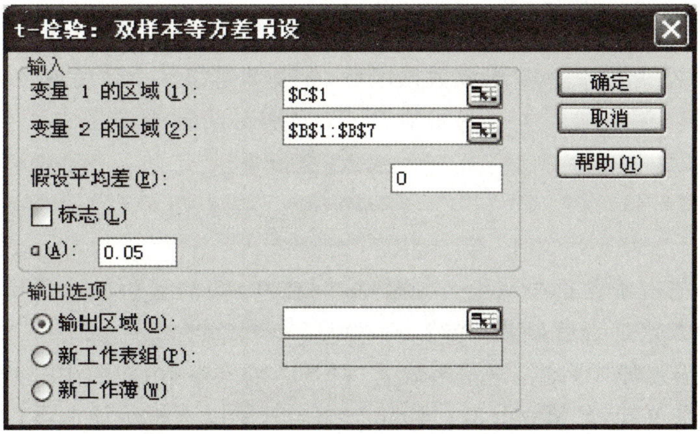

图 10-23

得出结果如表 10-1 所示.

表 10-1

	变量 1	变量 2
平均值	19.925	20.14286
方差	0.216429	0.272857
观测值	8	7
合并方差	0.242473	
假设平均差	0	
DF	13	
t	−0.85485	
$P(T\leqslant t)$单尾	0.204057	
t 单尾临界	1.770933	
$P(T\leqslant t)$双尾	0.408114	
t 双尾临界	2.160369	

由表 10-1 可知,$P(T\leqslant t)$双尾$=0.408114>0.05$,所以和上述结论一致.

注 如果该题中,$\sigma_1^2\neq\sigma_2^2$,其他条件不变,则在 Excel 的操作过程中,只需做相应的改变.如用函数 T.TEST,只需将第 4 个参数 type 改为 3 即可,即类型变为双样本异方差假设.而在分析工具库中,只需选择"t 检验:双样本异方差假设"菜单即可.

3. 函数 F.TEST

用途:返回 F 检验的结果.它返回的是当数组 1 和数组 2 的方差无明显差异时的双尾概率,可以判断两个样本的方差是否不同.例如,给出两个班级同一学科考试成绩,从而检验是否存在差别.

语法:F.TEST(array1,array2).

参数:array1 是第 1 个数组或数据区域,array2 是第 2 个数组或数据区域.

例 10.4.3 某卷烟厂生产两种香烟.现分别对两种烟的尼古丁含量做 6 次测量,结果如下:

甲:25　28　23　26　29　22

乙:28　23　30　35　21　27

假设香烟中的尼古丁含量服从正态分布,试问在 0.05 的显著性水平下,两种香烟中尼古丁含量的方差是否有显著差异?

解 (1) 输入原始数据,调用函数 F.TEST,输入参数,如图 10-24 所示.

(2) 由结果可知,P 值$=0.211459532>0.05$,所以不拒绝原假设,即两种香烟中尼古丁含量的方差无显著差异.

当然也可调用分析工具库中的"F-检验　双样本方差"进行分析.

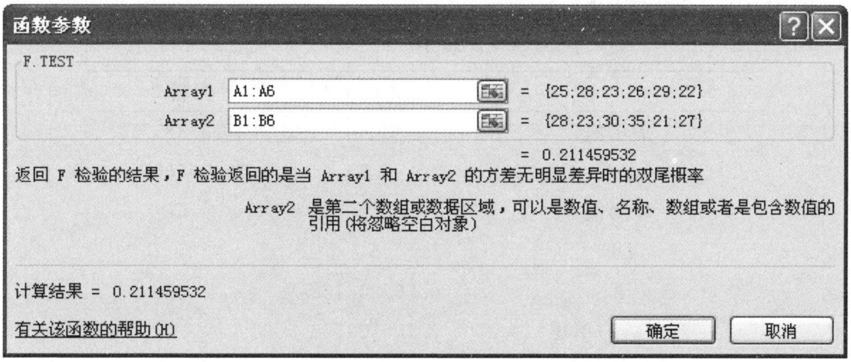

函数参数

F.TEST

Array1　A1:A6　= {25;28;23;26;29;22}

Array2　B1:B6　= {28;23;30;35;21;27}

= 0.211459532

返回 F 检验的结果，F 检验返回的是当 Array1 和 Array2 的方差无明显差异时的双尾概率

Array2　是第二个数组或数据区域，可以是数值、名称、数组或者是包含数值的引用(将忽略空白对象)

计算结果 = 0.211459532

有关该函数的帮助(H)　确定　取消

图 10-24

需要注意的是，分析工具库中的“F-检验　双样本方差”工具菜单中，Excel 只给出了单侧检验程序，当 $S_1^2/S_2^2<1$ 时，做的是左侧检验，其检验的拒绝域为 $F<F_{1-\alpha}(n_1-1,n_2-1)$，当 $S_1^2/S_2^2>1$ 时，做的是右侧检验，其检验的拒绝域为 $F>F_\alpha(n_1-1,n_2-1)$. 因此，若要做双侧检验，当给定的显著性水平为 α 时，则在参数设置中 α(A)就应设为 $\alpha/2$. 这样，当 $F=S_1^2/S_2^2<1$ 时，输出结果中则给出了左尾的临界值 $F_{1-\alpha/2}(n_1-1,n_2-1)$. 当 $F=S_1^2/S_2^2>1$ 时，输出结果中给出了右尾的临界值 $F_{\alpha/2}(n_1-1,n_2-1)$. 实际上，当 $F=S_1^2/S_2^2<1$ 时，由于右侧临界值 $F_{\alpha/2}(n_1-1,n_2-1)>1$，因此只需将 F 值与左侧临界值 $F_{1-\alpha/2}(n_1-1,n_2-1)$ 相比较，若 $F<F_{1-\alpha/2}(n_1-1,n_2-1)$，则拒绝原假设；同理，当 $F=S_1^2/S_2^2>1$ 时，只需将 F 值与右侧临界值 $F_{\alpha/2}(n_1-1,n_2-1)$ 相比较，若 $F>F_{\alpha/2}(n_1-1,n_2-1)$，则拒绝原假设. 对于 P 值，则应有 P 值 $=2\times$ 单尾概率.

根据以上介绍，对本例来说，则应输入如图 10-25 所示的参数设置(由于输出的 F 临界值是单尾的，故参数设置中 α(A)应设为 $\alpha/2=0.025$).

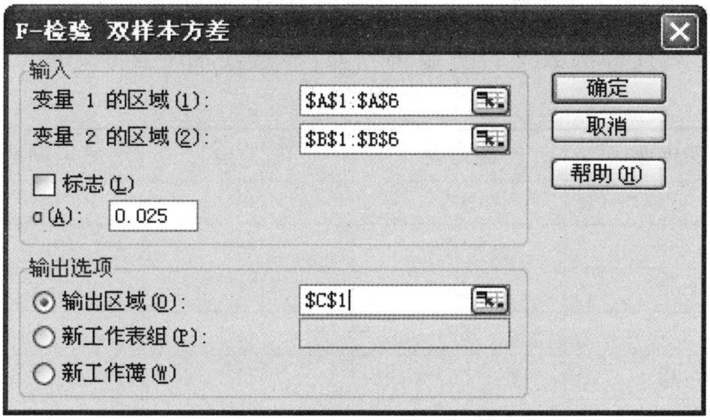

F-检验 双样本方差

输入

变量 1 的区域(1):　$A$1:$A$6

变量 2 的区域(2):　$B$1:$B$6

□ 标志(L)

α(A):　0.025

确定　取消　帮助(H)

输出选项

◉ 输出区域(O):　$C$1

○ 新工作表组(P):

○ 新工作簿(W)

图 10-25

得出如表 10-2 所示结果.

表 10-2

	变量 1	变量 2
平均值	25.5	27.33333333
方差	7.5	25.06666667
观测值	6	6
DF	5	5
F	0.299202128	
$P(F\leqslant f)$单尾	0.105729766	
F 单尾临界	0.13993095	

由结果可知，$S_1^2/S_2^2<1$，$F=0.299202128$ 并不小于 $F_{1-\alpha/2}(n_1-1,n_2-1)=0.105729766$，所以不拒绝原假设，另外可知 P 值$=P(F\leqslant f)$ 单尾$\times 2=0.211459532>0.05$，得到与采用函数 F.TEST 进行检验的相同的结论.

10.5 Excel 在方差分析和回归分析中的应用

10.5.1 Excel 在方差分析中的应用

1. 单因素方差分析

例 10.5.1 消费者与产品生产者、销售者或服务的提供者之间经常发生纠纷. 当发生纠纷后，消费者常常会向消费者协会投诉. 为了对几个行业的服务质量进行评价，消费者协会在零售业、旅游业、航空业、家电制造业分别抽取不同的企业作为样本. 每个行业中所抽取的这些企业，在服务对象、服务内容、企业规模等方面基本上相同，经过统计，得到了 1 年内消费者对总共 26 家企业投诉的次数，结果如表 10-3 所示. 试用 Excel 分析这 4 个行业对投诉次数是否有显著差异(显著性水平 $\alpha=0.05$).

表 10-3

零售业	旅游业	航空业	家电制造业
53	67	30	45
65	40	48	52
50	30	20	66
41	44	33	78
33	55	39	60
54	50	28	55
45	43		

解　输入原始数据后直接调用数据分析工具库中的“方差分析：单因素方差分析”，设置参数如图 10-26 所示.

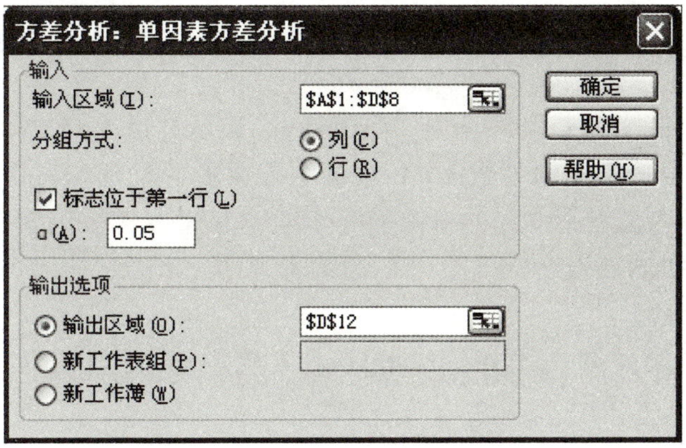

图 10-26

单击“确定”按钮后得到如表 10-4 所示结果.

表 10-4

方差分析：单因素方差分析

汇总

组	观测数	求和	平均值	方差
零售业	7	341	48.71429	105.5714
旅游业	7	329	47	139.3333
航空公司	6	198	33	92.8
家电制造业	6	356	59.33333	134.2667

方差分析

差异源	SS	DF	MS	F	P 值	F_{crit}
组间	2109.084	3	703.0281	5.937824	0.003982	3.049125
组内	2604.762	22	118.3983			
总计	4713.846	25				

表 10-4 的输出结果分为两个部分，第一部分是数据的简单汇总，计算出每个水平下数据的观测数、总和、平均值和方差.

输出结果的第二部分是方差分析.

(1) 差异源. 表中第 1 列是差异源，其中组间表示因素各水平之间导致的差异，组内表示水平内导致的差异，反映的是随机误差.

(2) 离差平方和. 第 2 列 SS(sum of squares)表示离差平方和，组间平方和记作 SSA(sum of squares for factor A)，组内平方和记作 SSE(sum of squares for error)，总平方和记为 SST(sum of squares for total)，三者的关系为：SST = SSA + SSE.

(3) 自由度. 第 3 列 DF(degrees of freedom)表示自由度，在方差分析中，组间离差平方和的自由度为因素水平数 $k-1$，本例中因素水平数为 4，所以组间离差平方和的自由度为 3. 组内离差平方和的自由度等于样本容量 n 减去因素水平数 k，本例中组内离差平方和的自由度 $=26-4=22$. 总离差平方和的自由度为样本容量减 1，本例中即为 $26-1=25$.

(4) 均方误. 第 4 列 MS(mean squares)为均方误，等于离差平方和除以自由度，即

$$\mathrm{MSA}=\frac{\mathrm{SSA}}{k-1},\quad \mathrm{MSE}=\frac{\mathrm{SSE}}{n-k}$$

(5) F 统计量. 第 5 列 F 是 F 统计量，其值等于因素的均方误除以误差的均方，即

$$F=\frac{\mathrm{MSA}}{\mathrm{MSE}}$$

可以用 F 与第 7 列的临界值 F_{crit} 比较判断因素各水平间的离差平方和是否显著，当$F\geqslant F_{\mathrm{crit}}$时，认为相互间差异显著. 本例中 $F=5.937824>F_{\mathrm{crit}}=3.049125$，所以认为各水平之间的差异显著，即 4 个行业对投诉次数有显著差异. 当然也可用 P 值进行判断.

(6) P 值. 第 6 列为 P 值，表示一个因素各水平之间有显著差异时犯错误的概率，其值越小就表示该因素各水平之间的差异越显著. 本例中 P 值 $=0.003982$，考虑显著性水平 $\alpha=0.05$ 时，由于 P 值 $=0.003982<\alpha=0.05$，因此认为各水平间有显著差异，即 4 个行业对投诉次数有显著差异，与用临界值来判断的结论一致.

2. 双因素方差分析

以上介绍的只是单因素方差分析的 Excel 操作，下面将简单介绍双因素方差分析的概念和 Excel 操作.

定义 10.2 当方差分析中涉及两个分类型自变量时，称为双因素方差分析(two-way analysis of variance).

例 10.5.2 有 4 种品牌的彩电在 5 个地区销售，为分析彩电的品牌(品牌因素)和销售地区(地区因素)对销售量是否有影响，对每种品牌在各地区的销售量(单位：台)取得了以下数据，如表 10-5 所示. 试分析品牌和销售地区对彩电的销售量是否有显著影响(显著性水平 $\alpha=0.05$).

表 10-5

	地区 1	地区 2	地区 3	地区 4	地区 5
品牌 1	365	350	343	340	323
品牌 2	345	368	363	330	333
品牌 3	358	323	353	343	308
品牌 4	288	280	298	260	298

解　在该例中,品牌和地区是两个分类型自变量,销售量是一个数值型因变量,这就是一个双因素的方差分析. 如果这两个因素对销售量的影响是相互独立的,则将分别判断这两个因素对销售量的影响,这时称为无交互作用的双因素影响,或称为无重复双因素分析(two-factor without replication);如果除了这两个因素对销售量有影响外,两个因素的搭配还会对销售量产生一种新的影响效应,这时的双因素方差分析称为有交互作用的方差分析,或称为可重复双因素方差分析(two-factor with replication).

对于双因素分析的基本理论在此就不仔细介绍了,下面主要介绍如何用 Excel 进行操作并解释其输出结果.

(1) 对两因素分别提出如下假设:

行因素(品牌因素):

$H_0: \mu_1 = \mu_2 = \mu_3 = \mu_4$(品牌对销售量没有显著影响)

$H_1: \mu_1, \mu_2, \mu_3, \mu_4$ 不全相等(品牌对销售量有显著影响)

列因素(地区因素):

$H_0: \mu_1 = \mu_2 = \mu_3 = \mu_4 = \mu_5$(地区对销售量没有显著影响)

$H_1: \mu_1, \mu_2, \mu_3, \mu_4, \mu_5$ 不全相等(地区对销售量有显著影响)

(2) 调用 Excel 中数据分析中的"方差分析:无重复双因素分析",设置好参数,如图 10-27 所示.

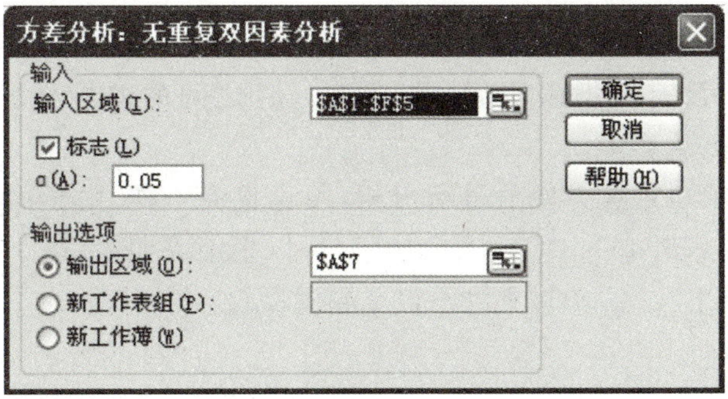

图 10-27

(3) 单击“确定”按钮后,得表 10-6.

表 10-6

方差分析:无重复双因素分析

汇总	观测数	求和	平均值	方差
品牌 1	5	1721	344.2	233.7
品牌 2	5	1739	347.8	295.7
品牌 3	5	1685	337	442.5
品牌 4	5	1424	284.8	249.2
	观测数	求和	平均值	方差
地区 1	4	1356	339	1224.667
地区 2	4	1321	330.25	1464.25
地区 3	4	1357	339.25	822.9167
地区 4	4	1273	318.25	1538.917
地区 5	4	1262	315.5	241.6667

方差分析

差异源	SS	DF	MS	F	P 值	F_{crit}
行 R	13004.55	3	4334.85	18.10777	9.46E−05	3.490295
列 C	2011.7	4	502.925	2.100846	0.143665	3.259167
误差	2872.7	12	239.3917			
总计	17888.95	19				

(4) 结果分析:由于 $F_R=18.10777>F_{crit}=3.490295$,所以拒绝原假设,即 $H_0:\mu_1=\mu_2=\mu_3=\mu_4$ 不成立,支持备择假设 $H_1:\mu_1,\mu_2,\mu_3,\mu_4$ 不全相等,即认为品牌对销售量有显著影响.

由于 $F_C=2.100846<F_{crit}=3.259167$,所以不拒绝原假设,即 $H_0:\mu_1=\mu_2=\mu_3=\mu_4=\mu_5$ 不成立,没有证据表明 μ_1、μ_2、μ_3、μ_4、μ_5 之间的差异显著,因此不能认为地区对销售量有显著影响.

直接利用 P 值也可更方便地进行分析,结论也会一样. 由于用于检验行因素的 P 值$=9.46\text{E}-05=9.46\times10^{-5}<\alpha=0.05$,所以拒绝原假设. 由于用于检验列因素的 P 值$=0.143665>\alpha=0.05$,所以不拒绝原假设.

10.5.2 Excel 在回归分析中的应用

例 10.5.3 随机抽取 7 家超市,得到其广告费支出(单位:万元)和销售额(单位:万元)如表 10-7 所示.试求销售额对广告费支出的回归方程并进行其线性相关性的显著性检验($\alpha=0.05$).

表 10-7

超市	广告费支出 x	销售额 y
1	1	19
2	2	32
3	4	44
4	6	40
5	10	52
6	14	53
7	20	54

解　(1) 绘制两者间的散点图,看是否具有线性趋势.单击“插入”下拉菜单,选择“图表”子菜单,在弹击的对话框中选择“标准”选项卡的“XY 散点图”,如图 10-28 所示.

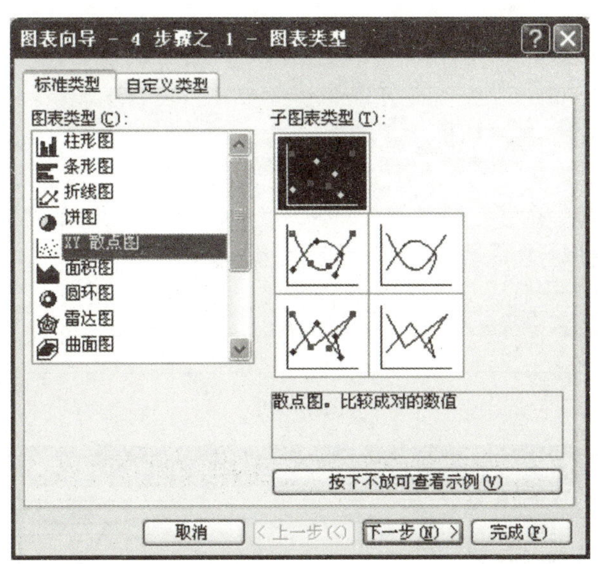

图 10-28

按照图表向导的步骤,设置好参数,其中一步骤如图 10-29 所示.

设置好参数后,单击“完成”按钮,即可得出两者间的散点图,如图 10-30 所示.

从散点图中,大致认为两者具有线性趋势,可以进行线性回归分析.

(2) 调用 Excel 的“数据分析”中的“回归”分析工具,如图 10-31 所示.

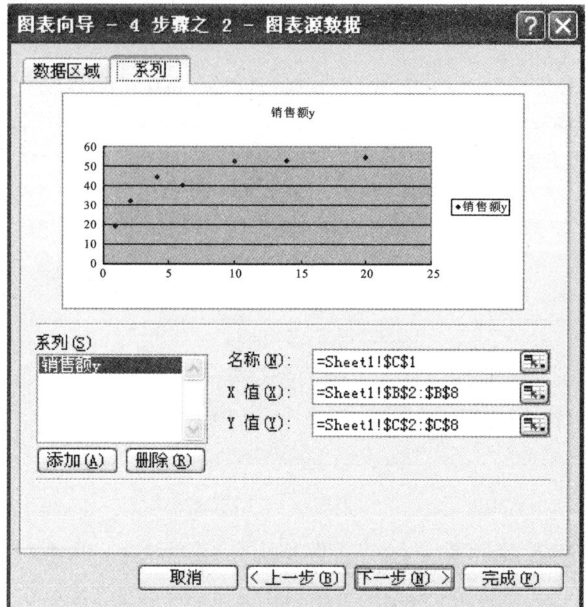

图 10-29

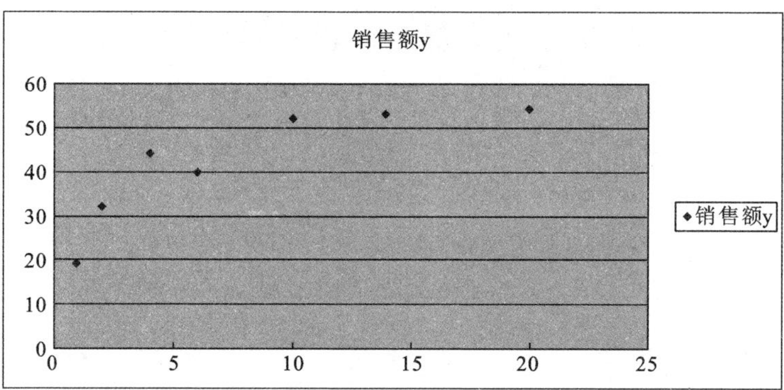

图 10-30

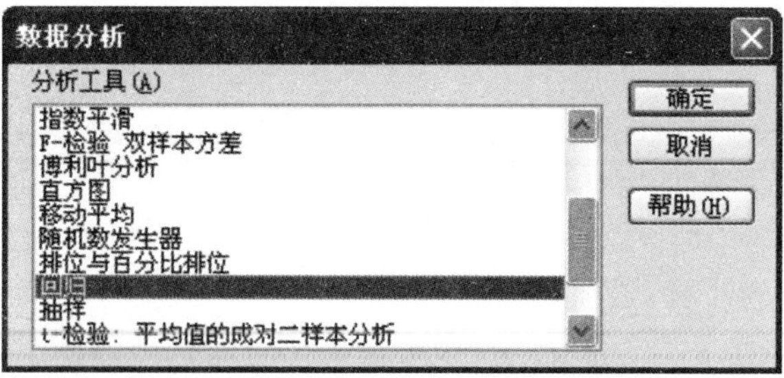

图 10-31

设置好各参数,如图 10-32 所示.

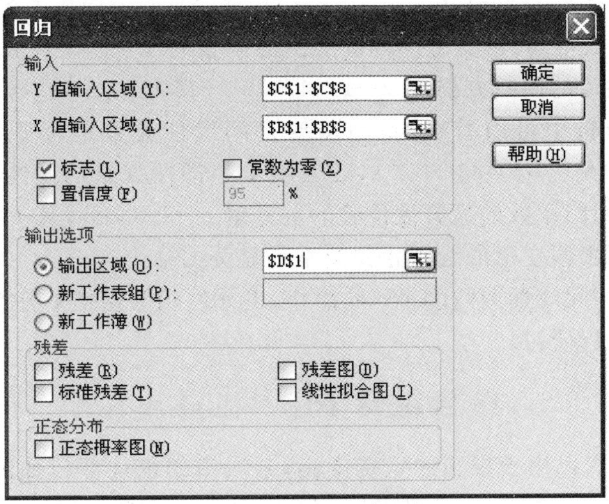

图 10-32

单击"确定"按钮,得表 10-8.

表 10-8

汇总

回归统计	
Multiple R	0.830868
R Square	0.690342
Adjusted R Square	0.62841
标准误差	7.877531
观测值	7

方差分析

	DF	SS	MS	F	Significance F
回归分析	1	691.723	691.723	11.14684	0.020582
残差	5	310.277	62.0555		
总计	6	10002			

	Coefficients	标准误差	t	P 值	Lower 95%	Upper 95%
Intercept	29.39911	4.80725	6.11557	0.001695	17.04167	41.75655
广告费支出 x	1.547478	0.4635	3.33869	0.020582	0.356016	2.738939

注　表中"Multiple R"意为相关系数 R,"R Square"意为 R^2,"Adjusted R Square"意为调整后的 R^2,"Significance F"意为 F 检验实际显著性水平,"Intercept"意为截距,"Coefficients"意为系数,"Lower 95%"意为 95%下限,"Upper 95%"意为 95%上限.

(3) 结果分析如下.

① 从回归统计中的 Multiple $R=0.830868$ 可知,两者的相关程度较高.

② 从回归系数可知:自变量广告费支出的系数为 1.547478,常数项 Intercept=29.39911,即得估计的回归方程为 $y=1.547478x+29.39911$.

③ 从方差分析中可以看出,检验两变量间线性关系是否显著的统计量 $F=11.14684$,其 P 值$=0.020582<0.05$,故拒绝 H_0,即两变量的线性相关关系是显著的.另外,从检验回归系数的显著性检验的统计量 $t=3.33869$,其 P 值$=0.020582<0.05$,同样也可得出两变量的线性相关关系是显著的结论.

以上讲的是一元线性回归的 Excel 操作,多元回归的操作十分类似,读者可参看其他教材,也可自行研讨.

综合练习 10(上机操作)

1. 为了研究居民用于报刊的消费支出,某城市的统计部门抽取了 64 户居民进行调查,得到平均用于报刊的消费支出为 290 元/年,假设总体的标准差是 100 元/年,置信水平为 95%,在 Excel 中利用 CONFIDENCE 函数对该城市居民户平均用于报刊的消费支出作区间估计.

2. 美国人每晚睡眠的小时数变化相当大,总人口中 12%的人睡眠少于 6 h,有 3%的人睡眠超过 8 h.由 25 个人组成的样本报告的每晚睡眠的小时数如下:

6.9 7.6 6.5 6.2 5.3 7.8 7.0 5.5 7.6 6.7 7.3 6.6 7.1

6.9 6.0 6.8 6.5 7.2 5.8 8.6 7.6 7.1 6.0 7.2 7.7

假设总体服从正态分布,在 Excel 中构造每晚睡眠小时数的总体均值的 95%的置信区间.

3. 一家保险公司收集到由 36 位投保个人组成的随机样本,得到每位投保人的年龄数据如下:

23 35 39 27 36 44 36 42 46 43 31 33 42 53 45 54 47 24

34 28 39 36 44 40 39 49 38 34 48 50 34 39 45 48 45 32

据统计,10 年前该公司投保人平均年龄为 36 周岁,取显著性水平 $\alpha=0.01$,试用 Excel分析这个调查是否提供了证据支持"如今该公司投保人平均年龄增加了"?

4. 一种汽车配件的平均长度要求为 12 cm,高于或低于该标准均被认为是不合格的.汽车生产企业在购进配件时,通常是经过招标,然后对中标的配件提供商提供的样品进行检验,以决定是否购买.现对一个配件提供商提供的 10 个样品进行检验,得到这 10 个样品的平均值为 11.89 cm,标准差为 0.4932 cm.假定该配件提供商生产的配件长度服从正态分布,在 0.05 显著性水平下,试用 Excel 分析该配件提供商提供的配件是否符合要求.

5. 甲、乙两台机床加工同一种产品,现从这两台机床加工的产品中随机抽取若干件，测得产品的直径(单位：mm)如下：

甲产品直径：20.5　19.8　19.7　20.4　20.1　20　19　19.9

乙产品直径：20.7　19.8　19.5　20.8　20.4　19.6　20.2

假设两台机床生产的产品直径分别服从正态分布，试用 Excel 分析两台机床生产的产品直径的方差是否有显著差异($\alpha=0.05$)？

6. 建筑横梁强度的研究：用 3000 lb(1 lb≈0.45 kg)力量作用在 1 in(1 in≈2.54 cm)的横梁上来测量横梁的挠度，钢筋横梁的测试强度是：82　86　79　83　84　85　86　87. 其余两种更贵的合金横梁强度测试如下.

合金 1：74　82　78　75　76　77.

合金 2：79　79　77　78　82　79.

试用 Excel 分析这三种材料的强度有无明显差异($\alpha=0.05$).

7. 研究某产品产量与生产费用的关系时，将产量与对应的生产费用制成相关表，数据如下表所示.

企业编号	产量 X/万台	生产费用 Y/万元	企业编号	产量 X/万台	生产费用 Y/万元
1	40	130	7	84	165
2	42	150	8	100	170
3	50	155	9	116	167
4	55	140	10	125	180
5	65	150	11	130	175
6	78	154	12	140	185

(1) 在 Excel 中绘制散点图；

(2) 在 Excel 中计算产量与生产费用的相关系数；

(3) 在 Excel 中进行回归分析.

科学家传记(十)

附表 A　泊松分布表

$$1-F(x-1)=\sum_{r=x}^{r=\infty}\frac{e^{-\lambda}\lambda^{r}}{r!}$$

x	$\lambda=0.2$	$\lambda=0.3$	$\lambda=0.4$	$\lambda=0.5$	$\lambda=0.6$
0	1.0000000	1.0000000	1.0000000	1.0000000	1.0000000
1	0.1812692	0.2591818	0.3296800	0.393469	0.451188
2	0.0175231	0.0369363	0.0615519	0.090204	0.121901
3	0.0011485	0.0035995	0.0079263	0.014388	0.023115
4	0.0000568	0.0002658	0.0007763	0.001752	0.003358
5	0.0000023	0.0000158	0.0000612	0.000172	0.000394
6	0.0000001	0.0000008	0.0000040	0.000014	0.000039
7			0.0000002	0.000001	0.000003

x	$\lambda=0.7$	$\lambda=0.8$	$\lambda=0.9$	$\lambda=1.0$	$\lambda=1.2$
0	1.0000000	1.0000000	1.0000000	1.0000000	1.0000000
1	0.503415	0.550671	0.593430	0.632121	0.698806
2	0.155805	0.191208	0.227518	0.264241	0.337373
3	0.034142	0.047432	0.062857	0.080301	0.120513
4	0.005753	0.009080	0.013459	0.018988	0.033769
5	0.000786	0.001411	0.002344	0.003660	0.007746
6	0.000090	0.000184	0.000343	0.000594	0.001500
7	0.000009	0.000021	0.000043	0.000083	0.000251
8	0.000001	0.000002	0.000005	0.000010	0.000037
9				0.000001	0.000005
10					0.000001

x	$\lambda=1.4$	$\lambda=1.6$	$\lambda=1.8$		
0	1.000000	1.000000	1.000000		
1	0.753403	0.798103	0.834701		
2	0.408167	0.475069	0.537163		
3	0.166502	0.216642	0.269379		
4	0.053725	0.078813	0.108708		
5	0.014253	0.023682	0.036407		
6	0.003201	0.006040	0.010378		
7	0.000622	0.001336	0.002569		
8	0.000107	0.000260	0.000562		
9	0.000016	0.000045	0.000110		
10	0.000002	0.000007	0.000019		
11		0.000001	0.000003		

续表

x	$\lambda=2.5$	$\lambda=3.0$	$\lambda=3.5$	$\lambda=4.0$	$\lambda=4.5$	$\lambda=5.0$
0	1.0000000	1.0000000	1.0000000	1.0000000	1.0000000	1.0000000
1	0.917915	0.950213	0.969803	0.981684	0.988891	0.993262
2	0.712703	0.800852	0.864112	0.908422	0.938901	0.959572
3	0.456187	0.576810	0.679153	0.761897	0.826422	0.875348
4	0.242424	0.352768	0.463367	0.566530	0.657704	0.734974
5	0.108822	0.184737	0.274555	0.371163	0.467896	0.559507
6	0.042021	0.083918	0.142386	0.214870	0.297070	0.384039
7	0.014187	0.033509	0.065288	0.110674	0.168949	0.237817
8	0.004247	0.011905	0.026739	0.051134	0.086586	0.133372
9	0.001140	0.003803	0.009874	0.021363	0.040257	0.068094
10	0.000277	0.001102	0.003315	0.008132	0.017093	0.031828
11	0.000062	0.000292	0.001019	0.002840	0.006669	0.013695
12	0.000013	0.000071	0.000289	0.000915	0.002404	0.005453
13	0.000002	0.000016	0.000076	0.000274	0.000805	0.002019
14		0.000003	0.000019	0.000076	0.000252	0.000698
15		0.000001	0.000004	0.000020	0.000074	0.000226
16			0.000001	0.000005	0.000020	0.000069
17				0.000001	0.000005	0.000020
18					0.000001	0.000005
19						0.000001

附表 B　正态分布表

$$\Phi(z)=\int_{-\infty}^{z}\frac{1}{\sqrt{2\pi}}e^{-u^2/2}du=P(Z\leqslant z)$$

z	0	1	2	3	4	5	6	7	8	9
0.0	0.5000	0.5040	0.5080	0.5120	0.5160	0.5199	0.5239	0.5279	0.5319	0.5359
0.1	0.5398	0.5438	0.5478	0.5517	0.5557	0.5596	0.5636	0.5675	0.5714	0.5753
0.2	0.5793	0.5832	0.5871	0.5910	0.5948	0.5987	0.6026	0.6064	0.6103	0.6141
0.3	0.6179	0.6217	0.6255	0.6293	0.6331	0.6368	0.6406	0.6443	0.6480	0.6517
0.4	0.6554	0.6591	0.6628	0.6664	0.6700	0.6736	0.6772	0.6808	0.6844	0.6879
0.5	0.6915	0.6950	0.6985	0.7019	0.7054	0.7088	0.7123	0.7157	0.7190	0.7224
0.6	0.7257	0.7291	0.7324	0.7357	0.7389	0.7422	0.7454	0.7486	0.7517	0.7549
0.7	0.7580	0.7611	0.7642	0.7673	0.7703	0.7734	0.7764	0.7794	0.7823	0.7852
0.8	0.7881	0.7910	0.7939	0.7967	0.7995	0.8023	0.8051	0.8078	0.8106	0.8133
0.9	0.8159	0.8186	0.8212	0.8238	0.8264	0.8289	0.8315	0.8340	0.8365	0.8389
1.0	0.8413	0.8438	0.8461	0.8485	0.8508	0.8531	0.8554	0.8577	0.8599	0.8621
1.1	0.8643	0.8665	0.8686	0.8708	0.8729	0.8749	0.8770	0.8790	0.8810	0.8830
1.2	0.8849	0.8869	0.8888	0.8907	0.8925	0.8944	0.8962	0.8980	0.8997	0.9015
1.3	0.9032	0.9049	0.9066	0.9082	0.9099	0.9115	0.9131	0.9147	0.9162	0.9177
1.4	0.9192	0.9207	0.9222	0.9236	0.9251	0.9265	0.9278	0.9292	0.9306	0.9319
1.5	0.9332	0.9345	0.9357	0.9370	0.9382	0.9394	0.9406	0.9418	0.9430	0.9441
1.6	0.9452	0.9463	0.9474	0.9484	0.9495	0.9505	0.9515	0.9525	0.9535	0.9545
1.7	0.9554	0.9564	0.9573	0.9582	0.9591	0.9599	0.9608	0.9616	0.9625	0.9633
1.8	0.9641	0.9648	0.9656	0.9664	0.9671	0.9678	0.9686	0.9693	0.9700	0.9706
1.9	0.9713	0.9719	0.9726	0.9732	0.9738	0.9744	0.9750	0.9756	0.9762	0.9767
2.0	0.9772	0.9778	0.9783	0.9788	0.9793	0.9798	0.9803	0.9808	0.9812	0.9817
2.1	0.9821	0.9826	0.9830	0.9834	0.9838	0.9842	0.9846	0.9850	0.9854	0.9857
2.2	0.9861	0.9864	0.9868	0.9871	0.9874	0.9878	0.9881	0.9884	0.9887	0.9890
2.3	0.9893	0.9896	0.9898	0.9901	0.9904	0.9906	0.9909	0.9911	0.9913	0.9916
2.4	0.9918	0.9920	0.9922	0.9925	0.9927	0.9929	0.9931	0.9932	0.9934	0.9936
2.5	0.9938	0.9940	0.9941	0.9943	0.9945	0.9946	0.9948	0.9949	0.9951	0.9952
2.6	0.9953	0.9955	0.9956	0.9957	0.9959	0.9960	0.9961	0.9962	0.9963	0.9964
2.7	0.9965	0.9966	0.9967	0.9968	0.9969	0.9970	0.9971	0.9972	0.9973	0.9974
2.8	0.9974	0.9975	0.9976	0.9977	0.9977	0.9978	0.9979	0.9979	0.9980	0.9981
2.9	0.9981	0.9982	0.9982	0.9983	0.9984	0.9984	0.9985	0.9985	0.9986	0.9986
3.0	0.9987	0.9990	0.9993	0.9995	0.9997	0.9998	0.9998	0.9999	0.9999	1.0000

α	0.10	0.05	0.025	0.01	0.005	0.002 5	0.001	0.000 5
u_α	1.282	1.645	1.960	2.326	2.576	2.808	3.090	3.291

附表 C χ^2 分布表

$$P(\chi^2(n) > \chi^2_\alpha(n)) = \alpha$$

n	α=0.995	0.99	0.975	0.95	0.90	0.75
1	—	—	0.001	0.004	0.016	0.102
2	0.010	0.020	0.051	0.103	0.211	0.575
3	0.072	0.115	0.216	0.352	0.584	1.213
4	0.207	0.297	0.484	0.711	1.064	1.923
5	0.412	0.554	0.831	1.145	1.610	2.675
6	0.676	0.872	1.237	1.635	2.204	3.455
7	0.989	1.239	1.690	2.167	2.833	4.255
8	1.344	1.646	2.180	2.733	3.490	5.071
9	1.735	2.088	2.700	3.325	4.168	5.899
10	2.156	2.558	3.247	3.940	4.865	6.737
11	2.603	3.053	3.816	4.575	5.578	7.584
12	3.074	3.571	4.404	5.226	6.304	8.438
13	3.565	4.107	5.009	5.892	7.042	9.299
14	4.075	4.660	5.629	6.571	7.790	10.165
15	4.601	5.229	6.262	7.261	8.547	11.037
16	5.142	5.812	6.908	7.962	9.312	11.912
17	5.697	6.408	7.564	8.672	10.085	12.792
18	6.265	7.015	8.231	9.390	10.865	13.675
19	6.844	7.633	8.907	10.117	11.651	14.562
20	7.434	8.260	9.591	10.851	12.443	15.452
21	8.034	8.897	10.283	11.591	13.240	16.344
22	8.643	9.542	10.982	12.338	14.042	17.240
23	9.260	10.196	11.689	13.091	14.848	18.137
24	9.886	10.856	12.401	13.848	15.659	19.037
25	10.520	11.524	13.120	14.611	16.473	19.939
26	11.160	12.198	13.844	15.379	17.292	20.843
27	11.808	12.879	14.573	16.151	18.114	21.749
28	12.461	13.565	15.308	16.928	18.939	22.657

续表

n	$\alpha=0.995$	0.99	0.975	0.95	0.90	0.75
29	13.121	14.257	16.047	17.708	19.768	23.567
30	13.787	14.954	16.791	18.493	20.599	24.478
31	14.458	15.655	17.539	19.281	20.434	25.390
32	15.134	16.362	18.291	20.072	22.271	26.304
33	15.815	17.074	19.047	20.867	23.110	27.219
34	16.501	17.789	19.806	21.664	23.952	28.136
35	17.192	18.509	20.569	22.465	24.797	29.054
36	17.887	19.233	21.336	23.269	25.643	29.973
37	18.586	19.960	22.106	24.075	26.492	30.893
38	19.289	20.691	22.878	24.884	27.343	31.815
39	19.996	21.426	23.654	25.695	28.196	32.737
40	20.707	22.164	24.433	26.509	29.051	33.660
41	21.421	22.906	25.215	27.326	29.907	34.585
42	22.138	23.650	25.999	28.144	30.765	35.510
43	22.859	24.398	26.785	28.965	31.625	36.436
44	23.584	25.148	27.575	29.787	32.487	37.363
45	24.311	25.901	28.366	30.612	33.350	38.291
n	$\alpha=0.25$	0.10	0.05	0.025	0.01	0.005
1	1.323	2.706	3.841	5.024	6.635	7.879
2	2.773	4.605	5.991	7.378	9.210	10.597
3	4.108	6.251	7.815	9.348	11.345	12.838
4	5.385	7.779	9.488	11.143	13.277	14.860
5	6.626	9.236	11.071	12.833	15.086	16.750
6	7.841	10.645	12.592	14.449	16.812	18.548
7	9.037	12.017	14.067	16.013	18.475	20.278
8	10.219	13.362	15.507	17.535	20.090	21.955
9	11.389	14.684	16.919	19.023	21.666	23.589
10	12.549	15.987	18.307	20.483	23.209	25.188
11	13.701	17.275	19.675	21.920	24.725	26.757
12	14.845	18.549	21.026	23.337	26.217	28.299
13	15.984	19.812	22.362	24.736	27.688	29.819
14	17.117	21.064	23.685	26.119	29.141	31.319
15	18.245	22.307	24.996	27.488	30.578	32.801

续表

n	α=0.25	0.10	0.05	0.025	0.01	0.005
16	19.369	23.542	26.296	28.845	32.000	34.267
17	20.489	24.769	27.587	30.191	33.409	35.718
18	21.605	25.989	28.869	31.526	34.805	37.156
19	22.718	27.204	30.144	32.852	36.191	38.582
20	23.828	28.412	31.410	34.170	37.566	39.997
21	24.935	29.615	32.671	35.479	38.932	41.401
22	26.039	30.813	33.924	36.781	40.289	42.796
23	27.141	32.007	35.172	38.076	41.638	44.181
24	28.241	33.196	36.415	39.364	42.980	45.559
25	29.339	34.382	37.652	40.646	44.314	46.928
26	30.435	35.563	38.885	41.923	45.642	48.290
27	31.528	36.741	40.113	43.194	45.963	49.645
28	32.620	37.916	41.337	44.461	48.278	50.993
29	33.711	39.087	42.557	45.722	47.588	52.336
30	34.800	40.256	43.773	46.979	50.892	53.672
31	35.887	41.422	44.985	48.232	52.191	55.003
32	36.973	42.585	46.194	49.480	53.486	56.328
33	38.058	43.745	47.400	50.725	54.776	57.648
34	39.141	44.903	48.602	51.966	56.061	58.964
35	40.223	46.059	49.802	53.203	57.342	60.275
36	41.304	47.212	50.998	54.437	58.619	61.581
37	42.383	48.363	52.192	55.668	59.892	62.883
38	43.462	49.513	53.384	56.896	61.162	64.181
39	44.539	50.660	54.572	58.120	62.428	65.476
40	45.616	51.805	55.758	59.342	63.691	66.766
41	46.692	52.949	56.942	60.561	64.950	68.053
42	47.766	54.090	58.124	61.777	66.206	69.336
43	48.840	55.230	59.304	62.990	67.459	70.606
44	49.913	56.369	60.481	64.201	68.710	71.893
45	50.985	57.505	61.656	65.410	69.957	73.166

附表 D　t 分布表

$$P(t(n)>t_{\alpha}(n))=\alpha$$

n	$\alpha=0.25$	0.10	0.05	0.025	0.01	0.005
1	1.0000	3.0777	6.3138	12.7062	31.8207	63.6574
2	0.8165	1.8856	2.9200	4.3027	6.9646	9.9248
3	0.7649	1.6377	2.3534	3.1824	4.5407	5.8409
4	0.7407	1.5332	2.1318	2.7764	3.7469	4.6041
5	0.7267	1.4759	2.0150	2.5706	3.3649	4.0322
6	0.7176	1.4398	1.9432	2.4469	3.1427	3.7074
7	0.7111	1.4149	1.8946	2.3646	2.9980	3.4995
8	0.7064	1.3968	1.8595	2.3060	2.8965	3.3554
9	0.7027	1.3830	1.8331	2.2622	2.8214	3.2498
10	0.6998	1.3722	1.8125	2.2281	2.7638	3.1693
11	0.6974	1.3634	1.7959	2.2010	2.7181	3.1058
12	0.6955	1.3562	1.7823	2.1788	2.6810	3.0545
13	0.6938	1.3502	1.7709	2.1604	2.6503	3.0123
14	0.6924	1.3450	1.7613	2.1448	2.6245	2.9768
15	0.6912	1.3406	1.7531	2.1315	2.6025	2.9467
16	0.6901	1.3368	1.7459	2.1199	2.5835	2.9208
17	0.6892	1.3334	1.7396	2.1098	2.5669	2.8982
18	0.6884	1.3304	1.7341	2.1009	2.5524	2.8784
19	0.6876	1.3277	1.7291	2.0930	2.5395	2.8609
20	0.6870	1.3253	1.7247	2.0860	2.5280	2.8453
21	0.6864	1.3232	1.7207	2.0796	2.5177	2.8314
22	0.6858	1.3212	1.7171	2.0739	2.5083	2.8188
23	0.6853	1.3195	1.7139	2.0687	2.4999	2.8073
24	0.6848	1.3178	1.7109	2.0639	2.4922	2.7969
25	0.6844	1.3163	1.7081	2.0595	2.4857	2.7874
26	0.6840	1.3150	1.7056	2.0555	2.4786	2.7787
27	0.6837	1.3137	1.7033	2.0518	2.4727	2.7707

续表

n	α=0.25	0.10	0.05	0.025	0.01	0.005
28	0.6834	1.3125	1.7011	2.0484	2.4671	2.7633
29	0.6830	1.3114	1.6991	2.0452	2.4620	2.7564
30	0.6828	1.3104	1.6973	2.0423	2.4573	2.7500
31	0.6825	1.3095	1.6955	2.0395	2.4528	2.7440
32	0.6822	1.3086	1.6939	2.0369	2.4487	2.7385
33	0.6820	1.3077	1.6924	2.0345	2.4448	2.7333
34	0.6818	1.3070	1.6909	2.0322	2.4411	2.7284
35	0.6816	1.3062	1.6896	2.0301	2.4377	2.7238
36	0.6814	1.3055	1.6883	2.0281	2.4345	2.7195
37	0.6812	1.3049	1.6871	2.0262	2.4314	2.7154
38	0.6810	1.3042	1.6860	2.0244	2.4286	2.7116
39	0.6808	1.3036	1.6849	2.0227	2.4258	2.7079
40	0.6807	1.3031	1.6839	2.0211	2.4233	2.7045
41	0.6805	1.3025	1.6829	2.0195	2.4208	2.7012
42	0.6804	1.3020	1.6820	2.0181	2.4185	2.6981
43	0.6802	1.3016	1.6811	2.0167	2.4163	2.6951
44	0.6801	1.3011	1.6802	2.0154	2.4141	2.6923
45	0.6800	1.3006	1.6794	2.0141	2.4121	2.6896

附表E　F分布表

$$P(F(n_1,n_2)>F_\alpha(n_1,n_2))=\alpha$$

$\alpha=0.10$

n_2 \ n_1	1	2	3	4	5	6	7	8	9
1	39.86	49.50	53.59	55.83	57.24	58.20	58.91	59.44	59.86
2	8.53	9.00	9.16	9.24	9.29	9.33	9.35	9.37	9.38
3	5.54	5.46	5.39	5.34	5.31	5.28	5.27	5.25	5.24
4	4.54	4.32	4.19	4.11	4.05	4.01	3.98	3.95	3.94
5	4.06	3.78	3.62	3.52	3.45	3.40	3.37	3.34	3.32
6	3.78	3.46	3.29	3.18	3.11	3.05	3.01	2.98	2.96
7	3.59	3.26	3.07	2.96	2.88	2.83	2.78	2.75	2.72
8	3.46	3.11	2.92	2.81	2.73	2.67	2.62	2.59	2.56
9	3.36	3.01	2.81	2.69	2.61	2.55	2.51	2.47	2.44
10	3.29	2.92	2.73	2.61	2.52	2.46	2.41	2.38	2.35
11	3.23	2.86	2.66	2.54	2.45	2.39	2.34	2.30	2.27
12	3.18	2.81	2.61	2.48	2.39	2.33	2.28	2.24	2.21
13	3.14	2.76	2.56	2.43	2.35	2.28	2.23	2.20	2.16
14	3.10	2.73	2.52	2.39	2.31	2.24	2.19	2.15	2.12
15	3.07	3.70	2.49	2.36	2.27	2.21	2.16	2.12	2.09
16	3.05	2.67	2.46	2.33	2.24	2.18	2.13	2.09	2.06
17	3.03	2.64	2.44	2.31	2.22	2.15	2.10	2.06	2.03
18	3.01	2.62	2.42	2.29	2.20	2.13	2.08	2.04	2.00
19	2.99	2.61	2.40	2.27	2.18	2.11	2.06	2.02	1.98
20	2.97	2.59	2.38	2.25	2.16	2.09	2.04	2.00	1.96
21	2.96	2.57	2.36	2.23	2.14	2.08	2.02	1.98	1.95
22	2.95	2.56	2.35	2.22	2.13	2.06	2.01	1.97	1.93
23	2.94	2.55	2.34	2.21	2.11	2.05	1.99	1.95	1.92
24	2.93	2.54	2.33	2.19	2.10	2.04	1.98	1.94	1.91
25	2.92	2.53	2.32	2.18	2.09	2.02	1.97	1.93	1.89
26	2.91	2.52	2.31	2.17	2.08	2.01	1.96	1.92	1.88
27	2.90	2.51	2.30	2.17	2.07	2.00	1.95	1.91	1.87
28	2.89	2.50	2.29	2.16	2.06	2.00	1.94	1.90	1.87
29	2.89	2.50	2.28	2.15	2.06	1.99	1.93	1.89	1.86
30	2.88	2.49	2.28	2.14	2.05	1.98	1.93	1.88	1.85
40	2.84	2.44	2.23	2.09	2.00	1.93	1.87	1.83	1.79
60	2.79	2.39	2.18	2.04	1.95	1.87	1.82	1.77	1.74
120	2.75	2.35	2.13	1.99	1.90	1.82	1.77	1.72	1.68
∞	2.71	2.30	2.08	1.94	1.85	1.77	1.72	1.67	1.63

续表

10	12	15	20	24	30	40	60	120	∞
60.19	60.71	61.22	61.74	62.00	62.26	62.53	62.79	63.06	63.33
9.39	9.41	9.42	9.44	9.45	9.46	9.47	9.47	9.48	9.49
5.23	5.22	5.20	5.18	5.18	5.17	5.16	5.15	5.14	5.13
3.92	3.90	3.87	3.84	3.83	3.82	3.80	3.79	3.78	3.76
3.30	3.27	3.24	3.21	3.19	3.17	3.16	3.14	3.12	3.10
2.94	2.90	2.87	2.84	2.82	2.80	2.78	2.76	2.74	2.72
2.70	2.67	2.63	2.59	2.58	2.56	2.54	2.51	2.49	2.47
2.54	2.50	2.46	2.42	2.40	2.38	2.36	2.34	2.32	2.29
2.42	2.38	2.34	2.30	2.28	2.25	2.23	2.21	2.18	2.16
2.32	2.28	2.24	2.20	2.18	2.16	2.13	2.11	2.08	2.06
2.25	2.21	2.17	2.12	2.10	2.08	2.05	2.03	2.00	1.97
2.19	2.15	2.10	2.06	2.04	2.01	1.99	1.96	1.93	1.90
2.14	2.10	2.05	2.01	1.98	1.96	1.93	1.90	1.88	1.85
2.10	2.05	2.01	1.96	1.94	1.91	1.89	1.86	1.83	1.80
2.06	2.02	1.97	1.92	1.90	1.87	1.85	1.82	1.79	1.76
2.03	1.99	1.94	1.89	1.87	1.84	1.81	1.78	1.75	1.72
2.00	1.96	1.91	1.86	1.84	1.81	1.78	1.75	1.72	1.69
1.98	1.93	1.89	1.84	1.81	1.78	1.75	1.72	1.69	1.66
1.96	1.91	1.86	1.81	1.79	1.76	1.73	1.70	1.67	1.63
1.94	1.89	1.84	1.79	1.77	1.74	1.71	1.68	1.64	1.61
1.92	1.87	1.83	1.78	1.75	1.72	1.69	1.66	1.62	1.59
1.90	1.86	1.81	1.76	1.73	1.70	1.67	1.64	1.60	1.57
1.89	1.84	1.80	1.74	1.72	1.69	1.66	1.62	1.59	1.55
1.88	1.83	1.78	1.73	1.70	1.67	1.64	1.61	1.57	1.53
1.87	1.82	1.77	1.72	1.69	1.66	1.63	1.59	1.56	1.52
1.86	1.81	1.76	1.71	1.68	1.65	1.61	1.58	1.54	1.50
1.85	1.80	1.75	1.70	1.67	1.64	1.60	1.57	1.53	1.49
1.84	1.79	1.74	1.69	1.66	1.63	1.59	1.56	1.52	1.48
1.83	1.78	1.73	1.68	1.65	1.62	1.58	1.55	1.51	1.47
1.82	1.77	1.72	1.67	1.64	1.61	1.57	1.54	1.50	1.46
1.76	1.71	1.66	1.61	1.57	1.54	1.51	1.47	1.42	1.38
1.71	1.66	1.60	1.54	1.51	1.48	1.44	1.40	1.35	1.29
1.65	1.60	1.55	1.48	1.45	1.41	1.37	1.32	1.26	1.19
1.60	1.55	1.49	1.42	1.38	1.34	1.30	1.24	1.17	1.00

$\alpha=0.05$ 续表

n_2 \ n_1	1	2	3	4	5	6	7	8	9
1	161.4	199.5	215.7	224.6	230.2	234.0	236.8	238.9	240.5
2	18.51	19.00	19.16	19.25	19.30	19.33	19.35	19.37	19.38
3	10.13	9.55	9.28	9.12	9.01	8.94	8.89	8.85	8.81
4	7.71	6.94	6.59	6.39	6.26	6.16	6.09	6.04	6.00
5	6.61	5.79	5.41	5.19	5.05	4.95	4.88	4.82	4.77
6	5.99	5.14	4.76	4.53	4.39	4.28	4.21	4.15	4.10
7	5.59	4.74	4.35	4.12	3.97	3.87	3.79	3.73	3.68
8	5.32	4.46	4.07	3.84	3.69	3.58	3.50	3.44	3.39
9	5.12	4.26	3.86	3.63	3.48	3.37	3.29	3.23	3.18
10	4.96	4.10	3.71	3.48	3.33	3.22	3.14	3.07	3.02
11	4.84	3.98	3.59	3.36	3.20	3.09	3.01	2.95	2.90
12	4.75	3.89	3.49	3.26	3.11	3.00	2.91	2.85	2.80
13	4.67	3.81	3.41	3.18	3.03	2.92	2.83	2.77	2.71
14	4.60	3.74	3.34	3.11	2.96	2.85	2.76	2.70	2.65
15	4.54	3.68	3.29	3.06	2.90	2.79	2.71	2.64	2.59
16	4.49	3.63	3.24	3.01	2.85	2.74	2.66	2.59	2.54
17	4.45	3.59	3.20	2.96	2.81	2.70	2.61	2.55	2.49
18	4.41	3.55	3.16	2.93	2.77	2.66	2.58	2.51	2.46
19	4.38	3.52	3.13	2.90	2.74	2.63	2.54	2.48	2.42
20	4.35	3.49	3.10	2.87	2.71	2.60	2.51	2.45	2.39
21	4.32	3.47	3.07	2.84	2.68	2.57	2.49	2.42	2.37
22	4.30	3.44	3.05	2.82	2.66	2.55	2.46	2.40	2.34
23	4.28	3.42	3.03	2.80	2.64	2.53	2.44	2.37	2.32
24	4.26	3.40	3.01	2.78	2.62	2.51	2.42	2.36	2.30
25	4.24	3.39	2.99	2.76	2.60	2.49	2.40	2.34	2.28
26	4.23	3.37	2.98	2.74	2.59	2.47	2.39	2.32	2.27
27	4.21	3.35	2.96	2.73	2.57	2.46	2.37	2.31	2.25
28	4.20	3.34	2.95	2.71	2.56	2.45	2.36	2.29	2.24
29	4.18	3.33	2.93	2.70	2.55	2.43	2.35	2.28	2.22
30	4.17	3.32	2.92	2.69	2.53	2.42	2.33	2.27	2.21
40	4.08	3.23	2.84	2.61	2.45	2.34	2.25	2.18	2.12
60	4.00	3.15	2.76	2.53	2.37	2.25	2.17	2.10	2.04
120	3.92	3.07	2.68	2.45	2.29	2.17	2.09	2.02	1.96
∞	3.84	3.00	2.60	2.37	2.21	2.10	2.01	1.94	1.88

续表

10	12	15	20	24	30	40	60	120	∞
241.9	243.9	245.9	248.0	249.1	250.1	251.1	252.2	253.3	254.3
19.40	19.41	19.43	19.45	19.45	19.46	19.47	19.48	19.49	19.50
8.79	8.74	8.70	8.66	8.64	8.62	8.59	8.57	8.55	8.53
5.96	5.91	5.86	5.80	5.77	5.75	5.72	5.69	5.66	5.63
4.74	4.68	4.62	4.56	4.53	4.50	4.46	4.43	4.40	4.36
4.06	4.00	3.94	3.87	3.84	3.81	3.77	3.74	3.70	3.67
3.64	3.57	3.51	3.44	3.41	3.38	3.34	3.30	3.27	3.23
3.35	3.28	3.22	3.15	3.12	3.08	3.04	3.01	2.97	2.93
3.14	3.07	3.01	2.94	2.90	2.86	2.83	2.79	2.75	2.71
2.98	2.91	2.85	2.77	2.74	2.70	2.66	2.62	2.58	2.54
2.85	2.79	2.72	2.65	2.61	2.57	2.53	2.49	2.45	2.40
2.75	2.69	2.62	2.54	2.51	2.47	2.43	2.38	2.34	2.30
2.67	2.60	2.53	2.46	2.42	2.38	2.34	2.30	2.25	2.21
2.60	2.53	2.46	2.39	2.35	2.31	2.27	2.22	2.18	2.13
2.54	2.48	2.40	2.33	2.29	2.25	2.20	2.16	2.11	2.07
2.49	2.42	2.35	2.28	2.24	2.19	2.15	2.11	2.06	2.01
2.45	2.38	2.31	2.23	2.19	2.15	2.10	2.06	2.01	1.96
2.41	2.34	2.27	2.19	2.15	2.11	2.06	2.02	1.97	1.92
2.38	2.31	2.23	2.16	2.11	2.07	2.03	1.98	1.93	1.88
2.35	2.28	2.20	2.12	2.08	2.04	1.99	1.95	1.90	1.84
2.32	2.25	2.18	2.10	2.05	2.01	1.96	1.92	1.87	1.81
2.30	2.23	2.15	2.07	2.03	1.98	1.94	1.89	1.84	1.78
2.27	2.20	2.13	2.05	2.01	1.96	1.91	1.86	1.81	1.76
2.25	2.18	2.11	2.03	1.98	1.94	1.89	1.84	1.79	1.73
2.24	2.16	2.09	2.01	1.96	1.92	1.87	1.82	1.77	1.71
2.22	2.15	2.07	1.99	1.95	1.90	1.85	1.80	1.75	1.69
2.20	2.13	2.06	1.97	1.93	1.88	1.84	1.79	1.73	1.67
2.19	2.12	2.04	1.96	1.91	1.87	1.82	1.77	1.71	1.65
2.18	2.10	2.03	1.94	1.90	1.85	1.81	1.75	1.70	1.64
2.16	2.09	2.01	1.93	1.89	1.84	1.79	1.74	1.68	1.62
2.08	2.00	1.92	1.84	1.79	1.74	1.69	1.64	1.58	1.51
1.99	1.92	1.84	1.75	1.70	1.65	1.59	1.53	1.47	1.39
1.91	1.83	1.75	1.66	1.61	1.55	1.50	1.43	1.35	1.25
1.83	1.75	1.67	1.57	1.52	1.46	1.39	1.32	1.22	1.00

$\alpha=0.01$ 续表

n_2 \ n_1	1	2	3	4	5	6	7	8	9
1	4052	4999.5	5403	5625	5764	5859	5928	5982	6022
2	98.50	99.00	99.17	99.25	99.30	99.33	99.36	99.37	99.39
3	34.12	30.82	29.46	28.71	28.24	27.91	27.67	27.49	27.35
4	21.20	18.00	16.69	15.98	15.52	15.21	14.98	14.80	14.66
5	16.26	13.27	12.06	11.39	10.97	10.67	10.46	10.29	10.16
6	13.75	10.92	9.78	9.15	8.75	8.47	8.26	8.10	7.98
7	12.25	9.55	8.45	7.85	7.46	7.19	6.99	6.84	6.72
8	11.26	8.65	7.59	7.01	6.63	6.37	6.18	6.03	5.91
9	10.56	8.02	6.99	6.42	6.06	5.80	5.61	5.47	5.35
10	10.04	7.56	6.55	5.99	5.64	5.39	5.20	5.06	4.94
11	9.65	7.21	6.22	5.67	5.32	5.07	4.89	4.74	4.63
12	9.33	6.93	5.95	5.41	5.06	4.82	4.64	4.50	4.39
13	9.07	6.70	5.74	5.21	4.86	4.62	4.44	4.30	4.19
14	8.86	6.51	5.56	5.04	4.69	4.46	4.28	4.14	4.03
15	8.68	6.36	5.42	4.89	4.56	4.32	4.14	4.00	3.89
16	8.53	6.23	5.29	4.77	4.44	4.20	4.03	3.89	3.78
17	8.40	6.11	5.18	4.67	4.34	4.10	3.93	3.79	3.68
18	8.29	6.01	5.09	4.58	4.25	4.01	3.84	3.71	3.60
19	8.18	5.93	5.01	4.50	4.17	3.94	3.77	3.63	3.52
20	8.10	5.85	4.94	4.43	4.10	3.87	3.70	3.56	3.46
21	8.02	5.78	4.87	4.37	4.04	3.81	3.64	3.51	3.40
22	7.95	5.72	4.82	4.31	3.99	3.76	3.59	3.45	3.35
23	7.88	5.66	4.76	4.26	3.94	3.71	3.54	3.41	3.30
24	7.82	5.61	4.72	4.22	3.90	3.67	3.50	3.36	3.26
25	7.77	5.57	4.68	4.18	3.85	3.63	3.46	3.32	3.22
26	7.72	5.53	4.64	4.14	3.82	3.59	3.42	3.29	3.18
27	7.68	5.49	4.60	4.11	3.78	3.56	3.39	3.26	3.15
28	7.64	5.45	4.57	4.07	3.75	3.53	3.36	3.23	3.12
29	7.60	5.42	4.54	4.04	3.73	3.50	3.33	3.20	3.09
30	7.56	5.39	4.51	4.02	3.70	3.47	3.30	3.17	3.07
40	7.31	5.18	4.31	3.83	3.51	3.29	3.12	2.99	2.89
60	7.08	4.98	4.13	3.65	3.34	3.12	2.95	2.82	2.72
120	6.85	4.79	3.95	3.48	3.17	2.96	2.79	2.66	2.56
∞	6.63	4.61	3.78	3.32	3.02	2.80	2.64	2.51	2.41

续表

10	12	15	20	24	30	40	60	120	∞
6056	6106	6157	6209	6235	6261	6287	6313	6339	6366
99.40	99.42	99.43	99.45	99.46	99.47	99.47	99.48	99.49	99.50
27.23	27.05	26.87	26.69	26.60	26.50	26.41	26.32	26.22	26.13
14.55	14.37	14.20	14.02	13.93	13.84	13.75	13.65	13.56	13.46
10.05	9.89	9.72	9.55	9.47	9.38	9.29	9.20	9.11	9.02
7.87	7.72	7.56	7.40	7.31	7.23	7.14	7.06	6.97	6.88
6.62	6.47	6.31	6.16	6.07	5.99	5.91	5.82	5.74	5.65
5.81	5.67	5.52	5.36	5.28	5.20	5.12	5.03	4.95	4.86
5.26	5.11	4.96	4.81	4.73	4.65	4.57	4.48	4.40	4.31
4.85	4.71	4.56	4.41	4.33	4.25	4.17	4.08	4.00	3.91
4.54	4.40	4.25	4.10	4.02	3.94	4.86	4.78	3.69	3.60
4.30	4.16	4.01	3.86	3.78	3.70	3.62	3.54	3.45	3.36
3.10	3.96	3.82	3.66	3.59	3.51	3.43	3.34	3.25	3.17
3.94	3.80	3.66	3.51	3.43	3.35	3.27	3.18	3.09	3.00
3.80	3.67	3.52	3.37	3.29	3.21	3.13	3.05	2.96	2.87
3.69	3.55	3.41	3.26	3.18	3.10	3.02	2.93	2.84	2.75
3.59	3.46	3.31	3.16	3.08	3.00	2.92	2.83	2.75	2.65
3.51	3.37	3.23	3.08	3.00	2.92	2.84	2.75	2.66	2.57
3.43	3.30	3.15	3.00	2.92	2.84	2.76	2.67	2.58	2.49
3.37	3.23	3.09	2.94	2.86	2.78	2.69	2.61	2.52	2.42
3.31	3.17	3.03	2.88	2.80	2.72	2.64	2.55	2.46	2.36
3.26	3.12	2.98	2.83	2.75	2.67	2.58	2.50	2.40	2.31
3.21	3.07	2.93	2.78	2.70	2.62	2.54	2.45	2.35	2.26
3.17	3.03	2.89	2.74	2.66	2.58	2.49	2.40	2.31	2.21
3.13	2.99	2.85	2.70	2.62	2.54	2.45	2.36	2.27	2.17
3.09	2.96	2.81	2.66	2.58	2.50	2.42	2.33	2.23	2.13
3.06	2.93	2.78	2.63	2.55	2.47	2.38	2.29	2.20	2.10
3.03	2.90	2.75	2.60	2.52	2.44	2.35	2.26	2.17	2.06
3.00	2.87	2.73	2.57	2.49	2.41	2.33	2.23	2.14	2.03
2.98	2.84	2.70	2.55	2.47	2.39	2.30	2.21	2.11	2.01
2.80	2.66	2.52	2.37	2.29	2.20	2.11	2.02	1.92	1.80
2.63	2.50	2.35	2.20	2.12	2.03	1.94	1.84	1.73	1.60
2.47	2.34	2.19	2.03	1.95	1.86	1.76	1.66	1.53	1.38
2.32	2.18	2.04	1.88	1.79	1.70	1.59	1.47	1.32	1.00

$\alpha=0.005$ 续表

n_2 \ n_1	1	2	3	4	5	6	7	8	9
1	16211	20000	21615	22500	23056	23437	23715	23925	24091
2	198.5	199.0	199.2	199.2	199.3	199.3	199.4	199.4	199.4
3	55.55	49.80	47.47	46.19	45.39	44.84	44.43	44.13	43.88
4	31.33	26.28	24.26	23.15	22.46	21.97	21.62	21.35	21.14
5	22.78	18.31	16.53	15.56	14.94	14.51	14.20	13.96	13.77
6	18.63	14.54	12.92	12.03	11.46	11.07	10.79	10.57	10.39
7	16.24	12.40	10.88	10.05	9.52	9.16	8.89	8.68	8.51
8	14.69	11.04	9.60	8.81	8.30	7.95	7.69	7.50	7.34
9	13.61	10.11	8.72	7.96	7.47	7.13	6.88	6.69	6.54
10	12.83	9.43	8.08	7.34	6.87	6.54	6.30	6.12	5.97
11	12.23	8.91	7.60	6.88	6.42	6.10	5.86	5.68	5.54
12	11.75	8.51	7.23	6.52	6.07	5.76	5.52	5.35	5.20
13	11.37	8.19	6.93	6.23	5.79	5.48	5.25	5.08	4.94
14	11.06	7.92	6.68	6.00	5.56	5.26	5.03	4.86	4.72
15	10.80	7.70	6.48	5.80	5.37	5.07	4.85	4.67	4.54
16	10.58	7.51	6.30	5.64	5.21	4.91	4.69	4.52	4.38
17	10.38	7.35	6.16	5.50	5.07	4.78	4.56	4.39	4.25
18	10.22	7.21	6.03	5.37	4.96	4.66	4.44	4.28	4.14
19	10.07	7.09	5.92	5.27	4.85	4.56	4.34	4.18	4.04
20	9.94	6.99	5.82	5.17	4.76	4.47	4.26	4.09	3.96
21	9.83	6.89	5.73	5.09	4.68	4.39	4.18	4.01	3.88
22	9.73	6.81	5.65	5.02	4.61	4.32	4.11	3.94	3.81
23	9.63	6.73	5.58	4.95	4.54	4.26	4.05	3.88	3.75
24	9.55	6.66	5.52	4.89	4.49	4.20	3.99	3.83	3.69
25	9.48	6.60	5.46	4.84	4.43	4.15	3.94	3.78	3.64
26	9.41	6.54	5.41	4.79	4.38	4.10	3.89	3.73	3.60
27	9.34	6.49	5.36	4.74	4.34	4.06	3.85	3.69	3.56
28	9.28	6.44	5.32	4.70	4.30	4.02	3.81	3.65	3.52
29	9.23	6.40	5.28	4.66	4.26	3.98	3.77	3.61	3.48
30	9.18	6.35	5.24	4.62	4.23	3.95	3.74	3.58	3.45
40	8.83	6.07	4.98	4.37	3.99	3.71	3.51	3.35	3.22
60	8.49	5.79	4.73	4.14	3.76	3.49	3.29	3.13	3.01
120	8.18	5.54	4.50	3.92	3.55	3.28	3.09	2.93	2.81
∞	7.88	5.30	4.28	3.72	3.35	3.09	2.90	2.74	2.62

续表

10	12	15	20	24	30	40	60	120	∞
24224	24426	24630	24836	24940	25044	25148	25253	25359	25465
199.4	199.4	199.4	199.4	199.5	199.5	199.5	199.5	199.5	199.5
43.69	43.39	43.08	42.78	42.62	42.47	42.31	42.15	41.99	41.83
20.97	20.70	20.44	20.17	20.03	19.89	19.75	19.61	19.47	19.32
13.62	13.38	13.15	12.90	12.78	12.66	12.53	12.40	12.27	12.14
10.25	10.03	9.81	9.59	9.47	9.36	9.24	9.12	9.00	8.88
8.38	8.18	7.97	7.75	7.65	7.53	7.42	7.31	7.19	7.08
7.21	7.01	6.81	6.61	6.50	6.40	6.29	6.18	6.06	5.95
6.42	6.23	6.03	5.83	5.73	5.62	5.52	5.41	5.30	5.19
5.85	5.66	5.47	5.27	5.17	5.07	4.97	4.86	4.75	4.64
5.42	5.24	5.05	4.86	4.76	4.65	4.55	4.44	4.34	4.23
5.09	4.91	4.72	4.53	4.43	4.33	4.23	4.12	4.01	3.90
4.82	4.64	4.46	4.27	4.17	4.07	3.97	3.87	3.76	3.65
4.60	4.43	4.25	4.06	3.96	3.86	3.76	3.66	3.55	3.44
4.42	4.25	4.07	3.88	3.79	3.69	3.58	3.48	3.37	3.26
4.27	4.10	3.92	3.73	3.64	3.54	3.44	3.33	3.22	3.11
4.14	3.97	3.79	3.61	3.51	3.41	3.31	3.21	3.10	2.98
4.03	3.86	3.68	3.50	3.40	3.30	3.20	3.10	2.99	2.87
3.93	3.76	3.59	3.40	3.31	3.21	3.11	3.00	2.89	2.78
3.85	3.68	3.50	3.32	3.22	3.12	3.02	2.92	2.81	2.69
3.77	3.60	3.43	3.24	3.15	3.05	2.95	2.84	2.73	2.61
3.70	3.54	3.36	3.18	3.08	2.98	2.88	2.77	2.66	2.55
3.64	3.47	3.30	3.12	3.02	2.92	2.82	2.71	2.60	2.48
3.59	3.42	3.25	3.06	2.97	2.87	2.77	2.66	2.55	2.43
3.54	3.37	3.20	3.01	2.92	2.82	2.72	2.61	2.50	2.38
3.49	3.33	3.15	2.97	2.87	2.77	2.67	2.56	2.45	2.33
3.45	3.28	3.11	2.93	2.83	2.73	2.63	2.52	2.41	2.29
3.41	3.25	3.07	2.89	2.79	2.69	2.59	2.48	2.37	2.25
3.38	3.21	3.04	2.86	2.76	2.66	2.56	2.45	2.33	2.21
3.34	3.18	3.01	2.82	2.73	2.63	2.52	2.42	2.30	2.18
3.12	2.95	2.78	2.60	2.50	2.40	2.30	2.18	2.06	1.93
2.90	2.74	2.57	2.39	2.29	2.19	2.08	1.96	1.83	1.69
2.71	2.54	2.37	2.19	2.09	1.98	1.87	1.75	1.61	1.43
2.52	2.36	2.19	2.00	1.90	1.79	1.67	1.53	1.36	1.00

$\alpha=0.001$ 续表

n_2 \ n_1	1	2	3	4	5	6	7	8	9
1	4053^{+}	5000^{+}	5404^{+}	5625^{+}	5764^{+}	5859^{+}	5929^{+}	5981^{+}	6023^{+}
2	998.5	999.0	999.2	999.2	999.3	999.3	999.4	999.4	999.4
3	167.0	148.5	141.1	137.1	134.6	132.8	131.6	130.6	129.9
4	74.14	61.25	53.18	53.44	51.71	50.53	49.66	49.00	48.47
5	47.18	37.12	33.20	31.09	29.75	28.84	28.16	27.64	27.24
6	35.51	27.00	23.70	21.92	20.81	20.03	19.46	19.03	18.69
7	29.25	21.69	18.77	17.19	16.21	15.52	15.02	14.63	14.33
8	25.42	18.49	15.83	14.39	13.49	12.86	12.40	12.04	11.77
9	22.86	16.39	13.90	12.56	11.71	11.13	10.70	10.37	10.11
10	21.04	14.91	12.55	11.28	10.48	9.92	9.52	9.20	8.96
11	19.69	13.81	11.56	10.35	9.58	9.05	8.66	8.35	8.12
12	18.34	12.97	10.80	9.63	8.89	8.38	8.00	7.71	7.48
13	17.81	12.31	10.21	9.07	8.35	7.86	7.49	7.21	6.98
14	17.14	11.78	9.73	8.62	7.92	7.43	7.08	6.80	6.58
15	16.59	11.34	9.34	8.25	7.57	7.09	6.74	6.47	6.26
16	16.12	10.97	9.00	7.94	7.27	6.81	6.46	6.19	5.98
17	15.72	10.66	8.73	7.68	7.02	6.56	6.22	5.96	5.75
18	15.38	10.39	8.49	7.46	6.81	6.35	6.02	5.76	5.56
19	15.08	10.16	8.28	7.26	6.62	6.18	5.85	5.59	5.39
20	14.82	9.95	8.10	7.10	6.46	6.02	5.69	5.44	5.24
21	14.59	9.77	7.94	6.95	6.32	5.88	5.56	5.31	5.11
22	14.38	9.61	7.80	6.81	6.19	5.76	5.44	5.19	4.99
23	14.19	9.47	7.67	6.69	6.08	5.65	5.33	5.09	4.89
24	14.03	9.34	7.55	6.59	5.98	5.55	5.23	4.99	4.80
25	13.88	9.22	7.45	6.49	5.88	5.46	5.15	4.91	4.71
26	13.74	9.12	7.36	6.41	5.80	5.38	5.07	4.83	4.64
27	13.61	9.02	7.27	6.33	5.73	5.31	5.00	4.76	4.57
28	13.50	8.93	7.19	6.25	5.66	5.24	4.93	4.69	4.50
29	13.39	8.85	7.12	6.19	5.59	5.18	4.87	4.64	4.45
30	13.29	8.77	7.05	6.12	5.53	5.12	4.82	4.58	4.39
40	12.61	8.25	6.60	5.70	5.13	4.73	4.44	4.21	4.02
60	11.97	7.76	6.17	5.31	4.76	4.37	4.09	3.87	3.69
120	11.38	7.32	5.79	4.95	4.42	4.04	3.77	3.55	3.38
∞	10.83	6.91	5.42	4.62	4.10	3.74	3.47	3.27	3.10

续表

10	12	15	20	24	30	40	60	120	∞
6056^{+}	6107^{+}	6158^{+}	6209^{+}	6235^{+}	6261^{+}	6287^{+}	6313^{+}	6340^{+}	6366^{+}
999.4	999.4	999.4	999.4	999.5	999.5	999.5	999.5	999.5	999.5
129.2	128.3	127.4	126.4	125.9	125.4	125.0	124.5	124.0	123.5
48.05	47.41	46.76	46.10	45.77	45.43	45.09	44.75	44.40	44.05
26.92	26.42	25.91	25.39	25.14	24.87	24.60	24.33	24.06	23.79
18.41	17.99	17.56	17.12	16.89	16.67	16.44	16.21	15.99	15.75
14.08	13.71	13.32	12.93	12.73	12.53	12.33	12.12	11.91	11.70
11.54	11.19	10.84	10.48	10.30	10.11	9.92	9.73	9.53	9.33
9.89	9.57	9.24	8.90	8.72	8.55	8.37	8.19	8.00	7.81
8.75	8.45	8.13	7.80	7.64	7.47	7.30	7.12	6.94	6.76
7.92	7.63	7.32	7.01	6.85	6.68	6.52	6.35	6.17	6.00
7.29	7.00	6.71	6.40	6.25	6.09	5.93	5.76	5.59	5.42
6.80	6.52	6.23	5.93	5.78	5.63	5.47	5.30	5.14	4.97
6.40	6.13	5.85	5.56	5.41	5.25	5.10	4.94	4.77	4.60
6.08	5.81	5.54	5.25	5.10	4.95	4.80	4.64	4.47	4.31
5.81	5.55	5.27	4.99	4.85	4.70	4.54	4.39	4.23	4.06
5.58	5.32	5.05	4.78	4.63	4.48	4.33	4.18	4.02	3.85
5.39	5.13	4.87	4.59	4.45	4.30	4.15	4.00	3.84	3.67
5.22	4.97	4.70	4.43	4.29	4.14	3.99	3.84	3.68	3.51
5.08	4.82	4.56	4.29	4.15	4.00	3.86	3.70	3.54	3.38
4.95	4.70	4.44	4.17	4.03	3.88	3.74	3.58	3.42	3.26
4.83	4.58	4.33	4.06	3.92	3.78	3.63	3.48	3.32	3.15
4.73	4.48	4.23	3.96	3.82	3.68	3.53	3.38	3.22	3.05
4.64	4.39	4.14	3.87	3.74	3.59	3.45	3.29	3.14	2.97
4.56	4.31	4.06	3.79	3.66	3.52	3.37	3.22	3.06	2.89
4.48	4.24	3.99	3.72	3.59	3.44	3.30	3.15	2.99	2.82
4.41	4.17	3.92	3.66	3.52	3.38	3.23	3.08	2.92	2.75
4.35	4.11	3.86	3.60	3.46	3.32	3.18	3.02	2.86	2.69
4.29	4.05	3.80	3.54	3.41	3.27	3.12	2.97	2.81	2.64
4.24	4.00	3.75	3.49	3.36	3.22	3.07	2.92	2.76	2.59
3.87	3.64	3.40	3.15	3.01	2.87	2.73	2.57	2.41	2.23
3.54	3.31	3.08	2.83	2.69	2.55	2.41	2.25	2.08	1.89
3.24	3.02	2.78	2.53	2.40	2.26	2.11	1.95	1.76	1.54
2.96	2.74	2.51	2.27	2.13	1.99	1.84	1.66	1.45	1.00

＋表示要将所列数乘以100.

参考文献

[1] 龙松. 概率统计及应用[M]. 武汉:华中科技大学出版社,2016.

[2] 茆诗松,程依明,濮晓龙. 概率论与数理统计教程[M]. 3 版. 北京:高等教育出版社,2019.

[3] 吴传生. 概率论与数理统计[M]. 北京:高等教育出版社,2009.

[4] 涂平、汪昌瑞. 概率论与数理统计[M]. 武汉:华中科技大学出版社,2008.

[5] 盛骤、谢式千、潘承毅. 概率论与数理统计[M]. 4 版. 北京:高等教育出版社,2009.

[6] 林益、赵一男、叶年斌. 线性代数与概率统计[M]. 武汉:华中科技大学出版社,2012.

[7] 贾俊平. 统计学[M]. 北京:清华大学出版社,2004.

[8] 朱喜安. 统计学[M]. 武汉:湖北科学技术出版社,2013.

[9] 易正俊. 数理统计及其工程应用[M]. 北京:清华大学出版社,2014.

[10] 杨虎、钟波、刘琼荪. 应用数理统计[M]. 北京:清华大学出版社,2006.

[11] 宋廷山,葛金田,王光玲. 统计学—以 Excel 为分析工具[M]. 北京:北京大学出版社,2012.

[12] 陈希孺. 数理统计引论[M]. 北京:科学出版社,1981.

[13] 陈希孺. 概率论与数理统计[M]. 北京:科学出版社,2000.

[14] 谢永钦,黎可. 概率论与数理统计[M]. 4 版. 北京:北京邮电大学出版社,2022.